처음 읽는 세계 신화 여행

| 오늘날 세상을 만든 신화 속 상상력 |

처음 읽는 세계 신화 여행

| 이인식 지음 |

오늘날 세상을 만든 신화 속 상상력

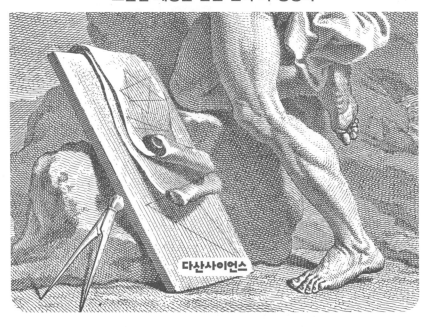

다산사이언스

2007년 10월 24일 중국의 첫 달 탐사 위성인 창어 1호를 실은 로켓이 천지를 뒤흔드는 듯한 굉음과 함께 하늘로 치솟아 올라 벌건 불기둥을 내뿜으며 구름 속으로 사라졌다.

창어는 '항아가 달로 도망쳤다'는 의미인 〈항아분월〉 전설에서 따온 명칭이다. 이는 우주 탐험과 첨단 기술이 신화나 전설과 결코 무관하지 않음을 보여 주는 한 가지 사례에 불과할 따름이다.

이 책은 세계 신화 전설을 21세기 과학 기술의 눈으로 읽으면서 신화 속의 꿈같은 이야기가 과학 기술에 의해 마침내 실현되는 위대한 순간을 집대성해 놓은, 이를테면 일종의 신화 해설서이다.

신화와 과학은 본질적으로 상반되는 분야이다. 신화는 원시시대 사람들의 머릿속에서 상상만으로 만들어진 환상적인 허구이다. 신화 속에서 자연현상은 신성한 힘, 곧 초자연적인 존재의 지배를 받는다. 한편 과학은 자연에 대한 관찰과 실험을 통해 얻은 경험적 사실로부터 자연현상을 이해하고 설명하는 이론을 이끌어 낸다. 신화가 주관적인 환상이라면 과학은 객관적인 지식이므로 서로 상반될 수밖에 없는 것이다.

하지만 고대 문명의 발상지인 중국, 인도, 메소포타미아, 이집트에는 모두 풍부한 고대 신화가 존재하였다. 신들은 우주와 인류를 창조할 뿐만 아니라 로봇, 비행기, 불사약 등을 척척 만들어 내는 발명가로 활약했다. 이러한 신들의 이야기가 널리 퍼진 지역일수록 세계적인 발명이 뒤따랐다. 고대인들이 환상적인 상상력으로 꾸며낸 신화가 과학 기술의 씨앗이 되었다고 볼 수 있다.

이 책은 세계 신화 전설 속에 묘사된 과학 기술을 서른 네 개의 꼭지로 나누어서 훗날 현실화된 내용을 정리해 두었다. 동양과 서양의 신화에서 관련된 줄거리를 각각 균형 있게 간추린 다음에 현대 과학 기술에 의해 실현되는 과정을 훑어보았다.

서른 네 개 꼭지 중에는 불, 농업, 유토피아 등 문명과 관련된 주제도 포함되어 있고 동성애, 간통, 근친상간 등 성 행동에 관한 항목도 들어 있다.

이 책은 2002년 「신화상상동물 백과사전」을 펴낸 것을 계기로 마음속에 품어 온 계획을 공들여 실천에 옮긴 결과물이다. 세계 신화에 관심을 가지면서 인류의 조상들이 창조적인 상상력으로 예견한 과학기술이 어김없이 구체화되는 과정을 청소년들에게 널리 알려야겠다는 의무감을 갖게 되었는데, 이제 그 숙제를 마치게 된 것 같아 다행스럽게 생각한다. 물론 여러 면에서 모자란 부분이 적지 않을 테지만 독자 여러분이 너그러운 마음으로 이해해 주기만을 바랄 따름이다.

이 책은 2008년 3월 출간된 『이인식의 세계 신화 여행』을 독자 여러분이 좀 더 보기 편하도록 다시 만든 것이다. 내용을 보완하고 도판을 꽤 많이 추가하였다.

다산사이언스에서 『공학이 필요한 시간』과 『마음의 지도』에 이어 세 번째로 펴내는 작품이다. 이번에도 멋진 책을 만들어 준 김선식 대표와 이수정 에디터의 노고에 감사의 말씀을 드린다. 끝으로 나의 저술 활동을 무조건 성원하는 아내 안젤라, 큰아들 원과 며느리 재희, 그리고 선재, 둘째 아들 진에게도 깊은 사랑과 고마움의 뜻을 전하고 싶다.

2021년 11월 5일
서울 역삼동 〈지식융합연구소〉에서
이인식

CONTENTS

일러두기

• 지역과 시대에 따라 여러 이름으로 불리는 신의 이름은 그리스 신화를 기준으로 하였습니다.

• 구약과 신약 성서의 출전 표기는 공동번역성서의 목록을 따랐습니다.

PART 1

세상의 시작

01

카오스에서 우주의 질서가 나오다

빅뱅, 빅크런치 그리고 빅뱅

우리 인간들은 어쩌다 한 번씩 밤하늘을 올려다보면서 우주에 관해 아는 것이 별로 없다는 사실을 새삼스럽게 깨닫곤 한다. 우주는 코로나19 바이러스처럼 눈에 보이지 않는 지구상의 병원균부터 밤하늘의 은하에 이르기까지 만물을 포용하는 공간을 의미한다.

우주의 탄생과 진화과정, 그리고 앞으로 다가올 운명을 탐구하는 학문을 우주론cosmology이라고 한다.

우주가 정확히 언제 탄생했는지는 아무도 모른다. 하지만 많은 우주론 학자들은 우주가 약 130억 년 전에 엄청난 폭발에 의해 만들어졌다고 믿는다. 그때의 폭발을 대폭발, 곧 빅뱅big bang이라고 한다. 엄청난 에너지가 상상할 수 없을 정도로 작은 공간에 모여 있다가 매우 짧은 순간에 폭발하면서 우주가 탄생했다. 우주는 무한히 밀집하고 무한히 뜨거운 물질의 한 점에서 빅뱅으로 생겨난 것이다.

태초의 대폭발인 빅뱅 전에는 아무것도 존재하지 않았다. 우주에 있는 모든 물질과 시간, 공간은 빅뱅이 일어날 때 함께 만들어진 것이다.

빅뱅 직후의 우주는 상상하기 어려울 정도로 작았지만, 순식간에 팽창하기 시작하여 모든 방향으로 크게 확장되었다. 빅뱅이 일어나고 약 10억 년이 지나자 중력에 의해 성운이 형성되고, 이어서 최초의 별과 은하들이 탄생했다. 태양은 약 46억 년 전에 형성되었다.

천문학자들은 아직도 우주의 약 95퍼센트를 차지하는 물질을 발견하지 못하고 있다. 이른바 암흑물질dark matter의 존재는 우주의 대부분이 눈에 보이지 않고 숨겨져 있다는 것을 의미한다. 오늘날 암흑물질보다 더 신비스럽고 의미심장한 과학적 수수께끼는 없을 것으로 여겨진다.

우주의 기원에 대해 빅뱅 이론이 옳다면, 우주의 미래가 대압축, 곧 빅크런치big crunch 과정을 거치게 될 것이라고 믿는 우주론 학자들도 적지 않다.

빅크런치 이론에 따르면, 우주의 팽창 속도가 점차 느려지다가 마침내 정지하게 된다. 그러면 우주는 차고 어둡게 변하고 모든 별들도 소멸한다.

우주는 궁극적으로 수축되고 결국 빅뱅의 상대적 개념인 빅크런치, 곧 대함몰 과정을 거치면서 우주는 한 점으로 붕괴한다. 이때 모든 것은 소멸되고 우주는 최후를 맞이한다.

빅크런치 이론을 옹호하는 천문학자들은 빅크런치 뒤에 제2의 빅뱅이 일어나 새로운 우주가 탄생할지 모른다고 주장한다. 이를테면 우주가 빅뱅, 팽창, 수축, 빅크런치, 또 다른 빅뱅 식으로 계속 탄생, 진화, 종말의 과정을 거치게 되는 셈이다.

우리의 우주가 혼돈스러운 폭발로부터 생성되었다는 빅뱅 이론을 믿는다면, 누구나 빅뱅 이전, 곧 무無의 상태라는 태초에 진실로 아무것도 없었는지 궁금하지 않을 수 없다. 이 근원적 의문의 해결 방법은 과학이 아니라 오직 여러 문화권의 우주관이 스며 있는 창세신화에서 찾아낼 수밖에 없다.

그리스 창세신화의 골육상쟁

이 세상은 카오스로부터 창조되었다. 땅과 하늘이 창조되기 전에는 카오스만이 끝없이 펼쳐져 있을 뿐이었다. 기원전 8세기경의 그리스 시인인 헤시오도스Hesiod는 『신통기Theogony』에서 태초에 생긴 것은 카오스라고 적었다. 『신통기』는 그리스 신화에 등장하는 신들의 기원과 계보를 기록한 책이다. 카오스는 그리스어로 '하품을 하듯 입을 크게 벌리다'라는 뜻의 단어에서 파생된 것으로 '비어 있는 공간'을 나타내지만, 오늘날 '혼돈'이나 '무질서'를 의미한다.

그리스의 창세신화는 카오스에서 시작된다. 카오스 다음으로 생긴 것은 대지의 여신인 가이아이다. 이어서 카오스에서 타르타로스(지옥), 닉스(밤), 헤메라(낮)가 창조된다.

타르타로스는 땅속의 지옥이다. 타르타로스를 향해 청동 모루를 떨어뜨리면 9일 동안 내려가 10일째 되는 날 아침에야 닿을 정도로 끝이 없는 지하 세계이다. 타르타로스의 중심부에는 닉스의 궁전이 있다. 닉스는 영원히 검은 구름으로 덮여 있는 궁전에서 하루 종일 앉아 있다가 땅거미가 지면 땅 위로 몸을 드러낸다.

『신통기』에서 세상을 창조하는 일에 가장 중요한 역할을 하는 신은 가이아이다. 먼저 가이아는 사랑과 출산의 여신인 에로스를 창조한다. 이어서 가이아는 독자적인 힘으로 하늘, 산, 바다를 낳았다. 특히 하늘인 우라노스는 세상에서 가장 강력한 신으로서 온 세상과 모든 신을 다스렸다.

가이아는 아들인 우라노스와 결혼하여 힘센 자식들을 많이 낳았다. 그중에는 열두 명의 티탄이 있었다. 티탄은 무서운 괴력을 가진 거대한 신들이었다. 특히 막내인 크로노스는 교활하고 야망이 대단했다. 우라노스는 티탄들이 자신의 말을 잘 듣지 않자 그들을 타르타로스의 구렁텅이 속으로 내던졌다. 가이아는 지옥으로 자식들을 찾아가서 아버지에게 복수하라고 부추겼다. 티탄들은 우라노스의 강력한 힘이 무서워서 선뜻 나서지 못했으나 막내인 크로노스만은 어머니 가이아의 뜻에 따랐다. 크로노스는 타르타로스를 탈출하여 커다란 낫을 들고 우라노스를 해칠 기회를 엿보았다. 크로노스는 가이아와 잠을 자고 있는 아버지를 습격하여 낫으로 남근을 잘라 바다에 내던졌다. 생식기능을 상실한 우라노스는 힘을 잃고 더 이상 세상을 다스릴 수 없게 되었다. 결국 크로노스는 모든 권력을 갖고 세상을 지배하게 된 것이다.

크로노스는 아버지를 거세하는 방법으로 세상의 주인이 되었기 때문에 자식들이 자신을 배반하게 될 것을 두려워했다. 그래서 크로노스는 누이인 레아와 결혼한 뒤 아기를 낳을 때마다 안고 오라고 명령했다. 크로노스는 레아가 아기를 낳아 데려오면 그 자리에서 아기를 집어삼켜버렸다. 크로노스가 삼킨 자식들은 헤라(출산의 여신), 데메테르(농업의 여신), 헤스티아(가정의 여신), 하데스(지하 세계의 지배자), 포세이돈(바다의 왕) 등 다섯 명에 이르렀다.

레아는 다시 아기를 갖고 시부모인 우라노스와 가이아에게 찾아가서 배 속의 아기를 살릴 방법을 상의했다. 레아는 그들의 충고를 듣고 크레타 섬의 동굴로 가서 크로노스 몰래 아기를 낳아 숲속의 요정들에게 맡기고 궁전으로 돌아와 마치 아기를 낳고 있는 것처럼 울어댔다. 이번에도 어김없이 크로노스는 아기가 태어나는 즉시 데려오라고 명령했다. 레아는 돌멩이 하나를 아기처럼 강보에 싸서 남편에게 갖다주었다. 크로노스는 아무 의심 없이 그 돌을 삼켰다. 그렇게 해서 목숨을 건지고 크레타 섬에 살아남은 아기가 막내로 태어난 제우스이다.

크레타 섬에서 숲의 요정들은 물론이고 동물들까지 제우스를 극진히 보살폈다. 벌들은 날마다 꿀을 갖다주며 제우스에 대한 사랑을 나타냈다. 신성한 산양은 제우스를 자기 새끼처럼 여겨 젖을 주고 곁을 지켰다. 용감한 젊은이로 자란 제우스는 아버

지인 크로노스가 형과 누나들을 삼켜버린 사실을 알고, 그를 신들의 왕좌에서 추방하기로 결심했다. 제우스는 풀로 만든 약을 포도주로 속여 크로노스가 마시도록 하는 데 성공했다. 크로노스는 약을 마시자마자 토하기 시작했다. 처음 토한 것은 제우스로 알고 삼킨 돌멩이였다. 이어서 다섯 명의 자식들을 모두 게워냈다.

크로노스는 위기를 느끼고 형제인 티탄들에게 도움을 청했다. 제우스는 형제들과 여러 신들을 그리스의 올림포스 산에 집결시키고 요새를 만들었다. 그리하여 제우스와 그의 삼촌인 티탄들 사이에 우주의 지배권을 놓고 전쟁이 시작되었다. 그 무시무시한 싸움은 9년이나 계속되었다. 승부가 일진일퇴를 거듭하는 동안에 땅, 바다, 하늘은 거대한 지옥으로 변했다. 전쟁이 10년째 접어들면서 티탄들의 힘이 쇠퇴했으며 승기를 잡은 올림포스 신들은 지구의 구석구석까지 티탄들을 추격했다. 티탄들의 패배로 10년 전쟁은 막을 내렸다. 제우스는 크로노스와 티탄들을 타르타로스의 구렁텅이에 유폐했다. 티탄들을 물리친 신들은 올림포스의 산꼭대기에 순금으로 만든 궁전을 세웠다.

판테온pantheon의 모든 신들은 제우스를 아버지로 우러러보았다. 판테온(만신전)이란 신화에 등장하는 신들을 총망라하는 집합체를 뜻한다. 그리스 판테온의 주역은 올림포스의 열두 신이다. 물론 최고의 신은 신과 인간의 아버지인 제우스였다. 제우

프란시스코 데 고야, 「자식을 잡아먹는 크로노스」.
티탄의 막내인 크로노스는 자식들의 배반이 두려워 모두 집어삼켜버렸다.

스의 누이로 부인이 된 헤라는 결혼과 여자들의 수호자였다. 창과 투구를 가진 아테나는 지혜와 예술, 정의의 여신이다. 금발의 아폴론은 빛과 음악의 신이며, 삼지창을 든 포세이돈은 바다의 신이다. 활을 가진 아르테미스는 술과 사냥의 여신이며, 아름다운 아프로디테는 미와 사랑의 여신이다. 다리를 절룩거리는 헤파이스토스는 대장장이의 수호신이다. 황금 옥수수 화관을 쓴 데메테르는 농업의 신, 날개 달린 샌들을 신은 헤르메스는 상업의 신이자 제우스의 심부름꾼이며, 아레스는 전쟁의 신이다. 겸손한 헤스티아는 가정의 수호신이다.

제우스는 판테온의 모든 신들과 함께 올림포스를 다스리고, 우주를 지배했다. 그리스의 창세신화는 우라노스로부터 크로노스로, 크로노스에서 제우스로 이어지는 3대에 걸친 골육상쟁을 통해 태초의 카오스로부터 우주의 질서가 형성되는 과정을 보여주고 있는 것이다.

티아마트와 마르두크의 한판 승부

고대 문명의 땅 메소포타미아는 북쪽으로 아시리아, 남쪽으로 바빌로니아를 포함한다. 메소포타미아 신화 중에서 바빌로니아의 창세신화는 처음부터 끝까지 카오스의 여신인 티아마트와 창조의 작업을 마무리한 마르두크의 싸움으로 이루어져 있다.

태초의 원시 우주에는 단 두 명의 신밖에 없었다. 그 두 명의 신은 짠맛이 없는 맑은 물, 곧 담수의 화신인 아프수와 소금기 있는 물, 곧 염수의 화신인 티아마트였다. 이 둘은 서로를 섞어 새로운 존재를 만들어냈다. 그들로부터 네 세대에 걸쳐 신들이 생겨났다. 그중 하나가 바빌로니아 신화에서 모든 지혜와 마법의 근원이 되는 에아 신이다.

어린 신들의 수가 늘어날수록 소란스러워졌고 아프수와 티아마트는 편히 쉴 수 없었다. 어린 신들의 소동을 못마땅하게 여긴 아프수는 그들을 없애버릴 계획을 세웠으나, 티아마트는 자신이 낳은 신들을 죽일 수 없다며 강력히 반대했다. 아프수의 계획을 눈치챈 에아는 선수를 쳐서 그를 잠들게 만든 뒤 살해했다. 에아는 자신의 승리를 기념하는 궁전을 세우고 그곳에서 아들 마르두크를 낳았다.

마르두크는 바빌로니아 신화의 최고 영웅으로, 태어날 때부터 다 자라 어른처럼 힘이 셌다. 눈과 귀는 각각 네 개였으며, 매우 컸기 때문에 모든 것을 감지했다. 입술을 움직일 때는 불길이 타올랐다.

한편 젊은 신들은 티아마트에게 아프수의 죽음을 막지 못한 것에 대해 추궁했다. 결국 티아마트는 아프수의 죽음에 대한 복수를 하기 위해 에아의 아들인 마르두크를 제거하는 계획에 동참하게 된다.

뱀과 새가 혼합된 암룡인 티아마트는 무시무시한 괴물들로 한 떼의 병사들을 만들었다. 뿔 달린 뱀, 전갈 인간, 악마, 황소 인간 따위로 군대를 만들고 총사령관에는 애인인 킹구를 앞혔다. 킹구에게는 운명의 서판을 주었는데, 그것은 신들의 운명이 새겨져 있는 글자판이었다. 따라서 운명의 서판을 손에 넣으면 최고의 권력을 갖게 되는 것이었다.

티아마트의 공격에 위협을 느낀 신들은 서둘러 회의를 열고 자신들을 지켜줄 신은 마르두크밖에 없다는 결론을 내렸다. 마르두크는 티아마트를 물리치는 데 성공하면 자신이 최고의 신이라는 것을 인정해달라는 조건을 내걸고 싸움을 준비했다. 먼저 활과 화살, 갈고리가 달린 철퇴는 물론이고 티아마트를 에워쌀 그물도 만들었다. 또 티아마트의 몸 안에 불어넣어 혼란을 일으킬 목적으로 바람을 모아 자신을 뒤따르게 했다. 모든 준비가 끝나자 마르두크는 홍수 무기를 집어 들고 폭풍우 전차에 올라탔다.

마르두크는 티아마트를 본 순간 두려움이 앞섰다. 하지만 티아마트의 비웃음에 용기가 되살아나 그에게 1 대 1 싸움을 제안했다. 마르두크는 그물을 던져 티아마트를 사로잡았으며, 티아마트가 자신을 집어삼키려고 입을 벌리며 달려들 때 그녀의 배 속에 사나운 바람을 불어넣었다. 마르두크는 티아마트가 기력을 잃은 틈을 타 화살로 배를 관통시켜 죽였다. 티아마트가 만든 무시무시한 괴물들은 모두 마르두크의 그물에 걸려 포로가 되었다. 마르두크는 킹구로부터 운명의 서판을 빼앗아 자신의 가슴에 단단히 걸었다.

모든 사태를 평정한 마르두크는 신들 가운데 최고 권력자로서의 위치를 확고히 한 다음 우주를 만들었다. 먼저 티아마트의 두개골을 짓뭉개고 동맥을 끊은 뒤에, 마치 말리려고 내놓은 생선처럼 몸을 둘로 갈라서 반쪽은 위로 밀어 올려 하늘의 지붕으로 삼고, 다른 반쪽으로는 지하수가 새어나가지 않게 땅을 만

무시무시한 여신 티아마트를 패배시키는 영웅 마르두크.
오스틴 헨리 레이아드, 〈니네베의 기념비〉 2번째 시리즈, 그루너가 그린 삽화.

들었다. 티아마트의 침으로는 구름과 비를 만들고 독으로는 크게 굽이치는 안개를 만들었다. 그리고 티아마트의 눈에서 유프라테스 강과 티그리스 강을 열었다.

마르두크는 킹구를 죽이고 흘러내린 피로 사람을 만들었다. 인간은 신들의 노역을 대신할 하인으로 창조된 것이다. 인간 덕분에 노동에서 해방된 신들은 마르두크를 위해 바빌론에 거대한 신전을 만들었다. 신전 건립을 축하하는 연회 자리에서 마르두크는 신들의 왕으로 선포되었다.

바빌로니아 창세신화의 판테온은 기원전 2000년경에 출현했을 것으로 추정되는 서사시인 『에누마 엘리시Enuma Elish』에 나타난다. 맨 처음 구절인 "아직 위의(엘리시) 하늘은 이름이 없었을 때(에누마)"가 작품 이름이 된 이 창조 서사시에는 바빌로니아 창세신화의 주인공인 마르두크가 카오스의 용인 티아마트를 죽이고 그녀의 몸으로 우주를 만들고 최고 신이 되는 과정이 기록되어 있다.

반고가 죽어 천지를 개벽하다

아직 천지가 생겨나지 않은 까마득한 그 옛날, 세상은 그저 어두운 혼돈만 있을 뿐, 어떠한 형상도 찾아볼 수 없었다.

기원전 300년경 중국에서 편찬된 『장자莊子』에는 혼돈에 관한 이야기가 다음과 같이 적혀 있다.

> 남해의 왕은 숙, 북해의 왕은 홀, 중앙의 왕은 혼돈이라 한다. 숙과 홀은 자주 혼돈에게 놀러 가서 융숭한 대접을 받았기 때문에 그 은혜에 보답하기로 했다. 사람은 모두 눈·코·귀·입 등 일곱 개의 구멍이 있어 보고 듣고 먹는데, 혼돈에게는 구멍이 하나도 없었다. 그래서 숙과 홀은 도끼와 끌로 하루에 하나씩 이레 동안 일곱 개의 구멍을 뚫어주었다. 그랬더니 가엽게도 혼돈은 영원히 잠들어버렸다. 혼돈이 죽고 나자 혼돈의 뒤를 이어 우주와 세계가 탄생하였다. (「응제왕」편)

중국 최초의 신화 자료집으로 평가되는 『산해경山海經』에도 혼돈이 등장한다. 『산해경』에서 혼돈은 산에 사는 신령스러운 새로 묘사된다. 그 새의 모습은 누런 헝겊 주머니 같고, 한 덩어리의 불꽃송이처럼 붉으며, 다리는 여섯 개, 날개는 네 개가 달려 있지만 얼굴이 없어 눈·코·귀·입이 없었다. 그러나 음악과 춤을 알았다. 이 새의 이름은 제강이다.

혼돈 상태에서 천지가 개벽하고 세계가 창조되는 과정을 가장 구체적으로 보여주는 중국의 창세신화는 반고의 이야기이다. 3세기경에 중국의 창세신화를 최초로 기록한 『삼오역기三五歷記』에 따르면, 하늘과 땅이 아직 갈라지지 않았던 태초에 우주의 모습은 한 덩어리의 혼돈으로, 큰 달걀처럼 생겼다고 한다. 하늘과 땅이 아직 달걀의 노른자와 흰자처럼 붙어 있을 때 이 카오스에서 거인이 나온다. 이 태초의 알에서 태어난 거인은 중국인들의 시조인 반고이다.

반고는 태어난 뒤 1만 8,000년 동안 곤하게 잠만 잤다. 어느 날 반고가 잠에서 깨어났을 때, 보이는 것이라고는 흐릿한 어둠뿐이었다. 반고는 몹시 고민하다가 화가 나서 어두운 혼돈을 향해 큰 도끼를 휘둘렀다. 드디어 큰 달걀이 깨어지고 그 속에 있던 가볍고 맑은 기운은 위로 올라가 하늘이 되고, 무겁고 탁한 기운은 아래로 가라앉아 땅이 되었다.

하늘과 땅이 갈라진 뒤 반고는 그것들이 다시 붙을까 봐 걱정이 되어 중간에 서서 머리로는 하늘을 받치고 다리로는 땅을 눌렀다. 반고는 날마다 한 장丈(약 3미터)씩 키가 자랐으며, 그때마다 하늘은 매일 한 장씩 높아졌다. 반고가 무거워짐에 따라 땅도 굳어져 한 장씩 두꺼워졌다. 이렇게 1만 8,000년이 지나자

중국 창세신화의 거인 반고.
태초의 카오스에서 태어난 반고가 하늘과 땅을 갈라놓았다.

하늘은 더 이상 높아질 수 없을 만큼 높아지고, 땅도 더 이상 두꺼워질 수 없을 정도로 두꺼워졌다.

오랜 시간이 흐른 뒤 하늘과 땅이 완전히 만들어져 두 번 다시 어두운 혼돈으로 합쳐지는 것을 걱정하지 않아도 되었을 즈음에 반고는 마침내 지쳐 쓰러져 죽어갔다. 그가 죽어갈 때 하늘과 땅만 있던 세계에 갑자기 거대한 변화가 일어나기 시작했다.

반고가 마지막 숨을 몰아쉴 때 새어 나온 숨결은 바람과 구름이 되고 목소리는 천둥소리로 변했다. 왼쪽 눈은 태양이 되고 오른쪽 눈은 달로 바뀌었다. 손과 발, 그리고 몸은 대지의 빼어난 산이 되었다. 피는 강물이 되고 핏줄은 길로 바뀌었다. 살은 밭이 되었으며, 머리카락과 수염은 하늘의 별로, 피부와 털은 화초와 나무로 변하였고, 이·뼈·골수 등은 반짝이는 금속과 단단한 돌, 둥근 진주와 아름다운 옥돌로 변했다. 반고가 흘린 땀까지도 이슬과 빗물이 되었다.

하늘과 땅을 만든 거인 반고는 죽은 뒤에도 그의 몸으로 더욱 풍요롭고 아름다운 세계를 창조해낸 것이다.

반고의 신통력에 대해서는 그 밖에도 여러 가지 전설이 전해진다. 가령 그가 울며 흘린 눈물은 강물이 되고, 그가 토해낸 숨은 바람이, 그가 낸 소리는 천둥이, 그리고 그의 눈빛은 번개가 되었다고 한다.

또 다른 전설에 따르면 반고가 기뻐하면 햇볕 나는 맑은 날이 되지만 분노하면 구름 끼는 흐린 날이 되었다고 한다. 이처럼 반고에 대해 여러 가지 기록이 있지만 옛 중국인들은 천지를 개벽한 반고에 대해 존경하고 숭배하는 마음을 갖고 있었다.

중국 창세신화는 카오스에서 태어난 거인이 죽어서 세계 질서가 창조되는 것을 보여주었다. 『장자』에서 혼돈의 죽음이 질서의 시작임을 암시한 것과 같은 맥락임을 알 수 있다.

카오스의 발견

그리스, 바빌로니아, 중국의 창세신화는 카오스(혼돈)에서 코스모스(질서)가 생겨났음을 보여준다. 이 우주(코스모스)가 탄생하기 전에 텅 빈 상태가 카오스였다. 이 카오스가 일순간에 질서를 만들어내는 현상을 최초로 발견한 인물은 프랑스 수학자인 앙리 푸앵카레Henri Poincaré(1854~1912)이다. 19세기 말 푸앵카레는 행성의 궤도를 연구하다가 난관에 봉착했다. 뉴턴Issac Newton(1642~1727)의 만유인력 법칙을 응용하면 두 개의 대상, 예를 들어 태양과 지구의 궤도를 계산할 수 있다. 그러나 거기에

제3의 대상이 얽히면 만유인력만으로는 세 물체간의 운동방정식(삼체문제)이 풀리지 않는다. 일부 궤도는 약간의 교란에도 태양계에서 이탈하여 태양계를 불균형 상태로 빠뜨릴 수 있었다. 푸앵카레는 너무나 하찮은 원인도 엄청나게 복잡한 과정을 유발할 수 있다는 사실을 발견한 것이다. 푸앵카레는 1908년에 펴낸 『과학과 방법Science et Methode』에서 "우리가 간과하는 하나의 매우 작은 원인이 우리가 무시할 수 없는 중요한 결과를 결정한다. 그리고 우리는 그 결과가 우연 때문이라고 말한다. …… 초기 조건에서의 작은 차이가 최종 현상에서 매우 큰 차이를 유발하게 될지 모른다"라고 지적하고, 일기예보를 믿을 수 없는 까닭이 초기 조건에 대한 민감성 때문이라고 주장했다.

기상학에서는 푸앵카레가 지적한 현상을 나비 효과라고 부른다. 오늘 베이징에서 공기를 살랑거리는 나비가 다음 달에 뉴욕에서 폭풍우를 몰아치게 할 수 있다. 나비의 날갯짓처럼 작은 변화가 폭풍우처럼 큰 변화를 유발하는 현상이 나비 효과이다. 푸앵카레가 지적한 날씨의 나비 효과는 1963년 컴퓨터에 의해 비로소 발견되었다. 미국 기상학자인 에드워드 로렌츠Edward Lorenz(1917~2008)는 컴퓨터로 기상을 모의실험하던 도중에 우연히 결정론적인 방정식에서 초기 조건 값의 미세한 차이가 엄청나게 증폭되어 판이한 결과가 나타나는 것을 발견했다. 로렌츠가 발견한 나비 효과가 다름 아닌 카오스이다.

카오스는 대기의 무질서, 하천의 급류, 인간의 심장에 나타나는 불규칙적인 리듬, 주식 가격의 난데없는 폭등처럼 우리 주변에서 불시에 나타난다. 이와 같이 카오스는 오랫동안 우리 곁

컴퓨터에서 발견한 카오스.

카오스 이론은 날씨처럼 불안정하고 불규칙해 보이는 현상에도 나름의 질서와 규칙이 있음을 설명하려는 시도이다. 미국 기상학자 에드워드 로렌츠가 1963년 기상을 관측하다가 발견한 나비 날개 모양의 그림이 그 토대가 된다.

미국의 저술가 제임스 글리크의 『카오스』 초판(1987)에서는 카오스 이론이 상대성 이론과 양자역학을 잇는 물리학의 세 번째 혁명이라 표현했지만 20주년 기념판(2007) 서문에서는 한 발 물러나 이렇게 표현하고 있다. "지금 분명해진 사실은 카오스 이론은 상대성 이론과 양자역학으로부터 '때려야 뗄 수 없다'는 것이다. 오직 하나의 물리학이 있을 뿐이다."

에서 이해받게 될 날이 오기를 기다리면서 결정론적 방정식에 숨어 있었다. 단지 로렌츠에 의해 학문적으로 발견되었을 따름이다.

로렌츠가 카오스를 찾아냈을 때 컴퓨터 화면이 보여준 기상계의 행동은 한없이 복잡한 궤도가 일정한 범위에 머무르면서 서로 교차되거나 반복됨이 없이 나비의 날개 모양을 끝없이 그려내고 있었다. 카오스를 나타내는 이 그림은 놀랍게도 일정한 모양새를 하고 있었다. 혼돈(불규칙성) 속에 모양(규칙성)이 숨어 있었던 것이다. 이를테면 규칙적인 불규칙성regular irregularity이 나비 효과에서 발견된 것이다. 혼돈 속에 질서가 내재되어 있다는 사실이 확인됨에 따라 새로운 용어가 등장했는데, 이것이 카오스이다. 1975년 '초기 조건에 민감한 의존성을 가진 시간 전개'를 카오스라고 명명했다.

카오스의 발견으로 혼돈 과학이 등장했다. 당시 혼돈 과학은 20세기 물리학의 세 번째 혁명으로 평가되었다. 상대성이론과 양자역학처럼 고전물리학의 결정론을 거부하고 있기 때문이다. 아이작 뉴턴의 고전물리학에서는 자연현상을 결정론적이고, 예측 가능하며, 질서 정연한 것으로 본다. 어떤 물체의 초기 조건, 즉 위치와 속도를 알고 있으면 뉴턴의 운동방정식을 사용하여 물체의 다음 궤도를 미리 결정할 수 있기 때문이다. 이러한 결정론적 세계관이 300년 가까이 과학의 사고를 지배했기에, 나비 효과처럼 작은 변화가 시간이 경과함에 따라 나중에 엄청나게 큰 변화를 야기하는 현상은 철저하게 무시되었던 것이다.

카오스 이론은 1980년대부터 다양한 분야에 이용되고 있다. 먼저 생리학의 경우 뇌와 심장에서 카오스 현상이 발견되었다. 카오스를 이용한 제품 개발 역시 활발하다. 통신 보안 장치에서 카오스 컴퓨터에 이르기까지 다양하게 연구되고 있다.

카오스를 활용하는 연구 못지않게 카오스를 제어하는 연구도 진행된다. 인류는 마침내 카오스를 이해하는 수준을 넘어 카오스를 정복하는 단계로 나아가고 있는 것이다.

오늘날 과학자들은 혼돈에서 질서가 저절로 형성되는 원리를 밝혀내기 위해 노력하고 있다. 동서양의 창세신화는 인류의 조상들이 카오스에 질서를 창조할 수 있는 힘이 숨어 있다는 사실을 일찌감치 알고 있었음을 확인시켜준다.

복잡성 과학

카오스는 작은 입력으로 막대한 효과를 유발할 수 있는 비선형적nonlinear 특성을 보여주는 대표적인 현상이다. 그러나 비선형적 행동을 나타내는 자연 및 사회현상의 광대한 영역에서 비추어볼 때 카오스의 발견은 빙산의 일각에 불과할지 모른다. 비선형계에는 혼돈 대신에 질서를 형성하는 복잡성complexity의 세계가 존재하기 때문이다.

복잡성은 단순한 질서와 완전한 혼돈 사이에 있는 상태를 말한다. 사람의 뇌나 생태계 같은 자연현상과 주식시장이나 세계경제 같은 사회현상은 결코 완전히 고정된 침체 상태나 완전히 무질서한 혼돈 상태에 빠지지 않고 혼돈과 질서가 균형을 이루는 경계면에서 항상 새로운 질서를 형성하고 유지한다.

프랙탈 모양.
자연의 카오스 현상을 표현하기 위해 프랙탈 기하학이 등장하였다. 프랙탈 모양은 무한하게 세
분되고, 무한한 길이를 가지며, 분수로 차원을 나타내고, 규모가 작아지는 방향으로 스스로 닮
아가며, 간단한 반복작용을 계속하여 손쉽게 만들어낼 수 있다.

복잡성에 도전하여 학문적 성과를 거둔 대표적 인물은 벨기에의 화학자인 일리야 프리고진Ilya Prigogine(1917~2003)이다. 그는 1977년 비평형 열역학의 비선형 과정에 대한 연구 업적으로 노벨상을 받았다.

프리고진은 비선형 과정에 의해 혼돈으로부터 새로운 질서가 자발적으로 출현하는 구조를 무산구조dissipative structure라고 명명했다.

무산구조는 함축적인 의미의 명칭이다. 무산과 구조는 양립할 수 없는 뜻을 갖고 있기 때문이다. 생물이나 사회처럼 열린계는 생존을 위해 밖으로부터 에너지를 받아들이고, 사용할 수 없는 에너지, 곧 엔트로피entropy는 주위환경으로 무산시킨다. 요컨대 열린계는 에너지를 소모(무산)하여 자기의 질서(구조)를 지킨다. 엔트로피가 단순히 무질서를 향하는 것이 아니라 엔트로피 그 자체가 질서의 씨앗이 될 수도 있다는 의미이다.

프리고진은 1984년에 펴낸『혼돈으로부터의 질서Order Out of Chaos』에서 생명의 본질을 무산구조로 설명함에 따라 찬반논쟁이 일어났으며, 프리고진은 일개 과학자가 아니라 사상가로 주목을 받게 되었다.

한편 사람의 뇌나 증권거래소처럼 복잡성을 지닌 계의 행동은 인간의 능력으로 파악이 불가능한 수많은 변수에 의해 결정된다. 컴퓨터가 등장할 때까지 비선형계의 연구가 지지부진했던 이유이다.

컴퓨터를 사용하여 복잡성을 지닌 계로부터 골라낸 수천 가지 변수로부터 과학자들은 하나의 획기적인 사실을 발견했다.

단순한 구성요소가 수많은 방식으로 상호작용하기 때문에 복잡성이 발생한다는 사실이 확인된 것이다. 복잡성은 단순성이 그 기초를 이루고 있다는 뜻이다. 예컨대 사람의 뇌는 1,000억 개의 신경세포가 연결되어 있고, 증권거래소는 수많은 투자자들로 들끓고 있다. 이러한 복잡한 계는 환경의 변화에 수동적으로 반응하지 않고 구성요소를 재조직하면서 능동적으로 적응한다. 따라서 이를 복잡적응계complex adaptive system라 일컫는다. 복잡적응계에서 자발적으로 질서가 형성되는 자기조직화self-organization의 원리를 밝히는 연구를 복잡성 과학sciences of complexity이라 한다.

복잡적응계는 자기조직화 능력을 갖고 있으므로 단순한 구성요소가 상호간의 끊임없는 적응과 경쟁을 통해 보다 높은 수준의 복잡한 구조를 형성할 수 있다. 예컨대 단백질 분자는 생명체를, 기업이나 소비자는 국가 경제를 형성한다.

여기서 반드시 유의해야 할 대목은 복잡적응계가 구성요소들이 개별적으로 갖지 못한 특성이나 행동을 보여준다는 것이다. 가령 단백질은 살아 있지 않지만 그들의 집합체인 생물은 살아 있다. 이와 같이 구성요소를 함께 모아놓은 전체 구조에서 솟아나는 새로운 특성이나 행동을 창발emergence현상이라 한다.

창발은 복잡성 과학의 기본 주제이다. 창발은 상호작용하는 수많은 구성요소로 이루어진 복잡한 체계 안에서 질서가 자발적으로 돌연히 출현하는 것을 뜻한다.

02

델포이 신탁의 수수께끼

신화에는 뱀이 많이 나온다

창세신화에서 가장 많이 등장하는 동물은 뱀이다. 뱀은 아주 복잡한 의미를 지닌 상징으로 여겨진다. 바빌로니아 창세신화의 주역인 티아마트는 암룡이지만 뱀의 모습으로 그려지기도 하는 카오스의 여신이다. 뱀은 만물이 생성되는 혼돈의 바다를 상징한다. 인도의 창세신화에서도 뱀은 창조 이전의 혼돈으로서 끝없는 대해를 나타낸다. 원초의 바다에서 똬리를 틀고 있는 뱀은 천 개의 얼굴을 가진 아난타이다. 뱀의 왕인 아난타는 '끝없다'는 뜻으로 무한의 상징이다. 아난타 위에서 신들의 신이며 우주 최초로 유일하게 깨어 있는 비슈누가 그의 아내인 락슈미와 함께 휴식을 취한다.

비슈누는 432만 년 동안 열 차례 변신하는데, 두 번째 화신(아바타라)은 거북이다. 태초에 대홍수가 일어나서 세상이 파괴되자 비슈누는 커다란 거북으로 변신하여 물속으로 들어갔다. 이 거북의 등 위에 산이 단단히 자리 잡았다. 이 산에 똬리를 튼 우주의 뱀은 바수키이다. 신들과 악마인 아수라들은 소용돌이치는 물살 주위에 바수키를 둘러서 묶어놓고 양쪽에서 끌어당기면서 큰 바다를 교반攪拌하였다. 교반은 본래 '휘저어 섞는다'는 뜻인데, 천지창조의 상징이다. 힌두교에서는 우유의 바다를 휘저어 천지창조가 이루어졌다고 믿는다. 신들이 평소에는 불구대천의 원수인 아수라들과 함께 바수키를 밧줄로 사용하여 바다를 휘저은 것도 창조의 기운을 얻기 위해서였다. 교반으로 인해 바다는 점점 더 빠른 속도로 소용돌이쳤으며 바다에서는 온갖 신기한 보물들이 솟아올랐다. 거북으로 변신한 비슈누는 아수라가 우유의 바다를 휘저어 불사의 물인 암리타를 훔쳐 가려는 것을 저지했다.

인도 신화에는 나가라는 신적 존재로 여겨지는 뱀이 있다. 나가는 여러 가지로 그려지는데, 코브라의 머리와 얼굴을 가진 인간, 또는 뱀의 얼굴을 가진 인간, 또는 허리 위는 인간이고 하반신은 뱀의 모습을 하기도 한다. 일반적으로 사람의 얼굴에 코브라의 목과 뱀의 꼬리를 갖고 있는 모습으로 묘사된다. 나가는 수면 아래 있는 낙원에서 산다. 하천, 호수, 바다 밑에서 춤과 노래로 나날을 보내며 빛나는 보석들이 박힌 궁전을 거처로 삼는다. 이 뱀들은 문지방이나 입구의 수호자이며, 물질적이고 영적인 보물의 수호자이고, 생명의 샘을 지키는 파수꾼이며, 가축의 보호자이다. 나가가 지니는 수호 기능은 사원 건축에서 분명히 드러난다. 가령 캄보디아의 앙코르와트 사원 입구에는 여러 개의 나가 상이 호위자로 서 있다.

일본의 우주 창조 신화에는 머리가 여덟 개 달린 뱀인 하치키 오헤비가 나온다. 일본에서 '8'이라는 숫자는 성스러운 숫자인 동시에 많다는 것을 뜻한다. 하치키 오헤비의 눈은 앵두처럼 붉다. 이마 한가운데에서는 가문비나무가 자라는가 하면 등에서는 소나무와 이끼가 자라고 있으며 배는 언제나 피로 얼룩져 있다. 하치키 오헤비는 일본 왕의 딸 여덟 명 중에서 일곱 명을 7년에 걸쳐 잡아먹었다. 마지막으로 막내딸을 잡아먹으려고 할 때 한 영웅이 나타났다. 그는 둥근 모양의 거대한 목책을 만들고 여덟 개의 망루를 세웠다. 그리고 각각의 망루에 술을 가득 담은 항아리를 가져다놓았다. 하치키 오헤비는 여덟 개의 머리를 각각 여덟 개의 술 항아리에 처박고 게걸스럽게 마셔댔다. 뱀이 술에 취해 곯아떨어진 순간 이 영웅은 칼로 여덟 개의 머리를 잘랐다. 잘려나간 머리에서는 붉은 피가 강물처럼 흘러나왔다. 하치키 오헤비로부터 목숨을 건진 막내 공주는 이 영웅의 배필이 되었다.

뱀은 여러 신화에서 죽음과 파괴를 상징하는 존재로 나타난다. 성경에는 리바이어던이 등장한다. 리바이어던은 큰 바다와 혼돈을 뜻하는 원초의 괴물로, 바다의 힘을 나타내는 거대한 뱀이다. 야훼는 신의 위대함에 대비되는 인간의 연약함과 무지를 강조하기 위해 이렇게 묻는다.

"너는 낚시로 레비아단을 낚을 수 있느냐? 그 혀를 끈으로 맬 수 있느냐? 코에 줄을 꿰고 턱을 갈고리로 꿸 수 있느냐? …… 너는 그 살가죽에 창을, 머리에 작살을 꽂을 수 있느냐? 손바닥으로 만져만 보아라. 다시는 싸울 생각을 하지 못하리라."(「욥기」 40:25~32)

영국의 철학자인 토머스 홉스Thomas Hobbes(1588~1679)는 1651년 국가를 리바이어던에 비유한 저서인 『리바이어던 Leviathan』을 펴냈다. 그는 이 책에서 "인간은 인간에 대해서 늑대이다"라는 명언을 남겼다.

그리스 신화에는 히드라가 나온다. 히드라는 우물 근처의 늪 속에 사는 머리가 여러 개 달린 물뱀이다. 머리의 수에 관해서는 여섯 개에서 백 개까지 여러 주장이 있다. 머리 한 개가 잘려나가면 그 자리에 새로운 머리가 두 개씩 솟아난다. 그중 한가운데 있는 머리는 사람의 머리처럼 생겼는데 영원히 죽지 않는다. 히드라의 입김은 물을 독으로 오염시키고 들판을 황폐하게 만들어버린다. 헤라클레스에게 주어진 열두 가지 어려운 과제 중에서 두 번째가 히드라를 죽여야 하는 것이었다. 그는 히드라의 머리를 곤봉으로 쳐서 여러 개 떨어뜨렸으나 그 자리에 두 개씩 새로운 머리가 나왔기 때문에 조카의 도움을 받았다. 그가 머리를 자르면 조카가 피로 얼룩진 부위를 횃불로 태워버렸다. 영원불멸이라는 가운데 머리는 거대한 바위 밑에 파묻었다. 히드

「히드라를 죽이는 헤라클레스」.
헤라클레스는 머리를 잘라도 곧 머리가 다시 두 개씩 자라나는 불멸의 물뱀 히드라를 처단했다.

구스타프 클림트, 「베토벤 프리즈」.

오스트리아 빈의 작은 전시장 지하의 방 세 면에 1902년 클림트가 공개한 「베토벤 프리즈」라는 그림이 그려져 있다. 프리즈는 천장과 벽 사이 공간에 그린 그림을 의미한다. 클림트는 베토벤을 기념하기 위해 베토벤 교향곡 9번 「합창」 4악장을 표현했다고 한다. 가운데 벽의 그림은 악의 상징인 티폰이 이빨이 드문드문 빠진 멍한 표정의 고릴라로 그려져 있고, 티폰의 오른편(그림 왼쪽) 세 여인은 그의 딸들인 고르곤 자매로 각각 질병, 광기, 죽음을 의미하며, 티폰의 왼쪽(그림 오른쪽) 세 여인은 각각 욕망, 음란, 방종을 상징한다. 티폰은 100개의 뱀 머리가 달린 반인반수의 괴물이다.

라의 머리는 바위 밑에서 헤라클레스를 증오하며 아직도 다시 태어나기만을 기다리고 있다.

그리스 신화에서는 뱀이 몸의 일부로 붙어 있는 괴물을 볼 수 있다. 고르곤과 케르베로스가 좋은 보기이다. 고르곤은 무서운 자매들이다. 고르곤 자매 중 가장 이름이 알려진 것은 메두사이다. 고르곤은 추악한 얼굴의 괴물로서, 머리 둘레에는 뱀과 같은 머리카락이 휘감겨 있고, 산돼지와 같이 큰 이빨을 갖고 있다. 거친 손은 놋쇠로 되어 있고, 황금의 날개로 공중을 날아다닌다. 고르곤의 가장 강력한 무기는 눈이다. 눈은 섬광을 발하므로 그 날카로운 시선에 부딪히면 무엇이든지 돌로 변해버린다. 고르곤은 죽지 않는 괴물인데, 메두사만은 예외이다. 메두사는 본래 리비아의 아름다운 처녀였으며 그 모발이 그녀의 중요한 자랑거리였다. 그러나 감히 지혜의 여신인 아테나와 아름다움을 경쟁하였기에, 분노한 여신이 메두사의 아름다움을 박탈하고, 아름다운 머리털을 슈웃슈웃 소리를 내는 여러 마리의 뱀으로 변하게 하였다. 메두사는 무서운 형용을 한 잔인한 괴물로 바뀌었다. 그래서 그녀를 한 번 본 사람은 누구나 돌이 되었다. 메두사가 살고 있는 동굴 주변에는 그녀를 한 번 보다가 돌로 바뀐 사람이나 동물의 모습이 수두룩했다.

메두사를 정복한 영웅은 제우스의 아들인 페르세우스이다. 그는 메두사를 보면 돌로 변한다는 사실을 알고 있었으므로 아테나 여신이 빌려준 방패를 몸에 지니고 메두사가 잠든 사이에 접근하였다. 그리고 그녀를 직접 바라보지 않도록 조심하면서 가져온 광휘 찬란한 방패에 그녀의 모습을 비추어가며 메두사

의 머리를 베었다. 페르세우스가 메두사의 목을 쳤을 때 그 피가 땅속에 스며들어 태어난 동물이 페가수스이다. 날개 돋친 말인 페가수스는 메두사가 바다의 신인 포세이돈과 잠자리를 해서 잉태한 것이다. 페르세우스는 메두사의 머리를 아테나에게 주었는데, 아테나는 그것을 자신의 방패 한가운데 붙였다.

케르베로스는 지하 세계의 문 앞을 지키며 죽은 사람들은 들어가게 하지만 아무도 나가지 못하게 하는 저승의 문지기이다. 케르베로스는 머리가 세 개 달린 거대한 개로서 살아 있는 뱀이 꼬리로 달려 있다. 헤라클레스의 열두 가지 과제 중에서 마지막 일은 케르베로스를 한낮의 태양 아래로 끌어내는 것이었다. 케르베로스는 헤라클레스의 힘에 굴복하여 잠시 동안 끌려 왔다가 다시 지하 세계로 돌아갔다.

델포이의 아폴론 신전

그리스에 대홍수가 난 적이 있는데, 대지가 진흙으로 덮여 비옥해졌다. 그 진흙 더미에서 최초의 왕뱀인 퓌톤이 생겼다. 이 괴물은 그 크기가 어마어마해서 구불거리는 몸통은 산맥을 뒤덮었으며, 길이는 별에까지 닿았다. 퓌톤은 강물이란 강물은 모조리 들이마시고 다시 토해냈기 때문에 공포의 대상이었다. 퓌톤은 그리스 중부에 있는 파르나쏘스 산의 동굴 속에 숨어 있었다.

메두사의 머리를 들고 있는 페르세우스.
제우스의 아들인 페르세우스는 아테나 여신의 도움을 받아 메두사의 머리를 자를 수 있었다.

『이윤기의 그리스 로마 신화 3』에 이런 구절이 나온다.

아폴론이 태어날 당시 파르나쏘스 산 기슭 마을 델포이에는 시뷜레라는 무녀(점쟁이)가 살고 있어서 사람들의 발길이 잦았다. 델포이는 '대지의 자궁' '세계의 배꼽'으로 믿어지던 마을이다. 당연히 찾는 사람이 많았을 법하다. 그러나 사람들은 마음 놓고 그 '대지의 자궁'인 델포이를 출입할 수 없었다. 산기슭의 카스탈리아 샘 곁에, 대지의 여신 가이아의 자식인 엄청나게 큰 왕뱀이 아내를 거느리고 살고 있었기 때문이다. 수컷의 이름은 퓌톤, 암컷의 이름은 퓌티아였다.

아폴론은 화살을 쏘아 퓌톤을 죽였다. 아폴론은 지아비를 잃고 슬퍼하는 퓌티아를 가엾이 여겨 인간으로 변신시키고 델포이에 있는 자신의 신전을 지키게 했다.
　토머스 벌핀치Thomas Bulfinch(1796~1867)의 『고대신화 Mythology』에는 아폴론 신전이 세워진 경위가 다음과 같이 적혀 있다.

옛날에 파르나쏘스 산 위에서 풀을 뜯어 먹고 있던 염소 떼가 산 허리에 길고 깊숙하게 틈이 난 곳에 다가가자 갑자기 경련을 일으켰다. 이것은 지하의 동굴에서 발산하는 특수한 증기에 기인한 것이었는데, 한 목동이 스스로 시험해보고자 증기를 흡입하니, 정신을 잃고 염소와 마찬가지로 경련을 일으켰다. 이웃 나라의 주민들은 그 이유를 설명할 수 없어 목동이 증기에 취했을 때 경련

아폴론 신전.
고대 그리스인들은 델포이에 세워진 아폴론 신전에 찾아가 신탁을 받았다.

을 일으키고 발광한 것은 신적인 영감 때문이라고 설명하였다.
이 사실은 급속도로 널리 퍼져 신전이 그 장소에 건립되었다.

델포이에 있는 아폴론 신전은 고대 그리스에서 종교적으로
가장 중요한 장소였다. 이곳에서 그리스인들은 신에게 미래에
관해 문의하고 신이 주는 답변, 곧 신탁에 따라 대책을 궁리했기
때문이다. 신탁이란 '신이 맡겨놓은 뜻'이라는 의미이다. 아폴론
은 델포이에 있는 자신의 신전에다 사람들 하나하나의 운명에
대해 자신의 뜻을 맡겨놓았는데, 이것이 신탁인 것이다. 따라서
그리스인들은 부족끼리 전쟁을 할 때마다 델포이에서 받은 신

탁에 따라 해결책을 찾았으며, 일반 시민은 건강이나 재산 관리에 관한 신탁을 듣기 위해 아폴론 신전을 찾았다. 말하자면 델포이 신탁은 아폴론이 내리는 예언이었다.

아폴론은 자신의 예언을 전달하는 역할을 퓌티아에게 맡겼는데, 그 후로 퓌티아는 아폴론 대신에 그의 신탁을 읊조리는 무녀들을 통틀어 일컫는 보통명사가 되었다. 여성을 차별했던 옛 그리스인들이 아폴론의 대리인으로 여자들을 내세운 것은 이례적인 일에 속한다.

퓌티아가 무아경에 빠진 까닭은

퓌티아라 불리는 여인네들은 아폴론 신전에서 델포이의 신탁을 전하는 소임을 수행하기 전에 먼저 카스탈리아 우물에서 목욕을 한 뒤 아폴론의 첫사랑인 다프네가 나무로 바뀐 월계수의 잎으로 만든 관, 곧 월계관을 쓴다. 그리고 월계수로 장식된 삼각대에 앉는다. 삼각대는 헤파이스토스가 아폴론에게 만들어 준 것이다. 이 삼각대는 땅속 깊숙이에서부터 틈이 난 곳에 놓여 있는데, 지하의 동굴에서 발산된 특수한 증기가 이 틈으로 새어나온다. 퓌티아는 이 증기를 마시면 무아경에 함몰되어 영감을 얻고 아폴론의 예언을 읊조리게 된다.

델포이 신탁의 예언적 영감이 땅 밑의 증기와 관련되어 있다는 주장은 고대 그리스의 지식인들, 예컨대 철학자 플라톤

존 콜리어, 「퓌티아」.

Plato(기원전 427~347)과 역사가 플루타르코스Plutarchos(46~120) 등의 전폭적인 지지를 받았다.

특히 플루타르코스는 신탁 과정을 직접 목격한 경험담을 기록으로 남겼다. 그는 아폴론을 연주자, 퓌티아를 현악기, 증기를 악기 연주용 채로 비유하고 증기가 신탁 전달의 유일한 방아쇠 역할을 한다고 주장했다. 퓌티아가 앉아 있는 삼각대 아래 땅속의 샘물에서 올라오는 증기는 달콤한 향기를 풍겼는데, 퓌티아 역할을 하는 무녀들은 삼각대 위에 똑바로 앉아서 상당한 시간을 보낸 뒤에 가벼운 몽환에 빠진 채 사람들의 질문에 대해 변성된 목소리로 답변을 늘어놓았다. 일을 마친 무녀들은 마치 황홀한 춤을 추고 난 뒤의 무희들 같은 표정을 짓곤 했다. 플루타르코스의 설명은 거의 정설로 받아들여졌다.

그러나 1900년경 플루타르코스의 설명을 완전히 뒤집는 주장이 제기되었다. 프랑스 고고학자들이 아폴론 신전 부근을 발굴한 현장에서 땅이 갈라진 틈이나 땅에서 발산된 증기의 흔적을 찾아내지 못했기 때문이다. 이를 계기로 플라톤이나 플루타르코스의 설명은 근거가 없는 것으로 치부되었다.

1980년대에 유엔개발계획UNDP은 지난 수백 년간 그리스에서 지진이 발생했던 단층을 조사했는데, 이 작업에 참여했던 한 지질학자가 파르나쏘스 산의 남쪽 비탈을 따라서 아폴론 신전의 신탁 장소 아래로 지나가는 단층이 있음을 발견했다. 그로부터 10여 년이 지난 뒤 그 지질학자는 다른 고고학자와 공동 연구에 착수하여 아폴론 신전 밑을 지나는 단층을 통해 땅 밑의 샘물에서 나온 증기가 땅 위로 올라오는 경로를 찾아냈다. 1996년

최초의 퓌티아로 알려진 여인이 아테네의 왕 아이게우스에게 신탁을 전하고 있다. 현재까지 남아있는 유물 중, 델포이의 퓌티아가 표현된 것으로는 유일하다.

두 사람은 플루타르코스 등 옛사람들의 설명을 무시할 만한 지질학적 이유가 없다는 주장을 발표했다. 이들은 신탁 장소 아래의 단층을 통해 지하에서 발생하는 에틸렌 등 여러 기체가 땅 위로 솟아나오는 현상이 확인되었다고 강조하였다. 말하자면 퓌티아가 에틸렌을 마셔서 무아경에 빠질 수밖에 없었다는 것이다.

2,000년 전 플루타르코스는 천상의 신들이 인간들의 운명을 점치는 기적을 성취하기 위해 지상의 하찮은 물질인 증기의 힘을 빌렸다는 사실을 밝혀냄으로써 종교를 과학에 접목시킨 셈이다. 그가 아폴론 신전을 냉소적으로 숭배한 종교적 보수주의자들과는 달리 열린 마음으로 델포이 신탁 과정을 조심스럽게 관찰하여 밝혀낸 신화의 수수께끼가 1996년에 지질학자, 고고학자, 화학자, 독극물학자 등 네 명의 공동 연구에 의해 과학적으로 설명된 것은 인문학과 과학의 융합 연구의 중요성을 일깨워준 사례가 아닌가 싶다.

03

인간은
어떻게
창조되었는가

여신 여와의 인간 사랑

중국 창세신화에는 여와라는 여신이 혼자서 인류를 창조했다는 '여와조인女媧造人' 신화가 전해 내려온다.

천지가 개벽하고 새와 짐승들, 벌레와 물고기들이 생겨났지만 인류가 아직 존재하지 않아 세상은 황량하고 적막하기만 했다. 재주가 무척 뛰어난 천신인 여와는 뭔가를 만들어 넣어야 대지에 생기가 돌 것 같다고 느꼈다. 여와는 생각 끝에 땅에서 황토를 파내어 물로 반죽해 둥그렇게 빚었다. 인형처럼 생긴 황토 덩어리는 꽥꽥 소리치며 뛰놀았다. 인간이 창조된 것이다.

여와는 자신의 작품에 만족하여 수없이 많은 인간을 만들어냈다. 남자와 여자 모두 벌거벗은 채 여와를 둘러싸고 뛰놀았다. 여와는 오랫동안 인간을 만들어냈으나 대지가 너무 넓어 그의 작품으로 대지를 채우기에는 역부족이었다. 여와는 궁리 끝에 줄을 구해서 진흙 물을 묻힌 뒤에 땅을 향해 한바탕 휘둘렀다. 땅에 떨어진 진흙 물방울은 모두 인간이 되었다. 줄을 휘두를 때마다 한꺼번에 수많은 인간이 만들어졌기 때문에 대지는 인간으로 가득 차게 되었다.

이어서 여와는 인류가 언젠가 죽어야 하는 존재이기 때문에 인류 스스로 번식하는 방법을 고안했다. 남자와 여자를 짝지어주어서 스스로가 그들의 자손을 만들어 그 수를 늘리도록 한 것이다. 여와가 인류를 위해 혼인 제도를 만들어주었으므로 그녀를 신매神媒, 곧 혼인의 신이라 불렀다.

여와가 오색 돌로 하늘을 보수하고 있다. 청나라 초기에 제작된 『소운종 작품집』에 수록되어 있는 「여와유체女媧有體」 인쇄본. 소운종蕭雲從 그림.

여와는 인류를 창조하고 혼인 제도를 만든 뒤 한동안 휴식을 취하고 있었는데, 어느 날 천지에 큰 변동이 발생했다. 하늘의 한쪽 귀퉁이가 무너져 내려 구멍이 뚫리고 땅이 갈라 터져 틈이 생긴 것이다. 이러한 변화로 말미암아 산에서는 큰불이 나고 땅에서는 뜨거운 물줄기가 솟아올라 온 세상이 지옥으로 변했다. 여와는 자신이 창조한 인간이 재앙을 겪는 게 안타까워서 하늘과 땅의 부서진 곳을 수리했다. 먼저 강에서 주워 온 오색 돌을 녹여 아교처럼 만들어서 이것으로 하늘의 구멍을 메웠다. 수리를 끝낸 뒤 하늘이 무너지지 않도록 큰 거북 한 마리를 잡아 네 발을 잘라서 하늘을 받치는 기둥으로 삼았다. 또 여와는 땅을 모두 평평하게 메웠다. 세상이 다시 평온을 되찾고 인류는 아무 걱정 없이 즐거운 나날을 보내게 되었다.

여와는 인간 창조의 위대한 작업을 마무리한 뒤 하늘나라로 가서 은둔 생활을 했다. 그녀는 인간을 만든 공로를 모두 대자연에게 돌리고, 자기 자신은 오로지 자연의 섭리에 따라 작은 노력을 했을 뿐이라고 말하곤 했다. 여와가 이처럼 겸손했기 때문에 그녀의 걸작품인 인간들은 위대한 어머니인 여와에게 끝없이 감사해하며 영원히 잊지 못하고 있는 것이다.

인간은 신의 로봇이었다

세계 4대 문명의 하나인 티그리스-유프라테스 강 삼각주 유역의 고대 메소포타미아 문명에는 3대 신화가 전해 내려오고 있다. 메소포타미아 신화는 수메르, 바빌로니아, 아시리아의 신화로 나눌 수 있다.

기원전 3000년경 수메르인이 메소포타미아에 고대 문명의 꽃을 피웠다. 수메르의 창조 신화는 우주의 기원, 우주의 생성, 인간의 창조 등 세 부분으로 나뉜다. 창조의 신으로는 하늘의 신인 안, 대기의 신인 엔릴, 대지의 여신인 닌후르사가, 물의 신인 엔키가 있다. 신들 가운데 최고의 권위는 신들의 아버지인 안의 몫이었다. 엔릴, 닌후르사가, 엔키는 모두 안의 자식들이다. 집안의 맏형인 엔릴이 안 다음의 지위를 누렸고, 엔릴의 누이동생인 닌후르사가는 막내인 엔키를 거느렸다. 그러나 엔키는 누나인 닌후르사가를 사랑하여 결합했으며, 낙원에서 함께 살았으나 갈등을 빚기도 했다.

수메르 신화의 신들은 날마다 먹을 양식을 구하기가 어려워 고통을 느꼈다. 엔키는 신들을 대신하여 땅을 가는 노동을 해줄 존재를 만들기로 했다. 엔키는 물속에서 점토 덩어리를 떼어내어 신을 닮은 생명체를 창조했다. 그것은 다름 아닌 인간이었다. 이렇게 창조된 인간은 신체 조건에 따라 역할이 정해졌다. 가령 눈이 불편한 사람은 악기 연주자로, 생식기가 없는 사내는 왕을 모시는 내시가 될 운명이 지워졌다.

수메르 신화에서 인간은 신의 로봇으로 창조된 셈이다. 1921년 체코의 작가인 카렐 차페크Karel Capek(1890~1938)가 발표한 희곡인 『로섬의 만능 로봇Rossum's Universal Robot(R. U. R.)』에서 로봇이라는 단어가 처음 사용되었는데, 차페크는 '강제 노동'을 뜻하는 체코어(로보타)로부터 로봇이란 어휘를 만들어낸 것이다.

그리스 신화의 로봇

그리스 신화에는 신들이 상아나 놋쇠를 사용하여 특별히 만든 인간이 등장한다.

키프로스 섬에는 피그말리온이라는 조각가가 살고 있었다. 그는 재능이 특출한 예술가이자 명망가 집안의 청년이었으므로 중매쟁이들이 키프로스, 아테네, 시칠리아 섬, 크레타 섬, 이집트, 바빌론 등 세계 곳곳에서 공주 등 사랑스럽고 부유한 처녀들을 데려왔다. 그러나 피그말리온의 눈에 드는 여인은 단 한 명도

없었다. 그는 담백함과 청결한 아름다움을 지닌 처녀를 찾고 있었기 때문이다. 그는 결국 여성들에 대한 혐오감을 갖게 되어 한 평생 결혼하지 않기로 결심하였다.

피그말리온은 작업실에서 두문불출하며 상아를 사용하여 자신이 찾는 여인상을 조각했다. 그의 조각 솜씨가 워낙 완벽하여 그 작품은 사람의 손으로 만든 인공물이 아니라 자연의 창조물처럼 보였다. 또한 너무나 아름다워서 이 세상의 어느 미녀에게도 뒤지지 않을 정도였다. 피그말리온은 자신이 만든 여인상이 마치 살아 있는 처녀처럼 느껴져 사랑에 빠지고 말았다.

피그말리온은 여인상의 팔다리에 예쁜 옷을 입히고, 손가락에는 반지를 끼우고, 목에는 목걸이를 걸고, 귀에는 귀걸이를 달아주었다. 또 번들번들한 조개껍질, 반짝이는 구슬, 자그마한 새, 각양각색의 꽃다발 등을 여인상의 발치에 선물로 갖다 바치기도 했다. 그는 조각상을 소파 위에 누이고, 손으로 만져보기도 하고, 포옹하기도 하면서 그녀를 자신의 아내라고 생각했다.

사랑의 여신인 아프로디테의 축제가 다가왔다. 이 축제는 키프로스 섬에서는 아주 성대하게 치러지는 큰 행사였다. 피그말리온은 제단 앞에 나아가서 여신에게 하얀 암소를 바치고 작업실의 상아 처녀와 같은 여인을 아내로 점지해달라고 간청했다. 아프로디테는 그의 말뜻을 알아차리고 소원을 들어주겠다는 표시로 제단의 불꽃을 세 번 하늘로 치솟게 했다. 기쁜 마음으로

장 레옹 제롬, 「피그말리온과 갈라테이아」.
조각가 피그말리온은 그가 만든 여인상과 사랑에 빠진다.

집에 돌아온 피그말리온은 눈이 휘둥그레졌다. 온 집 안이 말끔히 청소되어 있고 부엌에서는 맛있는 음식이 끓고 있었기 때문이다. 그는 여인상에 다가가서 입술에 키스를 했다. 그녀의 입술은 따뜻하고 곰살맞게 움직였다. 여인상은 얼굴을 붉히면서 수줍은 듯이 눈을 감았다.

피그말리온은 상아로 된 그녀의 피부가 우유처럼 해맑았기 때문에 그녀에게 '우유'라는 뜻을 가진 그리스어인 '갈라테이아'를 이름으로 지어주었다. 피그말리온과 갈라테이아는 결혼을 하여 아들을 하나 낳았다. 아기의 이름은 파포스였다. 지금도 키프로스 섬에는 파포스라는 이름을 가진 도시가 있다. 이 도시는 아프로디테에게 봉헌된 바 있다.

크레타 섬에는 탈로스라는 거인이 있었다. 최고의 대장장이인 헤파이스토스가 놋쇠로 탈로스를 만들어 생명과 괴력을 불어넣어주었다. 청동 핏줄을 통해 마법의 피가 몸 안을 돌고, 청동 피부는 어떤 창과 화살로도 뚫어내지 못했으므로 탈로스는 천하무적의 괴물이었다.

탈로스는 크레타 섬을 지키는 파수병으로 하루에 세 차례 섬을 순찰하면서 배가 접근하면 커다란 바위를 들어 올려 배를 깨부수었다. 탈로스는 온몸이 청동으로 되어 있어 뜨겁게 달아오른 몸뚱이로 사람들을 껴안아 죽였다. 탈로스에게 유일하게 상처를 입힐 수 있는 부위는 발뒤꿈치의 혈관이었다. 그 부분은 놋쇠 대신에 얇은 막으로만 덮여 있기 때문이다. 그래서 탈로스가 발뒤꿈치로 뾰족한 바위를 밟는 바람에 얇은 막이 찢어지면서 몸을 구성하고 있던 납이 모두 밖으로 흘러나와 순식간에 허물어져 죽었다는 이야기가 전혀 내려온다.

    일설에는 약과 수면제가 든 포도주를 받아 마시고 죽었다는 이야기도 있다. 약 기운이 돌면서 탈로스가 쓰러질 때 발뒤꿈치에 있는 마개를 뽑았는데, 거인의 피가 모두 빠져나가 마지막 숨을 거두게 되었다는 것이다.

PART 2

같은 세계, 다른 존재

04

거인족이 세상을 누비다

게르만 신화의 서리 거인

태초에 거인들이 있었다. 태초의 혼돈(카오스)에서 맨 먼저 거인들이 탄생했다. 그리스의 가이아, 바빌로니아의 티아마트, 중국의 반고, 스칸디나비아의 이미르는 카오스에서 최초로 생겨난 거인들이다. 이들은 창세신화에서 우주를 생성하는 주인공 역할을 한다.

이미르는 게르만 신화의 천지창조에서 처음으로 등장하는 생명체이다. 게르만 신화는 독일, 네덜란드, 영국, 스칸디나비아 반도 등 유럽 사람들의 조상에 의해 전승되었다. 게르만 신화는 그 대부분이 노르웨이나 스웨덴 등 스칸디나비아 반도 사람들에게 가장 오랫동안 이어져 내려왔기 때문에 북유럽 신화라고도 한다.

북유럽 신화는 에다Edda를 통해 전해졌다. 에다는 시나 운문을 의미했던 고대 노르웨이어에서 유래된 용어로 여겨진다. 에다에는 『고 에다Elder Edda』와 『신 에다Younger Edda』가 있다. 『고 에다』는 10세기경에 아이슬란드어로 쓰인 시들의 선집이므로 '운문 에다Poetic Edda'라 불린다. 1220년 아이슬란드의 스노리 스투를루손Snorri Sturluson(1179~1241)이 산문체로 쓴 『신 에다』는 '산문 에다Prose Edda'라고 한다.

『신 에다』 표지.

북유럽 신화의 천지창조는 태초에 존재했던 두 생명체로부터 시작된다. 그 생명체는 서리가 녹아내린 물방울에서 생겨난 거인과 암소이다. 서리 거인 이미르는 암소의 젖을 먹고 살았다. 암소가 얼음덩어리를 핥자 그 안에서 최초의 신이 태어났다. 이 남자 신의 손자들이 오딘 삼 형제이다.

오딘 삼 형제는 이미르를 기습하여 살해하고 그 시체로 세상을 만들었다. 살점을 떼어내 땅을 만들고 뼈로 산을 만들었으며 피로는 바다와 호수를 만들었다. 그리고 이, 턱, 뼛조각으로는 바위, 옥석, 돌멩이를 만들었다. 이렇게 땅과 바다를 만든 오딘 삼 형제는 이미르의 두개골을 끌어 올려 하늘을 만들고 동서남북의 네 귀퉁이를 난쟁이 네 명에게 떠받치도록 했다. 마지막으로 이미르의 뇌를 하늘로 던져 올려 갖가지 모양의 구름으로 변하게 했다.

어느 날 대지와 바다가 만나는 땅의 끝자락을 따라 걷고 있던 오딘 삼 형제는 뿌리가 땅 위로 비어져 나온 죽은 나무 두 그루를 발견한다. 하나는 물푸레나무였고 다른 하나는 느릅나무였다. 오딘 삼 형제는 물푸레나무로 최초의 남자를 만들고 느릅나무로는 최초의 여자를 만들었다. 그리고 제각기 최초의 두 인간에게 생명의 숨결, 지성과 감정을 느끼는 마음, 듣고 보는 능력을 주었다. 이 두 남녀로부터 모든 인류가 생겨났다.

오딘 삼 형제는 이미르의 몸으로 아홉 개의 세계를 창조한다. 이 세계를 떠받치고 있는 것은 이그드라실Yggdrasil이라는 거대한 물푸레나무이다. 이그드라실은 모든 나무 중에서 가장 크고 튼튼한, 나무 중의 나무이다. 또한 세계의 중심에 있는 세계수world tree이다. 별들에 둘러싸인 이그드라실은 우주의 중앙에서 자라면서 하늘과 땅을 잇고 있다.

세계가 창조될 때 아홉 나라가 만들어졌는데, 세계수 이그드라실의 뿌리와 가지를 통해서 서로 이어져 있기 때문에 전체로는 하나인 셈이다.

아홉 세상은 이그드라실의 뿌리, 밑동, 가지에 각각 세 나라씩 존재한다. 이그드라실에는 세 개의 뿌리가 있고 그 뿌리에는 지하 세계가 하나씩 자리 잡고 있다. 첫 번째 뿌리에는 죽음의 여신인 헬이 지배하는 명부 세계, 두 번째 뿌리에는 혹한과

세계수 이그드라실.
거대한 물푸레나무인 이그드라실은 이 세계를 떠받치고 있다.

얼음으로 겨울이 영원히 끝나지 않는 거인들의 나라, 세 번째 뿌리에는 안개와 고난으로 가득 찬 인간 세계가 있다. 죽은 자들이 살고 있는 세 개의 지하 세계는 지하로 9일을 달려가야만 도착할 수 있다.

　이그드라실이 땅 위로 솟아난 곳에 다시 세 나라가 있다. 폭력과 탐식을 즐기는 거인들의 나라, 사랑의 신이 다스리는 신들의 나라, 미드가르드Midgard라고 불리는 중간 나라이다. 미드가르드는 천국과 지옥 사이의 중간 세상으로, 인간들이 살고 있는 곳이다. 미드가르드는 매우 광활한 바다로 둘러싸여 있는데, 그 바다에 요르뭉간드르라는 무시무시한 뱀이 누워 있다. 따라서 요르뭉간드르는 미드가르드 뱀이라고도 불린다.

이그드라실의 큰 가지 세 개는 위로 뻗어서 세 개의 하늘나라를 떠받치고 있다. 첫 번째는 불의 정령들이 사는 나라, 두 번째는 빛의 요정들이 사는 나라, 세 번째는 신들의 땅이다. 신들의 땅에 발할라가 있다. 발할라는 오딘 삼 형제가 사는 거대한 궁전으로 '전사자의 집'이라는 뜻이다. 전쟁에서 용감하게 죽은 인간들의 영혼이 이곳에 초대되어 영원한 잔치를 즐긴다.

이그드라실의 둥치에는 세 명의 무당이 세상의 파멸을 막기 위해 살고 있다. 과거, 현재, 미래를 관장하는 이들은 세계수가 마르지 않도록 날마다 성수를 퍼다가 나무에 뿌려준다.

그리스와 중국에 거인족이 살았다

대지의 여신인 가이아와 하늘의 신인 우라노스 사이의 자녀 중에 키클롭스가 있었다. 인간 이전에 창조된 키클롭스는 이마 중앙에 눈이 하나밖에 없는 외눈박이 거인족이다. 처음 창조된 제1세대 키클롭스는 솜씨가 뛰어난 대장장이였다. 그들은 사냥의 여신인 아르테미스에게 은으로 된 활을 만들어주기도 했다.

수백 년이 흐르면서 키클롭스는 지능이 퇴보하여 산악 지대인 고향을 떠나 유랑한 끝에 시칠리아 섬에 정착하는 신세가 되었다. 그들은 숲과 동굴이 많은 시칠리아 섬에서 양치기로 생활을 꾸려갔다.

어느 날 이 섬에 오디세우스가 상륙한다. 그리스의 영웅인 오디세우스는 이오니아 해의 작은 섬인 이타카의 왕이었는데, 신탁에 따라 트로이 전쟁에 참전하여 기발한 계략으로 전쟁을 승리로 이끌었다. 트로이를 정복한 오디세우스는 부하들을 이끌고 고향을 향해 길을 떠났다. 10년에 걸친 귀향 중에 오디세우스 일행이 겪은 고난과 모험에 관한 이야기는 기원전 10세기경의 그리스 시인 호메로스Homer(기원전 800?~750)가 저술한 『오디세이The Odyssey』에 실려 있다.

오디세우스를 제일 먼저 공격해온 괴물은 키클롭스였다. 시칠리아 섬에 사는 키클롭스의 우두머리는 폴리페모스이다. 그는 바다의 신인 포세이돈의 아들로, 시칠리아 화산 부근의 동굴에서 살았다. 오디세우스 일행은 그 동굴에 아무도 없는 줄 알고 들어갔다가 폴리페모스에게 붙잡히고 말았다. 폴리페모스는 밤마다 오디세우스의 부하들을 동굴 벽에 내던져 머리를 부순 다음 살 한 점도 남기지 않고 배불리 먹어 치웠다.

오디세우스는 폴리페모스가 술에 취해 곯아떨어진 틈을 타서 나무 막대기 끝을 불 속에 넣어 벌건 숯불처럼 달군 뒤 그것을 거인의 외눈에 깊이 박고 송곳처럼 빙빙 돌렸다. 폴리페모스의 비명 소리는 동굴이 떠나갈 듯 울렸다. 오디세우스는 그를 장님으로 만든 뒤 살아남은 부하들과 함께 무사히 동굴을 빠져나왔다. 그때부터 오디세우스 일행은 포세이돈의 지독한 미움을 사게 되었다.

가이아와 우라노스는 거인들인 티탄을 열두 명 낳았다. 티

아놀드 뵈클린, 「오디세우스와 폴리페모스」.
오디세우스 일행을 태운 배를 향해 폴리페모스가 돌을 던져 공격하고 있다.

펠레그리노 티발디, 「폴리페모스의 눈을 찌르는 오디세우스」.
오디세우스가 거인족 키클롭스의 두목인 폴리페모스의 눈을 찌르고 있다.

탄들은 올림포스의 신들과 10년 동안 전쟁 끝에 제우스에게 패배했지만 많은 자손을 남겼다. 그중 한 명이 오리온이다. 포세이돈의 아들인 오리온은 유명한 사냥꾼이었으며 많은 여성들로부터 사랑을 받은 거인이었다. 그러나 젊은 시절에 어느 왕의 딸을 유혹하려다가 그 왕에 의해 장님이 되고 말았다. 그는 눈을 치료하기 위해 태양이 뜨는 동쪽으로 향했다. 햇빛이 그의 시력을 회복시켰다. 그는 새벽의 요정과 달이 비출 때 모습을 나타내는 여신인 아르테미스를 보고 두 여신을 모두 사랑했다. 아르테미스는 오리온이 새벽의 요정도 사랑하자 질투심에 휩싸인 나머지 그를 죽였다. 그러나 아르테미스는 곧바로 후회하고 오리온의 시체로 하늘에서 가장 아름다운 별자리를 만들었다. 지금도 밤하늘에서 흰색, 보라색, 노란색의 별들이 반짝이는 오리온 성좌를 볼 수 있다.

중국에도 거인족이 살았다. 『산해경』에 따르면 거인들의 나라가 존재했던 것 같다. 동해에는 태양과 달이 떠오르는 대언산이 있었고 그 근처에 파곡산이 있었다. 대인국大人國의 거인들은 파곡산 위에 살았다. 산 위에는 거인들이 회의하는 장소가 있었고, 그 위에는 거인 하나가 버티고 앉아 길고 큰 두 팔을 벌리고 있었다. 산기슭의 파도치는 바다에는 또 한 사람의 거인이 작은 뗏목을 타고 있었는데, 비록 작은 배였지만 옛날에 보통 사람들이 적과 싸울 때 탔던 전함보다 훨씬 큰 것이었다.

이 거인들은 어머니의 배 속에서 36년을 보낸 뒤에 태어났는데, 태어나는 순간부터 이미 머리가 하얗게 세어 있었다고 한다. 그들은 본래 용의 자손들이었다.

이러한 거인들은 다른 기록에도 자주 나타난다. 용백국龍伯國의 거인 하나가 무의식적으로 저지른 장난이 끔찍한 재앙을 불러온 이야기이다. 용백국 사람들은 1만 8,000살까지 살았으며 모두 용의 종족이므로 용백이라고 했다. 한 거인이 심심하고 답답해서 낚싯대를 메고 동쪽 바다 밖으로 낚시를 나갔다. 낚싯대를 던지자 오랫동안 굶주린 거북 여섯 마리가 걸려 올라왔다. 그는 거북의 등딱지로 점을 쳐볼 생각을 하며 집으로 달려갔다. 천제가 이 일을 알고 불같이 화를 냈다. 그래서 용백국의 땅을 아주 작게 줄여버리고 용백국 사람들의 몸도 작게 만들었다.

거인들은 하늘나라에도 많아서 그곳의 대문을 지켰다. 그들은 무섭게 생긴 머리가 아홉 개나 달렸으며 거목 수천 그루도 순식간에 모조리 뽑아버렸다. 지옥에도 거인들이 있었다. 거인은 천당과 지옥, 그리고 인간 세상 할 것 없이 모든 곳에 존재했던 것이다.

거인들이 지상에 존재했던 흔적으로 여겨지는 거대한 유골이 여러 차례 발견되었다. 1456년 프랑스에서 거인의 뼈가 발견되었다. 루이 13세 시대에 한 외과의사가 야만족의 유골임을 공식적으로 밝혔다. 그러나 훗날 중생대에 살았던 도마뱀의 뼈로 밝혀졌다. 오스트리아의 빈에 있는 한 성당의 중앙문은 '거인의 문'이라 불렸다. 1240년 이 건물을 지을 때 땅에서 거대한 뼈가 발견되었기 때문이다. 이 뼈는 오랫동안 이 성당의 문에 걸려 있었는데, 유럽에 대홍수가 났을 때 물에 빠져 죽은 거인의 다리로 알려졌다. 그러나 18세기에 그것이 사람 다리가 아니라 매머드의 넓적다리인 것으로 밝혀졌다. 물론 그 뼈는 성당 문에서 철거

되었다. 거대한 유골들은 대개 약 1만 년 전의 빙하기 끝 무렵에 멸종된 대형 포유류, 이를테면 매머드나 자이언트 나무늘보 등 대형 초식동물의 뼈다귀로 밝혀졌다.

현생 인류의 키가 줄어든 까닭

1718년 프랑스의 한 학자가 수학 법칙을 응용하여 창세기부터 인간의 키가 어떻게 변화했는지 알아냈다고 주장했다. 그는 창세기의 인류의 조상은 키가 컸다고 주장했다. 아담은 약 40미터, 이브는 약 38미터였다. 아담과 이브가 선악과를 따 먹는 실수를 한 뒤부터 인간의 키는 끊임없이 줄어들었다. 노아는 33미터였으나 키가 급속도로 줄어들기 시작해 헤라클레스는 3.33미터, 율리우스 카이사르Julius Caesar(기원전 100~44)는 1.62미터에 불과했다. 다행히 예수가 탄생하여 이러한 하락 추세가 멈추었으며 오늘날 인간은 일정한 키를 유지하게 되었다는 것이다.

제2차 세계대전 이후 경제 성장으로 생활 수준이 향상되어 충분한 영양을 섭취한 덕분에 지구촌 곳곳에서 키가 커지는 현상이 나타나기 시작했다. 그러나 오늘날 인류는 그 어느 때보다 키가 작은 것으로 밝혀졌다. 모든 인류학자들은 우리들이 조상들보다 키가 작고, 몸무게가 가볍고, 몸이 덜 튼튼하다는 사실에 동의하고 있다. 다시 말해 아버지는 아들보다 키가 더 컸으며, 할아버지는 아버지보다 몸무게가 더 나갔다는 것이다.

대다수 인류학자는 인류 진화의 초기, 곧 200만 년 전부터 호모 사피엔스가 출현한 30만~40만 년 전까지는 몸의 튼튼함이 서서히 증대했다고 주장한다. 이때의 인류는 두개골이 두껍고, 팔다리에 근육이 탱탱하여 아주 힘이 셌다. 그러나 초기의 현생 인류가 나타난 20만 년 전부터 인류의 키가 눈에 띄게 작아지기 시작했다. 그러다가 빙하시대가 끝난 1만 년 전에는 키가 줄어드는 속도가 극적으로 빨라졌다. 이러한 키의 감소 추세는 5,000년 전에 멈추었다. 1만 년 전부터 5,000년 전까지, 그러니까 5,000년 동안에 키는 7퍼센트, 뇌의 크기는 9.5퍼센트, 얼굴 크기는 6~12퍼센트, 이의 크기는 4.5퍼센트 줄어든 것으로 추정된다. 말하자면 오늘날 인류는 인류 진화의 역사에서 조상들에 비해 키가 가장 작은 셈이다.

지난 20만 년 동안 현생 인류의 키가 줄어든 이유에 대해서는 다양한 의견이 제시되었다. 그 이유로는 기술 발달 등 문화적 요인, 일부다처제의 붕괴에 따른 생식 전략의 변화, 영양 결핍 등이 거론된다.

최초의 현생 인류가 출현하기 전까지 인류의 조상들은 수렵 채집을 했다. 그들에게 가장 강력한 무기는 근육이었기 때문에 몸이 튼튼할 수밖에 없었다. 그러나 20만 년 전에 나타난 현생 인류는 창이나 돌 연장을 발명하여 사냥을 했다. 근육 대신 도구를 사용할 줄 알 만큼 영리해졌다. 이러한 도구 사용 기술, 곧 문화가 발달하면서 인류의 체구가 작아지기 시작했다. 그 시점이 농경사회가 시작된 이후이므로 여기에 여러 가설이 제시되었다.

일부 인류학자는 생식 전략의 변화를 이유로 제시했다. 1만 년 전에 농업이 시작되고 먹을거리가 풍족해짐에 따라 사냥꾼의 인기가 사그라지면서 힘센 남자들이 사냥한 먹이로 아내를 여럿 거느리고 살던 일부다처제가 붕괴되었다. 결국 남자들이 여자들을 쟁취하기 위해 힘을 겨룰 필요가 없어짐에 따라 인류의 몸집이 작아졌다는 것이다. 이 가설은 빙하시대가 끝나는 1만 년 전에 키가 극적인 감소 추세를 보인 원인을 설명하는 데 설득력이 높다고 여겨졌다. 하지만 일부다처제가 농경사회 이후에 시작된 것으로 밝혀진 오늘날에는 더 이상 정설로 받아들여지지 않는다.

끝으로 영양 결핍 이론도 제시되었다. 빙하시대 이후, 즉 인류가 수렵을 그만두고 농업을 시작한 1만 년 전부터 인구가 폭발적으로 늘어났다. 그러나 먹을거리가 충분하지 않은 까닭에 영양 부족으로 몸집이 작아질 수밖에 없었다.

어쨌거나 농경을 시작한 후로부터 자연스럽게 인류의 주식이 곡물로 한정됨에 따라 사냥과 채집에 의존하던 시절에 비해 균형잡힌 영양 섭취가 되지 못했기 때문에 신체가 작아졌다는

이야기가 거의 정설로 받아들여진다.

　오늘날 인류는 충분한 영양 섭취로 미국과 유럽은 물론이고 일본, 한국, 중국 등 아시아 각국에서 평균 키가 증가하는 추세이다. 그렇다면 미래의 인류는 갈수록 키가 커질 것인가? 그러나 누구도 확실한 답변을 할 수 없다. 지난 20만 년 동안 여러 가지 사회적 및 기술적 변화가 키의 감소를 초래한 것처럼, 가령 정보기술과 같은 정신노동 위주의 첨단 기술이 인간을 왜소화시킬지 모를 일이기 때문이다.

　세계에서 가장 키가 큰 종족은 수단의 딩카Dinka이다. 어른 남자의 평균 신장은 6피트 1인치(184센티미터)이다. 세계에서 가장 키가 작은 종족은 자이르의 에페Efe이다. 성인 남자의 평균 키는 4피트 8인치(142센티미터)이다.

키의 역사.
인류 조상의 키는 호모 하빌리스, 호모 에렉투스를 거치면서 갈수록 커지다가 20만 년 전부터 갈수록 작아졌다. 그러나 오늘날 인류는 충분한 영양 섭취로 옛 조상보다 키가 더 커지고 있다.

사람의 키는 상한선이 약 9피트 (약 274센티미터)로 추정된다. 가장 키가 큰 사람으로 기록된 로버트 워들로Robert Wadlow(1918~1940)의 키가 8피트 11인치 (270센티미터)였기 때문이다. 이러한 인간 장대는 거인증의 결과이다. 거인증은 뇌하수체에 생긴 종양이 뼈를 계속 자라나게 하는 질병이다. 워들로는 스물두 살에 죽었다. 그의 머리가 발로부터 너무 멀리 떨어져 있어 치명적인 감염증을 불러일으킨 발의 상처를 눈치채지 못한 탓에 요절한 것이다.

테세우스와 프로크루스테스를 그린 꽃병 그림. 불한당이었던 프로크루스테스의 이름은 '잡아당기는 사람'이라는 뜻이다.

21세기 프로크루스테스의 침대

아테네로 가는 길목에서 여인숙을 운영하는 프로크루스테스는 강도질을 하여 여행자들을 잡아 가두곤 했다. 프로크루스테스는 여행자들을 철제 침대에 줄지어 뉘어놓은 다음 어떤 사람들의 다리는 자르고 또 어떤 사람의 팔다리는 잡아 늘여서 자신이 이상적이라고 생각한 크기, 곧 자기 침대의 평균 크기에 맞추려고 했다. 이상적인 크기에 지나치게 몰두한 그에게 결국 정의의 심판이 내려졌다. 아테네의 왕자인 테세우스가 프로크루스테스를 침대에 팽개치고 침대보다 큰 부분을 톱으로 잘라버림으로써 그에게 똑같은 고통을 맛보게 한 것이다.

프로크루스테스의 침대 사건 이후 사람의 키를 인위적으로 조절하려는 기술은 다양하게 발전했다. 1980년대 초반 러시아 출신의 외과의사인 가브릴 일리자로프G. A. Ilizarov(1921~1992)는 사람의 팔다리를 늘이는 외과술을 창안했다. 기계장치를 사용하는 일리자로프 수술은 뼈를 자른 뒤 핀이나 강선을 피부 바깥쪽으로부터 뼈를 관통해 삽입한 다음 동그란 링을 연결하여 거기 연결된 막대기를 하루에 1밀리미터씩 늘이는 방식이다. 그렇게 하면 새로운 뼈가 늘어나면서 키가 커진다. 일리자로프 수술은 소아마비 후유증이나 각종 사고로 팔다리의 길이가 기형적인 사람, 또는 왜소증 환자를 치료하는 데 효과적이다. 일리자로프 수술을 하면 팔다리 길이가 6~10센티미터 더 길어질 수 있다.

　　오늘날은 생명공학의 눈부신 발전으로 큰 키를 원하는 인간의 욕망을 충족할 가능성이 커졌다. 인체의 성장에 영향을 끼치는 요인으로는 유전, 호르몬, 영양 상태를 들 수 있다. 특히 유전자를 조작하거나 호르몬을 조절하여 사람의 키를 크게 할 수 있는 기술이 최근 들어 나타나기 시작했다. 인체의 성장은 적어도 다섯 가지 호르몬, 즉 성장 호르몬(뇌하수체 전엽 호르몬의 일종), 티록신(갑상선 호르몬의 일종), 인슐린(췌장 호르몬), 안드로겐(남성 호르몬), 에스트로겐(여성 호르몬의 일종)에 의해 통제된다. 이러한 호르몬은 단백질 합성을 증가시켜 조직을 형성한다. 어떠한 호르몬은 뼈의 융합에 영향을 미치고, 어떤 호르몬은 근육 발달에 영향을 준다. 이러한 호르몬이 결핍되면 성장 실패가 나타난다. 왜소한 신장을 야기하는 호르몬 장애는 대부분 성장 호르몬의 결핍과 관련된다. 성장 호르몬의 결핍은 두 종류의 뇌하수체 장

키가 가장 큰 남자(2.51미터) 술탄 쾨셴Sultan Kösen과 세계에서 키가 가장 작은 여자(63센티미터) 조티 암지Jyoti Amge.

애에서 비롯된다.

　뇌하수체 장애 중에서 일차적인 것은 종양이 발생하여 뇌하수체가 파괴되거나 선천적으로 성장 호르몬이 결핍되는 경우이다. 이차적인 뇌하수체 장애는 시상하부의 기능 장애가 원인으로, 역시 성장 호르몬 분비가 감소하는 결과를 낳는다. 시상하부는 인체의 호르몬 분비를 통제하는 뇌 조직인데, 뇌하수체 전엽에서 분비되는 성장 호르몬의 방출을 조절한다. 1958년 미국에서 성장 호르몬을 사용하여 처음으로 뇌하수체성 왜소증 치료를 시도했다. 이때 사용한 성장 호르몬은 죽은 사람의 뇌하수체에서 추출된 것이었다. 1985년부터 여러 제약 회사들이 자연

성장 호르몬을 대체할 생합성 성장 호르몬을 제조하고 있다. 이러한 생합성 성장 호르몬은 뇌하수체성 왜소증 치료 이외에 정상적인 사람의 키를 크게 해주는 역할을 할 가능성이 있다.

최근에는 키를 키우는 치료를 하는 이른바 성장 클리닉이 문전성시를 이루고 있다. 성장 클리닉은 성장이 더딘 원인을 밝히고 치료해주는 특수진료센터이다. 이 치료의 핵심은 성장 호르몬이 충분히 분비되도록 아이의 건강 상태를 조절해주는 데 있다. 무엇보다 성장판이 닫힌 후에는 호르몬 치료의 효과가 없으므로 성장판이 충분히 남아있을 때 치료하는 것이 중요하다.

성장판은 팔, 다리, 손가락, 발가락, 팔꿈치, 넓적다리뼈 등 인체의 뼈 중에서 관절과 직접 연결되는 긴뼈의 끝부분에 있다. 성장판이 골질로 바뀌면서 뼈가 자라는 것이다. 뼈의 성장판은 대개 청소년기에 완전히 단단한 뼈로 바뀌는데 이러한 상태를 두고 '성장판이 닫혔다'고 표현한다. 따라서 키를 키우는 치료는 성장판이 닫히기 전에 해야 효과를 볼 수 있다. 아이의 성장에 문제가 있다고 판단될 경우, 초등학교 3~5학년 때 성장 클리닉을 찾도록 권유하는 것도 그 때문이다.

한편 유전적으로 키가 작은 사람에게는 유전자 치료gene therapy가 해결책이 될 수도 있다. 유전자 치료란 유전자의 이상으로 생긴 질병을 고치기 위해 세포 안에 정상적인 유전자를 집어넣는 의료 기술이다. 유전자 치료는 의료 기술 이상의 의미를 함축하고 있다. 우리가 질병을 고치는 유전자를 제공하는 능력을 가졌다는 것은 치료 이외의 목적에 유전자를 제공하는 능력을 갖게 되었다는 뜻이기 때문이다. 이를테면 정상적인 사람의 형질을 개량하기 위해 유전적 조성을 바꿀 수 있게 된 것이다. 키나 얼굴 등 외모, 지능, 건강을 개량하는 유전자를 보강할 수 있다. 훤칠한 키, 잘생긴 얼굴, 뛰어난 머리, 빛나는 예술적 재능 등 누구나 바라는 형질의 유전자를 생식세포에 집어넣는다면 맞춤 아기designer baby를 생산할 수 있다.

2000년 8월에 태어난 애덤 내시Adam Nash는 최초의 맞춤 아기로 여겨진다. 판코니 빈혈Fanconi anaemia이라는 유전질환을 앓고 있는 여섯 살 누나를 위해 착상 전 유전자 진단을 사용해 누나와 유전 형질이 동일하게 태어났다. 최근에도 윤리 규제가 열악한 나라에서 질병이나 장애가 있는 형제자매의 치료를 위해 아이를 낳는 일이 벌어졌다. 애덤이 태어날 당시에도 부모가 원해서 태어난 아기인지, 단순히 누나를 위한 의료 도구인지 논란이 일었다.

프로크루스테스의 후예들이 인류의 미래를 설계하는 힘을 갖게 된 것은 과연 축복일까, 아니면 저주일까.

05

중국의 인어

중국의 신화집인 『산해경』에는 인간의 상상력이 만들어낸 별난 동물들이 수없이 등장한다. 사람의 얼굴에 물고기 몸을 갖고 있으며 손과 발이 달려 있어 인간과 비슷한 동물도 몇 군데 소개된다. 이러한 반인반어는 인어, 적유, 능어 등으로 불린다.

용후산이라는 곳에서 흘러나온 물속에는 인어가 많았다. 발이 네 개 있고 소리는 어린애가 부르짖어 우는 것 같았다. 이것을 먹으면 어리석음 증세가 없어진다고 했다.

청구산이라는 곳에서 흘러나온 물속에는 적유가 많이 살았다. 생김새는 물고기 같으나 사람의 얼굴을 하고 있고 소리는 원앙새와 같았다. 이것을 먹으면 옴에 걸리지 않았다고 했다.

능어는 유명한 여자 무당이 타고 다녔다는 용어와 동일한 동물이다. 뿔이 하나 달린 용어는 다리가 네 개였으며 도롱뇽을 닮았는데, 본래 성질이 매우 포악했다. 능어는 등과 배에 삼각형 모양의 뾰족한 가시가 돋아 있어 적과 싸울 때 무기로 사용했다. 몸집이 워낙 커서 배 한 척을 꿀꺽 삼킬 수 있을 정도였다. 그래서 능어가 바다 위로 떠오르면 큰 파도와 바람이 일었다. 바다와 땅에서 사는 양서류였으므로 여자 무당이 타고 들판을 돌아다녔다고 한다.

인어에 대한 기록은 다른 옛 문헌에도 나타난다. 320년경 육조 동진 때의 역사가인 간보干寶가 편찬한 『수신기搜神記』에 나오는 교인鮫人 역시 인어의 일종이다. 이 책은 귀신, 외계인, 점술, 무속, 기적 등 불가사의한 이야기 500여 가지를 모아놓은 괴기소설집이다. 교인은 바닷속에 살았지만 자주 베틀에 앉아 옷감을 짜곤 했다. 그래서 파도가 잔잔하고 별빛만이 흐르는 깊은 밤에 바닷가에 서 있으면 간혹 깊은 바닷속에서 교인들이 옷감 짜는 소리가 들려왔다고 한다.

교인들은 사람처럼 감정이 있어 울기도 했는데, 교인의 눈에서 흐르는 눈물방울은 모두 빛나는 진주가 되었다고 한다. 교인은 인가에 머물면서 사람들에게 비단을 판 뒤 바다로 돌아갈 때에는 집주인에게 그릇을 한 개 달라고 해서 눈물을 흘려 그릇 안에 구슬이 가득 차면 선물로 주었다고 한다.

981년 송나라 황제의 칙명으로 편찬된 『태평광기太平廣記』에도 인어가 나온다. 이 책은 신선, 기인, 도술 등에 관한 야사와 전설이 500종 가까이 수록된 500권 분량의 방대한 설화집이다. 『태평광기』에는 "인어는 사람 같이 생겼는데 눈썹, 눈, 입, 코, 손톱이 모두 아름다운 여인이다. 살결은 옥같이 희고 머리털은 말 꼬리처럼 치렁치렁하며 길이는 5~6척이다. 술을 조금만 마시면 몸이 복숭아꽃 같은 분홍빛이 되어 더욱 아리따웠다. 그래서 바닷가에서 아내나 남편을 잃은 사람들이 그들을 잡아다가 연못 속에 기르며 자신의 아내나 남편으로 삼았다"고 묘사되어 있다.

그리스의 세이렌

인어는 그리스 신화에서 세이렌이라는 이름을 얻는다. 기원전 9세기에 쓰여진 호메로스의 『오디세이』에는 트로이를 정복한 오디세우스가 고향으로 돌아가는 길에 여러 괴물들의 공격을 받는 이야기가 나오는데, 세이렌이 그런 괴물 중 하나이다.

세이렌은 아름다운 여자의 얼굴에 독수리의 몸을 가진 '새여자'이다. 암초와 여울목이 많은 곳에서 3~8마리씩 떼를 지어 살며 노래로 뱃사람을 유혹하였다. 세이렌의 노래를 들은 선원은 누구나 그 노랫소리에 매혹당해 바닷속으로 뛰어들고 싶은 충동을 느끼게 되고, 결국 목숨을 잃었다.

오디세우스는 세이렌이 살고 있는 섬이 나타나자 동료들의 귀를 밀초로 막아 노랫소리를 듣지 못하게 하였다. 오디세우스 역시 동료들에게 자신을 돛대에 기대어 세우고 손발을 묶은 뒤 매듭을 힘껏 잡아당기게 하였다. 그는 동료들에게 세이렌의 섬

존 윌리엄 워터하우스, 「인어」.
인어는 그리스 신화에서 세이렌이라는 이름을 얻는다.

을 통과하기까지는 무슨 말을 하더라도 결코 풀어주어서는 안 된다고 명령했다. 오디세우스 일행이 세이렌의 섬에 가까이 가자 평온한 수면 위로 매우 고혹적인 노랫소리가 들려왔다.

"위대한 오디세우스여, 여기서 쉬면서 달콤한 음악을 들으세요. 우리 노래를 들으려고 가까이 다가오지 않은 사람은 아무도 없었어요."

세이렌의 아름다운 노래에 심취한 오디세우스는 동료들에게 밧줄을 풀어달라고 애원하였다. 그러나 그의 동료들은 처음 명령에 따라 그를 더욱 단단히 묶고 항해를 계속했다. 그 뒤 세이렌의 노랫소리는 점점 약해졌고, 마침내 오디세우스 일행은 세이렌의 유혹으로부터 벗어날 수 있었다.

인어는 대부분 암컷이며, 수컷은 그리스 신화에 등장하는 트리톤 말고는 없다. 트리톤은 바다의 신인 포세이돈의 아들이다. 바닷속 황금 궁전에 사는 트리톤은 소라고둥을 불며 시간을 보낸다. 소라고둥 소리는 세상 끝까지 울려 퍼진다. 트리톤은 미친 듯이 날뛰는 파도를 진정시킬 때 소라고둥을 불었다. 또 아버지의 오륜 전차를 수행할 때는 소라고둥을 불어 전차가 나아가는 것을 알리는 나팔수 노릇을 하기도 했다.

트리톤은 그리스의 영웅 이아손이 황금 양털을 갖고 고향으로 가는 도중에 방향을 잃고 헤맬 때 나타나서 도와주었다. 아르고 호의 대원들은 사슴을 잡아서 제단을 만든 뒤 트리톤에게 제물을 바치고 바닷길을 알려달라고 기도했다. 소라고둥을 불며 모습을 드러낸 트리톤은 아르고 호의 노를 저으며 자신을 따라오라고 말했다. 그러나 아르고 호 대원들은 트리톤이 해안을

존 윌리엄 워터하우스, 「세이렌」.
율리시스(오디세우스)는 세이렌의 유혹을 벗어나기 위해 자신의 몸을 돛대에 결박했다.

향해 헤엄쳐 가는 모습을 보고 실망했다. 그가 시키는 대로 하면 또다시 땅 위로 올라갈 것 같았기 때문이다. 그들은 노를 꽂아두고 잠시 배를 멈춰 세웠지만 트리톤은 따라오라는 시늉을 계속했다. 대원들은 트리톤이 그렇게 한 이유를 곧 알게 되었다. 그들의 눈앞에서 기적이 일어나고 있었기 때문이다. 트리톤이 움직이는 대로 땅이 갈라지고 물길이 생기고 있었던 것이다. 아르고 호는 땅 위에서 물길을 따라 바다로 나아갈 수 있었다.

　한때 로마 함대의 사령관이었던 플리니우스Plinius는 『박물지Naturalis Historia』에 수컷 인어를 여러 차례 보았다고 기록했다. 596년에는 두 마리의 트리톤이 나일 강에서 목격되기도 했다. 북아메리카의 인디언들은 그들이 아시아 대륙으로부터 바다를 건너올 때 수컷 인어들이 길잡이를 했다고 믿고 있다.

인어를 본 사람들이 많다

세이렌은 기독교 신앙을 정당화하는 데 이용되었다. 『오디세이』에서 오디세우스의 모험은 기독교 신자가 구세주를 찾아가는 여정으로 해석되었는데, 오디세우스는 인간의 영혼, 바다는 지상의 삶, 배는 교회, 오디세우스의 고향은 영생을 의미했다. 말하자면 인간의 영혼(오디세우스)이 지상의 삶(바다)에서 교회(배)를 통해 영생(고향)에 이르게 된다는 것이다. 이러한 여정에서 오디세우스는 수많은 어려움을 겪게 되는데, 세이렌은 그중 하나를 상징한다고 여겨졌다.

세이렌은 200년경에 출간된 『피지올로구스Physiologus』에 등장한다. 이 책에서 세이렌은 "머리에서 배꼽까지의 상체는 여자의 몸뚱이요, 나머지 몸체는 새의 형상을 하고 있다"고 묘사되었다. 또 세이렌은 "바다에 살면서 죽음을 부르는 존재이다. 그러나 뮤즈의 여신들처럼 곱고 달콤한 목소리로 노래한다. 뱃길을 가다가 세이렌이 부르는 노래를 듣는 사람은 제풀에 바다에 몸을 던져서 죽음을 택하고 만다"고 설명하여 『오디세이』의 세이렌 신화를 뒷받침했다.

『피지올로구스』의 지은이는 세이렌을 진실되지 못한 신자에 비유했다.

이와 같이 인간은 누구든지 또 어떤 길을 가든지 두 가지 면모를 가지고 있습니다. 어떤 이들은 다른 교우들과 어울리는 교회 안에서 겉으로는 은혜로운 종교 생활을 하는 듯이 보이겠지만 사실은 종교의 힘을 부인합니다. 교회 안에서는 인간답게 행동하지만 저 혼자 있을 때에는 짐승과 같아지는 이들입니다.

이들은 세이렌에 비해서 조금도 다르지 않습니다. 앞뒤가 맞지 않는 모순 덩어리인 데다 조롱거리밖에 되지 않는 이단의 모습을 하고 있기 때문입니다. 짐짓 그럴싸한 언변을 구사하면서 순진한 사람들의 마음을 유혹하는 것도 세이렌과 매한가지입니다.

로마의 플리니우스가 펴낸 『박물지』에는 스페인 남부 해안에서 목욕하던 세이렌이 슬픈 노래를 불렀다는 대목이 나온다.

또 여러 차례 붙잡혔다는 기록을 보면 세이렌이 실제로 존재했는지도 모른다. 1403년 가을 네덜란드에서 거대한 파도가 방파제를 무너뜨리고 그 지역 일대에 범람했다. 물속에서 매우 더러운 알몸의 여인을 발견했다. 아무도 그녀의 말을 알아듣지 못했고 그녀 역시 네덜란드어를 이해하지 못했다. 사람들은 그녀를 씻기고 옷을 입혔다. 바다에서 온 여인은 양털 잣는 일을 배우고 십자가 앞에서 무릎 꿇고 기도할 줄도 알았다. 그녀는 15년 동안 살면서 여러 차례 탈출을 시도했다. 인어로 여겨진 바다 여인은 교회 묘지에 묻혔다.

18세기 초, 보르네오 해안에서는 푸른 눈에 물갈퀴 손을 가진 인어가 붙잡혔다. 인어를 물탱크에 가둬놓았는데, 생쥐처럼 찍찍 울며 고양이 똥 같은 배설물을 내놓았다. 아무것도 먹지 않던 인어는 나흘 뒤 굶어 죽고 말았다.

18세기 중반에는 프랑스의 철학자가 파리에 나타난 바다 여자를 묘사한 글을 남겼다.

1758년 사람들은 물을 가득 채운 커다란 수족관에서 사는 바다 여자를 보게 된다. 그녀는 생기가 넘치고 민첩했으며 두 다리는 무척 길었다. 사람들이 빵이나 작은 물고기를 던져주면 손으로 받아먹었다. 그녀의 피부는 거칠었고, 뒷덜미에서 목 등까지 비늘이 조금 나 있었을 뿐, 대체로 맨머리를 하고 있었다. 넓은 가슴에는 둥글고 팽팽한 두 젖이 달려 있었다. 성기를 살펴보면, 꽤 큰 음핵이 엄지손가락 반만 한 길이의 음문 바깥에 나 있었다. 하반신은 비늘로 덮인 물고기 꼬리로 되어 있는데, 꼬리의 끝부분은 활짝 펼쳤을 때는 꽃받침과 비슷했다. 그것은 지느러미와 같은 물질로 된 막 하나로 이루어져 있었으며, 가시 열 개를 가진 지느러미 위에 붙어 있었다.

그 밖에도 인어가 남자와 결혼했다는 이야기가 전해 내려오는가 하면 심지어 사람의 아기까지 낳았다는 전설도 있다.

인어로 보이는 표본을 소장하고 있다고 주장하는 박물관도 나타났다. 영국의 대영박물관에는 18세기 일본 해안에서 붙잡힌 인어의 표본이 전시되어 있다. 하지만 과학자들은 원숭이의 상체에 연어의 꼬리를 꿰매어 붙여 만든 가짜라고 판정했다. 영국 에든버러의 왕립 스코틀랜드 박물관에도 인어라고 주장하는 표본이 보관되어 있다.

현대판 세이렌의 전설은 낭만주의의 전성기인 1835년 덴마크의 동화 작가인 한스 크리스티안 안데르센Hans Christian Andersen(1805~1875)에 의해 만들어졌다. 그해에 동화인 『인어공주The Little Mermaid』가 발표되었기 때문이다.

귀스타브 모로, 「인어들」.
흔히 Mermaid를 인어人魚로 번역하지만 실제로는 바다 사람海人에 가깝다.
신화에 등장하는 바다 사람들 중에는 다리가 있는 경우도 많다.

바다 깊은 곳에는 바다의 왕이 다스리는 나라가 있었습니다. 왕궁의 벽은 산호로, 유리창은 호박으로 만들어졌습니다. 왕에게는 딸이 여섯 있었는데, 그중 막내가 가장 예뻤습니다.

막내인 세이렌은 왕자를 사랑하게 된다. 왕자와 결혼하기 위해 인간이 되려고 마녀에게 물고기 꼬리를 두 다리로 만들어 달라고 간청한다. 왕자를 위해 고통을 감수하는 세이렌의 슬픈 이야기는 현대인에게 세이렌의 신화를 부활시킨 방아쇠 역할을 한다.

매너티와 듀공

인어를 목격했다는 보고가 끊이지 않는 이유 가운데 하나는 해우(바다소) 때문이다. 바다소는 물고기가 아니라 바닷속에 사는 포유동물이다. 그들이 지상을 떠나 수중에서 해초를 먹고 사는 초식동물이 된 이유는 아직 밝혀지지 않았다. 수중 생활을 시작하면서 앞발은 짧고 유연한 지느러미로 바뀌었으며, 뒷발이 퇴화하고 그 대신 널따란 꼬리가 진화되었다. 바다소에는 매너티와 듀공이 있다.

1493년 이탈리아의 탐험가인 크리스토퍼 콜럼버스 Christopher Columbus(1451~1506) 일행은 신대륙에서 세이렌을 보았다고 주장했는데, 그들이 본 것은 매너티였다고 여겨진다.

매너티는 크기가 작은 암소만 하며, 물개처럼 생겼고, 해안이나 강 하구에서 눈에 뛴다. 매너티는 인어처럼 아름답지는 않

바다소인 매너티 암컷이 새끼와 함께 물속에서 빈둥대고 있다.
공교롭게도 매너티의 학명은 Sirenia, 즉 사이렌이다.

지만, 머리가 사람처럼 생기고 작은 팔과 비슷한 지느러미, 겨드
랑이 쪽에 나 있는 젖가슴, 편편한 다리 때문에 인어로 착각할
만도 했다. 간혹 머리에 미역 줄기를 이고 나타나면 치렁치렁한
머리카락을 어깨에 늘어뜨린 여인의 모습 같아 보이기도 했다.

매너티가 바다의 초식동물이 된 것은 두 가지 특성 때문으
로 보인다. 첫째, 이빨이 끝없이 새로 나는 것으로 확인되었다.
이빨이 닳아서 못 쓰게 되면 금방 새것이 돋아나서 바다 깊숙이
자라는 해초를 잘 씹어 먹을 수 있다. 둘째, 대사 속도가 비정상
적으로 느려서 7개월까지 아무것도 먹지 않고 견딜 수 있다. 움
직임 역시 빠르지 않다. 놀랄 만큼 느릿느릿 움직여서 최고 속도
가 시간당 24킬로미터밖에 되지 않는다.

암컷은 세 살이 되면 성적으로 완숙해서 그 후로 20년 이

상 새끼를 낳는다. 2~3년마다 새끼 한 마리를 낳는데, 가끔 쌍둥이도 생긴다.

매너티는 본질적으로 혼자서 지내는 동물이다. 그러나 암컷이 발정기가 되면 6~20마리의 수컷과 어울린다. 암컷은 수컷 여러 마리와 짝짓기를 한 뒤 1년이 지나면 새끼를 낳을 장소를 물색한다. 어미는 새끼를 적어도 1년 동안 돌보며 함께 지낸다. 어미가 젖을 뗀 뒤에도 1년 가까이 새끼와 함께 사는 경우도 있다.

매너티는 서식지에 따라 세 종류로 나뉜다. 서인도제도 매너티, 서아프리카 매너티, 아마존 매너티를 말한다. 수명은 60년 정도이지만 사람들이 식용과 의약용으로 마구 잡아들여 멸종 위기에 처해 있다.

매너티의 친척인 듀공 역시 인어로 착각할 만한 모양을 지니고 있다. 듀공은 매너티와 생김새가 비슷하지만 입의 위치나 지느러미의 모양이 다르다. 매너티의 입은 얼굴 전면에 있지만, 듀공의 입은 얼굴 아랫부분에 위치한다. 매너티의 꼬리지느러미는 둥그렇게 생겼지만, 듀공의 지느러미는 고래의 꼬리처럼 보인다.

듀공은 동아프리카 해안에서 인도네시아, 오스트레일리아, 뉴기니, 필리핀 등 서태평양 지역까지 서식한다. 듀공의 고기는 송아지나 돼지고기 맛이 나서 식용으로 인기가 높아 매너티처럼 멸종 위기에 직면해 있다.

06

아
마
존
의

여
전
사
들

히폴리테 여왕의 허리띠

중국에는 여자들만 사는 나라가 있었다. 『산해경』에는 온
통 여자뿐이고 남자는 볼 수 없는 여자국女子國이 바다 한가운데
에 있다고 적혀 있다. 그 나라에는 신령스러운 우물이 있어 들여
다보기만 하면 곧 애를 낳았다고 전해진다. 또 못에 들어가서 목
욕을 하고 나오면 곧 임신을 했는데, 남자아이가 태어날 경우 세
살만 되면 모두 죽여버렸고 여자아이들만 자라서 어른이 되었
다고 한다.

그리스 신화에는 여자들의 나라인 아마존이 나온다. 아마
존의 여인들은 전쟁의 신인 아레스의 자식들로서 그로부터 전

쟁 기술을 배웠다. 아마존 여인들은 전쟁을 좋아해서 지구상의 어떤 군대도 대항할 수 없을 정도로 용맹스러웠다.

아마존의 여전사들은 남성과의 사랑을 경멸했으나 영웅들에게는 가까이 다가가려고 하였다. 아마존 여인과 영웅 사이에 아기가 태어나면, 남자아이는 아버지에게 넘겨주고 여자아이는 아마존의 새로운 여전사로 키웠다.

아마존의 여인들과 맞닥뜨린 영웅으로는 헤라클레스, 테세우스, 아킬레우스를 꼽을 수 있다.

헤라클레스의 열두 가지 난제 중에서 아홉 번째 과업은 아마존의 여왕인 히폴리테의 허리띠를 가져오는 것이었다. 히폴리테 여왕이 차고 있는 마법의 허리띠는 전쟁의 신 아레스가 준 것으로 힘과 권위의 상징이었다. 아마존 여인들이 세 개의 도시를 가지고 있었는데, 수도는 히폴리테 여왕이 다스리고 다른 두 개의 도시는 안티오페 여왕 등이 거느리고 있었다.

헤라클레스는 그리스의 영웅들을 모아서 함께 바다를 건너 히폴리테 여왕의 도시로 가기로 결심했다. 일행 중에는 아테네 최고의 영웅인 테세우스도 있었다. 헤라클레스의 배는 흑해를 지난 뒤 소아시아 해변을 따라서 아마존의 수도로 나아갔다. 헤라클레스는 배가 닻을 내리자 먼저 해변에 내렸다. 그는 여자들 속에 있는 히폴리테를 한눈에 알아보았다. 히폴리테는 헤라클레스에 대한 존경심을 보여주기 위해 말에서 내려 그를 맞았다. 헤라클레스는 여왕을 가까이에서 보고 깜짝 놀랐다. 그녀의 온몸이 갈색으로 그을려 있었고 근육으로 울퉁불퉁했기 때문이다. 다른 아마존 여인들도 마찬가지로 남자처럼 보였다.

헤라클레스는 히폴리테 여왕에게 아홉 번째 과업을 설명해주었다. 히폴리테는 자신의 허리띠를 가지러 왔다는 말에 처음에는 경악했으나, 놀랍게도 허리띠를 풀어주겠다는 의사를 밝혔다. 그러나 아마존 여인들이 들고일어나서 헤라클레스 일행에게 화살을 쏘고 독 묻은 창을 던졌다. 헤라클레스는 화살을 쏘고, 칼을 휘둘러서 아마존 여인들을 죽였다. 테세우스 등 그리스 영웅들도 아마존 여전사들을 도륙했다. 무적의 아마존 여인들도 헤라클레스 일행에게는 적수가 되지 못했다. 그녀들은 마침내 패배하여 도망쳤다.

히폴리테 여왕은 헤라클레스에게 항복하고 허리띠를 건네주었다. 테세우스는 안티오페 여왕을 포로로 붙잡아서 그리스로 데려왔다.

테세우스는 아테네를 잘 다스린 왕이었지만 용감하고 영웅적인 모험을 즐겼다. 그는 아르고나우테스의 일원이 되어 헤라클레스와 함께 황금 양털을 찾아 나섰으며, 마지막 모험으로 헤라클레스를 따라 아마존에 가서 함께 전투를 벌였던 것이다. 이러한 테세우스를 아테네인들은 자랑스럽게 여기고 왕으로 존경했다.

테세우스는 안티오페 여왕을 사로잡아서 아테네로 데려왔는데, 그녀와 사랑에 빠지고 말았다. 테세우스는 그녀를 아내로 삼았다. 두 사람 사이에서 히폴리토스가 태어났다.

「아마존의 여전사」.
아마존은 오른쪽 유방이 없는 여인들만이 사는 나라이다.
기원전 440년경 작품으로 높이는 183센티미터이다.

　　안티오페는 왕비가 되어 아테네 왕궁에서 행복하게 살고
있었지만, 아마존 여인들은 그녀가 노예 생활을 하고 있는 줄로
알았다. 아마존 여전사들은 안티오페를 구출하기 위해 아테네
를 급습했다. 양쪽은 피비린내 나는 싸움을 벌였지만 승부가 쉽
게 나지 않았다. 남편을 사랑한 안티오페는 아마존 여인들이 자
기 때문에 전쟁을 시작했다는 생각은 꿈에도 하지 못했기 때문

안젤름 포이어바흐, 「아마존의 전쟁」.

에 아테네를 위해 싸웠다.

어느 날 빛나는 갑옷을 입은 아름다운 젊은 기수가 말을 타고 달려 나와 아테네 병사를 독려했다. 아마존 여전사들은 화살을 쏘아 그 젊은 기수를 맞혔다. 기수가 말에서 떨어지자 아마존 여인들은 환호성을 지르며 서로 그 시체를 차지하려고 달려갔다. 그때 아마존 여인이 소리쳤다.

"안티오페 여왕이시다!"

시체는 아마존의 여왕이었다가 아테네 왕비가 된 안티오페였다. 양쪽 군대는 전쟁을 끝내고 함께 그녀의 죽음을 애도했다. 안티오페는 모든 사람이 슬퍼하는 가운데 매장되었다. 아마존 여전사들은 자신들의 행동을 후회하며 쓸쓸히 자기 나라로 돌아갔다.

아마존 여인들은 트로이 전쟁에도 참전한다. 호메로스의 『일리아드The Iliad』에는 아마존의 젊은 여왕인 펜테실레이아가 여전사들을 이끌고 나타나 일대 격전을 벌이는 장면이 나온다. 펜테실레이아는 눈부신 활약을 펼치는 한 장수에게 달려들었다. 그는 온 세상에 명성이 자자한 아킬레우스였다.

펜테실레이아는 아킬레우스를 향해 기다란 창을 세 번이나 던졌으나 모두 방패에 맞아 튕겨져 나왔다. 그녀가 네 번째로 창을 던지는 순간 아킬레우스의 창이 그녀의 갈빗대 사이에 날아가 박혔다. 그녀는 숨을 거두고 땅으로 떨어졌다.

펜테실레이아의 얼굴에서 투구를 벗겨낸 아킬레우스는 그녀가 여자라는 사실이 믿기지 않고 더욱이 그 미모에 놀라 그녀를 죽인 것을 가슴 아파했다. 아킬레우스는 무릎을 꿇고 그녀의 입술에 입을 맞추었다. 그는 아마존 여전사들의 시체를 정중하게 다루고, 무기와 함께 매장하도록 도와주었다.

파이드라의 빗나간 사랑

테세우스는 아름다운 안티오페를 전쟁에서 잃고 오랫동안 슬퍼했으나 파이드라 공주와 재혼했다. 파이드라의 아버지는 크레타 섬의 미노스 왕이고, 어머니는 파시파에 왕비이다. 테세우스가 크레타의 미궁에서 미노타우로스를 죽이고 탈출할 때 도움을 준 아리아드네 공주가 파이드라의 언니이다.

한편 테세우스와 안티오페 사이에 태어난 히폴리토스 왕자는 아버지가 재혼하자 아테네를 떠나 트로이젠으로 가서 증조할아버지의 궁전에서 지냈다. 히폴리토스는 올림픽 경기에서 승리를 거둘 정도로 말을 다루는 솜씨가 뛰어났다. 그는 아마존 여전사인 어머니로부터 순결의 여신인 아르테미스를 열렬히 숭배하는 마음을 물려받았다. 그는 아르테미스의 신성한 숲에서 많은 시간을 보내면서, 여신에게 가장 소중한 존재가 되었다. 히폴리토스야말로 아르테미스 여신이 대화를 나누는 유일한 인간이었다. 사랑의 여신 아프로디테는 히폴리토스가 자신을 무시한 채 아르테미스만 숭배하는 것에 질투를 느꼈다. 아프로디테는 히폴리토스가 아테네로 가면 계모인 파이드라를 만나게 될 것임을 알고, 날개 달린 아들인 에로스에게 한 가지 부탁을 했다. 파이드라에게 사랑의 화살을 쏘아달라고 한 것이다.

파이드라는 히폴리토스의 늠름한 모습을 본 순간 남편에 대한 사랑을 깡그리 잊고 의붓자식에게 연정을 품게 되었다. 그녀는 먹지도 자지도 못한 채 창백하게 말라갔다. 마침내 파이드라는 혼자 있는 히폴리토스를 찾아가 속마음을 털어놓았다.

"히폴리토스, 나는 이제 테세우스를 사랑하지 않는단다. 그는 아리아드네를 버렸고 너의 어머니를 전쟁에서 죽게 내버려 두었어. 나는 너의 헌신적인 아내가 되고 싶단다."

"그대는 가엾게도 위대한 영웅인 나의 아버지를 배반하고 있소. 그대의 말만 들어도 내가 더러워지는 것 같소. 부끄러운 줄 아시오!"

히폴리토스는 욕정으로 이성을 잃은 늙은 여인을 경멸했다. 파이드라는 수치심으로 몸을 떨며 그에게 복수하기로 결심했다. 파이드라는 자신의 옷을 찢고 머리카락을 헝클어뜨린 채 방에서 뛰쳐나갔다. 그녀는 흐느껴 울면서 히폴리토스가 자신을 겁탈하려 했다고 소리쳤다. 다시 방으로 들어온 그녀는 남편에게 유서를 남기고 대들보에 목을 매어 자살했다. 왕비의 유서를 꺼내 읽은 테세우스의 얼굴은 잿빛으로 변했다. 그녀가 남긴 쪽지에는 히폴리토스가 자신을 욕보이려고 해서 죽음을 택할 수밖에 없었다고 적혀 있었기 때문이다.

결국 히폴리토스는 부왕의 추방 명령에 따라 두 번 다시 아테네에 발을 들여놓을 수 없는 신세가 되었다. 그는 아버지에게 다음과 같이 하직 인사를 했다.

"아버지, 저는 억울합니다. 제우스 신의 이름을 걸고 맹세하겠습니다. 만일 제가 어머니를 범하려 했다면 이름도 없이 죽게 하고, 시체는 까마귀들이 쪼아 먹도록 내던져 두소서."

히폴리토스는 말이 끄는 수레를 타고 트로이젠으로 떠났다. 테세우스는 바다의 신인 포세이돈에게 히폴리토스를 응징해 달라고 저주했다. 히폴리토스의 수레가 달리는 도중에 바다에서

베네데토 제나리 2세Benedetto Gennarile Jeune,
「테세우스, 아리아드네 그리고 파이드라」.

괴물처럼 생긴 황소 한 마리가 나타나서 수레를 끄는 말들에게 소리를 질러댔다. 포세이돈이 보낸 괴물 황소 때문에 수레는 바위에 부딪혀 산산조각이 나고 히폴리토스는 마지막 숨을 쉬고 있었다.

　　아르테미스 여신이 테세우스를 수레에 태우고 나타나서 진실을 털어놓았다.

　　"당신의 아들은 결백하오."

테세우스는 아들 곁에 쭈그리고 앉아 하염없이 눈물을 흘렸다.

"아버지, 울지 마세요. 아버지는 잘못이 없어요. 저세상에 가서도 아버지를 사랑할 거예요."

히폴리토스 왕자가 남긴 마지막 말이었다. 아르테미스는 그의 시신을 그와 처음 만났던 트로이젠의 숲으로 가져가서 묻어주었다. 테세우스는 억울하게 죽은 히폴리토스의 무덤가에 아름다운 사당을 세워주었다.

유방이 많이 달린 여자들

"태초에 유방이 있었다."

미국의 매릴린 옐롬Marilyn Yalom은 그녀의 대표작인 『유방의 역사A History of the Breast』를 이 문장으로 시작한다. 구석기시대부터 약 2만 5,000년 동안 유방에 대한 서구인들의 시각이 변화하는 과정을 분석해놓은 이 책의 끄트머리에 다음과 같은 문장이 나온다.

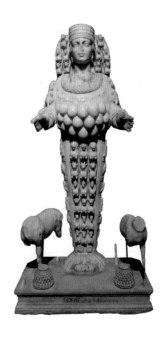

아름다운 아르테미스.
아르테미스 여신상은 모두 세 개가 있다. 하나는 '아름다운beautiful 아르테미스'이고, 다른 하나는 '위대한great 아르테미스'이며, 나머지 하나는 머리와 팔이 없는 아르테미스이다. 이들은 로마시대에 만들어진 것으로 알려져 있다. 아름다운 아르테미스가 1세기에, 위대한 아르테미스가 2세기에 만들어진 것으로 추정된다.

아기들은 유방에서 음식을 보고, 남성들은 섹스를 보며, 의사들은 병을 보고, 사업가들은 돈을 본다. 정치가들은 국가주의적 목적을 위해 유방을 자의적으로 이용하고, 종교 당국은 그것을 종교적인 상징으로 변화시킨다. 정신분석학자들은 마치 유방이 변하지 않는 단일체인 양 무의식의 중심에 놓는다.

아름다운 유방에 대한 기준은 제 눈에 안경 식으로 각양각색일 테지만, 무엇보다 중요한 조건은 유방 두 개의 크기가 똑같아야 한다는 것이다. 여자의 신체에서 가장 비대칭적인 부위가 유방이기 때문이다. 한 조사 결과에 따르면 여자의 50퍼센트가량은 오른쪽보다 왼쪽 유방이 크고, 45퍼센트 정도가 왼쪽보다 오른쪽 유방이 더 큰 것으로 나타났다. 결국 짝젖을 가진 여자들이 95퍼센트이므로 대칭적인 유방을 가진 여자는 5퍼센트에 불과한 셈이다.

우리는 유방이 두 개라는 사실을 전혀 의심하지 않는다. 그러나 여성 200명 가운데 거의 한 명꼴로 세 개 이상의 유방이 달려 있다. 세 번째 유방은 물론 유방의 고유한 기능을 갖고 있지 않다. 때로는 제3의 젖꼭지에 불과하거나 때로는 젖꼭지마저 없는 작은 유방 봉오리인 경우가 많다.

가장 많은 유방을 가진 사람은 왼쪽에 네 개, 오른쪽에 다섯 개 등 모두 아홉 개나 되는 다발성 유두를 가진 것으로 알려졌다. 다발성 유두나 유방은 대부분 정상적인 가슴 위에 위치하지만, 복부까지 일직선으로 놓여 있거나 겨드랑이에 존재하기도 한다. 심지어 허벅지에 있는 다발성 유방으로 아이에게 젖을 물린 여인에 관한 기록도 있다.

역사상 가장 유방이 많기로 소문난 여성은 에페수스의 아르테미스 여신이다. 에페수스는 2세기에 번창했던 고대 그리스의 해안 도시이다. 에페수스에서 발견된 아르테미스 여신상의 몸통에는 스무 개가 넘는 공 모양의 조각이 주렁주렁 매달려 있는데, 이것은 유방으로 추정된다.

중세 유럽에서는 세 번째 유방 때문에 마녀의 누명을 쓴 여자들이 많았다. 사람들은 이러한 마녀들이 세 개 이상의 젖꼭지로 그녀들의 심부름꾼들을 먹여 살렸다고 믿었다. 따라서 마녀 사냥꾼들은 숨겨진 젖꼭지를 찾는다며 마녀 혐의가 있는 여인들의 몸을 가장 은밀한 곳까지 샅샅이 뒤졌다. 제3의 젖꼭지는 물론이고 사마귀나 한낱 단순한 검은 점 가운데 큰 것 혹은 약간 큰 클리토리스(음핵)가 눈에 띄면 마녀로 낙인을 찍어 화형에 처했다.

에페수스의 아르테미스와 전혀 다른 유형의 유방 신화도 있다. 그리스 신화에 등장하는 아마존 여전사들은 모두 유방이 한 개뿐이다. 아마존 여인들은 몸매가 아름답고 당당했다. 그러나 사춘기가 되면 활시위를 잘 당길 수 있도록 모든 처녀들의 오른쪽 유방을 잘라냈다. 여성의 왼쪽 유방에서 나오는 젖은 여자아이들의 몸에 좋고, 오른쪽 젖은 남자아이에게 좋다고 믿었기 때문에, 남자아이들을 양육할 필요가 없는 그들로서는 오른쪽 유방을 아낌없이 잘라냈던 것 같다. 아마존은 '유방이 없다'는 뜻이다. 아마존은 오른쪽 유방이 없는 여인들의 나라였다.

아마존의 여전사는 20세기에 한 사진작가에 의해 부활하

헬라 해미드, 「전사」.
유방 절제수술을 받은 여인의 모습이 아마존의 여전사를 연상시킨다.

였다. 1980년 헬라 해미드Hella Hammid가 발표한 「전사Warrior」
는 유방이 하나뿐인 여성을 진정으로 아름답게 표현한 명작으
로 평가된다. 사진의 주인공은 알몸으로 태양을 향해 두 팔을 활
짝 벌리고 있는데, 유방암으로 오른쪽 유방의 절제수술을 받아
흉터 자국만 남은 자리에 문신을 새긴 모습으로 고통과 환희의
표정을 짓고 있어 수많은 여성의 심금을 울렸다. 이 사진에는 다
음과 같은 짧막한 시가 붙어 있다.

> 더 이상 두려워하지 않으리,
>
> 거울 앞에 서는 것을,
>
> 가슴 한편 아마존의 흔적을 보는 것을……

PART 3

신이 인간에게

준 선물

07

천둥과 번개를 다스리는 신

자연을 지배하는 뇌신

신화에서 뇌우를 다스리는 신은 창조신과 동일시된다. 뇌우는 천둥소리를 내며 내리는 비이다. 천둥과 번개를 수반하는 뇌우는 자연을 파괴하다가도 다시 무지개구름을 일으키며 생산과 풍요를 가져다준다. 뇌우를 뿌려 홍수를 일으키기도 하고 뇌우를 뿌리지 않아 가뭄이 들게도 하는 위력을 가진 신은 창조신의 반열에 오르는 존재가 아닐 수 없다.

신화에서 천둥과 번개를 호령하는 신, 곧 뇌신으로는 그리스의 제우스, 로마의 유피테르, 중국의 뇌공, 북유럽의 토르, 인도의 인드라를 꼽을 수 있다.

그리스 신화의 최고신인 제우스는 우레와 번개로 무장하고, 방패를 흔들어 폭풍우를 만들어냈다. 그는 천둥소리를 내며 구름을 끌고 와서 불타는 번개로 상대를 무찔렀다.

로마의 유피테르는 우레와 번개의 신으로서 로마의 언덕에 세워진 신전에 모셔져 있다. 원래 자연력이나 농업과 결부된 하늘의 신이었으나 나중에 로마 시와 로마 황제의 수호신이 되었다.

중국의 뇌공은 인간을 돕는 조력자로서 시인들의 찬미를 받았다. 화가들은 그의 모습을 위엄 있는 영웅으로 그렸다. 오른손으로는 망치를 휘둘러 벽력같은 천둥소리를 내고, 왼손으로는 북이 매달린 실을 잡아당겨 북소리를 요란하게 내는 모습으로 묘사했다.

북유럽 신화의 토르는 오딘의 아들이다. 머리털이 붉은 그가 두 마리 염소가 끄는 수레를 타고 하늘을 가로질러 가면 천둥소리가 나고 번갯불이 타올랐다. 그는 세 가지 마법의 무기를 지녔다. 벼락을 의미하는 망치, 망치 자루를 쥐는 무쇠 장갑, 힘을 증강시켜주는 허리띠이다. 토르가 망치를 던질 때마다 천둥과 번개가 일어났다.

인도 신화에서 천둥의 신은 인드라이다. 인드라는 힌두교의 찬가집인 『리그베다Rig-Veda』의 4분의 1을 차지할 만큼 베다의 신 가운데 최고의 신이다. 그의 출생부터 특별했다. 어머니의 자궁 안에서 1,000일 동안 버티다가 범상하게 태어나고 싶지 않아 겨드랑이로 나온 괴짜였다. 갓 태어난 인드라의 몸집은 천지를 가득 채울 만큼 컸다. 그의 어머니는 그를 버리고 도망쳤다. 인드라는 신주인 소마를 마시고 아버지를 살해하여 신들의 버림을 받고 방랑하는 신세가 되었다. 그를 동정한 신은 비슈누밖에 없었다. 비슈누의 배려로 운이 틔어 천둥신의 자리에 오르게 되었다. 인드라는 두 마리의 말이 끄는 황금 전차를 타고 하늘을 내달리며 천둥과 번개로 괴물을 퇴치하는 등 맹활약을 하여 인도 신화 최고의 영웅으로 숭배의 대상이 되었다.

선더버드는 살아 있는가

오늘날 북아메리카 인디언 부족들은 보호 구역에 살면서 관광객들의 호기심의 대상이 되고 말았지만 예전에는 놀랄 만큼 풍부한 신화들을 가지고 있었다. 특히 대지에 대한 존경심을 표현한 신화가 적지 않았다.

북아메리카 원주민들은 대지를 비할 바 없이 신성하고 자비심 넘치는 어머니로 여겨 그 은혜에 끊임없이 감사해야 한다고 생각했다. 사람들이 사냥한 동물이나 채집한 식물, 심지어 길가의 작은 돌멩이까지도, 자연 속에 있는 모든 것은 우주와 연결되어 있다고 생각했다. 그러한 것들은 사람과 마찬가지로 그 하나하나가 정령을 품고 있기 때문에 소중하게 다루면 사람에게 은혜를 베풀지만 소홀히 다루면 정령이 화가 나서 벌을 내린다고 믿었다.

북아메리카의 인디언들이 숭배한 정령에는 마니투, 오렌다, 와콘다 등이 있다. 인디언들 가운데 가장 넓은 지역에서 생활했던 알곤킨족의 최고신은 키시 마니투이다. 글자 그대로는 '위대한 정령'이다. 키시 마니투는 하늘과 땅, 사람, 동식물을 창조했다. 그리고 흙과 그의 숨결로 인간을 만들었다.

오렌다는 이로쿼이족이 숭배한 마법의 힘이며, 와콘다는 수족이 믿는 신비한 힘으로, 알곤킨족의 마니투에 필적한다. 북아메리카의 대평원에 살았던 인디언 부족들 가운데 최고의 전사이자 사냥꾼이었던 수족은 와콘다를 모든 지혜와 힘의 원천이며, 이 세계를 유지하는 영원한 섭리라고 생각했다.

북아메리카 인디언 신화에서 자연으로부터 나오는 위대한 힘을 나타내는 것의 하나로 각별한 의미를 지닌 존재는 천둥의 신이다. 이 신은 인간의 모습을 취하기도 하지만 천둥새(선더버드), 즉 상상할 수 없는 위력을 지닌 독수리로 나타날 때가 더 많다. 특히 에스키모와 북아메리카 대륙의 북서부 해안에 사는 여러 인디언 부족들은 천둥새를 최고신으로 숭배하였다.

천둥새는 다른 신화의 뇌신들, 이를테면 제우스, 유피테르, 토르, 인드라처럼 사람이 도달할 수 없는 산꼭대기에 살면서 높은 하늘을 날아다니다가 사냥감이 나타나면 번개처럼 내려앉는 독수리의 모습을 하고 있다. 사람들은 천둥새가 눈빛으로 번개를 일으키고, 부리로 벼락을 몰고 오며, 날개를 퍼덕여 천둥과 폭우를 일으킨다고 여겼다.

아직까지도 신화에 등장하는 천둥새가 살아 있을지 모른다고 생각하는 사람들이 적지 않다. 미국의 마크 홀Mark Hall이라는 신비동물학자는 천둥새에 관한 자료를 수집하여 책으로 펴냈다. 그는 천둥새가 날개 크기나 물건을 들어 올리는 능력에 있어서 다른 새들을 능가한다고 분석했다.

천둥새의 날개 길이는 4.5~6미터이다. 오늘날 살아 있는

천둥새.
북아메리카 인디언들은 천둥새가 부리로 벼락을 몰고 오고 날개로 천둥을 일으킨다고 생각했다.

천둥새 우표, 캐나다.
신화에 등장하는 천둥새가 아직 살아 있을지 모른다고 생각하는 사람들이 있다.

새 중에서 날개 길이가 가장 긴 것은 앨버트로스의 한 종으로 길이가 3.6미터이다. 하지만 이 새는 육식을 하지 않는다. 따라서 천둥새는 새 중에서 가장 큰 육식동물인 콘도르와 연관이 있는 것으로 짐작된다. 독수리의 일종인 콘도르는 남아메리카의 안데스 산맥에 사는 안데스 콘도르와 북아메리카에 사는 캘리포니아 콘도르 두 종류가 있다.

천둥새는 사람이나 짐승을 들어 올릴 수 있는 힘을 지니고 있다. 천둥새가 사람을 들어 올리는 능력과 관련되어 가장 말이 많았던 사건은 1977년 7월 25일 오후 9시에 미국 일리노이 주에서 발생했다. 세 명의 아이에게 거대한 새 두 마리가 달려들었는데, 그중 한 마리가 열 살 된 남자아이의 가슴을 발톱으로 낚아챈 것이다. 그 새는 아이를 땅에서 60센터미터 들어 올려 9미터 정도 날아간 뒤 다시 땅에 내려놓았다. 당시 현장에서 사건을 목격했던 사람들은 그 새들이 거대한 독수리처럼 생겼으며, 날개 길이는 2.4~3미터 정도라고 말했다.

이 사건을 조작된 이야기로 보는 사람도 적지 않지만 그 새들이 천둥새라고 주장하는 사람도 있다.

해마다 봄과 여름에 덩치 큰 새들이 미국 대륙을 횡단하여 보금자리를 옮긴다. 신비동물학자들은 이 철새들 속에 천둥새가 숨어 있을지도 모른다고 생각한다.

신비동물을 찾아서

1812년 고생물학의 아버지로 불리는 프랑스의 조르지 퀴비에Georges Cuvier(1769~1832)는 동물학적 발견의 시대가 종료되었다고 선언했다.

그러나 지난 2세기 동안 수천 종류의 새로운 동물이 발견되었다. 예컨대 1847년 아프리카에서 저지대 고릴라, 1869년 티베트에서 자이언트 판다, 1901년 콩고에서 오카피, 1902년 아프리카에서 산 고릴라, 1912년 인도네시아에서 코모도 드래곤, 1936년 콩고 공작, 1937년 베트남에서 쿠프레이, 1938년과 1952년 아프리카 바다에서 실러캔스, 1976년 하와이에서 메가마우스, 1992년 베트남에서 사올라, 1998년 인도네시아에서 실러캔스가 모습을 드러냈다. 특히 실러캔스는 6,500만 년 전에 공룡과 함께 멸종된 것으로 여겨진 물고기였으므로 학계가 발칵 뒤집혔다.

아직도 수많은 미지의 동물들이 사람의 손길이 미치지 못하는 깊은 바다나 밀림 속에 숨어 있는지 모른다. 게다가 과학적으로 설명되지 않은 괴물 이야기가 지구 곳곳에서 구전되고 있다. 숨어 사는 미지의 동물을 연구하는 분야를 신비동물학cryptozoology이라고 한다.

신비동물학의 기틀을 마련한 장본인은 벨기에의 베르나르 외벨망Bernard Heuvelmans(1916~2001)이다. 1955년 그가 펴낸 『미지의 동물을 찾아서On the Track of Unknown Animals』가 세계적 베스트셀러가 되면서 학계는 물론 일반 대중들이 신비동물학에 관심을 갖기 시작했다.

신비동물학이 비과학적 요소를 적지 않게 갖고 있음에도 불구하고 주목을 받는 까닭은 과학의 전성시대인 20세기에도

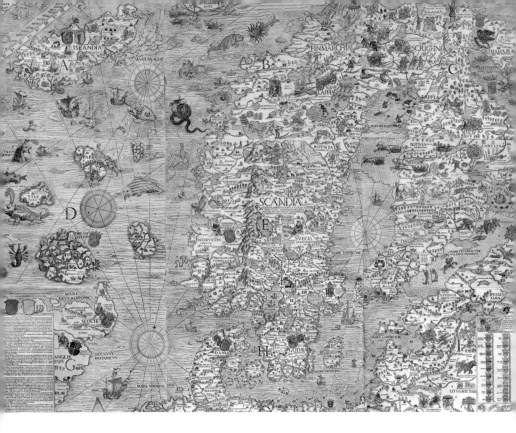

새로운 괴물 이야기가 끊임없이 떠돌았기 때문이다. 가령 1995
년에 발생한 추파카브라스 사건은 가장 불가사의한 현상으로
손꼽힌다. 1995년 3월 푸에르토리코의 작은 마을에서 염소나
병아리 등 가축이 잔혹하게 피를 빨린 채 살해당하는 괴이한 사
건이 속출했다. 모든 시체들에는 단 한 개의 구멍이 뚫려 있을
뿐이었다. 가축의 죽음은 괴물의 소행으로 여겨졌다. 이 괴물은
라틴어로 '염소의 피를 빠는 것'을 의미하는 추파카브라스라고
명명된다.

추파카브라스가 처음 목격된 시기는 1995년 9월경이다.
캥거루와 이무기 사이의 잡종으로 보이는 이 괴물은 키가 4피트

「카르타 마리나」와 「바다에 사는 상상동물」.
스웨덴의 교회 주도로 올라우스 매그너스Olaus Magnus가 12년의 제작기간을 거쳐 1539년에 완
성한 스칸디나비아 인근 해역을 그린 해도 「카르타 마리나」(왼쪽)와, 이를 참고하여 1550년에
세바스찬 뮌스터Sebastian Munster가 그린 「바다에 사는 상상동물」(오른쪽). 뮌스터는 독일의 지
도 제작자이자 우주학자, 신학자였다.

정도 되며, 크고 동그란 머리, 입술이 없는 주둥이, 뾰족한 어금
니, 눈꺼풀이 없는 붉은 눈이 달려 있다. 몸은 자그맣고 발톱 같
은 것이 팔에 달려 있으며 물갈퀴가 있는 박쥐의 날개를 가졌다.

    1995년 가을 내내 푸에르토리코의 여러 지역에서 추파카
브라스가 가축을 도륙한 사건이 보도되었다. 겨울에는 추파카브
라스가 활동을 중단했으나 이듬해 3월 봄이 되면서 다시 모습을
드러냈다. 스페인어로 방송되는 텔레비전에 소개된 뒤부터 추파

추파카브라스.
인터넷이 생긴 이후, 가장 최근에 만들어진 상상 동물인
추파카브라스의 뜻은 '염소 피를 빠는 것'이라는 뜻이다.

카브라스는 멕시코와 미국 남서부에 사는 스페인계 주민들에게 놀라운 반응을 일으켰다. 그러나 1996년 중반부터 추파카브라스의 목격 빈도수는 급격히 감소했다.

추파카브라스의 실존 여부는 신비동물학의 수수께끼의 하나이다. 괴물의 발자국이 발견되지 않았으며 괴물의 모습을 찍은 사진도 없다. 따라서 추파카브라스를 라틴 아메리카 국가들의 전설에 공통적으로 등장하는 흡혈동물의 일종으로 보는 분석이 유력하다. 다시 말해서 부유한 나라의 손에 착취당해온 그들의 상상력이 창조해낸 허구의 동물이라는 것이다. 그러나 추파카브라스가 실재하건 안 하건, 인터넷의 추파카브라스 홈페이지에 들어가면 이 괴물을 언제든지 만날 수 있다.

신비동물학은 자연과학에 초자연적인 요소가 가미되어 있으므로 사실과 허구가 뒤엉킨 연구 분야라고 할 수 있다. 따라서 신비동물학을 사이비 과학으로 몰아세우는 사람들이 적지 않지만 신비동물학자들은 오늘도 전설 속의 괴물을 찾아 지구의 구석구석을 누비고 있다.

만일 천둥새 또는 추파카브라스가 존재한다면 그들의 실체는 끝내 밝혀지고 말 것이다. 설령 이들이 인간의 호기심이 꾸며낸 허구의 괴물에 불과할지라도 현실과 상상의 세계를 넘나들며 밀림과 호수 속을 뒤지는 신비동물학자들의 모험이야말로 불가사의에 도전한다는 측면에서 결코 부질없는 헛수고만은 아닐 터이다.

08

폴리네시아의 영웅 마우이

태평양에 떠 있는 섬들은 고유의 신화를 갖고 있다. 오스트
레일리아 동쪽에 자리한 폴리네시아는 방대한 지역에 여러 섬
들이 흩어져 있지만 공통된 신화를 지니고 있다. 폴리네시아는
뉴질랜드에서 하와이와 이스터 섬까지 삼각지대를 이루고 있는
데, 뉴질랜드와 하와이의 거리가 6,400킬로미터 이상 떨어져
있을 정도로 방대한 문화권이 형성되었다. 폴리네시아 사람들에
게 가장 인기 있는 영웅은 마우이이다. 마우이 이야기는 뉴질랜
드 신화에서 하와이 신화에까지 폴리네시아 전 지역의 신화에
나온다.

마우이는 신과 여자 사이에 태어났다. 아주 잘생겼으며 아주 뛰어난 책략가이다. 그가 이룩한 위업으로 하늘을 들어 올린 일, 태양을 천천히 지나가게 한 일, 바다 밑에서 섬을 끌어 올린 일, 불을 훔쳐 온 일, 죽음을 피하려고 노력한 일을 꼽는다.

어느 날 마우이는 길에서 한 처녀가 하늘을 밀어 올리려고 애쓰는 모습을 보았다. 그 당시 하늘은 땅에 닿을 정도로 낮아서 걸어 다니기도 불편했다. 처녀가 매우 아름다웠기 때문에 마우이는 커다란 바위들을 들어 올리며 힘자랑을 하고 나서 자신과 잠자리를 같이 해준다면 하늘을 밀어 올려주겠다고 꾀었다. 처녀는 매력이 넘치는 미남의 유혹을 거부할 수 없었다. 마우이는 하늘을 끌어 올리고 처녀와 동침했다.

마우이는 부모가 할머니에게 날마다 보내는 음식을 나르는 일을 자청했다. 그 할머니는 손자에게 자신의 턱뼈를 주었다. 마우이는 그 턱뼈를 마법 무기로 사용하여 여러 가지 문제를 해결했다. 그는 태양이 너무 빨리 하늘을 지나가기 때문에 낮이 너무 짧아 불편하다고 생각하고 태양을 천천히 지나가도록 만드는 방법을 궁리했다. 마우이는 태양이 밤이 되면 들어가는 동굴로 가서 밧줄로 올가미를 쳤다. 태양이 올가미에 걸려 땅 위에서 움직이지 못하게 되자 할머니의 턱뼈로 두들겨 팼다. 그러고는 태양에게 하늘을 느리게 지나가겠다는 약속을 받고 놓아주었다. 마우이 덕분에 사람들은 충분한 낮 시간을 갖게 된 것이다.

마우이는 형들을 따라 바다로 가서 낚시를 했다. 형들이 낚싯밥을 주지 않으니까 자신의 코를 때려 코피를 낚싯바늘에 묻혀 바다에 던졌다. 그가 낚싯줄을 끌어 올리자 거대한 물고기가 걸려 올라왔다. 물고기 등 위를 사람들이 걸어 다니고 있었다. 그 물고기는 거대한 육지였던 것이다. 마우이가 잠깐 자리를 비운 사이에 형들은 칼로 물고기를 여러 조각으로 잘라버렸다. 그 결과 오늘날 폴리네시아 삼각지대의 여러 섬들이 만들어지게 되었다.

마우이는 인간에게 불을 선물하려고 지하 세계에서 불을 지키고 있는 고조할머니를 찾아갔다. 고조할머니는 잘생긴 고손자에게 완전히 반해서 마우이가 달라는 손톱을 뽑아주었다. 손톱은 활활 타오르는 불꽃이었다. 할머니는 손자의 거짓말에 속아서 손톱을 모두 뽑아주고 발톱도 하나만 남을 때까지 모조리 뽑아주었다. 할머니는 그제서야 비로소 고손자가 자신을 속였다는 것을 눈치챘다. 화가 난 할머니는 마지막 남은 발톱을 뽑아 들고 마우이가 있는 땅 위로 올라갔다.

할머니가 그 불꽃을 땅바닥에 던지자 온 세상에 불이 붙었다. 마우이는 독수리로 변신해서 가까스로 불을 피해 도망쳤다. 마우이의 조상들은 폭풍과 비를 내려 불을 껐는데, 한 곳만은 불이 꺼지지 않았다. 그 남은 불이 오늘날 인류가 사용하는 불의 씨앗이 되었다.

마우이는 인간이 죽지 않고 영원히 살도록 해주고 싶었다. 그는 아버지로부터 조상인 죽음의 여신에 대해 설명을 들었다.

"멀리 지평선 저쪽을 보거라. 그곳에서 열렸다 닫혔다 하는 것처럼 보이는 섬광은 그녀의 눈에서 나오는 빛이다. 그녀의 눈동자는 푸른 옥으로 되어 있고, 머리카락은 뒤엉킨 해초 덩어리이며, 입은 상어의 주둥이이고, 이빨은 흑요석처럼 날카롭다. 너의 힘으로는 도저히 감당할 수 없는 상대이니라."

마우이는 죽음의 여신을 굴복시켜 인간이 죽음이라는 운명의 굴레에서 벗어나도록 도와주고 싶었다. 그는 아버지의 말대로 하늘과 땅이 만나는 곳으로 갔다.

이 마지막 모험에는 짐승과 새들도 동행했다. 죽음의 여신은 잠을 자고 있었다. 마우이는 옷을 모두 벗고 벌거벗은 채 턱뼈만을 갖고 여신의 다리 사이에서 몸속으로 기어 들어갔다. 몸속에서는 턱뼈로 길을 만들며 앞으로 나아가 입을 통해 밖으로 나왔다. 마우이는 이러한 행동을 한 번만 더 하면 여신은 죽게 되고 자신을 포함해서 인간이 영원히 생명을 누릴 수 있다는 사실을 알고 있었다.

마우이는 다시 여신의 넓적다리 사이로 기어올랐다. 짐승과 새들은 마우이의 모습을 보면서 숨을 죽이고 있었다. 그런데 그가 여신의 목덜미에 이르렀을 즈음 공작비둘기가 웃음을 참지 못하고 그만 큰 소리로 웃어버렸다. 그 바람에 죽음의 여신이 잠에서 깨어났다. 여신은 이빨을 악물면서 자신의 몸 안을 돌아다닌 마우이를 집어삼켰다. 모험을 즐기던 마우이가 인간을 불사의 존재로 만들어보려던 계획을 이루지 못하고 죽음을 맞게된 것이다. 그 후로 어떤 인간도 영원한 생명을 얻지 못했다. 마우이에게 혼쭐이 난 죽음의 여신은 절대로 잠을 자지 않았다. 여신이 잠을 자는 낮에는 죽는 사람이 없고 깨어 있는 밤에만 사람이 죽었는데, 마우이 사건 이후부터는 여신이 도통 잠을 자지 않는 바람에 사람들은 밤낮으로 아무 때나 죽어야 하는 신세가 되고 만 것이다.

폴리네시아 신화의 영웅 마우이.
마우이는 인간에게 불을 가져다주고 영원히 살도록 해주려 했으나 실패하여 죽음을 맞게 된다.

그러나 죽음의 여신에 맞서 인간과 신의 경계를 허물려고
했던 마우이는 태평양 한복판에서 새로운 섬을 살기 좋은 곳으
로 만들며 모험을 두려워하지 않던 폴리네시아인들의 모습을
고스란히 간직하고 있기 때문에 가장 많은 사랑을 받고 있다.

하와이 주민들은 마우이의 피로 새우가 붉게 되었고, 무지
개에 붉은색이 생겼다고 믿고 있다.

불을 발명한 최초의 중국인

중국의 신화에서 불씨를 인류에게 가져다준 신은 복희이
다. 그는 인류를 창조한 여와와 오누이가 되기도 하고, 부부가 되

기도 한다. 한나라 때의 석각 그림들과 벽돌 그림들 중에는 사람의 머리에 뱀의 몸을 가진 복희와 여와의 그림이 자주 나타나는데, 복희와 여와는 허리 윗부분은 사람의 몸으로 도포를 입고 모자를 쓰고 있으며, 허리 아랫부분은 뱀의 몸으로 꼬리가 두 개 얽혀 있다. 이러한 그림들은 복희와 여와가 부부였음을 보여준다.

한편 중국의 전설에는 수인이라 불린 사람이 나무를 비벼 불을 일으켰다는 이야기가 전해 내려온다.

아주 먼 옛날 수명국遂明國이라는 나라가 있었다. 해와 달이 없는 나라여서 낮과 밤을 알 수 없었다. 이 나라에 수목遂木이라는 나무가 있었다. 나무가 하도 커서 줄기, 이파리, 뿌리가 1만 경頃이나 되는 지역을 뒤덮었다.

총명하고 지혜로운 사람이 천하를 떠돌아다니다가 수명국에 도착하여 그 큰 나무 아래에서 잠시 쉬고 있었다. 해가 없는 나라인지라 수풀 속도 어두워야 할 텐데, 그 나무가 있는 수풀 속에서는 보석처럼 빛나는 찬란한 불빛이 사방을 환하게 비춰주고 있었다. 평생 해를 보지 못하는 수명국 백성들은 이 불빛 속에서 일하고 쉬고 밥을 먹고 잠을 잤다. 총명하고 지혜로운 나그네는 큰 새들이 부리로 그 나무의 줄기를 쪼아댈 때마다 그 아름다운 빛이 나온다는 것을 알았다. 수리처럼 생긴 그 새는 긴 발톱, 검은 등, 하얀 배, 짧은 부리를 지니고 있었다.

나그네는 이 광경을 보고 불현듯 불을 만드는 방법이 떠올랐다. 그는 나뭇가지를 꺾어서 작은 가지로 큰 가지를 비벼댔는데, 불빛이 생겼다. 계속 비벼댄 끝에 연기가 나고 불이 붙었다. 그는 마

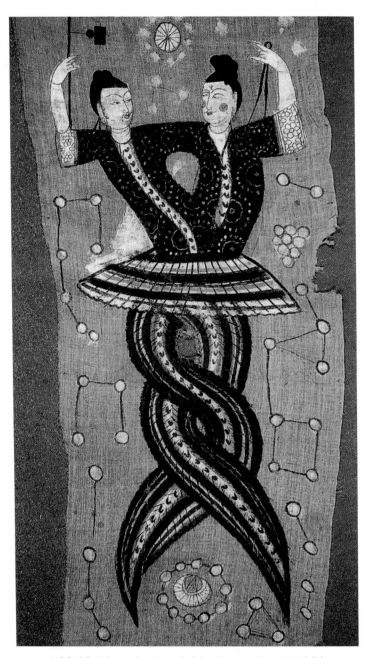

복희와 여와. 컴퍼스를 쥐고 있는 쪽이 여와, 곡자를 들고 있는 쪽은 복희이다.

침내 불을 만들게 된 것이다. 이제 인간들은 하늘의 우레로 불을 얻으려고 애쓸 필요도 없고, 사시사철 불씨가 꺼질까 봐 걱정할 필요도 없게 되었다. 사람들은 그 나그네를 수인燧人이라 불렀다. 수인이란 '불을 얻어낸 사람'이란 뜻이다.

복희와 수인 중에서 누가 먼저 불을 발견했는지 알 길이 없다. 그러나 복희는 뇌신의 아들이므로 불을 발견한 공로는 수인보다 복희에게 돌리는 것이 타당할 것 같다. 물론 복희가 일으킨 불은 뇌우가 지나간 뒤 숲에서 타오르는 천연적인 불일 가능성이 크다. 하지만 수인이 나무를 비벼 불을 일으켰기 때문에 자연적인 불을 발견한 복희와 달리 불을 발명한 최초의 인물로 자리매김해야 될 것 같다.

프로메테우스는 인간을 사랑했다

제우스의 사촌뻘이 되는 티탄인 이아페투스에게는 네 아들이 있었다. 첫째와 둘째는 흉포한 거인이었으나 셋째인 프로메테우스와 막내인 에피메테우스는 그렇지 않았다. 프로메테우스는 '먼저 생각하는 자'란 뜻인 반면에 에피메테우스는 '나중에 생각하는 자'라는 뜻이다. 프로메테우스는 최고의 신인 제우스에 맞설 정도로 담대하고 인간을 위해 희생을 했지만 에피메테우스는 형과 너무나 달라서 어리석을 뿐만 아니라 의지력도 약했다.

그리스 신화에서 어떤 신도 프로메테우스만큼 인간을 사랑하지 않았다. 그는 인간을 위해 여러 차례 제우스를 속였다. 신과 인간이 모여 동물의 어느 부분을 신에게 바치고 어느 부분을 인간이 가질 것인지 결정하는 의식을 치를 때였다. 제우스가 어느 쪽을 신과 인간에게 줄지 결정하는 권한을 가졌다.

프로메테우스가 커다란 황소를 두 부분으로 나누는 일을 맡았다. 그는 한쪽에는 소의 맛있는 살을 짐승의 피 묻은 가죽으로 덮어놓았으며, 다른 한쪽에는 살을 벗겨낸 뼈다귀를 기름기가 잘잘 흐르는 비계로 싸두었다. 제우스는 피 묻은 가죽으로 덮인 접시를 보며 역겨운 표정을 지었지만 하얀 비계로 덮인 접시를 보고 군침을 흘렸다. 그는 비계가 있는 쪽의 접시를 신의 몫으로 선택했다. 그러나 그 접시에 뼈밖에 없다는 것을 뒤늦게 안 제우스의 분노가 폭발했다. 세상의 주인으로서 망신을 당한 제우스는 프로메테우스와 인간을 증오했다. 제우스는 인간에게 화풀이를 한답시고 불을 주지 않기로 결정했다. 그러나 프로메테우스는 제우스의 결정에 불복해 올림포스 산에서 몰래 불을 훔쳐내어 속이 빈 갈대 속에 감추어서 인간에게 가져다주었다.

제우스의 분노는 걷잡을 수 없었다. 프로메테우스와 인간에게 각각 엄벌을 내리기로 했다. 먼저 인간에게 벌을 주기 위해 대장장이 신인 헤파이스토스에게 진흙으로 여신처럼 아름다운 여자를 만들라고 지시했다. 올림포스의 신들은 온갖 선물로 이 여자를 꾸몄다. 신들은 그녀에게 화려한 옷, 빛나는 보석, 매

프로메테우스, 불을 훔치다.
인간을 사랑한 프로메테우스는 올림포스 산에서 불을 훔쳐내서 인간에게 가져다준다.

71.

력과 아름다움과 우아함을 선물로 주었다. 그녀의 이름은 판도라로 명명되었다. 판도라는 그리스어로 '모든 선물'이라는 뜻이다.

그러나 제우스는 교활한 신인 헤르메스에게 은밀한 명령을 내렸다. 헤르메스는 아버지의 지시대로 판도라의 마음속에 간사하고 배신하는 성격과 거짓말을 하는 재주를 불어넣었다.

제우스는 판도라를 에피메테우스에게 선물로 넘겨주었다. 에피메테우스는 판도라의 아름다움에 현혹되어 제우스로부터는 아무것도 받지 말라는 형의 충고를 까맣게 잊고 그녀를 아내로 맞아들이고 말았다.

에피메테우스의 집에는 모든 악이 담긴 항아리가 있었다. 프로메테우스는 항아리의 뚜껑을 막을 때 절대로 열리지 않게 주의할 것을 신신당부했다. 판도라는 이 항아리를 보고 호기심에 못 이겨 뚜껑을 열고 말았다. 항아리를 여는 순간 악, 굶주림, 미움, 질병, 미치광이들, 미친 영혼, 괴물 떼가 쏟아져 나와 인간 사회로 퍼져나갔다.

판도라가 엉겁결에 뚜껑을 닫았는데, 밑바닥에 있던 영혼한 개가 미처 빠져나가지 못한 채 남아 있었다. 그것은 다름 아닌 희망의 영혼이었다. 제우스가 의도한 대로 모든 악이 땅 위에 흩어져서 악의 영혼이 도시와 마을의 모든 가정에 떠다니며 인간의 삶에 슬픔과 고통을 안겨주었다. 인간에게 남겨진 유일한 위안물은 희망뿐이었다.

한편 제우스는 프로메테우스에게도 혹독한 응징을 가했다. 제우스는 하늘에서 만든 사슬로 그를 묶어 카우카소스(코카소스)의 산꼭대기 바위 위에 결박했다. 프로메테우스의 손목과 발목

존 윌리엄 워터하우스, 「판도라」, 「황금 상자를 여는 프시케」.
그리스 로마 신화에는 대표적으로 상자를 여는 여성이 두 명 있다. 판도라(왼쪽 그림)와 프시케
(오른쪽 그림)이다. 공교롭게도 에로스의 연인인 프시케는 죽은 판도라의 영혼이 환생하여 태
어난 여인이다.

에는 무거운 족쇄가 달려 있고 잔인하게 생긴 제우스의 종이 그 끝을 단단히 잡고 있었다.

프로메테우스가 묶여 있는 코카소스 산은 단 한 포기의 풀도 자란 적 없는 황무지였다. 산꼭대기에는 사나운 바람이 불고 낭떠러지의 해변은 폭풍우 치는 파도가 넘실거렸다. 그는 가슴 한가운데에 못이 박힌 채 바위에 묶여 있었기에 몸을 옆으로 돌리거나 무릎을 구부려 잠을 잘 수도 없었다.

어느 날 헤르메스가 찾아와서 제우스의 이름을 들먹거리며 잘못을 뉘우칠 것을 충고했다. 그러나 프로메테우스는 인간에게 불을 준 자신의 행위는 정의로운 것이었다고 주장한다. 헤르메스는 제우스의 응징이 있을 것이라고 다음과 같이 협박했다.

"지금 네가 박혀 있는 바위를 천둥과 번개로 두 동강 냄과 동시에 대지가 열리면서 너를 새까만 타르타로스의 나락으로 삼켜버릴 것이다. 그리고 오랜 세월이 흐른 뒤 너는 가장 큰 벌을 받기 위해 이 세상의 빛을 다시 보게 될 것이다. 독수리가 매일 내려와서 네 살을 부리로 찢어 열고 간을 파먹을 것이다. 밤에는 부상이 다 낫겠지만 다음 날이면 독수리가 다시 와서 처음부터 고통이 다시 시작될 것이다. 이는 영원토록 계속될 것이며 네 고통은 끝을 모를 것이다. 제우스 님은 절대로 허풍을 떠는 분이 아니니 잘 생각해라."

헤르메스가 협박한 대로 제우스는 고집스러운 프로메테우

페테르 파울 루벤스, 「사슬에 묶인 프로메테우스」.
독수리가 프로메테우스의 가슴을 찢고 간을 물어뜯고 있다.

스에게 벼락을 내던졌다. 프로메테우스는 타르타로스의 깜깜한 나락으로 곤두박질쳤다. 오랜 세월이 지난 뒤 그는 다시 코카소스 산 꼭대기의 옛 자리로 되돌아왔다. 어느 순간 독수리가 달려들어 그의 살을 찢고 간을 물어뜯었다. 옆구리의 상처는 하루 종일 그에게 고통을 안겨주다가 저녁이 되면 아물어 간이 다시 자라났다.

그렇게 고통을 겪으면서 해가 바뀌고 어느덧 한 세기가 흘렀다. 프로메테우스의 예언대로 그리스의 영웅인 헤라클레스가 나타났다. 그는 인류의 위대한 친구인 프로메테우스를 풀어주기 위해 온 것이다. 헤라클레스는 먼저 프로메테우스의 간을 파먹으려고 나타난 독수리를 향해 화살을 쏘아 죽였다. 이어서 거대한 방망이로 하늘의 사슬을 박살 내고 가슴에 박힌 못을 빼주었다. 수많은 세월이 흐른 뒤 비로소 자유를 찾은 프로메테우스는 헤라클레스와 뜨거운 포옹을 나누었다.

훗날 프로메테우스는 제우스와 화해했다. 제우스는 자신의 명령이 영원히 지켜지는 것을 입증하지 않으면 안 되었다. 이를테면 제우스가 "프로메테우스는 영원토록 이 바위의 구속을 받으리라"라고 한 말이 지켜져야만 했다. 그래서 제우스는 헤파이스토스에게 반지를 만들게 한 뒤에 프로메테우스가 사슬에 묶여 있던 코카소스 산에서 돌을 가져오게 해서 반지를 장식하도록 했다. 제우스는 그 반지를 프로메테우스에게 선물했으며 프로메테우스는 그 반지를 줄곧 끼고 다녔다. 제우스는 변칙적인 방법을 써서라도 최고신의 지상명령이 지켜지지 않는 선례를 남기고 싶지 않았던 것이다.

인류 문명의 불꽃

인류의 문명은 불의 발견으로부터 시작되었다. 기원전 50만 년경 직립 인간을 의미하는 호모에렉투스가 불을 처음 사용한 것으로 추정된다. 1921년 중국 베이징 교외의 저우커우뎬周口店 동굴에서 구석기시대 북경원인의 유물이 발굴되었는데, 혹심한 추위를 견디기 위해 불을 지핀 흔적이 돌바닥마다 뚜렷하게 남아 있다.

인류의 조상들은 자연의 불꽃, 곧 번개가 발생하면 그런 불이 꺼지지 않도록 갖가지 궁리를 했을 것이다. 그러다가 마침내 불을 생산하는 기술을 터득했다. 단단한 나무를 부드러운 나무에 문질러서 열이 발생하면 부싯깃을 이용하며 불을 얻었다. 돌멩이끼리 부딪치거나 돌멩이와 쇠붙이를 마찰시키면 불꽃이 일어나는데, 역시 부싯깃을 이용하여 불을 만들어냈다. 젖은 건초더미를 발효시켜 불을 얻기도 했고 오목거울로 햇빛을 모아 특별히 신성한 불을 만들어내기도 했다.

옛사람들은 불이 모든 물질의 핵심 요소라는 것을 알고 있었다. 그리스의 아리스토텔레스Aristotle(기원전 384~322)는 모든 물질이 불, 물, 공기, 흙의 4원소로 이루어졌다고 주장했다. 아리스토텔레스의 4원소설은 거의 2,000년 동안 서양의 모든 학문을 지배했다. 고대 중국인들은 만물이 불, 물, 나무, 금속, 흙의 5원소로 시작된다고 생각했다.

인류는 횃불로 어둠을 밝히고, 불꽃으로 몸을 따뜻하게 만들고, 화덕 불로 음식을 요리해서 먹었다. 불을 사용함에 따라 무엇보다 금속을 다루는 기술이 발달하여 인류 문명의 불꽃이 타오르기 시작했다.

거의 1만 년 전 인류가 농경을 위해 정착한 지 얼마 되지 않아서 메소포타미아 지역에서는 구리를 사용하기 시작했다. 구리를 마음대로 주무르게 되면서부터 연장을 만들고 배를 만들었다. 이것들을 불 속에 집어넣어 다시 녹여 다른 물건을 만들기도 했다.

기원전 3000년 메소포타미아에서는 부드러운 금속인 구리를 주석과 함께 녹여서 단단한 청동을 만들었다. 청동은 인류 최초의 합금이다. 중동 지역에서 비롯된 청동제조기술은 중국으로 전파된 것으로 추측된다. 기원전 2000년대 중반에 중국인들은 청동 주조의 귀재가 되었다. 중국인들은 이러한 합금 제조 기술로 청동기 문명을 꽃피웠다. 2,000년 동안 청동은 무기, 선박, 공예품, 도구 등을 만드는 데 필수 재료로 사용되어 인류 문명의 초석이 되었다.

인류가 불이 금속을 녹일 수 있다는 사실을 발견하고, 우연히 불을 사용하여 새로운 성질을 갖는 합금을 만들게 되면서부터 인류 문명은 비약적인 발전을 거듭하게 되었다고 볼 수 있다.

기원전 3000년경 메소포타미아 초기 왕조 시대에 만든 소머리 모양 청동 유물(위). 우르의 왕릉에서 출토된 황소 머리 모양 청동 유물(아래).

09

홍수에서
살아남은 사람들

메소포타미아의 홍수신화

신들은 인간을 창조한 뒤에 때때로 여러 가지 방법을 이용
하여 인간을 멸망시키려고 한다. 신들이 홍수를 일으켜 인간과
모든 생물이 파멸의 위기를 맞게 되는 이야기는 여러 민족의 신
화에 전해 내려온다. 홍수신화는 세계 4대 문명의 발상지 중 하
나인 메소포타미아 지역의 신화에 처음으로 나타난다. 기원전
3000년 무렵, 이 지역에 정착한 수메르인의 홍수신화는 세계
최초의 홍수신화로 여겨진다.

인간들은 신에게 입을 것과 먹을 것을 바쳐야 하는 노동에
대해 불만이 많았다. 신들은 인간들이 불평하는 소리가 시끄러

워 조용히 쉴 수 없었기 때문에 인간들을 모조리 없애기로 결정한다. 그러나 안(하늘의 신), 엔릴(대기의 신), 닌후르사가(대지의 여신)와 함께 창조의 신이었던 엔키(물의 신)는 신들의 결정에 승복할 수 없었다. 물속의 점토 덩어리로 인간을 만든 신이 바로 엔키였기 때문이다. 엔키는 그가 창조한 인간의 파멸을 막기 위해 어진 왕인 지우수드라에게 대홍수가 일어날 것을 알려주며 커다란 배를 만들라고 말한다. 엔키의 말대로 일곱 날 일곱 밤 동안 홍수가 땅을 휩쓸어버렸으나 지우수드라 왕은 배를 타고 홍수를 피할 수 있었다.

수메르인의 홍수신화는 기원전 2000년 무렵 메소포타미아의 새 주인으로 등장한 바빌로니아인의 창세신화에서 발전된 모습으로 나타난다. 바빌로니아의 홍수신화는 『길가메시 서사시Epic of Gilgamesh』에 포함되어 있다. 『길가메시 서사시』는 기원전 2000년경 바빌로니아인이 수메르인의 오래된 이야기를 정리한 것으로, 인류 역사에서 문자로 쓰인 시로는 가장 오래된 것으로 평가된다. 바빌로니아 홍수신화에서 수메르 홍수신화의 영웅 지우수드라에 해당하는 인간은 우트나피시팀이다.

신들이 인간을 쓸어버리기 위해 대홍수를 일으키기로 결정했을 때 지혜의 신인 에아는 인간의 파멸을 그냥 지켜볼 수 없었다. 에아는 바빌로니아 신화의 최고 영웅인 마르두크를 낳은 신이었다. 에아 신은 유프라테스 강 유역의 갈대 오두막집에 사는 우트나피시팀에게 살아 있는 모든 생명의 씨앗을 실을 수 있는 방주를 만드는 방법을 알려주었다. 『길가메시 서사시』에서 우트나피시팀은 다음과 같이 말한다.

내가 가진 것은 무엇이나 방주에 실었네.

내가 가진 금으로 된 것은 무엇이나 나의 방주에 실었네.

나는 생명이 있는 것은 무엇이나 나의 방주에 태웠네.

우트나피시팀은 온갖 종류의 짐승들을 수컷과 암컷으로 짝지어 배에 태웠다. 이윽고 폭풍우가 여섯 날의 낮과 밤 동안 계속되었다. 7일째 되는 날 폭풍우가 멈추고 날이 개자 방주에 타지 않았던 인간들은 모두 진흙 상태로 되돌아갔다.

우트나피시팀의 방주는 산꼭대기에 있었다. 그는 물이 빠졌는지 알아보기 위해 비둘기 한 마리를 날려 보냈다. 비둘기는 내려앉을 만한 땅을 발견하지 못하고 다시 배로 돌아왔다. 그다음에는 제비를 내보냈으나 역시 되돌아왔다. 그 후 까마귀도 날려 보냈는데, 내려앉을 만한 땅을 발견했으므로 배로 돌아오지 않았다.

우트나피시팀은 방주 밖으로 나와 신들에게 제물을 바쳤다. 신들은 그가 살아남은 것을 알고 분노했다. 그러나 에아 신은 인류를 말살시켜서는 안 된다고 신들을 설득했다. 결국 신들은 우트나피시팀과 그의 아내에게 신처럼 영원히 살 수 있는 불멸의 생명을 부여하고, 강으로부터 멀리 떨어진 곳에 살아야 한다고 명령했다. 우트나피시팀은 인간이었지만 에아 신의 지시에 순종하여 대홍수로부터 인류와 짐승의 절멸을 막은 공로를 인정받아 신의 반열에 오른 것이다.

노아의 홍수

구약성서의 「창세기」에는 노아의 홍수 이야기가 나온다.

땅 위에 사람이 불어나면서 딸들이 태어났다. 하늘의 몇몇 천사가 욕망에 굴복하여 땅으로 내려와 사람의 딸을 아내로 삼는다. 타락 천사와 여자 사이에 느빌림이라는 거인족이 태어난다. 이에 분노한 야훼는 "사람은 동물에 지나지 않으니 나의 입김이 사람들에게 언제까지나 머물러 있을 수는 없다. 사람은 120년밖에 살지 못하리라"고 했다.(「창세기」 6:2~4) 그리고 노아의 홍수를 일으켜 타락한 세상을 단죄하게 된다.

> 야훼께서는 세상이 사람의 죄악으로 가득 차고 사람마다 못된 생각만 하는 것을 보시고 왜 사람을 만들었던가 싶으시어 마음이 아프셨다. 야훼께서는 "내가 지어낸 사람이지만, 땅 위에서 쓸어 버리리라. 공연히 사람을 만들었구나. 사람뿐 아니라 짐승과 땅 위를 기는 것과 공중의 새까지 모조리 없애버리리라. 공연히 만들었구나" 하고 탄식하셨다. 그러나 노아만은 하느님의 마음에 들었다.(「창세기」 6:5~8)

그럼 노아는 어떤 사람인가. 노아는 셈, 함, 야벳 등 세 아들을 두었는데 이들을 낳았을 때의 나이는 500세였다. 그 당시에 노아만큼 올바르고 흠 없는 사람이 없었다.

하느님 보시기에 세상은 너무나 썩어 있었다. 그야말로 무법천지

요제프 안톤 코흐, 「노아의 번제」.
창세기의 홍수 뒤에 나타난 무지개는 신이 살아남은 인간들과 새로 언약을 맺은 증거를 의미한다.

가 되어 있었다. 하느님 보시기에 세상은 속속들이 썩어, 사람들이 하는 일이 땅 위에 냄새를 피우고 있었다. 그래서 하느님께서는 노아에게 이렇게 말씀하셨다.

"세상은 이제 막판에 이르렀다. 땅 위는 그야말로 무법천지가 되었다. 그래서 나는 저것들을 땅에서 다 쓸어버리기로 하였다. 너는 전나무로 배 한 척을 만들어라. 배 안에 방을 여러 칸 만들고 안과 밖을 역청으로 칠하여라. 그 배는 이렇게 만들도록 하여라. 길이는 300자, 너비는 50자, 높이는 30자로 하고, 또 배에 지붕을 만들어 1자 추어올려 덮고 옆에는 출입문을 내고, 상중하 3층으로 만들어라.

내가 이제 땅 위에 폭우를 쏟으리라. 홍수를 내어 하늘 아래 숨 쉬는 동물은 다 쓸어버리리라. 땅 위에 사는 것은 하나도 살아남지 못할 것이다. 그러나 나는 너와 계약을 세운다. 너는 네 아들들과 네 아내와 며느리를 데리고 배에 들어가거라. 그리고 목숨이 있는 온갖 동물도 암컷과 수컷으로 한 쌍씩 배에 데리고 들어가 너와 함께 살아남도록 하여라. 온갖 새와 온갖 집짐승과 땅 위를 기어 다니는 온갖 길짐승이 두 마리씩 너한테로 올 터이니 그것들을 살려주어라. 그리고 너는 먹을 수 있는 온갖 양식을 가져다가 너와 함께 있는 사람과 동물들이 먹도록 저장해두어라."

노아는 모든 일을 하느님께서 분부하신 대로 하였다.(「창세기」 6:11~22)

땅 위에 홍수가 난 것은 노아가 600세 되던 해 2월 17일이었다. 40일 동안이나 밤낮으로 땅 위에 폭우가 쏟아졌다. 사람은 물론 새, 집짐승, 들짐승, 벌레 등 땅 위의 모든 생물이 죽었다. 물은 150일 동안이나 땅 위에 괴어 있었다.

땅 밑 큰 물줄기와 하늘 구멍이 막혀 하늘에서 내리던 비가 멎었다. 그리하여 땅에서 물이 줄어들기 시작한 지 150일이 되던 날인 7월 17일에 배는 마침내 아라랏 산 등마루에 머물렀다. 물은 10월이 오기까지 계속 줄어서 마침내 10월 초하루에 산봉우리가 드러났다.

40일 뒤에 노아는 자기가 만든 배의 창을 열고 까마귀 한 마리를 내보내었다. 그 까마귀는 땅에서 물이 다 마를 때까지 이리저리 날아다녔다. 노아가 다시 지면에서 물이 얼마나 빠졌는지 알아보려고 비둘기 한 마리를 내보냈다. 그 비둘기는 발을 붙이고 있을 곳을 찾지 못하고 그날 돌아왔다. 물이 아직 온 땅에 뒤덮여 있었던 것이다. 노아는 손을 내밀어 비둘기를 배 안으로 받아들였다. 노아는 이레를 더 기다리다가 그 비둘기를 다시 배에서 내보내었다. 비둘기는 저녁때가 되어 되돌아왔는데 부리에 금방 딴 올리브 이파리를 물고 있었다. 그제야 노아는 물이 줄었다는 것을 알았다. 노아는 다시 이레를 더 기다려 비둘기를 내보냈다. 비둘기가 이번에는 끝내 돌아오지 않았다. 노아가 601세가 되던 해 정월 초하루, 물이 다 빠져 땅은 말라 있었다.(「창세기」8:2~13)

노아는 땅이 마르자 아내, 아들, 며느리들을 데리고 배에서 나왔다. 들짐승, 집짐승, 새, 길짐승도 모두 배에서 따라 나왔다. 노아는 홍수가 나고부터 350년을 더 살아서 모두 950년을 살다 죽었다.

중국의 치수 영웅들

옛 중국인들은 중국 대륙을 가로지르는 두 개의 큰 강, 곧 황허 강과 양쯔 강의 물이 범람하여 피해를 자주 겪었다. 따라서 두 강의 물을 잘 다스리는 영웅들의 이야기가 중국 홍수신화의 중심이 되었다.

중국 신화자료집인 『산해경』에는 치수의 영웅이 언급되어 있다.

큰물이 저 하늘에까지 넘쳐흐르자 곤鯀이 천제의 저절로 불어나는 흙인 식양息壤을 훔쳐다 큰물을 막았는데 천제의 명령을 기다리지 않았다. 천제가 축융祝融에게 명하여 우산羽山의 들에서 곤을 죽이게 했는데 곤의 배에서 우禹가 생겨났다. 천제가 이에 우에게 명하여 땅을 갈라 구주九州를 정하는 일을 끝마치게 했다.

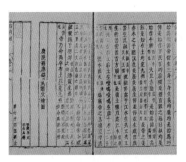

치수의 영웅에 대한 내용이 들어있는 『산해경』 본문(왼쪽 페이지).

먼 옛날에 중국에서 물길이 하늘에 닿을 듯한 대홍수가 일어났다. 사람들이 바르게 살지 않고 갖가지 나쁜 짓을 일삼은 데 대해 천제가 분노하여 무시무시한 홍수를 일으킨 것으로 짐작된다. 인간들은 대홍수로 말미암아 비참하고 절망적인 나날을 보냈다.

하늘나라의 수많은 신 중에서 백성들의 고통을 가엾이 여긴 신은 곤 하나뿐이었다. 곤은 천제의 손자였다. 그는 할아버지인 천제에게 백성들의 죄를 용서하고 홍수를 거두어줄 것을 간청한다. 그러나 천제는 손자의 말을 귀담아듣지도 않았다. 결국 곤은 자신의 힘으로 홍수를 막아야겠다고 결심했다. 하늘까지 솟아오른 홍수를 멈추게 하는 방도를 찾기 위해 고민하고 있을 때, 올빼미와 자라가 다가와서 비법을 일러주었다. 그들은 하늘나라에 있는 식양을 사용하면 된다고 말했다. 식양은 끊임없이 저절로 불어나는 흙이었다. 식양이 불어나서 제방이 되면 홍수를 막게 될 것이라는 말이었다. 그런데 식양은 천제가 지극한 보물로 여겨 은밀한 곳에 감추어두어서 쉽게 손에 넣을 수 없었다. 한 가지 방법은 천제 몰래 훔쳐내는 것이었다. 곤은 할아버지의 꾸지람을 각오하고, 식양을 손안에 넣었다.

곤은 식양을 갖고 지상으로 내려갔다. 식양을 조금만 떼어서 대지에 던지면 곧 크게 불어나 둑이 되고 산이 되어 홍수의 물길을 막아주었다. 점차 홍수가 사라지고 푸른 들판이 나타나기 시작했다. 나무 꼭대기나 산꼭대기에 살던 백성들은 땅 위에 새로운 삶의 터전을 마련하기 시작했다. 그러나 불행이 다시 찾아왔다. 홍수가 거의 다스려질 무렵 천제가 식양이 없어진 사실을 알게 되었기 때문이다. 천제는 손자가 일을 저질렀다는 것을 보고받고 노발대발했다. 그는 당장 불의 신인 축융을 땅으로 내려보내서 곤을 우산의 들판에서 죽이도록 했다. 곤의 죽음으로 다시 홍수가 대지 위로 넘쳐흘러 백성들은 춥고 배고픈 나날을 보내지 않으면 안 되었다.

곤은 죽었지만 3년이 지나도록 시체가 썩지 않았다. 곤의 영혼이 죽지 않았기 때문에 시체가 부패하지 않았던 것이다. 그리고 곤의 배 속에서는 새로운 생명이 잉태되어 자라면서 3년 동안 갖가지 신통력을 갖추었다. 곤의 시체가 3년 동안이나 썩지 않고 있다는 소식을 들은 천제는 그의 몸을 칼로 베어버리라고 명령했다. 곤의 시체가 칼로 갈라지는 순간, 시체는 다른 생물로 바뀌어 우산 옆의 못으로 뛰어 들어갔으며 갈라진 배 속에서는 갑자기 용 한 마리가 튀어나왔다. 그 용은 곤의 아들인 우였다. 곤은 자신이 다하지 못한 일을 완수해줄 후계자로 우를 3년 동안 배 속에서 키운 것이다. 우는 머리에 단단하고 날카로운 뿔이 돋아 있었다. 우는 용틀임을 하며 하늘로 올라갔다.

천제는 우를 보고 놀라고 당황했다. 우를 죽이더라도 그의 배에서 또 사람이 나올 것 같았기 때문이다. 결국 천제는 홍수로 백성을 벌주는 것을 그만두기로 마음먹고 우의 요청에 따라 식양을 하사하고 인간 세계에 내려가서 치수를 하도록 당부했다.

우는 천제의 명령에 따라 홍수를 다스리는 일을 시작했다. 그는 아버지보다 훨씬 영리하게 치수 작업을 했다. 먼저 큰 거북에게 식양을 등에 지고 그의 뒤를 따라오게 했다. 그는 식양으로 홍수를 막고 사람이 살 만한 땅을 높이 북돋워주었다. 그중에서 특히 높이 쌓아 올린 곳이 오늘날 유명한 산들이 되었다. 또한 우는 땅에 금을 그어 물줄기를 텄다. 그 물줄기가 오늘날 유명한 강들이 되었다.

우는 홍수를 다스리는 일에 열중한 나머지 30세가 되도록 장가를 들지 못했다. 그는 우연히 아름다운 아가씨에 반하여 아

禹

克勤于邦　丞民乃粒
歴数在躬　厥中允執
思酒好言　九功由立
不伐不矜　振古奚及

우임금의 모습을 그린 「하우왕입상夏禹王立像」.
마린馬麟은 중국 남송 시대에 활약한 궁정화원 화가이다. 남송의 5
대 황제 이종은 우임금 등 역대 임금을 그린 마린의 그림 위에 도교
의 교리를 찬양하는 글월을 총 13편 지었는데, 이를 〈도통십삼편道統
十三贊〉이라고 부른다.

『산해경』에는 갖가지 기이한 동물이 등장하고 황당무계한 이야기가 펼쳐진다.

내로 맞아들였지만 치수를 위해 구주의 모든 곳을 돌아다녔다. 구주는 중국 전체를 아홉 지역으로 구분한 것을 뜻한다. 우는 기이한 사람들과 신기한 일들을 본 경험을 토대로 기록을 남겼는데, 그 책이 다름 아닌 『산해경』이라고 전해진다. 그러나 어디까지나 전설에 불과할 뿐, 우를 『산해경』의 지은이라고 볼 만한 물증은 전혀 없다.

우가 홍수를 다스려준 덕분에 백성들은 행복한 생활을 할 수 있었다. 백성들은 그의 공덕에 보답하기 위해 임금으로 옹립했다. 치수 영웅 우는 임금이 되어서도 백성들을 위해 선정을 베풀었다. 우임금은 남쪽 지방을 순시하던 도중에 병이 나서 죽고 말았다. 우의 무덤에는 늘 새들이 날아와서 잡초를 쪼았다는 전설이 전해 내려오고 있다. 물론 우임금의 실존 여부는 확인할 길이 없다. 하지만 중국인들은 그들을 홍수의 재앙에서 구해준 치수의 영웅으로 우임금을 꼽는 데 주저함이 없다.

인류 최초의 문명이 꽃피다

고대 오리엔트는 인류 최초의 위대한 문명인 메소포타미아 문명과 이집트 문명의 발상지이다. 메소포타미아 문명은 유프라테스 강과 티그리스 강의 삼각주 유역에서, 이집트 문명은 나일 강의 삼각주 유역에서 번창했다.

최초의 문명이 큰 강가에서 이루어진 것은 관개 기술이 발달하여 땅을 비옥하게 만들었기 때문이다. 메소포타미아의 경우, 넓은 지역에 비가 내리는 경우가 드물었기 때문에 강물을 이용하는 방법을 개발했다. 기원전 6000년, 초기 메소포타미아인들은 관개용 도랑을 파서 물의 공급을 관리했다. 관개용 수로가 제 기능을 발휘하도록 하려면 큰 행정조직이 필요했다. 물을 배급하는 갖가지 기술은 메소포타미아 지역에 인류 최초의 문명이 꽃피는 계기를 마련했다. 물을 지배하기 시작하면서 많은 사람의 공동 작업이 필요하고, 사회구조가 복잡해졌기 때문이다.

인류 역사상 가장 오래된 집수 시설로 추정되는 댐은 기원전 3400년경 메소포타미아에 지어진 자와Jawa 댐이다. 현대의 요르단 지역에 위치한 댐으로, 수압으로 벽이 파괴되는 것을 막기 위해 상류 쪽에 석벽을 세우고 그 뒤로 암석을 쌓아올려 이중으로 보강하는 놀라운 방식으로 지어졌다. 몇 년 전 외부 충격으

자와 댐 유적지.

로 일부가 파괴되기 전까지 고대의 원형이 유지되었을 정도로 견고하게 건설된 이 댐은 겨울철에 발생하는 홍수로부터 1,500년 동안 도시를 지켜주었고, 늘어나는 인구를 먹여살릴 농작물에 관개할 수 있는 안정적인 물 공급원이 되어주었다.

한편 나일강 유역은 8월 중순부터 2개월 반 동안 주기적인 홍수를 겪었기 때문에 고대 이집트의 수리 시설 전문가들은 제방을 쌓는 기술을 서둘러 개발했다. 기원전 2500년경 이집트인들은 홍수에 대비하기 위해 댐을 건설했다. 카이로에서 멀지 않은 곳에 지어진 사드 엘카파라Sadd el-Kafara 댐은 길이 100미터, 높이 14미터로 약 5만 리터의 물을 가둘 수 있었다. 아쉽게도 고대 이집트인들의 첫 시도는 실패로 돌아갔다. 고고학자들은 댐이 완공되자마자 거의 즉시 터졌을 것으로 본다.

댐의 역할은 단 한 가지, 물을 조절하는 것이다. 그러나 물을 조절하는 것은 말처럼 쉬운 일이 아니었다. 댐은 크기에 상관없이 두 가지 기본 요소로 이루어져 있다. 하나는 강물의 흐름을 막는 장벽이고, 다른 하나는 그 장벽을 제자리에 서 있게 하는 구조물이다. 댐을 건설할 위치를 정할 때는 그 지역의 강우량과 예상되는 댐의 물 높이, 댐 뒤에 놓일 저수지의 용량 등을 고려해야 함은 두말할 것도 없다.

댐은 오늘날 강물의 수위를 조절하거나 흐름을 바꾸는 관개와 전기 생산에 사용될 뿐만 아니라 식수를 보존하는 저수지와 휴양지 역할도 한다.

10

신이 인류에게 농업을 선물하다

신농과 후직

중국인의 역사적 조상이 되는 전설적인 신 중에는 인간에게 농업을 가르쳐준 신이 포함되어 있다. 인류를 창조한 여신인 여와의 뒤를 이어 나타난 태양의 신 염제이다.

남방을 다스린 염제는 어진 정치를 베풀었다. 대지에는 인류가 번성했으나 자연에서 나오는 채소나 과일로는 모두가 배불리 먹고 살 수 없었다. 인자한 염제는 인간에게 스스로 곡식을 심어 먹을거리를 거둘 수 있는 방법을 가르쳐주었다. 그가 사람들에게 곡식 심는 법을 가르칠 때 하늘에서 곡식의 씨앗이 많이 떨어졌는데 그 씨앗을 밭에 심어서 자라난 것이 다름 아닌 오곡

염제 신농.
중국 사람들은 농사를 가르쳐준 염제를 신농이라 불렀다.

이다. 태양신인 염제는 태양이 충분한 빛을 내뿜게 하여 오곡이
잘 자라게 하였다. 인간들은 공동으로 노동하고 수확한 곡식을
똑같이 나누어 가졌으므로 형제자매처럼 사이좋게 살면서 먹는
걱정을 덜게 되었다. 사람들은 염제의 자애로운 보살핌에 감동
하여 그를 신농神農이라고 불렀다.

농업의 신인 염제는 소의 머리에 사람의 몸을 하고 있다는
전설도 있다. 소는 수천 년 동안 인류를 도와 밭을 간 동물이다.
염제가 소처럼 농업에서 중요한 역할을 했다는 사실을 강조하
기 위해 그가 소의 머리를 하고 있다는 전설이 생겨났는지도 모
른다. 어쨌거나 신농 시대에 이미 사람들은 곡물을 재배할 방법
을 알고 있었던 것 같다. 염제 때부터 중국은 수렵시대가 끝나고

농경사회로 정착되었음을 미루어 짐작할 수 있다.

고대 중국에는 수많은 민족들이 살고 있었고 각각 그들의 시조에 관한 신화를 갖고 있었다. 주 민족의 시조인 후직의 탄생 신화는 그중 하나이다.

요임금이 중국을 다스리던 시절에 한 처녀가 나들이를 하고 집으로 돌아오다가 땅 위에 나 있는 거대한 발자국을 발견했다. 그녀는 호기심이 발동하여 거인의 발자국 위에 자신의 발을 갖다 댔다. 그녀가 거인의 엄지발가락 부분을 밟으려는 순간, 그녀의 몸에 전율 같은 느낌이 들었다. 얼마 뒤에 처녀는 임신하여 아기를 낳았다. 그런데 아기는 사람의 모습은 온데간데없고 그저 기이하게 생긴 둥그런 살덩어리에 불과했다. 그녀는 살덩어리를 마을의 골목길에 몰래 내다 버렸다. 그런데 골목길을 지나다니는 소나 양이 그 살덩어리를 집어삼키기는커녕 혹시 밟지나 않을까 조심스럽게 비켜 다녔다. 그녀는 그 살덩어리를 내버리는 방법을 궁리한 끝에 꽁꽁 얼어 있는 언못의 얼음 위에 놓아두려고 했다. 그 순간 갑자기 아득한 하늘 저편에서 커다란 새 한 마리가 날아와 두 날개로 그 살덩어리를 포근히 감쌌다. 그녀가 가까이 다가가자 인기척을 느낀 새는 날개 사이에 품고 있던 살덩어리를 떨어뜨리고 이상한 울음소리를 내며 하늘 멀리 날아가버렸다. 그 순간 살덩어리 속에서 아기 울음소리가 들려왔다. 달걀 껍질이 깨어지듯이 벌어진 사이로 튼튼하게 생긴 사내아이가 손발을 휘저으며 울고 있었다. 그녀는 아기를 품에 안고 집으로 돌아왔다. 이 아기는 주 민족의 시조가 된 후직이다.

후직은 어렸을 적부터 농사에 관심이 많았다. 야생의 보리,

조, 콩, 고량, 호박, 과일 등의 씨앗을 모아 고사리손으로 땅에 심었다. 오곡과 과일은 모두 잘 자라 야생의 것들보다 열매가 크고 맛있었다. 후직은 어른이 된 뒤 나무와 돌로 농기구를 만들어 고향 사람들에게 농사짓는 법을 가르쳤다. 인구가 늘어나 먹을 것이 모자랐던 사람들은 후직을 믿고 농사짓는 일을 시작하였다. 그때부터 사람들은 먹을 것을 걱정하지 않고 행복하게 살게 되었다. 요임금은 후직의 소문을 듣고 그를 불러 농사에 관한 스승으로 삼고 벼슬을 내렸다. 후직은 요임금의 뜻에 따라 전국의 백성들에게 농사짓는 기술을 지도해주었다. 후직은 요임금을 이은 순임금을 도와 온갖 농작물로 들판을 가득 채웠기 때문에 백성들의 가슴속에 위대한 영웅으로 새겨졌다.

데메테르와 페르세포네

그리스 신화에서 농업을 다스리는 신은 이마에 황금 옥수수 화관을 쓴 데메테르이다. 제우스는 우주의 지배권을 놓고 10년 동안 티탄들과 처절한 싸움을 치른 끝에 승리하여 이 세상의 새로운 주인이 되었지만, 10년 동안의 참혹한 전쟁으로 온 세상은 황폐해질 대로 황폐해졌다. 전쟁에서 간신히 살아남은 인간들은 도처에서 굶어 죽고 있었다. 제우스는 사람들을 굶주림에서 구하기 위해 데메테르 여신에게 세상의 모든 들과 숲을 책임지게 했다. 인간을 사랑했던 데메테르는 열심히 노력해서 대지에 열매가 주렁주렁 열리게 하여 인간이 배불리 먹게 해주었다.

아득한 그 옛날 인간은 여기저기 떠돌면서 살았다. 한곳에서 먹을 것이 떨어지면 다른 곳으로 옮겨서 먹을 것을 구해야 했기 때문이다. 먹을 것이라고는 나무에서 딴 야생 열매뿐이었다. 운이 좋으면 야생동물을 사냥하여 날고기를 먹곤 했다.

데메테르는 인간이 고통스럽게 사는 모습을 지켜보면서 그들을 도와줄 방법을 궁리했다. 그러다 어느 날 문득 좋은 생각이 떠올라 손뼉을 치며 기뻐했다. 여신은 인간에게 농사짓는 법을 가르쳐주면 인간의 생활이 크게 개선될 것이라고 생각한 것이다.

"땅을 경작하는 법을 알게 되면 농토가 생기고, 이리저리 떠돌이 생활을 하지 않아도 될 거야. 한곳에 머물면 집을 짓고 뜰을 가꾸고 가축을 기르게 될 테지. 여러 집이 모여 마을을 이루고 살면 함께 좋은 일들을 많이 할 수 있을 거야."

데메테르는 인간에게 일어날 좋은 일들을 상상하면서, 서둘러 평범한 여인네로 변장하고 지상으로 내려왔다. 데메테르는 혼자 땅을 파고 씨앗을 뿌리면서 사람들에게 농사짓는 일이 중요하다고 설득했다. 어리석은 자들은 데메테르를 미친 여사라고 비웃었지만, 지혜로운 자들은 데메테르가 하는 것을 배워서 전력을 다해 땅을 경작하였다. 그들이 씨를 뿌리고 물을 댄 논밭에서는 온갖 곡물이 쑥쑥 자라서 탐스러운 씨앗이 열렸다. 인간들은 데메테르 여신 덕분에 수렵시대의 떠돌이 생활을 청산하고 한곳에 집을 짓고 마을을 이루고 살면서 농경사회를 건설하게 된 것이다.

한편 데메테르에게는 제우스와의 사이에 낳은 외동딸이 있었다. 그녀의 이름은 페르세포네이다. 데메테르와 페르세포네의 신화를 문자로 표현한 최초의 기록은 호메로스가 쓴 것으로 알

그리스 낙소스 섬의 데메테르 신전.
기원전 6세기에 세워진 것으로 그리스에서 이오니아 양식의 가장 오래된 사원으로 간주된다.

려진 아름다운 시 「데메테르 찬가Hymn to Demeter」이다.

페르세포네가 처녀가 되었을 때 저승 세계의 왕인 하데스가 그녀의 눈부신 아름다움에 홀딱 반했다. 어느 날 작은 독립국가인 엘레우시스 근처의 푸른 들판에서 페르세포네가 한가로이 장미, 백합, 제비꽃, 수선화를 따고 있는데, 천둥소리가 나면서 땅이 갑자기 갈라졌다. 그러더니 그 갈라진 틈바구니로 검은 말들이 끄는 마차를 타고 하데스가 불쑥 나타났다. 하데스는 페르세포네를 신부로 삼기 위해 황금 마차에 태우고는 다시 음울한 지하 세계로 사라졌다. 페르세포네는 "엄마, 저들이 나를 데려가려 해요!"라고 가까스로 외마디 비명을 질렀으나 속절없이 캄캄한 땅속으로 끌려갈 수밖에 없었다.

페르세포네의 절망적인 비명은 산을 넘고 바다를 건너 올

림포스 산까지 들려왔다. 비명은 딱 한 번뿐이었지만 메아리가 되어 데메테르의 머릿속에서 소용돌이치기 시작했다. 데메테르는 눈물을 흘리면서 황금빛 머리카락을 묶고 검은 상복을 입고는 바다를 건너고 산을 넘어서 딸을 찾아다녔다. 이렇게 9일 동안 찾아 헤맸지만 어디에도 페르세포네의 흔적은 없었다. 10일째 저녁, 달의 여신이 나타나서 데메테르를 태양신 헬리오스에게 데려다주었다. 페르세포네의 마지막 모습을 본 이가 있다면 신과 인간을 통틀어 헬리오스뿐일 거라고 여겼기 때문이었다. 헬리오스는 하데스가 검은 채찍을 휘둘러 땅을 가른 다음에 눈 깜짝할 사이에 페르세포네를 옆구리에 잡아채서 지하 왕국으로 납치했다고 알려주었다.

　　데메테르는 슬픔과 분노를 이기지 못하고 자신이 창조해 낸 모든 것들을 모조리 망가뜨렸다. 그러자 땅에서는 모든 식물이 말라 죽고, 가축들도 떼 지어 죽어나갔다. 살을 에는 북풍이 휘몰아쳐 아름다운 꽃들도 사라지고, 탐스럽게 익어가던 곡식은 시들어버리고, 향기로운 과실은 말라 쭈그러졌다. 지상에는 아무것도 남지 않았다. 사람, 짐승, 식물 모두가 추위와 배고픔에 떨며 죽어갔다. 데메테르는 하데스에게 딸을 빼앗긴 분노 때문에 곡식의 씨앗을 지하에 묻어 땅에서 자라지 못하게 했으며 딸이 돌아오기 전에는 두 번 다시 올림포스에 발을 들여놓지 않을 뿐만 아니라 절대로 곡식의 싹을 틔우지 않겠다고 맹세했다.

잔 로렌초 베르니니, 「페르세포네 납치」.
저승의 왕 하데스가 데메테르의 딸인 페르세포네를 지하 세계로 납치하고 있다.

데메테르는 울부짖으며 땅 위를 떠돌다가 마침내 엘레우시스 왕국으로 가서 머물렀다. 여느 때 같으면 농작물이 황금색으로 물결칠 엘레우시스 근처의 평원 역시 아무것도 자라지 않았다. 대지는 시간이 갈수록 사람과 모든 생명이 굶어 죽어가는 황무지로 변해갔다. 제우스를 제외한 수많은 신들이 데메테르를 달래려고 갖가지 선물을 들고 찾아갔지만 아무 소용이 없었다. 이 모든 것을 내려다보고 있던 제우스는 하데스에게 페르세포네를 제 어머니에게 돌려보내라고 명령했다. 하데스는 페르세포네를 황금 마차에 태워 지상으로 보내면서 먹으면 반드시 다시 돌아오고 싶어지는 석류나무 열매를 주었다. 제우스는 페르세포네에게 1년의 절반은 지상으로 올라가 어머니와 살게 해주고, 나머지 절반은 지하 왕국에서 남편 하데스와 살게 해주었다. 그때부터 페르세포네가 어머니와 함께 지상에 머무는 반년 동안인 봄과 여름에는 대지가 꽃으로 뒤덮였지만, 페르세포네가 지하에서 생활하는 반년 동안인 가을과 겨울에는 데메테르가 딸을 애도하는 뜻으로 대지에 어떤 농작물도 자라나지 못하게 하였다.

호메로스의 「데메테르 찬가」에는 어머니와 딸이라는 두 명의 여신이 곡식의 화신으로 그려져 있다. 페르세포네가 저승에 있는 동안 보리 씨앗은 땅속에 묻혀 있어 작물이 자라지 않는다. 그러나 봄이 되어 페르세포네가 지상으로 돌아오면 곡식이 싹을 틔운다. 딸 페르세포네가 해마다 새롭게 싹을 틔우는 곡식의 화신이라면 어머니인 데메테르는 이 새로운 작물을 자라나게 하는 곡식의 화신이다. 따라서 데메테르는 곡식의 어머니, 페르세포네는 곡식의 딸이라 불리는 것이다.

데메테르는 다른 신들보다도 이른 시기부터 그리스 각지에서 숭배되었다. 한편, 아테네에선 법을 가르쳐 준 여신인 '입법자Thesmophoros 데메테르'를 기리는 '테스모포리아Thesmophoria 축제'가 벌어졌다. 이 축제는 매년 가을에 열리는데. 여자들만 참가했다.

농업혁명이 일어나다

대략 1만 년 전부터 인류는 100만 년 동안의 오랜 방랑 생활을 청산하고 한곳에 정착해서, 식물을 채집하는 대신에 재배를 하고 동물을 사냥하는 대신에 가축으로 길들이기 시작했다. 비로소 인간이 자연환경을 지배하는 지혜를 발휘하기 시작한 것이다. 이른바 농업혁명이 일어난 것이다. 농업혁명은 세계 곳곳에서 거의 같은 시기에 발생한 것으로 여겨진다.

인류가 유목에서 농업으로 생활양식을 전환한 것은 반드시 의식적인 결정은 아니었던 것 같다. 왜냐하면 유목민들의 수렵 채집 생활에도 장점이 적지 않았기 때문이다. 유목민들은 자연 재해나 흉작에 큰 영향을 받지 않았으며, 변화무쌍한 자연환경에 훨씬 더 유연하게 대처할 수 있었다. 따라서 농업 탄생을 우연의 결과로 보는 견해도 만만치 않다.

농업혁명이 일어나기 전, 중동 지방에서 밀은 그다지 열매를 많이 맺지 못하는 잡초에 불과했다. 그러나 야생의 밀은 우연히 씨알이 굵고 많은 잡종 밀로 바뀌었다. 약 1만 년 전부터 잡종 밀은 중동 지방에서 경작되기 시작하였다. 밀의 경작은 농업의 발생과 전파에 결정적인 계기가 되었다.

수렵 생활을 끝낸 인류는 동물을 사육하기 시작했다. 야생 동물 중에서 제일 먼저 가축이 된 것은 개이다. 개는 1만 1,000년 전부터 서남아시아와 북아메리카에서 가축으로 길들여졌다. 이어서 식량 획득을 목적으로 양, 염소, 소, 돼지를 붙잡아서 가축으로 사육했다. 양과 염소는 1만 년 전부터 메소포타미아에서, 소는 8,500년 전부터 서남아시아와 남유럽에서, 돼지는 6,500년 전부터 메소포타미아에서 사육되기 시작했다. 이어서 말과 닭이 가축이 되었다. 말은 5,000년 전부터 유라시아에서 사육되어 처음에는 황소처럼 수레를 끌었으나 왕의 소유물로서 전차를 끌게 되었다. 이어서 사람이 말을 타고 싸움터에 나가게 되었다. 인간이 말을 타게 된 것은 비행기를 발명한 일에 비유될 수 있을 정도로 놀라운 사건이었다. 닭은 4,000년 전부터 동남아시아를 비롯해 중국과 인도를 거쳐 이집트에서 식용으로 길렀다.

농업은 많은 기술을 필요로 했다. 식물을 재배하고 수확하는 일에 도구를 사용하기 시작한 것이다. 가장 오래된 도구는 흙을 파는 막대이다. 막대는 꼬챙이로 발전했다. 땅속 깊은 곳을 파기 위해서 나무나 동물 뼈로 꼬챙이를 만들었다. 씨를 뿌리기 위해 고랑을 파던 도구는 차츰 발전하여 쟁기가 되었다. 쟁기는 농업에서 가장 중요한 발명으로 평가된다. 쟁기의 날은 인류가 최초로 지렛대의 원리를 이용한 도구라 할 수 있다. 쟁기는 처음에는 사람이 직접 메고 다녔으나 가축이 생기면서 소나 당나귀가 끌게 되었다.

유목 생활에서 정착 생활로 바뀌면서 큰 짐을 수송할 필요성이 생김에 따라 바퀴가 발명되었다. 기원전 3000년경 메소포타미아 지역의 묘지에서 바퀴와 마차의 유물이 출토되었다. 메소포타미아인들은 나무줄기를 얇게 잘라서 거기에다 굴대를 연결한 뒤 짐마차에 붙였다. 바퀴 달린 탈것이 최초로 발명되었음을 보여주는 증거이다.

기원전 16세기 남부 그리스 청동기 시대의 미케네 왕실 묘지에서 출토된 금 인장 반지. 활을 들고 있는 전사가 전차를 타고 짐승을 사냥하는 장면이 새겨져 있다. 이 시기의 유물에서는 4바큇살 전차 그림이 많이 발견된다.

기원전 2375년에서 기원전 2000년에 마차가 건초나 양파 같은 농작물을 수송했다는 기록이 있다. 기원전 2000년경 중국과 이집트에는 바퀴 달린 탈것이 등장했다. 기원전 2000년경 높은 수준의 기술이 필요한 바큇살이 달린 차바퀴가 전쟁에서 쓰인 전차에 최초로 등장하여 전투 중에 쉽게 이동할 수 있는 빠른 탈

기원전 14세기 미노아 문명의 벽화에 바퀴 달린 마차가 그려져 있다.

것을 탄생시켰다. 기원전 1400년경 이집트에서는 바퀴 달린 마차가 전투에 사용되었다.

바퀴는 여러 곳에 응용되어 수많은 발명을 낳았다. 오스트리아의 물리학자인 에른스트 마흐Ernst Mach(1838~1916)는 1883년 기계에 관한 저서에서 다음과 같이 썼다.

바퀴를 빼면 남는 것은 거의 없다. 물레로부터 방직공장에 이르기까지, 선반에서 압연기까지, 손수레부터 기차까지, 모든 것이 사라진다.

인류 역사상 가장 오래되고 중요한 발명 중의 하나로 손꼽히는 바퀴를 만든 사람을 기념하는 것은 불가능하다. 바퀴를 발명한 사람은 한둘이 아닐 테지만, 역사에 이름을 남긴 사람은 한 명도 없기 때문이다.

11

의술의 신이
로마를 구하다

질병을 고쳐주는 새

신화와 전설에는 사람의 병을 고쳐주는 신비로운 새들이
등장한다. 대표적인 것으로는 칼라드리우스와 시무르그가 있다.

칼라드리우스는 까마귀처럼 생겼지만 이 세상에서 가장 하
얀 새이다. 부리, 날개, 꼬리에 검은 부분이라고는 한 군데도 없
이 하얗다. 키는 30~60센티미터이며, 날개 길이는 1.2~2.1미터
이다. 수명은 15~20년이며, 유럽에 산다. 그리고 대개 왕궁터에
서 서식하는데, 숫자가 많지 않으며 혼자서 산다.

칼라드리우스는 사람의 질병을 진단해서 치유하는 능력
을 지니고 있다. 환자의 병세가 깊어지면 칼라드리우스를 데려

왕의 머리맡에 앉은 칼라드리우스.
새가 환자를 마주보고 있으면 살아날 것이다. 반대로 환자에게서 등을 돌리면 죽게 된다.

와서 침상에 누워 있는 환자의 가슴께에 올려놓는다. 만약 죽음을 피할 수 없는 병이라면, 칼라드리우스는 머리를 젖혀 환자를 외면한다. 그러나 병에서 회복될 수 있는 경우라면, 칼라드리우스는 환자를 가만히 응시한다. 그러고는 자신과 마주 보고 있는 환자의 입술에 부리를 대어 입을 벌린 다음에 병의 기운을 홀짝 들이마신다. 그리고 태양을 향해 치솟아 날아가서 병의 나쁜 기운을 모조리 살라버린다. 마침내 환자의 질병이 치유되는 순간이다.

또한 칼라드리우스의 배설물을 눈에 바르면 맹인이 눈을 뜰 수 있었다고 한다. 그리스도교에서 칼라드리우스는 예수를 나타낸다. 200년경에 출간된 『피지올로구스Physiologus』에 따르면, 예수는 어둠이라고는 한 점도 없이 오직 하얀 빛으로 충만하기 때문에 칼라드리우스를 예수의 상징으로 여긴다. 피지올로구스는 '자연에 대해 박식한 자'라는 뜻이다. 『피지올로구스』는 저자가 누구인지 밝혀지지 않은 채 생물의 속성과 기독교 신앙 사이의 상징적 관계를 묘사해놓은 기독교 동물 상징 사전이다.

페르시아 신화에 나오는 시무르그는 공작, 그리핀, 사자, 개가 합쳐진 새로 하늘을 상징한다. 사람보다 크며 날개 길이가 6미터 가까이 된다.

시무르그는 불사조인 피닉스와 닮은 점이 많다. 우선 크기가 비슷하며 매우 오래 산다. 100년 이상 산다. 그러나 사람처럼 천천히 어른이 된다. 어미 새가 20년 가까이 새끼를 돌본다. 그리고 일생에 한 번만 새끼를 낳기 때문에 매우 희귀하다.

또한 시무르그는 지능이 뛰어나다. 사람처럼 말을 할 수 있을 뿐만 아니라 병을 고치는 능력도 갖고 있다. 각종 약초와 의술에 관한 지식이 해박하여 약을 조제하고 환부를 수술할 수 있으며, 접촉을 통해 병을 낫게 해준다.

시무르그는 페르시아 문학사상 최고의 작품으로 여겨지는 시집인 『샤나메 Shahnameh』를 통해 알려졌다. 이란의 국민 시인으로 추앙받는 피르다우시 Firdausi(940~1020)가 1010년경 완성한 이 책은 '왕들의 책'이라는 제목처럼 우주 창조에서부터 페르시아 왕조의 역대 임금 쉰 명의 처세를 기록해놓은 대서사시이다. 여기서 시무르그는 페르시아 왕족을 여러 세대에 걸쳐 도와준 것으로 나와 있다.

시무르그가 불꽃을 뿜는 용을 피해 어린 코끼리 무리를 옮기고 있다.

이란의 모든 영웅들은 왕에게 목숨을 바쳐 충성을 다하는 존재들이었다. 그러한 용사 가운데 하나가 뒤늦게 손꼽아 기다리던 아들을 낳았는데, 갓 태어난 아기의 머리카락이 노인처럼 백발이었다. 아버지는 기괴한 아들의 모습에 실망하여 아이를 깊은 산속에 내버렸다. 시무르그가 아기를 발견하고 둥지로 데려가서 키웠다.

어느 날 용사는 꿈속에서 아들이 잘 자라고 있다는 소식을 듣고 부하들에게 산속에서 아들을 찾아오도록 한다. 하늘에서 산속을 뒤지는 사람들을 내려다보고 있던 시무르그는 청년이 된 용사의 아들에게 아버지 곁으로 돌아갈 것을 권유했다. 그리고 자신의 깃털 하나를 뽑아주면서 위험이나 어려움에 처했을 때 불을 붙여서 신호를 보내라고 말한다. 이 장면은 『샤나메』에 다음과 같이 묘사되어 있다.

> ······ 이후 만약 사람들이 너를 해치려 한다거나
> 옳건 그르건 너를 큰 소리로 비난한다면
> 깃털에 불을 붙여서 나의 힘을 주시해라.
> 내가 너를 내 깃털 밑에서 소중하게 품어왔고
> 너를 내 작은 깃털 사이에서 키워왔기 때문이지.

용사는 다 자란 아들에게 잘이라는 이름을 지어주었다. 용사가 된 잘은 왕국을 순회하며 견문을 넓혔다. 아프가니스탄의 궁전에서는 융숭한 대접을 받았다. 그곳에서 절세미인인 왕녀에게 첫눈에 반하여 결혼식을 올렸다. 잘의 아내는 임신을 했는데,

태아가 너무 커서 출산이 어려웠다. 잘은 시무르그에게 도움을 청했다. 시무르그는 제왕절개를 권유했다. 아기를 낳은 뒤 시무르그가 처방한 약을 마시고 절개한 배에 시무르그의 깃털을 문질러서 완전히 회복되었다. 태어난 사내아이는 루스탐이라 불렸다. 루스탐은 태어난 지 불과 하루밖에 되지 않았을 때 벌써 한 살 된 아기처럼 몸집이 컸다. 열 명의 유모가 젖을 먹이고, 5인분의 이유식을 주지 않으면 안 되었다. 루스탐은 힘이 엄청나서 어렸을 적에도 미쳐 날뛰는 코끼리를 철퇴로 죽였다.

페르시아 신화에서 영웅 중의 영웅인 루스탐은 사자에 맞서 싸우고, 물 없는 사막을 횡단하고, 마녀를 죽이고, 용에 맞서 싸우고, 악마를 처치하는 등 영웅적인 모험 일곱 가지를 감행한다. 시무르그는 루스탐이 전쟁 중에 치명상을 입었을 때, 그의 몸에서 화살 여섯 개를 빼내고 자신의 날개로 상처를 덮어서 치료해준다. 이와 같이 시무르그는 치유 능력과 지혜를 동원하여 잘과 루스탐 부자를 지켜주었다.

로마에 나타난 아스클레피오스

그리스 신화에서 의술의 신은 아스클레피오스이다. 그는 태양신 아폴론과 호수의 요정 코로니스 사이에 태어났다. 코로니스는 배 속에 아스클레피오스가 들어 있는 동안에 아폴론을 속이면서 인간의 남자를 연인으로 삼았다. 나중에 코로니스의 불륜을 알아챈 아폴론은 격노해서 코로니스를 병들어 죽게 만들었다. 코로니스의 시체를 화장할 때, 아폴론은 불길이 장작더

미에 붙는 것을 보고 배 속에 있는 자신의 자식이 함께 불타 죽
는다는 사실을 깨달았다. 아폴론은 코로니스의 시체에서 아스클
레피오스를 꺼내 이 세상에 태어나게 하였다.

아스클레피오스는 어려서부터 키론으로부터 의술을 배웠
다. 키론은 반인반마인 켄타우로스 중에서 가장 의술이 뛰어나
고 지혜로운 자였다. 아스클레피오스는 키론의 지도로 최고의
의사가 되었으며, 한번은 죽은 사람을 되살려내기도 했다. 저승
의 주인인 하데스는 아스클레피오스 때문에 지하 세계가 텅 빌
것을 두려워해서 제우스에게 하소연했다. 제우스 역시 아스클레
피오스의 의술로 인간이 불사의 존재가 될지 모른다고 생각해
서 벼락을 쳐서 그를 죽였다.

아폴론은 제우스에게 간청하여 아들이 의술의 신으로서 별
들 사이에서 살 수 있게 해주었다. 아스클레피오스의 신전에서
는 뱀들이 그의 시중을 들었다. 그 뱀들은 스스로 허물을 벗을
수 있는 유일한 뱀이었다. 뱀이 주기적으로 허물을 벗어 그 젊음
을 갱신하는 힘을 갖고 있다고 믿었던 그리스인들은 뱀을 생명
과 부활의 상징으로 여겼다. 의술의 신으로 격상된 아스클레피
오스는 턱수염을 기르고 흙빛 뱀이 감고 올라가는 지팡이를 들
고 다녔다. 이 지팡이로부터 카두케우스caduceus, 곧 두 마리의 뱀
이 이중나선처럼 칭칭 감기고 꼭대기에 쌍날개가 있는 지팡이
가 비롯되었다. 카두케우스는 오늘날 의술을 상징한다.

아스클레피오스는 두 딸과 함께 묘사되었다. 하나는 건강
의 여신인 히게이아이다. 영어로 위생을 뜻하는 단어hygeia가 그
녀의 이름에서 유래했다. 다른 하나는 만병통치약의 여신인 파

의술의 신 아스클레피오스.
아스클레피오스는 그리스 신화에서 제왕절개로 태어난 최초의 신이다.
그는 뱀이 감고 있는 지팡이를 들고 다녔다.

나케이아이다. 만병통치약을 의미하는 영어 단어panacea 역시 그녀의 이름에서 비롯되었다.

아스클레피오스 숭배 의식이 그리스에 널리 퍼져나가 기원전 200년경에 이르러서는 모든 도시국가에 그를 모신 신전이 세워졌다. 수백 개에 달하는 신전은 오늘날의 특급 휴양지 못지 않게 가장 아름답고 영험한 장소에 건립되었으며 정원과 목욕 시설 등을 갖추고 있었다. 환자들은 신전에서 수면을 취하면서 아스클레피오스에 대한 꿈을 꾸고 건강에 대한 가르침을 받았다. 꿈을 꾸지 못한 환자에 대해서는 법복을 걸친 승려들이 아스클레피오스 대신 건강에 대한 지침을 내렸다.

오비디우스Publius Ovidius Naso(기원전 43~서기 17)의 『변신 이

야기Metamorphoses』에는 로마 신화에 아스클레피오스가 등장한 이야기가 소개되어 있다.

로마에 무서운 역질이 돌아 많은 사람들이 죽어갔다. 사람들은 하늘의 도움을 받기로 하고 아폴론의 신탁을 듣기 위해 델포이로 가서 신에게 기도를 드렸다. 신전 깊은 곳에서 로마인들을 구할 신은 아폴론의 아들이라는 신탁이 들려왔다. 로마의 장로들은 그리스로 가서 아폴론의 아들을 보내 이탈리아인의 씨를 말리는 역질을 물리치게 해달라고 간청했다. 그러나 그리스 장로들은 의견이 갈려 저녁까지 논쟁을 계속했다. 로마 사신의 우두머리는 잠자리에 들어 꿈속에서 의술의 신을 만났다. 그는 왼손에 지팡이를 들고 오른손으로 긴 수염을 쓸면서, 커다란 뱀으로 둔갑해서 나타날 것이라고 말했다.

이튿날 그리스 장로들은 아직도 결정을 하지 못하고 의술의 신에게 그리스에 있기를 원하는지, 로마로 가기를 원하는지 알고 싶다고 기도했다. 그 순간 황금빛 뱀으로 둔갑한 신이 머리를 쳐들고 쉭쉭 소리를 내며 나타났다. 그 뱀은 가슴을 바닥에 붙인 채 머리를 쳐들고 그리스 장로들과 로마 사신들을 둘러보았다. 그들은 뱀을 향해 경배했다. 곧바로 뱀은 군중의 배웅을 받으며 이탈리아 배에 올랐다. 이 배는 엿새째 되는 날 이탈리아 땅에 이르렀다. 이윽고 뱀 모습을 한 의술의 신은 세계의 수도 로마에 입성했다. 마침내 아스클레피오스가 뱀의 모습을 버리고 신의 모습을 드러내자 로마의 역질이 사라졌다. 그리스의 신인 아스클레피오스가 로마를 역질로부터 구해낸 것이다.

히포크라테스 선서

인류가 수렵 채취 생활을 하던 구석기시대에는 한곳에 오래 머물지 않았기 때문에 물을 오염시키거나, 질병을 옮기는 벌레를 끌어들이는 오물을 많이 쌓아두는 일이 없었다. 심각한 질병의 원인인 가축도 있을 리 없었다.

인류가 정착 생활을 시작하면서 농업과 축산으로 기아의 위협으로부터 벗어날 수 있었던 한편으로 전염병이라는 새로운 위협에 직면했다. 인류는 지구를 정복해갔지만, 그 자신은 병원체에게 정복되어간 것이다. 그러한 병원체는 기생충, 세균, 바이러스, 미생물 등 아주 작은 것들이었다.

동물들을 가축으로 길들이면서 동물의 질병이 돌연변이를 통해 인간의 질병으로 바뀌었다. 신석기시대에 소는 사람에게 결핵과 천연두를 전염시켰다. 돼지와 오리는 독감을, 말은 감기를 건넸다. 홍역은 개와 소가 걸리는 병이 사람에게 옮겨진 것이다. 가축의 배설물에 오염된 물은 소아마비, 콜레라, 장티푸스, 간염, 디프테리아 등을 옮겼다. 정착 생활은 또한 말라리아를 퍼뜨렸다. 말하자면 인류의 정착 생활로 질병도 인간 곁에 정착하게 된 셈이다.

농업이 시작되기 전에 세계 인구는 약 500만 명이었다. 기원전 500년경, 아테네가 황금기를 구가하던 시기에는 약 1억 명으로 늘어났다. 2세기 무렵에는 다시 두 배로 늘어났다.

기원전 3000년경, 세계 4대 문명의 발상지인 메소포타미아, 이집트, 인더스 강, 황허 강 유역에 도시 제국이 일어나면서

부터 전염병이 빠른 속도로 사람들 속으로 퍼져나갔다. 도시의 늘어나는 인구가 질병의 전파에 결정적인 역할을 한 것이다.

문명이 발달함에 따라 치료 기술도 점점 더 정교해졌다. 질병을 고치는 의사들이 등장했다. 고대 그리스인들은 아스클레피오스와 같은 신이 건강과 질병을 다스린다고 생각했다. 환자들은 아스클레피오스의 신전에 가서 그의 그림 앞에서 하룻밤을 자면서 꿈속에서 그로부터 치유의 계시를 받기를 소망했다.

의술의 신에게 치료를 맡기는 관습이 사라지고 의술이 서양에서 최초로 펼쳐진 것은 기원전 5세기이다. 그리스에 세속적인 의술을 펼치는 사람들이 나타난 것이다. 이들은 히포크라테스Hippocrates(기원전 460~377)가 이끄는 의사들이었다. 의학의 아버지라 불리는 히포크라테스는 돈이나 명성보다 자신의 직분에 충실한 의사의 모습을 보여주었다. 오늘날까지 의사들의 윤리 강령이 되고 있는 「히포크라테스 선서Hippocratic oath」는 다음과 같이 시작된다.

나는 의술의 신 아폴론과 아스클레피오스, 건강의 신과 그 밖의 모든 치유의 신에게 맹세하며, 내 능력과 판단을 다하여 이 선서와 약속을 지킬 것을 모든 신과 여신 앞에서 맹세하노라.

헬레니즘 시대에 외과수술과 심리치료 등을 시행한 페르가몬 아스클레피온 유적지. 이 병원은 주로 연극, 음악회, 온천욕, 일광욕, 운동 등의 자연요법으로 환자를 치료했다고 한다. 의술의 아버지로 불리는 히포크라테스와 로마 명의 갈레노스를 배출한 곳이기도 하다. 전경 사진(위)과 환자들이 묵었던 숙소(아래).

PART 4

신이

인간에게 준

또 다른 선물

12

비운의 영웅, 치우

신화의 세계에서 유명한 대장장이로는 동양의 치우와 서양의 헤파이스토스가 손꼽힌다. 2002년 6월, 우리나라가 월드컵에서 세계 4강 신화의 기적을 이루어냈을 때, 온 국민이 하나가 된 붉은악마 응원단은 태극기와 함께 붉은 깃발을 휘둘렀다. 그 깃발에는 커다란 도깨비 얼굴이 그려져 있는데, 이 도깨비 얼굴의 주인공이 중국 영웅신화에서 유명한 치우이다.

치우는 용맹스러운 거인족의 이름이며, 태양신 염제의 자손이다. 염제는 백성들에게 농업을 가르친 어진 왕이었으나 중국 신화의 최고신인 황제黃帝와 싸워 패하고 남쪽으로 쫓겨났다.

치우에게는 일흔두 명 또는 여든한 명의 형제가 있었다고 하는데, 모두 하나같이 용맹스러웠다. 그들은 구리로 된 머리와 쇠로 된 이마, 그리고 동물의 몸을 하고 있으면서 사람의 말을 했다고 한다. 다른 전설에 따르면 사람 몸에 소의 발굽을 하고 눈 네 개에 팔이 여섯 개라고도 하고, 머리에 날카로운 뿔이 돋아 있으며, 귀 옆 머리카락이 칼처럼 뻣뻣이 서 있었다고도 한다. 어쨌든 치우는 신과 사람 사이에 속한 종족이었던 것 같다. 치우는 생김새만 기괴했던 것이 아니라 먹는 것도 이상했다. 모래, 돌, 쇳덩이 따위를 밥으로 삼아 매일 먹었다. 또 무기를 만드는 솜씨가 뛰어나 창, 도끼, 방패, 활과 화살을 손으로 직접 만들어냈다.

황제의 병사들이 치우(셋째줄 오른쪽 두번째)를 향해 맞서는 장면을 묘사한 한 왕조 화상석.
붉은악마 응원단의 깃발에 그려진 도깨비 얼굴의 주인공으로 잘 알려져 있는 치우. 중국 한나라 시대에는 각종 장식에 치우가 들어가는 것은 물론, 모든 도시에 치우의 사당이 세워져 있을 정도로 사랑을 받았다. 군대를 보내어 치우에게 제사를 지내는 풍습은 당나라에까지 이어진다.

이처럼 재주가 많다 보니 치우는 자신만만해졌고 황제와 겨루어 할아버지인 염제의 패배를 설욕하고 싶었다. 그러나 이미 늙어 기력이 쇠진한 염제는 조용히 지내기를 원했다. 염제가 병사를 일으킬 뜻이 없음을 눈치챈 치우는 혼자 일을 벌이기로 결심했다. 그는 먼저 형제들을 불러 모았다. 온갖 도깨비들도 치우의 부하가 되었다. 치우는 거침없는 기세로 황제의 군대를 궁지에 몰아넣었다. 치우가 신통력을 발휘하여 짙은 안개를 피우고 비를 뿌렸기 때문에 황제의 군사들은 길을 잃고 헤맸다. 그러나 황제는 자신의 딸인 발을 싸움에 내보내 반격을 개시했다. 발은 몸속에 거대한 불덩어리가 들어 있어 용광로보다 더 뜨거운 열기를 뿜어냈다. 발이 나서자 폭풍우가 물러났다.

이어서 황제는 기와 뇌신을 잡아다가 북과 북채를 만들었다. 기는 소와 비슷하게 생겼으나 뿔이 없고 다리가 하나밖에 없는 동물이다. 또 뇌신은 배를 한 번씩 두드릴 때마다 크나큰 천둥소리가 울리는 괴물이다. 황제는 기의 껍질을 벗겨 북을 만들고 뇌신을 죽인 뒤 몸속에서 가장 커다란 뼈를 꺼내 북채로 삼았다. 북을 전차에 싣고 두드리니 천지가 진동했으며, 황제 군대의 사기가 오르자 치우의 군대는 혼비백산했다. 결국 황제가 큰 승리를 거두게 되었다. 황제에게 패배한 치우는 사로잡혀 즉시 처형을 당했다.

중국의 거의 모든 문헌에서 치우는 아주 흉악하고 못된 괴물로 묘사되지만 민중에게는 동정을 받았던 것으로 보인다. 그의 죽음에 얽힌 다양한 전설 속에서 그 사실을 확인할 수 있다. 이를테면 황제는 치우를 죽일 때 손과 발에 수갑과 족쇄를 채웠는데, 숨이 완전히 끊긴 뒤에 수갑과 족쇄를 내다버린 자리에서 단풍나무들이 자라났다고 한다.

다른 전설에서는 치우가 죽을 때 흘린 피가 둘레가 120리나 되는 소금 연못의 붉은 물이 되었다고 한다. 잘려나간 머리와 몸뚱이는 두 군데에 각각 매장되었으며, 해마다 10월이면 그 지역 사람들이 제사를 지냈다. 제사 때마다 붉은빛의 안개 같은 것이 치우의 무덤에서 하늘 높이 치솟았는데, 사람들은 자신의 참패를 인정하지 않는 치우의 한 맺힌 기운이 하늘로 솟아오르는 것이라고 여겼다.

헤파이스토스는 위대하다

그리스 신화에서 가장 유명한 대장장이는 불의 신인 헤파이스토스이다. 그는 제우스와 헤라의 첫아기로 태어났는데, 너무나 못생긴 절름발이였다. 헤라는 화가 나서 아기의 다리 하나를 머리 위로 잡아 올려 두 번 돌린 뒤 올림포스 산 너머로 내던졌다. 아기는 땅과 바다 위를 꼬박 하루 동안 날아가다가 다음 날 새벽에 바다로 떨어졌다. 바다의 님프인 테티스는 아기를 불쌍히 여겨 보살폈다. 님프는 여자 요정으로 황홀한 미모를 뽐내며 자태가 요염하다. 테티스는 트로이 전쟁의 영웅인 아킬레우스의 어머니이다.

헤파이스토스는 성실하고 착하게 자라났다. 어느 날 그는 화산에서 용암이 흘러내리는 광경을 지켜보면서 불을 이용하여 쇠로 물건을 만드는 일을 하기로 결심했다. 그래서 대장간을 만

헤파이스토스의 대장간.
헤파이스토스가 외눈박이인 키클롭스 세 명을 데리고 아킬레우스의 방패를 만들고 있다.

들고 날마다 몇 시간씩 불에 벌겋게 달구어진 쇠를 망치로 때리는 작업을 계속했다. 힘든 노동으로 올림포스의 신 중에서 팔 근육이 가장 단단해졌지만 절름발이로 지팡이를 짚고 다녔다.

헤파이스토스는 오로지 일만 해서 이 세상에서 그를 따를 대장장이가 없었다. 그는 금, 은, 동, 철로 장신구와 무기를 만들었다. 자신을 버린 어머니이지만 헤라를 위해 보석들로 장식한 황금 왕좌를 만들어 선물로 보냈다. 이를 계기로 헤파이스토스는 올림포스에서 살게 되었으며 어머니의 사랑을 듬뿍 받게 되었다.

제우스는 헤라와 아들이 사이가 좋아진 것을 보고 너무 기뻐서 세상에서 가장 아름다운 사랑의 여신 아프로디테를 헤파이스토스와 짝지어주었다. 그러나 절름발이 남편과 절세미인 아

내는 어울리는 짝이 아니었다. 남편을 사랑하지 않은 아프로디테는 잘생긴 전쟁의 신인 아레스와 눈이 맞았다. 아레스는 아프로디테를 유혹하여 헤파이스토스의 침대에서 바람을 피웠다. 아내의 부정을 알게 된 헤파이스토스는 분노하여 투명 그물을 만들어 자신의 침실 천장에 걸어놓았다. 아레스와 아프로디테가 침대에 앉는 순간 투명 그물이 내려와 그들을 덮쳤다. 그물에 걸려 꼼짝도 못 하는 그들 앞에 헤파이스토스와 모든 신들이 나타나서 조롱하고 비웃었다. 아레스와 아프로디테는 부끄러워 얼굴을 들 수 없었다. 헤파이스토스는 신들의 청탁을 받고서야 그들을 풀어주었다.

헤파이스토스는 올림포스에 대장간을 만들고 열심히 일만 했다. 작업실 한가운데에는 커다란 모루가 있고 구석에는 넓은 화덕이 있었다. 일을 마치면 손수 만든 20여 개의 풀무를 화덕 불에서 꺼내놓고, 망치를 은 상자에 넣은 뒤 목욕을 했다. 이어서 황금 술잔에 넥타르를 채워서 자신이 마시기 전에 여러 신들에게 한 잔씩 돌렸다. 한마디로 헤파이스토스는 최고의 대장장이였을 뿐만 아니라 마음씨 착한 신이었다.

헤파이스토스가 대장간에서 만들어내지 못하는 것은 거의 없었다. 그는 신과 인간을 위해 각종 무기를 만들었다. 태양신 헬리오스가 하늘에서 타고 다니는 황금 전차, 태양과 음악의 신 아폴론이 괴물을 물리친 황금 화살, 숲과 사냥의 여신 아르테미

그리스 에티카에 있는 헤파이스토스 신전.
고대 그리스인들은 재주 많은 헤파이스토스를 사랑해 신전도 여러 곳에 세우고 매년 헤파이스토스 축제를 열었다. 아래 사진은 산 아래서 본 헤파이스토스 신전의 모습.

화산이 폭발하는 것은 불의 신 헤파이스토스가 화를 내는 것이라고 한다. 79년 폼페이를 비롯한 여러 도시를 화산재로 뒤덮고 1,000명 이상이 사망한 베수비오 화산의 분화가 시작된 8월 23일은 공교롭게도 헤파이스토스의 축제일Vulcanalia이었다. 분출의 규모는 히로시마-나가사키에 떨어진 핵폭탄이 방출한 열에너지의 10만 배였다.

스가 들고 다니는 활, 연애의 신 에로스가 쏘아대는 사랑의 화살은 모두 그가 만든 명품들이다.

　헤파이스토스는 아킬레우스의 방패도 만들어주었다. 그의 어머니인 테티스로부터 부탁을 받고 기꺼이 작업에 착수했다. 갓난아기로 바다에 버려진 자기를 사랑으로 돌보아준 테티스의 은공을 한순간도 잊은 적이 없었기 때문이다. 헤파이스토스는 방패에 수많은 장면들을 새겨 넣었다. 또한 트로이 전쟁에 참전한 아킬레우스가 위험하다는 소식을 듣자마자 즉시 트로이로 달려가서 마법의 불로 아킬레우스 일행을 구해주기도 했다. 헤파이스토스는 테티스로부터 입은 은혜를 그의 자식을 통해 갚을 정도로 의리를 지킨 사나이였다.

헤파이스토스는 못생기고 절름발이에다 어머니로부터 버림받은 불운의 신이었지만 열심히 일하고 마음씨가 아름다웠기에 인간들로부터 가장 많은 사랑을 받았다. 아테네 시민들은 헤파이스토스를 기리는 신전을 세웠으며, 그를 위한 축제 행사도 정기적으로 개최했다. 사람들은 위대한 대장장이인 헤파이스토스가 신들 중에서 가장 인간에 가깝다고 여기고 그를 존경하고 사랑했던 것이다.

큐피드의 화살

사랑의 신인 에로스는 아프로디테의 아들이다. 로마인들은 그를 큐피드라고 불렀다. 따라서 헤파이스토스가 그에게 만들어준 화살을 큐피드의 화살이라고 불렀다. 에로스는 활과 화살을 지니고 다니면서 신이나 인간들의 가슴속에 쏘아 넣었는데, 그로 말미암아 고통을 겪은 피해자가 적지 않았다.

용모가 출중한 아폴론이 머문 곳에 날개 달린 에로스가 날아왔다. 아폴론은 소년이 헤파이스토스가 만들어준 활과 화살을 갖고 있는 것을 보고 전쟁 때나 쓰는 무기를 갖고 불장난을 해서는 안 된다고 타일렀다. 에로스는 자신의 화살도 아폴론의 화살처럼 과녁을 정확히 맞힐 수 있다고 대꾸하고, 날개를 펴서 파르나쏘스 산의 바위 위로 날아갔다. 그는 화살 두 개를 끄집어냈다. 하나는 사랑을 생기게 하는 사랑의 화살이고, 다른 하나는 사랑을 거부하게 하는 미움의 화살이었다. 사랑의 화살은 금으로 만들어져 끝이 뾰족한 반면에, 미움의 화살은 납으로 만들어 졌고 끝이 무뎠다.

에로스는 금 화살을 아폴론의 가슴에 쏜 다음에 납 화살은 마침 그 근처를 지나가던 요정 다프네의 가슴에 쏘았다. 다프네 는 강의 신의 딸이었다.

에로스의 금 화살을 맞은 아폴론은 다프네를 사랑하게 되 었으나 납 화살을 맞은 다프네는 아폴론을 싫어하게 되었다. 아 폴론이 다가갈수록 다프네는 더 멀리 달아났다. 에로스의 화살 이 과녁을 제대로 맞힌 결과였다.

아폴론은 다프네에게 사랑을 구걸했지만 처음으로 사랑을 느낀 여인인 다프네는 붙잡히지 않으려고 온 힘을 다해 달아났 다. 큐피드의 화살이 그의 가슴속에 붙여놓은 사랑의 불길은 꺼 질 줄을 몰랐다. 아폴론은 그녀를 붙잡기 위해 끈질기게 따라다 녔고, 결국 다프네는 기진맥진하여 쓰러지게 되었다. 드디어 아 폴론의 손이 다프네의 몸에 닿으려는 순간, 다프네는 "오, 신들 과 대지의 어머니여! 왜 저를 아폴론에게 넘기려고 하십니까? 저는 아폴론을 남편으로 삼고 싶지 않습니다. 아폴론이 내 몸에 손을 대게 하느니 차라리 바위나 나무가 되겠습니다"라고 하소 연했다. 다프네의 말이 끝나자마자 그녀의 머리카락은 잎이 되 고 팔에서 가지가 뻗어났으며 몸은 나무줄기로 변하고, 발은 뿌 리가 되어 땅을 향해 뻗기 시작했다.

다프네의 얼굴은 가지의 끝이 되어 모양은 바뀌었으나 여 전히 아름다웠으며 가슴에는 보들보들한 나무껍질이 쌓였다. 다 프네는 한 그루 나무로 바뀌었다. 그것은 월계수였다. 아폴론의

잔 로렌초 베르니니. 「아폴론과 다프네」.

첫사랑은 에로스의 화살 때문에 비극적인 짝사랑으로 끝나고 만 것이다.

아폴론은 나무를 포옹하고 입맞춤을 퍼부었는데, 나뭇가지들은 그의 키스를 받지 않으려고 움츠렸다. 아폴론은 슬퍼하면서 다음과 같이 말했다.

"그대는 내 아내가 될 수 없으므로 이제부터는 내 나무가 되게 하겠다. 나는 왕관으로 그대를 쓰려고 한다. 위대한 정복자들이 개선 행진을 할 때 그들의 이마에 그대의 잎으로 엮은 관을 씌울 것이다."

월계수로 변한 다프네는 감사의 뜻으로 머리를 숙였다. 아폴론은 월계수 잎으로 만든 화환을 자주 머리에 썼다. 그 후로 고대 그리스에서는 전쟁과 운동경기의 승리자에게 월계수의 잎으로 만든 관, 곧 월계관을 씌우게 되었다.

활의 역사

수많은 신화와 전설에는 활과 화살에 관한 이야기가 들어 있다. 활과 화살이 창과 함께 인류 최초의 장거리용 무기로 사용되었기 때문이다. 활과 화살이 발명된 시기는 기원전 3만 년으로 추정된다. 구석기시대(기원전 3만~2만)에 사냥꾼들과 전사들은 창을 버리고 활과 화살을 사용하여 먼 거리의 사냥감과 적을 쓰러뜨렸다. 가장 오래된 활은 곧은 나무로 만든 단순궁(막대 활)이다. 활의 길이는 50센티미터에서 180센티미터로 다양했으며, 대개 느릅나무로 만들었다.

활과 화살이 사용되었음을 증명하는 유물은 세계 곳곳에서 발견되었다. 기원전 1만 3000년경의 부싯돌 화살촉이 아메리카 대륙의 구석기 유물에서 나왔고, 기원전 9000년의 나무 활과 화살대가 독일 함부르크 근처의 습지에서 발견되었다. 가장 오랫동안 온전한 상태로 보관되었던 활은 스칸디나비아에서 발견된 것이다. 약 8,000년 된 이 활의 재료는 느릅나무였다. 이러한 나무를 구하기 어려운 곳에서는 단순궁 대신 합성궁을 사용했다. 기원전 4000년부터 메소포타미아에서는 나무 재료의 약점을 보완하기 위해 뿔이나 금속 등을 보조 장치로 결합한 합성궁을 개발한 것으로 보인다.

단순궁은 말 그대로 가장 단순하고 가장 오래된 활의 형태이다. 평평한 막대기와 팽팽한 실로 만드는 단순궁은 길이가 다양하다. 대나무로 만든 일본식 활은 길이가 2미터 정도이지만 볼리비아 인디언들은 3미터짜리 단순궁을 사용한다. 한편 여러 가지 재료를 결합하여 만든 합성궁은 사정거리가 길고 관통력이 크다.

얼음 속에서 발견된 아이스맨 외치Ötzi는 약 5,300년 전, 후기 신석기 시대 인물이다. 여전히 석기 도구를 사용하고 있었지만 99.7퍼센트의 구리로 된 도끼도 지니고 있었다. 신석기 시대의 도끼 유물은 현재까지 외치의 것이 유일하다.

1991년 9월 19일 오스트리아와 이탈리아 국경에 있는 외츠탈 알프스 계곡의 시밀라운 빙하에서 바짝 마른 상태로 5,000년 이상 누워 있던 냉동 인간의 시신이 발견되었다. 얼음 속에서 곡괭이로 빼낸 미라는 40~50세 사이의 사나이였다. 죽을 당시 건강이 좋지 않은 상태였으

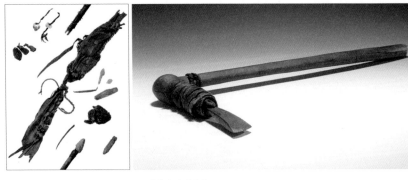

외치의 사냥가방.
외치는 화살통에 14개의 화살을 싣고 있었지만 화살촉과 깃털이 있는 것은 2개뿐이었다.

며 생식기가 거세된 이 사내는 아이스맨Iceman, 시밀라운의 사나이 또는 외치Ötzi라고 불렸다. 선사시대 인간의 육신이 잘 보존된 상태로 발견된 것은 외치가 처음이었으므로 세계 언론에 대서특필되었다. 외치는 약간의 식량과 무기를 소지했다. 청동 도끼, 날이 선 단검, 활과 화살을 지닌 채였다.

영양 가죽으로 만든 화살집에는 열네 개의 화살이 들어 있었는데, 화살에는 깃털이 달린 흔적이 있었지만 활은 완성되지 않은 상태였다. 그가 발견되고 10년이 지나서 그의 가슴에 화살촉이 박혀 있다는 게 밝혀졌다. 시밀라운의 사나이는 구석기에서 청동기시대로 넘어가는 과도기인 기원전 3300년경의 활과 화살에 관한 정보를 넘겨준 셈이다.

구석기시대에 활과 화살이 사냥에만 사용되었는지는 알 길이 없다. 그러나 기원전 2500년경에 수메르인들이 전투에서 궁수들의 화살에 맞아 죽은 것으로 밝혀졌다. 고대 이집트 왕국은 물론 고대 로마에서 궁수 부대는 중요한 역할을 담당했다. 로마와 카르타고의 제2차 포에니 전쟁(기원전 219~202) 이후부터 활과 화살이 그림에 나타나기 시작했다. 3세기에 이르러 궁수 부대가 여러 전투에 투입되면서 활과 화살이 중요한 무기가 되었다. 비잔틴 제국(6~11세기)에서도 침략을 당하면 궁수 부대를 투입했다. 중세(11~13세기) 초기에는 활과 화살이 떠돌이 기사들의 상비품이 되었다. 화살 두 개를 같은 과녁에 쏘아 두 번째 화살이 첫 번째 화살을 두 조각냈다는 로빈 후드의 전설이 퍼진 것도 이 시기였다. 영국과 프랑스 사이에 일어난 백년전쟁(1337~1453)에서는 영국의 활이 성능이 앞서 승리를 거두는 데 결정적 역할을 했다. 그러나 16세기 초에 화승총이 발명되면서부터 활과 화살은 무기 목록에서 사라졌다. 화승총은 화승, 곧 불을 붙게 하는 데 쓰는 노끈(화약 심지)의 불로 터지게 하여 사격하는 구식 총이다.

오늘날 활은 올림픽 양궁 경기와 여가에 즐기는 스포츠로 명맥을 이어가고 있을 따름이다.

그리스의 방패

비 오듯 쏟아지는 화살은 방어구로 막을 수밖에 없다. 기원전 2500년경 전장에서 칼이든 창이든 투석이든 화살이든 몸을 보호하는 방어구로 방패를 발달시킨 가장 큰 요인은 활의 존재라고 여겨진다.

그리스 신화에는 마법 방패가 두 가지 등장한다. 하나는 아이기스aegis이고 다른 하나는 아이아스의 방패the shield of Aias이다.

아이기스는 제우스의 방패이다. 신들의 대장장이인 헤파이스토스가 제작했다. 염소가죽으로 만들었으며 가장자리는 뱀의 머리들로, 가운데는 보는 이를 돌로 만드는 메두사의 머리로 장식되었다. 아이기스는 벼락을 맞아도 부서지지 않고, 한 번 흔들면 폭풍이 일어날 정도로 초자연적 힘을 가진 것으로 여겨졌다.

제우스의 딸인 아테나가 아이기스를 가지고 다녔다. 아이기스는 제우스의 아들인 페르세우스가 메두사를 정복할 때 사용되었다. 페르세우스는 메두사를 보면 돌로 변한다는 사실을 알고 있었으므로 아테나 여신이 빌려준 아이기스를 몸에 지니고 메두사가 잠든 사이에 접근하여 아이기스에 메두사의 모습을 비추어 보면서 그의 머리를 베어냈다.

아이기스가 최강의 방패라는 맥락에서 미국 해군의 구축함인 이지스 함Aegis Cruiser의 명칭이 만들어진 것으로 알려진다.

아이아스는 트로이전쟁에 아킬레우스와 함께 참전한 그리스 용사이다. 트로이 전쟁을 후세에 알린 호메로스의 서사시인 『일리아드』에 등장하는 영웅 중에서 그리스 최고의 영웅인 아킬레우스 다음으로 용맹한 용사로 묘사된 인물이 아이아스이다.

그리스 군대의 2인자인 아이아스는 소가죽을 일곱 장 겹쳐 무두질하고 표면에 청동판을 붙인 방패를 가지고 다녔다. 아이아스는 트로이의 장군인 헥토르와 일대일 대결을 할 때 서로 창을 던지고 방패로 막았다. 헥토르의 창은 아이아스의 방패를 여섯 번째 소가죽까지밖에 꿰뚫지 못했다. 『일리아드』에는 아이아스와 헥토르의 한 판 대결을 다음과 같이 소개한다.

헥토르가 던진 창은 아이아스의 높다란 방패에 날아가 꽂혔으나 이를 꿰뚫지 못했다. 이번엔 아이아스가 창을 날렸다. 그의 창은 헥토르의 커다랗고 둥근 방패를 깨끗이 뚫고 들어갔지만 헥토르는 재빨리 몸을 피해 죽음을 면했다.

아이아스와 헥토르는 제우스의 중재로 싸움을 끝내고 악수를 나눈다. 이렇게 두 영웅 사이의 결투는 우정으로 끝날 수 있었지만 다음 날 잔혹한 트로이 전쟁이 계속되었음은 물론이다.

그리스 신화를 만든 고대 그리스인들은 호플론hoplon이라 불리는 방패를 사용하였다. 지름 80~100센티미터의 둥근 방패이며, 목재에서 깎아낸 두께 2센티미터의 본체에 청동테를 두르고 안쪽에 가죽을 덧댄다. 호플론은 무게가 6~7킬로그램이나 되기 때문에 손잡이를 쥐고 띠를 팔에 걸어 고정한다.

호플론은 그리스군이 기원전 492년부터 기원전 479년까지 페르시아와 세 차례 전쟁을 할 때 방패로 사용되었다. 소아시아의 절대강자인 페르시아 제국은 아테네, 스파르타 등 그리스 반도의 폴리스(도시국가)를 세 차례에 걸쳐 침략했다. 기원전 490년에 페르시아군은 약 2만 5천 명, 그리스 군은 1만 1천 명이 마라톤 평원에서 맞붙은 전투에서 그리스군이 대승하여 페르시아 전쟁이 끝난다.

마라톤 전투에서 승리한 그리스 군의 주력은 팔랑크스phalanx라고 불리는 중무장 밀집 보병대였다. 팔랑크스의 왼손에 들린 원형 방패가 다름 아닌 호플론이다.

13

황금 양털이 영웅들을 부르다

아르고 호 원정대의 모험

이올코스의 왕자인 아이손은 유일한 후계자였지만 아버지가 다른 의붓동생 펠리아스에게 왕위를 빼앗겼다. 교활한 펠리아스는 형 아이손에게 아들이 생길까 봐 전전긍긍했다. 펠리아스는 형에게 아들이 생기면 그냥 내버려두지 않겠다고 다짐했다.

아이손은 아들이 태어나자 아이가 죽었다는 소문을 퍼뜨린 뒤 강보에 나무토막을 쌓아서 가짜 장례식을 치렀다. 그리고 산속에 있는 켄타우로스인 키론에게 찾아가서 아들을 키워달라고 부탁했다. 켄타우로스는 머리와 팔과 가슴은 사람이고, 엉덩이와 네 다리는 말인 반인반마였다. 켄타우로스는 술에 취해 난폭

이아손은 '치료하는 사람'이라는 뜻으로, 이 이름은 켄타우로스인 키론이 지었다.

하게 굴고 마구잡이로 날뛰며 여자들을 납치할 뿐만 아니라 속임수를 잘 쓰고 거짓말을 예사로 했다. 그러나 키론은 전혀 딴판이었다. 그는 의술과 음악, 수렵에 능통했다. 그리스 신화의 영웅들인 헤라클레스와 아킬레우스가 그의 제자였으며, 아스클레피오스는 그의 교육을 받고 자라서 최고의 의사가 되었다.

아이손의 아들 이름은 이아손이었다. 이아손은 걸음마를 시작하면서부터 키론의 교육을 받기 시작했다. 창, 활, 칼을 다루는 기술을 배우고, 인간에게 알려진 모든 학문에 대해 가르침을 받았다. 이아손은 제우스가 신들의 왕이 된 이야기도 들었고, 콜키스에 있는 황금 양털Golden Fleece에 대해서도 알게 되었다.

콜키스의 왕인 아이에테스는 선물로 받은 황금 양털을 애지중지했다. 황금 양털은 황금빛 숫양의 가죽을 일컫는 말이다. 황금빛 숫양은 날개는 없지만 마법을 지니고 있어 하늘을 날 수 있었다. 황금 숫양이 나타난 뒤로 콜키스에서는 기적이 일어났다. 집집마다 가난이 사라지고 모든 백성이 부자가 되었다. 아이에테스 역시 가장 부유한 왕이 되었으며 그의 군대는 세상에서 가장 강력해졌다. 황금 양털이 지닌 마법의 힘에 감동한 아이에테스 왕은 전쟁의 신인 아레스의 성스러운 숲속에 있는 1,000년 된 참나무 가지에 그것을 매달아두고, 입에서 불을 내뿜으며 절대로 잠을 자지 않는 용에게 밤낮으로 지키게 했다. 게다가 아이에테스의 딸이며, 이 세상에서 가장 강력한 마법사로 알려진 메데이아가 황금 양털의 안전을 책임지고 있었기 때문에 어느 누구도 넘볼 엄두를 내지 못했다.

이아손이 스무 살이 되자 키론은 그의 출생에 대한 비밀을 털어놓았다. 이아손의 아버지인 아이손이 펠리아스에게 왕위를 빼앗긴 전후 사정을 이야기해주고, 펠리아스를 쫓아낸 뒤 사랑과 지혜로 나라를 다스리는 왕이 될 것을 당부했다. 이아손은 스승과 작별을 하고 이올코스로 향했다. 그 무렵 펠리아스는 델포이 신탁의 예언을 떠올리며 불안에 떨었다. 그가 들은 예언은 "샌들 한 짝을 신은 사람을 주의하라"는 것이었다. 이 예언에 겁을 먹은 펠리아스는 거리를 돌아다니며 모든 사람의 발을 살폈다. 그런데 한쪽 발이 맨발인 청년이 거리 한가운데 서 있었다. 펠리아스는 샌들 한 짝의 사나이 앞에 전차를 세우고 낯선 이방인을 훑어보았다. 그 젊은이가 입을 열었다.

"나는 아이손의 아들이오. 당신은 내가 이올코스 왕좌의 정통 후계자임을 알고 있을 것이오."

펠리아스는 이아손을 그의 아버지인 아이손의 집으로 안내하도록 명령하고, 궁궐로 돌아오면서 이아손을 죽일 궁리만 했다. 아이손 부부는 아들을 기쁨의 눈물로 맞이하고 5일 동안 잔치를 열었다.

펠리아스는 궁궐에 들어온 이아손에게 이렇게 말했다.

"네가 내 입장이라면 지난 20년 동안 지배해온 왕국을 쉽게 내놓을 수 있겠느냐?"

"제가 당신이라면 경쟁 상대에게 이 세상에서 가장 불가능한 임무를 달성하라는 조건을 달겠습니다. 저는 그에게 황금 양털을 우리 왕국으로 가져다놓으라고 하겠습니다."

이아손은 스스로 어려운 일을 자청했다. 펠리아스는 이아손이 황금 양털을 가져오기는커녕 목숨을 잃을 것으로 확신했기 때문에 그의 제안을 서둘러 수락했다.

이아손은 친구와 친척 중에서 용감한 자들과 함께 황금 양털을 가져올 계획을 수립했다. 마법의 숫양 가죽인 황금 양털을 그리스로 가져오면 조국을 가난에서 구할 수 있다고 믿었기 때문에 그리스 전역에서 쉰 명의 영웅이 이올코스로 몰려들었다. 가장 먼저 찾아온 영웅은 헤라클레스였다. 아테네의 영웅 테세우스, 가장 위대한 가수 오르페우스도 참여했다.

콜키스까지 그들을 태워다줄 배는 가장 위대한 목공인 아르고스가 만들었다. 아르고스는 최고의 장인들과 함께 돌고래처럼 늘씬하고 탄탄한 배를 만들었다. 배의 이름은 아르고라고 명명되었다. 아르고 호는 노가 쉰 개 달린 인류 최초의 대형 선박이었다. 아르고 호에 승선한 쉰 명의 원정대원들은 아르고나우테스Argonaut라 불린다. 이아손은 아르고 호의 지도자로 헤라클레스를 추천했다. 그러나 헤라클레스는 이아손을 아르고나우테스의 지도자로 천거하였다.

아르고 호는 콜키스로 떠날 준비를 마쳤다. 이아손이 마지막으로 배에 오르려는 순간 펠리아스의 아들이 달려왔다. 이아손은 그와 함께 아르고 호에 탔다.

아르고나우테스는 콜키스를 향해 항해하는 도중에 몇몇 지역에 들러 여러 가지 사건을 겪게 된다. 여자들만 사는 섬에서

로렌초 코스타, 「아르고 호」.
아르고 호의 선원들이 출발하기 전에 아폴론에게 제물을 바치고 있다.

사랑을 나누었으며, 항구도시에서 손이 여섯 개 달린 거인들과 싸우기도 했다.

　콜키스의 수도 가장 높은 곳에 아이에테스의 화려한 궁전이 있었다. 그리스의 가장 유명한 기술자인 헤파이스토스가 건설했다는 궁전이었다. 이아손이 궁전에 들어갔을 때 메데이아가 나타났다. 메데이아는 첫눈에 이아손을 사랑하게 되었다. 아프로디테의 날개 달린 아들 에로스가 그녀의 가슴에 화살을 쏘아 이아손을 사랑하게 만들었기 때문이다. 이아손은 아이에테스에게 황금 양털을 그리스로 가져가기 위해 왔노라고 말했다. 화가 치밀어 오른 아이에테스는 한 가지 조건을 제시했다.

"전쟁의 신 아레스의 돌밭을 하루에 갈고 씨를 뿌려서 거두어야 한다. 그런데 말 잘 듣는 소가 아니라 불을 내뿜는 두 마리의 황소에게 멍에를 씌워 아레스의 밭을 갈아야 한다. 청동 발굽을 가진 황소들은 헤파이스토스가 준 선물이다. 그 황소들은 자네를 보자마자 달려들어 뿔로 받아버리고 불을 내뿜어 태워 죽일 것이다. 혹시 황소들을 길들여 밭을 간다면 밀알 대신 용의 이빨을 뿌려야 한다. 그러면 땅에서 거대하고 잔인한 전사들이 뛰어나올 것이다. 자네는 그들을 모조리 죽여야 한다. 이 모든 일을 반드시 자네 혼자 해야 한다. 만약 자네가 성공하면 아레스의 숲에서 황금 양털을 가져오게 허락하겠다."

이어서 아이에테스는 한마디를 덧붙였다.

"황금 양털을 가져오는 일도 쉽지 않다. 황금 양털을 지키는 용은 어느 누구도 이길 수 없지. 그 용은 불멸의 존재니까. 용은 절대로 잠을 자지 않으니 잠든 사이에 어떻게 해보겠다는 생각은 아예 하지도 말라."

아이에테스는 "이제 자네에게는 죽음만 있을 뿐이네"라고 말을 끝맺었다.

이아손은 절망에 빠졌는데, 그를 사랑하게 된 메데이아가 오랫동안 고민한 끝에 도움의 손길을 뻗쳤다. 메데이아는 프로메테우스의 발밑에서 피는 꽃으로 연고를 만들어서 이아손에게 갖다주며 황금 양털을 가져오는 방법을 가르쳐주었다.

"이 연고를 온몸에 바르면 하루 동안 이 세상에서 어떤 신보다 강한 존재가 될 것입니다. 방패에도 마법의 연고를 바르면 제우스의 번개조차 뚫지 못할 것입니다. 용의 이빨을 뿌릴 때 땅속에서 거인들이 나오면 커다란 돌을 던지십시오. 그러면 그들끼리 서로 죽을 때까지 싸울 것입니다. 용은 제가 처리해드리겠습니다."

이아손은 메데이아의 사랑에 감동하여 결혼을 하기로 맹세한다. 그리고 메데이아가 말한 대로 행동에 옮긴다. 아레스의 밭에서 황소 두 마리에게 멍에를 씌우는 데 성공했으며, 이랑 사이에 용의 이빨을 뿌린 순간 땅에서 나온 거인 같은 전사들에게 바위 덩어리를 던져서 서로 싸우게 하고 그들이 지친 뒤에 칼로 모두 베어 죽였다. 이아손은 마지막 전사가 쓰러지자마자 아이에테스에게 추수가 끝났음을 알리러 달려갔다. 그러나 아이에테스는 약속한 대로 이아손에게 황금 양털을 가져오도록 허락하기는커녕 아르고나우테스를 모두 암살할 음모를 꾸몄다. 아르고호를 불태우고 대원들을 모두 죽일 참이었다. 이 계획을 알아챈 메데이아는 이아손에게 달려가 사랑의 맹세를 다시 확인하면서 아레스의 숲으로 갔다. 이아손은 황금 양털을 지키는 용을 보고 공포에 떨었으나 메데이아가 마법의 액체를 뿌려 용을 잠들게 했다. 이아손은 황금 양털을 품에 안고 메데이아와 함께 아르고호에 탔다.

귀스타브 모로, 「이아손과 메데이아」.
이아손은 메데이아의 도움을 받아 황금 양털을 손에 넣게 된다.

아르고 호는 황금 양털을 돛대에 건 채 콜키스에서 점점 멀어져 갔다. 그러나 얼마 뒤에 아이에테스의 군함들에게 추격을 당해 진퇴양난의 처지가 되고 말았다. 메데이아가 꾀를 냈다. 군함의 선두에 서 있는 이복동생에게 자신이 납치되어 있으므로 구해달라고 애걸복걸했다. 메데이아에게 속은 이복동생은 혼자서 아르고 호가 정박한 섬으로 내려왔는데, 이아손이 그를 덮쳐 죽였다. 아르고 호 대원들은 그의 시체를 토막 내서 바다에 흩뿌렸다. 아이에테스는 아들의 조각난 시체를 모으느라 추격 속도를 늦출 수밖에 없었다. 메데이아의 계산이 정확히 맞아떨어진 것이다. 결국 아들의 죽음으로 기가 죽은 아이에테스는 콜키스로 되돌아갔다.

아르고나우테스는 이올코스로 돌아가는 길에 무시무시한 괴물들의 공격을 받으면서 끔찍한 항해를 계속한다. 이아손과 메데이아는 도중에 결혼식을 올리고 신방을 차렸다. 아르고 호는 황금 양털을 돛대에 매달고 3년 3개월 만에 이올코스로 돌아왔다. 원정을 성공적으로 끝낸 아르고 호 대원들은 부두에 마중 나온 가족들과 뜨거운 포옹을 나누었다. 이아손은 황금 양털을 가져왔으므로 모든 사람이 행복하게 될 것이라고 말했다. 그러나 엄청난 불행이 이아손을 기다리고 있었다. 펠리아스가 이아손에게 왕좌를 순순히 물려줄 생각이 없었기 때문이다.

펠리아스는 아르고나우테스가 모두 고향으로 돌아가고 이아손이 혼자가 되자 암살자를 이아손의 집으로 보내 부자를 모두 죽이라고 명령했다. 이아손의 아버지가 죽자 어머니마저 스스로 목을 매 죽었다. 이아손과 메데이아는 펠리아스에게 복수할 것을 맹세했다.

　메데이아가 펠리아스에게 복수하는 이야기는 로마의 시인인 오비디우스의 『변신 이야기』에 생생하게 그려져 있다. 메데이아는 펠리아스의 딸들에게 마법의 힘으로 아버지를 젊게 만들어주겠다고 제안했다. 그녀는 늙은 양을 토막 내어 물이 끓고 있는 솥단지에 넣은 후에, 끓는 물 안에서 갑자기 새끼 양이 뛰어나오는 장면을 펠리아스의 딸들에게 보여주었다. 딸들은 늙은 양과 마찬가지로 아버지도 다시 젊어질 것이라고 믿고 그를 죽여서 토막 내어 가마솥에 넣었다. 그들은 아버지가 젊어진 모습으로 끓는 물에서 뛰어나오기를 기다렸지만 기적은 일어나지 않았다. 세상에서 가장 위대한 마녀인 메데이아는 펠리아스가 딸들의 손에 죽게 만드는 끔찍한 복수를 한 것이다.

　그러나 이아손은 끝내 왕위에 오르지 못하고 메데이아와 함께 이올코스를 떠나는 신세가 되었다. 그들은 제우스에게 황금 양털을 바쳤다. 황금 양털이 가진 마법의 힘은 사라지고 모든 희망도 헛된 꿈이 되어버렸다. 두 사람은 아르고 호를 타고 코린토스로 갔다. 아이를 네 명이나 낳으며 잘 살았으나 10년이 지난 뒤부터 비극이 싹트기 시작했다. 코린토스 왕이 이아손에게 자신의 딸과 결혼한다면 왕국을 물려주겠다고 제안했기 때문이다. 결국 이아손은 메데이아 몰래 코린토스 왕의 딸과 결혼식을 올린다. 코린토스 왕은 메데이아에게 아이들을 데리고 코린토스를 떠날 것을 명령했다.

　그 뒤 메데이아는 치밀하게 복수할 계획을 세운다. 그녀는 이아손의 신부에게 독이 묻은 왕관을 보내 독살했다. 왕관은 다리미처럼 달구어져서 궁궐 전체를 불태워 잿더미로 만들었으며, 코린코스 왕도 불길에 휩싸여 죽었다. 메데이아는 이아손에게 복수하기 위해 자신의 아이들도 두 명이나 죽였다. 메데이아는 남은 두 자녀를 용이 이끄는 전차에 태우고 멀리 날아가버렸다. 홀로 남은 이아손은 아르고 호의 뱃머리가 만들어주는 그늘에 누워 잠이 들었는데, 배의 썩은 목재가 그의 머리 위에 떨어져 어처구니없게 죽고 말았다. 영웅의 최후치고는 너무나 초라했다.

황금 양털의 정체

황금 양털의 존재 가능성에 대해 과학자들은 세 가지의 설명을 내놓았다. 첫째, 황금 양털은 존재할 수 없으며, 금을 채취하기 위해 사용된 양모를 황금 양털로 착각했다는 것이다.

기원전 1세기 그리스의 지리학자인 스트라본Strabo(기원전 63?~서기 24)은 강물에서 흘러내리는 금가루를 붙잡기 위해 양모가 사용되었다고 주장했다. 금싸라기가 양모의 올 사이에 붙어있는 모습이 마치 황금을 가진 양털로 보였을 것이라는 뜻이다. 이런 맥락에서 이아손이 찾아 나선 것은 황금 양털이 아니라 황금 자체였을 것이라고 주장하는 의견도 있다. 요컨대 이아손이 황금을 얻는 수단으로 사용한 보통 양털이 세월이 흐르면서 황금 양털로 둔갑하게 되었다는 것이다.

둘째, 황금 양털은 품질이 뛰어난 양모를 신비화한 것이라고 주장하는 과학자들이 나타났다.

에라스무스 쿠엘리누스, 「이아손과 황금 양모」.
황금 털을 지닌 마법의 숫양은 지능과 이성을 갖추었으며
하늘을 날 뿐만 아니라 말도 할 수 있었다.

양모에는 양탄자를 만드는 데 사용되는 것처럼 올이 성기고 머리카락 같은 양모가 있는가 하면, 메리노 양에서 나오는 값비싸고 광택이 나는 가느다란 양모가 있다. 1973년 4월 영국의 과학 전문지인 《네이처Nature》에 실린 논문에서 영국 과학자들은 기원전 5세기경에 이미 광택이 나는 가느다란 양모를 만들어내는 양이 존재했다고 주장했다. 이들은 이처럼 번쩍이는 양모가 신화 속에서 황금 양털로 묘사되었을지 모른다고 결론 내렸다.

셋째, 양모에 포함된 특수 색소가 황금빛 얼룩을 만들어냈기 때문에 황금 양털로 볼 수밖에 없었을 것이라는 주장이 제시되었다.

양의 땀샘에서 분비되는 물질 안에는 특수한 색소가 들어 있는데, 이 색소는 양의 나이와 먹이의 종류에 따라 그 강도가 달라진다. 이 물질은 양의 피부를 통해 양털로 스며든다. 1987년 6월 《네이처》에 실린 글에서 오스트레일리아의 과학자는 그리스가 가뭄이 들었을 때 양들이 먹은 올리브 잎 성분이 특수 색소의 분비에 영향을 끼쳐 양털에 비정상적인 황금빛 얼룩을 일으켰을 것이라고 주장했다.

이아손이 위험을 무릅쓰고 고국으로 가져온 황금 양털은 금가루가 배어 있는 보통 양털이거나, 광택이 나는 가느다란 양모를 신비화시킨 것이거나, 양모의 특수 색소가 빚어낸 황금빛 얼룩이거나, 그 어떤 것도 아니면 진짜 황금으로 만들어진 양털일지 누가 알랴.

14

거미와 누에로 변신한 사람들

아테나와 아라크네의 승부

그리스의 신 중에서 지혜의 여신인 아테나는 신보다 인간
이 되는 편이 나았을 거라고 여겨졌을 정도로 인간에게 위대한
선물을 안겨주었다. 그 선물이란 다름 아닌 예술, 문학, 과학, 수
학, 의학이었다.

아테나는 인간 세상에서 대부분의 시간을 보내면서 힘든
노동에 시달리는 인간들의 짐을 덜어주는 기술을 창안했다. 들
판에서 여자들이 괭이로 땅을 파고 씨를 심는 모습을 보고 쟁기
를 발명해서 짐승들로 하여금 밭을 갈게 했다. 집 짓는 사람에게
는 기와를, 도자기를 빚는 사람에게는 녹로를 만들어주었다. 인

215

아라크네가 아테나만큼 뛰어난 옷감 짜는 솜씨를 자랑하자
아테나는 아라크네를 거미로 만들어 영원히 실을 잣게 했다.

간에게 건축과 그림, 조각도 가르쳤다. 또 인간이 시와 춤과 음
악을 사랑하게 이끌어주었다. 음악가들을 위해서 플루트와 트럼
펫 등 악기를 만들었다. 아테나는 배를 건조하는 기술도 알려주
었다. 배가 생김에 따라 아테나가 인간에게 가르친 학문과 예술
이 세계 곳곳으로 퍼져나가게 되었다.

아테나는 가정주부들에게 요리를 가르치고, 조리 기구를

발명했다. 물레와 베틀을 발명해서 실을 뽑아 옷감을 짜고 수를 놓는 기술을 가르쳤으므로 공예의 여신으로도 불린다. 아테나는 학문, 예술, 공예에 통달한 지혜의 여신이었던 것이다.

아테나 자신도 짬을 내서 혼자 베틀에 앉아 손수 베를 짜고 수를 놓으며 온갖 시름을 잊곤 했다. 부지런한 그녀는 비길 데 없이 훌륭한 솜씨로 옷을 만들어 신들뿐만 아니라 인간들에게도 선물로 주었다. 여자들은 이 세상에 어느 누구도 아테나의 솜씨를 따라갈 수 없다는 사실을 의심하지 않았다.

그런데 리디아 왕국에 옷감 짜는 솜씨가 아테나만큼 빼어난 처녀가 있었다. 이름은 아라크네였다. 그녀는 초라한 집안에서 태어나 오두막에 살고 있었지만 거미줄만큼 가늘게 실을 뽑아 아름다운 옷감을 짰기 때문에 세계 곳곳의 왕족은 물론 산과 강의 요정들까지 베 짜는 손재주를 구경하려고 몰려들었다.

로마의 시인인 오비디우스는 『변신 이야기』에서 아라크네의 손놀림을 다음과 같이 소개하였다.

일머리에 거친 실을 실꾸리에다 감는 것이라든지, 손가락을 빗삼아 실을 빚어 구름 같은 털실의 거스러미를 털어내고 끊임없는 잔손질로 긴 실타래를 뽑아내는 것이라든지, 엄지손가락으로 날씬한 북을 다루는 것이라든지, 준비가 다 된 베틀에 앉아 무늬를 짜 넣는 모습은 자체가 더할 나위 없이 좋은 구경거리였다.

아라크네는 뛰어난 재주를 가진 사람들이 흔히 그렇듯이 겸손의 미덕을 갖추지 못했다. 그녀는 교만이 지나쳐 자신의 솜씨가 아테나 여신보다 낫다고 거들먹거렸다. 이 소문을 들은 아테나는 백발 노파로 둔갑하여 그녀를 찾아가서 충고를 아끼지 않았다.

"나이를 먹은 사람은 본 것 들은 것이 많은 법이니 내 말을 명심하시구려. 인간만을 상대로 겨룬다면 그대가 가장 솜씨 좋은 사람임에 틀림이 없소. 하지만 아테나 여신은 다르지요. 당신의 상대가 아니라오. 그러니, 잘못 생각했다고 여신께 용서를 구하시구려."

그러나 아라크네는 노파를 비웃으며 빈정댔다.

"할머니가 너무 오래 사셔서 망령이 나셨나 보군요. 그런 말을 듣고 내 마음이 달라질 줄 아세요? 아테나는 자기가 질 것을 알기 때문에 감히 얼굴을 내밀지 못하는 거랍니다."

"여기 내가 왔으니 한번 겨뤄보자꾸나!"

아테나는 늙은 여인의 모습을 벗고 아름다운 본모습을 드러냈다. 이윽고 시합이 시작되었다. 『변신 이야기』에는 다음과 같이 묘사되어 있다.

여신과 아라크네는 방 이쪽저쪽에 놓인 베틀에 올라가 날실을 걸었다. 둘 다 부티를 허리에 감고 잉아에 날실을 꿴 다음 재빠른 손놀림으로 씨실을 북에다 물려 날실 사이로 밀어 넣었다. 씨실에 날실이 지날 때마다 바디가 이 씨실을 쫀쫀하게 짰다. 옷을 걷어 올려 젖가슴을 질끈 동여매고 여신과 처녀는 있는 힘과 기를 다해 베를 짰다.

페테르 파울 루벤스, 「아테나로부터 벌을 받는 아라크네」.
아테나 여신이 베를 짜는 북으로 아라크네를 내리치자 거미로 변하기 시작한다.

날실은 베의 세로 방향 실이고, 씨실은 베를 가로 건너 짜는 실이다. 부티는 베틀의 말코 두 끝에 끈을 매어 허리에 두르는 넓은 띠를 가리킨다. 잉아는 베틀의 날실을 끌어 올리도록 맨 굵은 줄이다. 바디는 베틀에 달린 기구로서 베실을 낱낱이 꿰어 차는 구실을 한다. 바디는 대를 쪼개어 잘게 깎은 꽂이, 곧 댓개비로 만든다.

아테나는 올림포스 12신들의 위풍당당한 모습을 여러 가지

색실로 베 폭에 짜 넣었다. 그러나 아라크네는 신들의 나약하고 비열한 행동을 조롱하는 그림을 잔뜩 짜 넣었다. 신들을 모욕하는 그림을 본 순간 아테나의 인내심은 한계에 도달했다.

"너의 솜씨는 흠잡을 수 없이 완벽하구나. 하지만 어쩔 수 없다. 너에게 진짜 기술이란 오만이 아니라 겸손한 마음에서 나오는 것임을 가르쳐주기 위해 네가 짠 천을 찢어버릴 수밖에 없다."

아라크네는 자신이 짠 천 조각이 갈기갈기 찢겨 흩날리는 모습을 보면서 깊은 치욕을 느끼고 들보에 목을 매려 했다. 아테나는 아라크네를 가엾이 여겨 올가미의 매듭을 풀어주며 말했다.

"지금부터 너와 네 후손은 영원히 줄에 매달려 실을 뽑고, 그물이나 짜면서 살게 될 것이다."

이 말이 끝나자마자 아라크네는 거미로 변했다. 『변신 이야기』는 사람이 거미로 바뀌는 모습을 다음과 같이 묘사했다.

아라크네의 머리에서는 머리카락이 빠지면서 코와 귀가 없어졌다. 머리는 눈에 잘 보이지도 않을 만큼 줄어들었다. 이와 함께 몸통도 아주 조그맣게 줄어들었다. 가름하던 손가락은 양옆으로 길어져 다리가 되었다. 나머지 부분은 모두 배가 되었다. 아라크네는 꽁무니로 실을 내어놓기 시작했다.

그리스 사람들은 아라크네의 이름을 따서 거미류의 절지동물을 아라크니드arachnid라고 부른다. 아라크네는 오늘도 가느다란 줄에 매달려 완벽한 솜씨로 끝없이 그물을 짜고 있다.

거미로 바뀐 아난시

서아프리카의 전설에 나오는 아난시는 아라크네처럼 교만한 언행을 일삼은 끝에 거미가 되고 말았다.

아난시는 거미가 되기 전까지는 사람의 모습을 하고 살았다. 그는 속임수의 대가였다. 한번은 신을 찾아가 옥수수 알 하나만 주면 100명의 노예를 바치겠노라고 말했다. 신은 재치가 뛰어난 아난시 때문에 늘 웃고 지내던 터라 옥수수 한 알을 주었다. 아난시는 마을로 가서 추장에게 신이 하사한 신성한 옥수수 한 알을 보관할 수 있게 도와달라고 했다. 추장은 아난시를 귀한 손님으로 모시고 지붕에 옥수수 알을 감추도록 했다. 그날 밤 마을 사람들이 잠든 뒤에 아난시는 지붕에서 옥수수를 꺼내 닭한테 먹였다. 다음 날 아침 아난시는 옥수수를 도난당했다고 소리를 지르며 마을에 신의 저주가 내릴 것이라고 소란을 피웠다. 마을 사람들은 용서를 빌며 옥수수 한 자루를 건넸다. 옥수수 한 알이 한 자루로 불어난 것이다.

아난시는 옆 마을에서도 같은 수법을 써서 양 열 마리를 받아냈다. 그는 양 떼를 몰고 길을 가던 도중에 시체를 매장터로 운반하고 있는 남자들을 만났다. 아난시는 양 떼를 시체와 바꾼 뒤에 다음 마을에 가서 신의 아들이 자고 있으므로 조용히 해야 한다고 말했다. 마을 사람들은 아난시 일행을 귀빈으로 대접했다. 다음 날 아침 아난시는 마을 사람들에게 깊이 잠든 신의 아들이 깨어나도록 북을 쳐달라고 부탁했다. 죽은 사람이 눈을 뜰 리 만무했다. 아난시는 간밤에 마을 사람들이 신의 아들을 죽인 것이라고 소리쳤다. 신이 보복할지 모른다는 공포를 느낀 사람들은 마을에서 가장 건장한 청년 100명을 골라 노예로 주면서 신의 노여움을 풀어달라고 하소연했다. 아난시는 옥수수 알 하나를 노예 100명으로 바꾸는 데 성공하여 신과의 약속을 지킨 것이다.

아난시는 자신의 속임수가 통하자 세상을 얕잡아 보고 갈수록 교만해졌다. 그러던 어느 날, 왕이 아끼는 숫양을 향해 장난삼아 돌멩이를 던졌는데, 하필이면 미간을 맞혀 죽고 말았다. 아난시는 왕의 처벌이 두려워 속임수를 썼다. 죽은 숫양을 끌어다가 밤나무에 묶고 나서 거미에게 찾아갔다. 거미는 밤이 잔뜩 달린 나무가 있다는 말을 듣고 그 나무로 옮겨 갔다. 그사이에 아난시는 왕에게 찾아가서 숫양이 묶여 있는 나무에서 집을 짓고 있는 거미가 숫양을 죽인 것 같다고 말했다. 숫양을 잃은 왕은 노발대발하여 거미를 사형에 처하기로 결심했다.

왕은 왕비에게 자초지종을 설명했다. 그런데 왕비가 갑자기 웃음을 터뜨렸다.

"그 작은 거미가 무슨 수로 양을 묶을 만큼 튼튼한 실을 짜낼 수 있겠어요? 아난시가 숫양을 죽인 게 틀림없다고요."

왕은 즉시 아난시를 잡아들였다. 그러나 아난시는 뻔뻔스럽게도 숫양을 죽인 거미를 찾아냈으므로 상을 달라고 우겼다. 이 말을 듣고 왕은 화가 더욱 치밀어 그를 발로 차버렸다. 그 순간 아난시의 몸이 나뭇가지처럼 갈라지면서 다리가 여덟 개 달린 거미로 바뀌었다.

누에가 된 소녀

중국의 신화 자료집인 『산해경』에는 세 그루의 뽕나무에 관한 대목이 나온다. 뽕나무는 키가 100길이며, 가지는 없고 줄기만 있었다. 뽕나무 가까운 곳에서 한 여인이 무릎을 꿇고 앉은 채 실을 토해냈다. 사람들은 그 여인이 있던 북방의 황야를 '실을 토해내는 들판歐絲之野'이라 불렀다.

입에서 끝없이 가늘고 기다란 실을 토해낸 여인은 누에의 신, 곧 잠신蠶神이었다. 잠신의 몸에는 도저히 떼어낼 수 없는 말가죽이 붙어 있었다. 말가죽의 양쪽 가장자리를 잡아당겨 몸을 감싸면 그 즉시 잠신은 말 모양의 머리를 가진 누에로 바뀌었다.

잠신은 본래 용모가 아름다운 소녀였다. 소녀의 아버지는 먼 길을 떠나 오랫동안 집을 비운 터라 집에는 말 한 마리가 있을 뿐이었다. 어린 딸은 아버지가 그리워서 말에게 먹이를 주면서 중얼거렸다.

"네가 아버지를 모시고 온다면 너에게 시집이라도 갈 텐데."

말은 그 말을 듣자마자 마구간을 뛰쳐나가서 소녀의 아버지가 있는 곳으로 달려갔다. 천 리 밖 타향에 머물던 소녀의 아버지는 말을 타고 집으로 돌아왔다. 아버지는 딸의 마음을 헤아려준 말에게 더 좋은 사료를 먹였다. 그러나 말은 먹이를 본체만체하고 소녀를 향해 줄기차게 소리를 지르며 날뛰었다. 아버지는 딸로부터 자초지종을 듣고 경악했다. 말을 사위로 삼을 수는 없었기 때문에 마구간에서 화살을 쏘아 말을 죽이고 말 껍질을

벗겨 마당에 널어두었다. 어린 딸은 친구들과 놀다가 말가죽을
발로 걷어차며 욕을 했다.

"이 못된 짐승아, 감히 나를 마누라로 삼을 욕심을 내다니.
천벌을 받아 가죽이 벗겨진 꼴을 보니 고소하구나."

소녀의 말이 끝나기도 전에, 말가죽이 날아올라 소녀를 뒤
집어씌우더니 눈 깜짝할 사이에 아득히 먼 들판 저쪽으로 바람
처럼 사라져버렸다. 아버지는 딸 친구들의 말을 듣고 부랴부랴
딸을 찾아 헤맸으나 헛수고였다. 며칠 뒤에 아버지는 나뭇잎 사
이에서 온몸이 말가죽으로 둘러싸인 딸을 찾아냈다. 아름다운
소녀는 꿈틀거리는 벌레로 변해 있었다.

중국의 위앤커 袁珂(1916~2000)가 지은 『중국신화전설』에는
벌레의 모습이 다음과 같이 묘사되어 있다.

> 그 벌레는 말 모양의 머리를 천천히 흔들면서 입에서 희게 빛나
> 며 길다랗고 가는 실을 토해내 사방의 나뭇가지를 휘감는 것이었
> 다. 호기심에 찬 사람들이 모여들어 그 광경을 보고는 실을 토해
> 내는 이 이상한 생물을 누에 蠶라고 불렀으니, 그녀가 토해낸 실이
> 그녀 자신을 휘감는다는 뜻이었다.

어린 딸은 물론 잠신이 되었고 말가죽은 그녀의 몸에 찰싹
달라붙어 영원히 떨어지지 않는 반려자가 되었다. 말은 죽어서
가죽으로나마 소녀와 한 몸이 된 것이다.

누에의 실로 짜낸 비단은 하늘의 구름처럼 가볍고 흐르는
물결처럼 부드러워 모시나 삼베와는 비교할 수 없을 정도였다.

이 비단으로 옷을 만들어 황제와 황후의 예복으로 사용했다. 고대 중국의 부녀자들은 뽕을 따고 누에를 기르고 옷감을 짜는 솜씨가 뛰어났다.

방적과 직조

인류는 유목 생활을 거쳐 정착 생활이 완성된 시기, 곧 신석기시대에 이르러서 가죽옷을 벗고 직물옷을 입게 되었다. 동물 가죽으로 만든 옷은 무겁고 불편했다. 그러나 식물성섬유나 동물성섬유로 만든 직물옷은 가볍고 편리했다.

가장 오래된 직물의 원료는 아마이다. 석기시대의 옷은 모두 아마류의 식물로 만들었다. 양과 염소의 털도 직물로 가공되었다. 중국인들은 누에를 길러 직물 생산의 원자재로 사용했다. 지금까지 남아 있는 옷 중에 가장 오래된 것은 기원전 3000년경 이집트에서 아마로 만들어진 상의이다.

옷을 만들기 위해서는 동식물의 섬유를 가공해서 실을 만드는 방적 기술과 실로 천을 짜는 직조 기술이 필요하다.

가장 오래된 방적 기술은 두 손으로 동식물의 섬유를 비비는 것이었다. 이어서 맨손으로 돌리는 방추(북)가 발명되었다. 실을 잣는 여인들이 아마나 양털 뭉치를 왼손에 들고, 그것을 조금씩 뜯어내서 오른 손가락으로 고치를 만들어 방추에 밀어 넣는다. 그런 다음 방추를 돌리면서 아래로 잡아당긴다. 이런 작업을 반복하면 기다란 실을 만들 수 있었다.

신석기시대 사람들은 손으로 작동하는 방추로 만들어낸 실로 천을 짜기 위해 베틀을 발명했다. 베틀에서 두세 개의 축이 교대로 날실 사이를 오르락내리락할 때 북으로 씨실을 넣어 직물을 만든다. 수평 베틀에서는 날실이 수평으로 움직이고, 수직 베틀에서는 날실이 수직으로 움직인다. 가장 오래된 베틀은 기원전 5000년 모든 신석기시대 문화에서 흔적이 발견된 것으로, 날실에 추를 매단 베틀이다.

이 베틀을 사용하는 사람은 먼저 날실을 도투마리라 불리는 나무 가로대에 꽉 매었다. 그리고 날실을 가능한 한 팽팽하게 늘어뜨리기 위해 날실에다 돌이나 흙으로 만든 추를 달았다. 이 원시적인 베틀은 수직 베틀이었다. 기원전 1000년경부터는 수평 베틀이 등장하여 중세까지 계속 사용되었다.

베틀이 급속도로 발전하면서 실을 신속하게 생산하는 기술이 요구되었다. 수동으로 작동하는 방추로는 갈수록 늘어나는 실의 수요를 감당할 수 없었기 때문이다. 기원전 1000년 중국과 인도에서 물레가 처음으로 사용되었다. 사람들은

고대 그리스 여성의 가장 중요한 업무 중 하나는 양모 준비와 천 짜기였다. 화병 가운데의 두 여성은 직조기에서 일한다. 오른쪽에는 세 여성이 양털 무게를 잰다. 더 오른쪽으로 가면 여성 네 명이 양모로 실을 잣는데, 그녀들 사이에는 완성된 천이 접혀 있다(아래 펼친 그림에서는 양쪽 끝에 두 명씩).

맨손으로 물레를 돌려 목화나 양털로부터 기다란 실을 뽑아냈다. 베틀과 물레는 바퀴와 함께 옛 인류의 가장 위대한 발명품으로 손꼽힌다.

물레의 발전 속도는 더뎠다. 원시적인 물레가 사용된 이후 2,000년도 더 지난 11세기에야 보다 세련된 물레가 유럽에 나타났다. 중세 유럽의 섬유 제조법은 실의 대량생산을 가능케 한 기계식 방적기를 개발했다. 1769년 영국의 리처드 아크라이트 Richard Arkwright(1732~1792)는 최초의 범용 방적기를 만들었다. 아크라이트는 실이 자동으로 공급되는 장치를 갖춘 물레를 제작하여 당대 최고의 섬유 제조업자라는 명성을 얻었다.

1785년 아크라이트는 자신이 만든 방적기를 증기 엔진으로 돌릴 수 있도록 개량했다. 같은 해에 영국의 시골 목사인 에드먼드 카트라이트 Edmund Cartwright(1743~1823)는 기계식 베틀을 제작하여 특허를 신청했다. 카트라이트는 오랜 연구를 거쳐 1803년에 증기로 움직이는 기계식 베틀을 내놓았다. 이를 계기로 전통적인 가내수공업은 쇠락하고 산업혁명의 불길이 타올랐다.

거미줄로 낙하산을 만든다

거미는 꽁무니에서 명주 모양의 실크를 분비한다. 거미의 실크는 누에의 명주실처럼 비단옷의 재료로 개발되지 못했지만 보기 드문 특성을 지니고 있다.

아침 이슬로 반짝이는 거미줄을 보면 금방 끊어질 것처럼 약해 보인다. 그러나 같은 무게로 견줄 때 강철보다 다섯 배 정도까지 튼튼하며 방탄조끼 소재로 쓰이는 합성섬유인 케블라보다 질기다. 케블라는 높은 압력에서 황산처럼 위험할뿐더러 환경까지 오염시키는 원료로 제조되는 반면에 거미 실크는 상온상압의 조건에서 천연 원료로 생산되며 케블라와 달리 생물 분해성이 있다. 미생물에 의해 무해한 물질로 분해되는 특성을 생물 분해성이라 한다. 요컨대 거미 실크는 합성섬유의 환경오염 문제를 해결하는 대안이 될 수 있다.

거미 실크를 활용하려는 시도는 고대 그리스 시대부터 시작된다. 그리스인들은 상처의 출혈을 멈추기 위해 거미줄을 상처 부위에 대고 눌렀다. 뉴기니에서는 낚싯줄이나 고기잡이 그물에 거미줄을 꼬아 넣었다. 남태평양 바누아투 군도의 원주민들은 거미줄을 담배나 화살촉의 쌈지를 만들 때는 물론이고 간통한 여인네를 질식사시키기 위해 덮는 뚜껑의 재료로 사용했다.

1700년대 초 프랑스에서는 거미줄로 짠 양말이 학술원에 제출되었으나 채택되지 못했다. 거미 실크가 너무 가늘어 옷감의 재료로는 부적합하다는 것이 그 이유였다.

어미 거미는 대개 1분에 5~6피트의 실크를 분비한다. 따라서 5,000마리가 수명이 다할 때까지 뽑아내는 실을 모두 합쳐야 겨우 옷 한 벌을 짤 수 있다.

거미 실크는 경제성 측면에서 사용 가치가 없었으나 유전 공학의 발달에 힘입어 대량생산의 길이 열리게 되었다. 거미줄의 인공 합성에 가장 투자를 많이 한 기관은 미국 육군이다. 군사 용품을 만드는 신소재로 거미 실크에 기대를 걸었기 때문이다.

1989년, 거미 실크의 단백질을 만드는 유전자가 강철 못지

미국 자연사 박물관에 전시된 거미 실크로 만든 직물. 폭 3.4미터, 길이 1.2미터의 천을 짜는 데 100만 마리가 넘는 야생 거미 암컷으로부터 80여 명이 4년이 넘도록 뽑아낸 거미줄이 사용되었다.

않은 생물 재료라는 의미에서 생물강철biosteel이라는 말이 생겨나고 거미줄을 산업화하는 방법이 다각도로 개발되었다.

거미줄의 생산 공장으로 가장 유망한 것은 흥미롭게도 누에이다. 거미 실크의 단백질을 합성하는 유전자를, 누에의 명주실을 분비하는 조직에 집어넣으면 결국 누에가 거미줄을 대량으로 합성하게 될 것이라는 발상이다.

1999년, 캐나다에서는 거미 유전자를 염소의 유방 세포 안에 넣어서 염소가 젖으로 거미줄 단백질을 대량 분비하게 만드는 작업에 성공했다. 생물강철을 생산하는 염소가 나타난 것이다. 2001년에는 거미 실크 유전자를 담배와 감자의 세포 안에 삽입하여 식물의 잎에서 거미줄단백질이 나오도록 했다.

인공 거미줄의 용도는 한두 가지가 아니다. 이를테면 방탄복, 낙하산, 거미줄 총 등의 군사용품이나, 현수교를 공중에 매달 때 강의 양쪽 언덕에 건너지르는 사슬의 재료로 사용할 수 있다. 인공 힘줄, 인공 장기에서 수술 부위를 봉합할 때 조직 사이에 끼워 넣는 시트에 이르기까지 의료 부문에서의 쓰임새 역시 다양하다. 인체에 해롭지 않아 피부 화장품도 인공 거미줄로 만들 수 있다.

2015년부터 인공 거미줄로 만든 등산복과 신발, 방탄복이 제조되고 있다. 누에 실크로 만든 비단옷이 한때 부유층의 신분을 드러내는 상징이었던 것처럼 21세기에는 생물강철로 만든 고급 의상이 상류층의 전유물이 될 가능성이 크다.

15

미궁의 괴물 미노타우로스

아테네의 왕 아이게우스는 두 번 결혼했지만 두 아내 모두 왕위를 이을 아들을 낳지 못했다. 그는 델포이로 가서 아폴론의 신탁을 받아보았으나 여사제가 준 해답을 도통 이해할 수 없었다. 아테네로 돌아오는 길에 아테네 왕족인 현인의 집에 들렀다. 세상에서 가장 현명한 사람으로 존경받는 그가 신탁의 뜻을 해석해줄지 모른다고 기대했기 때문이다.

그에게는 아이트라라는 시집을 가지 못한 딸이 있었다. 그날 저녁 아이게우스는 술에 취한 상태에서 아이트라와 잠자리를 하게 되었다. 아이게우스는 아이트라에게 틀림없이 아들을

231

낳을 것이므로 아이가 열여섯 살이 되면 자기를 찾아오게 하라고 당부했다. 그리고 제우스를 기리는 신성한 바위 밑에 칼 한 자루와 신발 한 켤레를 묻으면서, 훗날 그 칼을 차고 그 신발을 신고 나타나면 자신의 아들로 인정하겠다고 말했다.

아이트라는 아들을 낳고 테세우스라는 이름을 지어주었다. 테세우스는 '묻혀 있는 보물'이라는 뜻이다. 아버지인 아이게우스가 바위 밑에 아들의 신분을 증명할 수 있는 물건을 묻어둔 사실을 잊지 않기 위해서 그런 이름을 붙여준 것이다. 테세우스는 현명한 외할아버지로부터 문학과 예술을 배우고, 유명한 운동선수들로부터 훈련을 받아 지혜롭고 강건한 청년으로 성장했다. 아이트라는 테세우스가 열여섯 살이 되자 아버지가 아테네의 왕이라는 사실을 밝혔다. 테세우스는 바위 밑에서 칼과 신발을 꺼낸 뒤에 아테네로 떠났다.

아테네로 가는 길목에는 악한들이 들끓었다. 나그네들을 청동 곤봉으로 죽이고 돈을 빼앗는 절름발이 강도, 소나무를 구부려 행인의 두 다리를 찢어 죽이는 산적, 나그네에게 강제로 자기 발을 씻게 한 뒤 낭떠러지 아래 바다로 빠뜨려 거북의 밥으로 만드는 악한, 행인과 레슬링 시합을 하자고 해놓고 바위로 머리를 깨부수는 살인마가 테세우스를 노렸다. 테세우스는 이들을 모두 죽여 영웅적인 면모를 과시했다. 아테네로 가는 내리막길에서 마지막으로 만난 강도는 프로크루스테스였다. 그는 지나가는 사람을 침대에 눕힌 뒤 침대보다 작으면 다리를 잡아 늘여 침대에 맞추려고 했고, 침대보다 크면 침대에 맞게 다리를 잘랐다. 테세우스는 오히려 프로크루스테스를 침대에 팽개쳤다. 프로크루스테스의 덩치가 침대보다 컸으므로 테세우스는 남는 부분을 톱으로 잘라버렸다.

테세우스에 관한 소문은 아테네의 왕궁에까지 퍼졌다. 아이게우스는 세 번째 아내인 메데이아와 살고 있었다. 메데이아는 늙은 아이게우스 대신에 아테네를 실질적으로 통치하고 있었다. 메데이아는 테세우스를 독살로 제거할 계획을 짰다. 아이게우스가 테세우스를 환영하며 연 잔치에서, 메데이아는 술잔에 독약을 탔다. 테세우스는 자신의 정체를 밝히기 위해 차고 있던 칼을 꺼내 식탁 위에 올려놓았다. 그 칼을 본 아이게우스는 깜짝 놀라면서 얼른 테세우스의 발을 내려다보았다. 그가 바위 밑에 묻어두었던 신발을 신고 있지 않은가. 아이게우스는 독이 든 술잔을 쳐서 바닥에 떨어뜨리고 아들을 부둥켜안았다. 아이게우스는 테세우스가 아테네의 왕위 계승자임을 선포했다. 메데이아 왕비는 아테네 밖으로 도망쳤으며 다시는 나타나지 않았다.

한편 아테네에는 절망과 슬픔의 날들이 다가오고 있었다. 테세우스가 아테네에 오기 전에 있었던 일 때문이었다. 아테네의 대규모 운동 시합에 크레타의 왕자가 참가하여 모든 종목에서 1등을 차지했다. 크레타는 그리스의 해안에서 멀리 떨어져 있는 섬으로, 미노스 왕이 다스렸다. 미노스는 하얀 황소로 변신한 제우스가 에우로페를 크레타 섬으로 납치하여 낳은 자식 중의 맏아들이다. 아이게우스는 소를 다루는 솜씨가 뛰어난 크레타의 왕자에게 아테네 근교에서 날뛰는 황소를 죽여달라고 부탁했다. 운동 시합에서 우승해서 의기양양해진 왕자는 주저 없이 황소와 맞붙었으나 죽고 말았다. 외아들이 비명횡사했다는 소식

피카소, 「게르니카」.

피카소는 스페인 내전이 있던 1937년에 그린 이 작품에 폭력과 암흑을 상징하는 미노타우로스를 등장시켰다. 모두 울부짖으며 괴로워하는데 미노타우로스(왼쪽)만 혼자서 근엄한 표정을 짓고 있다.

을 들은 미노스 왕은 복수를 맹세했다. 그는 수많은 전함을 몰고 나타나 아테네를 포위했다. 미노스는 최후통첩으로 다음과 같은 요구를 했다.

"9년에 한 번씩 아테네에서 가장 훌륭한 총각과 처녀를 각각 일곱 명씩 크레타로 보내라. 그들은 크레타에서 미노타우로스의 밥이 될 것이다."

미노타우로스는 사람의 몸에 황소의 머리와 어깨를 한 거대한 괴물이다. 미노타우로스는 미노스 왕의 아내인 파시파에와 황소 사이에서 태어났다.

파시파에는 미노스와 결혼하여 아름다운 딸 아리아드네를 낳았지만 결혼 생활이 불행했다. 미노스가 소문난 바람둥이였기 때문이다. 미노스의 가축 중에는 힘이 세고 기품이 있는 황소가 있었다. 불행한 왕비 파시파에는 그 황소에게 반하여 이룰 수 없는 짝사랑을 하게 되었다. 사랑으로 고통스러워하던 파시파에는 다이달로스에게 도움을 청했다. 다이달로스는 아테네 출신이었으나 미노스를 돕고 있던 기술자였다. 그는 기상천외한 건축물을 비롯해서 만들지 못하는 것이 없었다. 그가 만든 조각상들은 꼭 살아 있는 듯해서 도망갈까 봐 쇠사슬로 묶어놓을 정도였다.

다이달로스는 왕비의 부탁을 받고 아름다운 암소를 만들어주었다. 파시파에는 그 암소의 몸 안으로 숨어들어 가서 황소를 유혹했다. 황소는 감쪽같이 속아 넘어갔고 파시파에는 결국 미노타우로스를 낳게 되었다.

미노스는 이 괴물을 죽이기는커녕 아주 안전한 거처를 마련해주었다. 다이달로스에게 지하에 미궁(라비린토스)을 설계하도록 명령하고 그 안에 미노타우로스를 숨겨두었던 것이다. 미궁은 수없이 많은 복도와 구불구불한 굴곡으로 이루어졌는데, 그것들은 서로 통하는 데다 처음도 끝도 없는 것 같았다. 그 구조가 대단히 교묘하여 그 속에 갇힌 자는 누구도 혼자 힘으로는 탈출이 불가능하였다.

미노타우로스는 성장이 빨라 열두세 살에 이미 건장한 어른이 되었다. 그는 땅속 미궁에 갇힌 채 아테네의 왕이 바친 젊은이들을 먹고 자랐다. 잘생긴 아들과 딸을 괴물에게 먹이로 바쳐야 했던 부모들의 고통은 이루 말할 수 없었다.

테세우스가 아테네에 도착한 해가 바로 인간 제물을 바치는 해였다. 그는 미노타우로스를 죽여 아테네 시민들을 고통으로부

제작한 암소를 가져와 미노스 왕비 파시파에와 이야기하고 있는 다이달로스.

터 구하기로 결심한다. 아이게우스는 왕위를 이을 아들을 크레타로 보내고 싶지 않았지만 테세우스의 의지를 꺾지 못했다.

테세우스는 열세 명의 젊은이들과 함께 크레타로 떠날 때 배에 검은 돛을 달았다. 미노타우로스에게 잡아먹힌 희생자들을 추모하기 위해서였다. 아이게우스는 테세우스가 돌아올 때는 검은 돛을 흰 돛으로 바꿔달라고 말했다. 흰 돛으로 열네 명의 아테네 젊은이들이 살아서 돌아온다는 신호를 해주기를 바랐던 것이다.

테세우스 일행은 크레타에 도착하여 미노스 왕 앞에 나아갔는데, 그 자리에 있던 아리아드네 공주가 첫눈에 테세우스에게 반했다. 아프로디테의 날개 달린 아들 에로스가 쏜 화살이 그녀의 가슴에 박혔기 때문이다. 그녀는 다이달로스에게 그 잘생긴 아테네 청년을 살릴 수 있도록 도와달라고 간청했다. 그러니까 테세우스가 미노타우로스를 죽일 경우 미궁을 빠져나올 방법을 알려달라고 부탁한 것이다. 다이달로스는 아리아드네에게 실 한 타래를 건네주며, 실의 한쪽 끝을 입구에 붙들어 매고 실을 풀면서 안으로 들어가면 된다고 말했다. 미노타우로스를 죽인 뒤 실을 감으면서 나오면 입구를 찾을 수 있으므로 목숨을 구할 수 있을 것이라는 설명이었다. 아리아드네는 테세우스에게 실타래를 몰래 건네주었다.

아테네 젊은이 중에서 미노타우로스와 맨 먼저 마주한 사람은 테세우스였다. 그는 그 괴물을 칼로 찔러 간단히 처치하고 열세 명의 아테네 젊은이들과 함께 아리아드네가 준 실타래 덕분에 무사히 미궁을 탈출하는 데 성공했다.

테세우스는 귀향을 너무 서두른 나머지 미처 검은 돛을 흰 돛으로 바꿔 달지 못했다. 검은 돛을 본 아이게우스 왕은 아들이 죽은 것으로 알고 절벽에서 몸을 던져 죽고 말았다. 아테네 시민들은 아이게우스의 이름을 기억하기 위해 그를 삼켜버린 바다를 '에게 해'라고 명명하고, 그들의 영웅인 테세우스를 아테네의 왕으로 모셨다.

테세우스는 아테네 민주주의의 창시자로서 백성들을 현명

카소니 캄파나, 「테세우스와 미노타우로스」.
크레타 섬의 미궁 속에 숨어 사는 미노타우로스를 테세우스가 처치한다.

하게 다스렸다. 그는 모험을 즐겨 이아손과 함께 황금 양털을 찾
아 나서기도 했다. 특히 테세우스는 늙은 오이디푸스에게 은신
처를 제공한 것으로 유명하다. 그러나 아테네의 영웅 테세우스
는 말년에 여자 문제로 물의를 빚어 결국 아테네 시민으로부터
버림을 받게 되었다. 그는 왕위를 빼앗긴 채 망명길에 올랐으며
끝내 절벽 밑으로 떠밀려 죽임을 당하는 비참한 최후를 맞았다.

크노소스 궁전의 흔적을 찾아서

기원전 10세기경의 그리스 시인인 호메로스는 『일리아드』
에서 크레타 섬을 다음과 같이 묘사했다.

포도주 빛 바다의 한가운데 떠 있는 섬, 물에 둘러싸인 크레타 섬
은 아름답고 비옥하다. 크레타 섬 주민들은 헤아릴 수 없이 많다.
도시는 아흔 개가 있다. 그곳에서는 온갖 종족의 언어를 들을 수
있다. 그 섬의 도시들 중에는 위대한 제우스의 비밀을 간직하고
있고, 미노스가 9년 주기로 다스린 대도시 크노소스가 있다.

크레타 섬은 제우스가 태어난 섬이며, 제우스의 아들로 태
어난 전설적인 인물 미노스가 크노소스의 궁전에서 다스리던
왕국이었다.

19세기 후반부터 유럽의 탐험가들은 제우스의 출생지로
여겨진 동굴을 발굴하고, 미노스 왕이 미노타우로스를 감금한
라비린토스(미궁)를 찾아 나섰다. 고고학자들은 『일리아드』에 언
급된 아흔 개의 도시를 크레타 섬에서 찾을 수 있다고 생각했다.
특히 호메로스가 크레타 섬의 수도라고 지칭한 크노소스로 관
심이 집중되었다. 영국, 프랑스, 독일 등 유럽 각국에서 수많은
고고학자가 크노소스 발굴에 경쟁적으로 뛰어들었다. 그중에는
영국의 고고학자인 아서 에번스Arthur Evans(1851~1941)도 끼어 있
었다.

부유한 집에서 태어난 에번스는 고대 유물을 수집하고 민

속학을 공부했다. 1894년 크레타 섬을 처음 방문한 그는 여러 차례 섬에 체류하면서 수많은 선사시대 유물이 묻혀 있다는 것을 확신하고 1899년 크노소스 지역을 일부 구입하는 데 성공했다.

에번스는 미노스 왕의 궁전이 그 지역에 폐허로 남아 있을 것이라고 믿었다. 1900년 3월부터 에번스는 크노소스 지역 발굴에 착수하여 마침내 미노스 궁전의 흔적을 찾아냈다. 신화 속의 미노스 궁전이 현실로 드러난 역사적 순간이었다.

1900년 4월, 에번스는 그리핀으로 장식된 미노스의 옥좌를 발견했다. 그리핀은 독수리의 머리와 날개, 사자의 몸뚱이를 가진 잡종 동물이다. 이글거리는 눈, 꼿꼿이 세운 머리, 날카로운 발톱은 독수리를 닮았으며 사자와 닮은 몸통에는 긴 꼬리가 달려 있다. 그리핀이 가장 열중하는 일은 산에서 금과 보석을 찾아내 보금자리를 만드는 것이다. 그리핀은 본능적으로 금이 매장되어 있는 곳을 안다. 그리핀은 그리스의 포도주 신인 디오니소스에게 고용되어 포도주 창고를 지켰으며, 때때로 신들의 자가용 비행기 노릇을 해서 아폴론을 태우고 날아다니기도 했다.

에번스는 크노소스 궁전이 완전히 점토로 지어졌으며, 매우 웅장했다는 사실을 밝혀냈다. 궁궐터에서 왕의 알현실, 소궁전, 별궁, 수천 개의 서판이 보관된 저장고, 정원, 붉은 기둥들이 붙은 계단 등을 발굴했다. 그는 그리핀으로 장식된 옥좌의 방을 정성 들여 복원했다. 방 한가운데 옥좌를 놓고, 벽에는 그리핀과 초목을 그려 넣었으며, 몸을 정결하게 하는 의식을 치르는 욕조를 비치했다. 그 밖에 예배용 집기나 항아리들을 놓아두었다.

1905년 에번스는 크노소스 궁전 계단의 복원 작업을 다음과 같이 설명했다.

우리 눈앞에 거의 8미터 높이의 거대한 계단이 원기둥이 있는 대
기실과 함께 3,500년 전의 모습 그대로 서 있다. 이 계단은 미노
스의 후계자들인 왕과 왕비들이 사용하던 것이다.

에번스는 크레타 섬의 문명을 미노아 문명이라고 명명
했다. 신화 속 인물인 미노스 왕에서 파생된 용어이다. 기원전
3000~2000년대에 그리스 본토와 에게 해의 섬들에서는 에게
해 문명이 청동시대의 꽃을 피웠으나 오직 크레타 섬만이 독자
적인 문화를 누렸는데, 그것을 미노아 문명이라고 부르게 된 것
이다.

크노소스 궁전 유적.
미노스 문명의 전성기를 보여주는 궁전은 영국 고고학자 아서 에번스의 의해 발견된다.

크레타 섬에서 사라진 문명을 개인 재산을 들여 복원한 업적을 인정받아 에번스는 1911년 작위를 받았다. 그는 1941년 삶을 마감하는 날까지 고고학에 전념한 것으로 알려졌다.

미궁의 수수께끼

신화 속의 크레타 섬에 미노스 왕의 궁전이 실재했던 것으로 밝혀짐에 따라 미노타우로스가 갇혀 있던 라비린토스의 존재 여부가 세인의 관심사가 되었다.

크레타 섬 사람들은 라비린토스 안에 있는 문 위에 새겨진 비문을 해독하면 문이 저절로 열려 수많은 보물도 찾을 수 있다고 믿었다.

고고학자들은 신화 속 크레타 미궁을 찾으려고 끊임없이 시도했으나 모두 실패했다. 애당초 미궁 건조물 따위가 없었거나, 아니면 미궁이 흔적도 없이 파괴되고 말았는지 모른다. 단지 미궁의 도형만을 볼 수 있을 따름이다.

기원전 2세기경부터 기원후 5세기경까지 크노소스에서 주조된 동전의 뒷면에는 사각형의 미궁이 그려져 있다. '크레타형 미궁도'라고 명명된 이 도형은 미궁도의 기본형이라 불린다. 왜냐하면 고대 지중해 세계에서 오늘날까지 미궁이 실체를 지닌 건조물로는 단 하나도 발견되지 않았지만, 무수히 발견된 다양한 미궁 형상이 하나같이 크레타형 미궁을 닮아 있기 때문이다. 크레타형 미궁 형상은 유럽의 스칸디나비아 연안에서부터 인도, 미국 남서부에까지 널리 퍼져 있는 것으로 밝혀졌다.

미궁 연구의 거두인 독일의 헤르만 케른Hermann Kern은 1982년에 펴낸 『미궁Labyrinth』에서 미궁 도형은 다음과 같은 특징을 갖고 있다고 적었다.

- 통로는 외길이고 무조건 중심을 향해 나 있다. 따라서 미궁 안을 걷는 사람이 길을 잃을 가능성은 없다.
- 통로가 교차하지 않는다.
- 어느 길로 가야 할지 선택의 여지가 없다.
- 미궁의 중심에서 외부로 나올 때 중심을 향해 들어왔던 통로를 다시 지나갈 수밖에 없다.

요컨대 미궁은 외줄기 길이며, 무조건 중심을 향해 걸어가야 한다. 그러나 미궁과 혼동하기 쉬운 미로maze는 누구나 중심에 도달할 수 있는 길이 아니다. 또한 미로에는 중심 같은 게 꼭 필요하지도 않다. 미궁 안에서는 누구나 미리 설정된 구조에 따라 중심을 향해 걸어가면 길을 잃을 가능성이 없는 반면에, 미로는 그 안에 들어가는 사람을 갈팡질팡하게 만들어 막다른 길로 몰아넣고 출구를 찾지 못하게 하여 죽음의 위험에 빠뜨린다.

미궁이 될 수 있는 것들에는 통로, 야외의 오솔길, 둑이나 울타리로 둘러싸인 길, 설계도, 건물, 성벽, 도시 등이 있다.

유명한 미궁으로는 고대 이집트의 대미궁, 고대 인도의 미궁, 로마제국의 모자이크 미궁, 중세 유럽의 교회 미궁, 르네상스 시대의 사랑의 미궁, 베르사유 궁전의 정원 미궁 등을 꼽을 수 있다.

2000년에 『우주의 자궁 미궁 이야기』를 펴낸 일본의 이즈미 마사토和泉雅人(1951~) 교수는 책의 끄트머리에서 "미궁도가 유럽의 지중해를 발상지로 하여 전 세계로 전파되었다는 설에 입각한다면 (중국이나 한국, 일본에서 크레타형 미궁이 발견되지 않는 까닭은) 중국 문화권이 그 전파 경로에서 누락되었다는 이야기가 된다"고 적고 있다.

PART 5

인간이 신의 영역에 도전하다

16

누가 바벨탑을 쌓았는가

거인족 네피림

고대 문명의 요람 중 하나인 메소포타미아 지역에는 많은 민족들이 모여 살면서 다양한 신화가 만들어졌다. 메소포타미아는 그리스어로 '두 강 사이에 있는 땅'이라는 뜻이다. 기원전 3000년 무렵부터 메소포타미아의 티그리스-유프라테스 삼각주 유역에 최초로 문명의 꽃을 피운 민족은 수메르인이다. 수메르인들은 인류 최초의 문자인 설형(쐐기)문자를 발명하고, 흙벽돌로 거대한 산처럼 생긴 지구라트ziggurat를 쌓았다. 지구라트의 노대露臺는 신들의 거처로 바쳐졌다. 메소포타미아 평원에는 기원전 2100년경 달의 신을 위해 세워진 신전으로 짐작되는 지구라트가 홀로 우뚝 서 있다. 이 지구라트의 계단과 벽면에는 쐐기문자가 남아 있다. 신전에 바친 공물을 관리하기 위해 쐐기문자를 창안한 것으로 여겨진다.

수메르 왕국은 바빌로니아 왕국에 의해 무너졌다. 바빌로니아 왕국은 기원전 18세기경의 위대한 입법자로 유명한 함무라비Hammurabi 왕의 지배하에서 융성했다. 일부 학자들은 고대 도시 바빌론에서 발굴된 지구라트의 흔적이 바벨탑이 실존했던 증거라고 주장한다.

바벨탑은 구약성서 「창세기」 11장에 다음과 같이 언급된다.

온 세상이 한 가지 말을 쓰고 있었다. 물론 낱말도 같았다. 사람들은 동쪽에서 옮아오다가 시날 지방 한 들판에 이르러 거기 자리를 잡고는 의논하였다. "어서 벽돌을 빚어 불에 단단히 구워내자." 이리하여 사람들은 돌 대신에 벽돌을 쓰고, 흙 대신에 역청을 쓰게 되었다. 또 사람들은 의논하였다. "어서 도시를 세우고 그 가운데 꼭대기가 하늘에 닿게 탑을 쌓아 우리 이름을 날려 사방으로 흩어지지 않도록 하자."
야훼께서 땅에 내려오시어 사람들이 이렇게 세운 도시와 탑을 보시고 생각하셨다. "사람들이 한 종족이라 말이 같아서 안 되겠구나. 이것은 사람들이 하려는 일의 시작에 지나지 않겠지. 앞으로 하려고만 하면 못 할 일이 없겠구나. 당장 땅에 내려가서 사람들이 쓰는 말을 뒤섞어놓아 서로 알아듣지 못하게 해야겠다." 야훼께서는 사람들을 거기에서 온 땅으로 흩으셨다. 그리하여 사람들은 도시를 세우던 일을 그만두었다. 야훼께서 온 세상의 말을 거기에서 뒤섞어놓아 사람들을 온 땅에 흩으셨다고 해서 그 도시의 이름을 바벨이라고 불렀다.

성경에는 '바벨'의 뜻을 각주로 다음과 같이 풀이해놓았다.

갈대아어로 '신의 문'이라는 뜻이지만 '뒤섞어놓는다'라는 히브리어와 소리가 비슷해서 여기서는 '혼란'이라는 뜻으로 해석되었다.

신화학자들은 바벨탑 신화가 메소포타미아에 기원을 둔 것은 분명하다고 주장한다. 메소포타미아의 평원에 점토를 이용하여 벽돌을 만들고, 지구라트를 쌓아 올리고, 그 주위로 도시를 건설하는 고대문명을 보여주는 신화이기 때문이다.

바벨탑 신화의 저변에는 티그리스-유프라테스 삼각주의 비옥한 평야 지대로 이주해 온 유목민들이 바빌론 도시에 우뚝 솟은 신전의 탑을 처음 대했을 때 느낀 경외감이 깔려 있으며, 메소포타미아 지역에 많은 민족들이 모여 살면서 서로 다른 언어를 사용하고 있는 현실에 대한 우려가 짙게 배어 있는 것으로 보아야 한다고 주장하는 신화학자들도 있다.

바벨탑은 7층 높이이며, 각 층의 길이와 너비는 각각 90미터, 높이는 33미터로 알려져 있다. 따라서 전체 높이는 231미터가 된다. 히브리 신화에 따르면, 님로드 왕이 네피림을 동원하여 바벨탑을 창건했다고 한다.

님로드는 하느님이 인간의 선조에게 준 선물, 즉 아담과 이브가 입었던 옷을 소유함으로써 세계의 통치권을 손에 쥐었다.

피터 브뤼겔, 「바벨탑 건축」.
히브리 신화에서는 거인족인 네피림이 바벨탑을 건설한 것으로 전한다.

그 가죽옷 덕분에 님로드는 전투에서 언제나 승리를 거두었으며, 사람들로부터 아낌없는 숭배를 받았고, 신격화되었다. 기고만장한 님로드는 하늘까지 닿는 탑을 지어놓고 하늘과 땅을 마음대로 왕래할 생각이었다. 그 계획을 안 야훼는 분노하여 바벨탑을 파괴하고 세상을 벌했다.

야훼는 자신이 천지를 창조할 때 사용했던 언어인 히브리어를 이스라엘에 남겨두고, 다른 일흔 개 민족에게는 각각 다른 언어를 부여했다. 결국 사람들은 한 가지 말을 쓰지 못하고 여러 말을 쓰게 되어 서로 알아듣지 못하게 되었다. 바벨탑 신화는 창세기 단계에 이미 인류의 단일 공동체가 무너지고 다른 언어를 사용하는 다른 민족들로 갈라졌음을 강조하기 위해 만들어진 것이라고 할 수 있다.

바벨탑 건설에 동원된 네피림은 그리스어로 '거인족'을, 히브리어로 '추락자들'을 의미한다. 외경인 『에녹서The Book of Enoch』에 따르면, 네피림은 천상의 존재인 천사가 야훼의 말씀, 곧 하늘의 법칙을 거역하고 사람의 딸과 관계를 맺어 낳은 자식들이다.

구약의 「창세기」에 나오는 에녹은 365년을 살았다. 에녹이 65세에 낳은 므두셀라는 성경에서 가장 장수한 인물로 969년을 살았다. 므두셀라의 아들인 라멕은 777년을 살고 죽었다. 라멕이 182세에 낳은 아들이 대홍수의 주인공인 노아이다.(「창세기」

5:21~31)

　　노아의 대홍수에 관한 이야기는 외경으로 밝혀진 『에녹서』의 첫머리에 나온다. 내용이 이단적이거나 출처가 불분명하여 경전에서 제외된 서적을 외경 또는 위서라고 한다. 『에녹서』는 기원전 2세기부터 서기 1세기까지 200년 동안 작성된 글을 모아놓은 혼합 문서이다. 모두 5부로 구성되었으며 첫 번째 부분에 천사들의 타락과 노아의 대홍수에 관한 이야기가 나온다. 이를테면 하늘의 몇몇 천사가 육신의 죄에 굴복하여 거룩한 천국에서 땅으로 내려와 사람의 딸 중에서 아내를 취했는데, 이 부정한 결합으로 몸집 큰 거인이 태어났다는 것이다. 이처럼 야훼의 말뜻을 거역한 행위는 인간에게 오로지 타락만을 가져오는 죄악으로 간주되었으며 그에 대한 단죄가 바로 노아가 겪는 대홍수였다는 줄거리이다.

　　『에녹서』는 기독교 신앙과 정면으로 배치된다. 기독교 관점에서 보면 천사는 육신이 없고 형체도 없기 때문에 수태를 할 수도 없고 자식을 낳을 수도 없다. 그러나 『에녹서』는 천상의 존재, 곧 타락 천사가 사람의 딸과 관계하여 자식을 낳았다고 적고 있다. 이런 이유로 기독교 교회는 『에녹서』를 금서로 취급했고 교부들은 타락 천사의 이름을 사용하는 자들을 이단으로 몰았던 것이다.

　　타락 천사와 여자 사이에 태어난 거인족인 네피림은 구약 성서에서 느빌림으로 나온다.

　　그때 그리고 그 뒤에도 세상에는 느빌림이라는 거인족이 있었는

254

데 그들은 하느님의 아들들과 사람의 딸들 사이에 태어난 자들로서 옛날부터 이름난 장사들이었다.(「창세기」6:4)

바벨탑이 파괴된 뒤 네피림은 온 세상으로 흩어지게 된다.

1773년 영국의 한 탐험가가 에티오피아의 아주 오래된 수도원의 어두침침한 도서관에서 먼지에 뒤덮인 낡은 종교 서적을 뒤적이다가 마침내 『에녹서』의 필사본을 찾아냈다. 1821년 『에녹서』의 첫 영문판본이 옥스퍼드 대학에서 출간되어 일반인에게 소개됨으로써 1,000년 이상 장막에 가려 있던 외경이 세상에 모습을 드러냈다.

『에녹서』 15장에 네피림의 마지막 운명이 적혀 있다. 네피림의 혈육들은 저주를 받아 굶주리고 목말라하지만 아무것도 입에 넣지 못하도록 운명 지어졌다는 것이다.

언어가 흩어지다

바벨탑 신화에 따르면 인류는 하느님의 벌을 받아 한 가지 말만 사용하던 낙원에서 추방되어 서로 다른 언어로 힘들게 의사소통해야 하는 처지가 된 것이다.

약 6만 년 전, 현생 인류의 초기에는 단일 언어가 사용되었으나 차츰 여러 개의 언어로 다양화되었다. 일부 언어학자들은 1만 년 전, 세계 인구가 500만~1,000만 명일 즈음에 약 1만 2,000개의 언어가 사용되었다고 주장한다.

지난 몇십 년 동안에는 세계화 추세와 정보 통신 기술의 발달로 언어 사멸 속도가 빨라졌다. 오늘날은 전 세계적으로 6,800개 정도의 언어가 사용되고 있다. 사용자 수가 가장 많은, 이른바 15대 언어는 영어, 중국어(만다린어), 힌디어, 스페인어, 프랑스어, 아랍어, 벵골어, 러시아어, 포르투갈어, 인도네시아어 등이다. 세계 인구의 거의 절반이 15대 언어 중 한 개를 사용하는 반면에 나머지 사람들은 대부분 사용자 수가 1만 명 미만인 언어를 사용한다. 이러한 언어의 대부분은 열대 국가에서 사용된다. 아프리카에는 언어 대국이 즐비하다. 427개 언어를 보유한 나이지리아를 비롯해 카메룬(270개), 자이르(210개), 탄자니아(131개), 코트디부아르(73개) 등이 대표적인 언어 대국이다. 태평양의 섬나라들도 마찬가지여서 파푸아뉴기니(860개), 바누아투(105개), 솔로몬제도(66개) 등이 이에 해당한다. 파푸아뉴기니의 경우, 주민 400만 명이 860종에 달하는 언어를 사용하므로 4,600명의 주민이 한 가지 언어를 사용하는 꼴이다.

지난 500년 동안 세계 언어의 거의 절반가량이 사라졌다. 언어 고밀도 지대인 열대 국가에서 보듯이 언어의 사멸은 급속도로 진행되고 있다. 언어학자들은 세계의 언어 6,800개 중에서 3,000개 정도는 사멸 위기에 놓여 있으며 90퍼센트가 앞으로 100년 내에 사라지고 몇 세기가 지나면 오로지 200개 언어만 살아남을 것으로 예상한다.

이처럼 언어의 수가 줄어들면 모든 사람이 한두 종류의 언어를 사용하게 되므로 의사소통이 잘되어 세계 평화가 증진될 것이라고 생각할 수 있다. 그러나 같은 언어를 사용하는 지역에서 분쟁이 끊이지 않는다는 사실을 상기해볼 필요가 있다. 예컨대 북아일랜드는 신교도와 구교도 모두 같은 언어를 사용했지만 오랫동안 반목했고 한국, 베트남, 소말리아 역시 단일 언어 국가이지만 수많은 사람의 목숨을 앗아 간 내전을 치러야 했다.

한편 두 개 이상의 언어를 사용하는 문화권 사람들이 단일 언어 사용자보다 정신적으로 더 유연하고 창조적이라는 증거가 제시되고 있다. 예를 들어 스웨덴 아이들은 초등학교에서 영어를 배우지만 스웨덴어 사용에 별다른 지장을 받지 않고 있다. 다언어 사용이 단일 언어 사용보다 상호 이해에 더 보탬이 된다면 바벨탑 이야기는 다시 해석되어야 하지 않을까.

창조주가 언어를 뒤죽박죽으로 뒤섞어놓고 여기저기 흩어져 살게 만든 것은 인류 문명의 발달 측면에서 볼 때 저주보다는 오히려 축복이라고 보아야 하지 않을지.

마천루 건설 경쟁

고대 문명이 남긴 거석 구조물들, 예컨대 레바논의 바알베크, 프랑스의 카르나크, 영국의 스톤헨지는 거인들이 아니고서는 결코 세울 수 없는 것들로 여겨진다.

베이루트에서 동쪽으로 65킬로미터 떨어진 지점에 있는 바알베크는 양변의 길이가 약 760미터로 세계에서 가장 큰 석조물 중의 하나이다. 바알베크의 돌들은 무게가 1,500톤에 달한다. 이 돌들을 어떻게 채석장에서 운반하여 제 위치에 갖다놓았는지는 설명이 불가능하다. 님로드 왕의 명령을 받아 거인족인 네피림이 바알베크의 엄청난 석대를 만들었다고 주장하는 사람이 있을 정도이다.

프랑스의 남쪽 해안에 있는 카르나크 유적지는 세계에서 가장 많은 거석들이 모여 있다. 이 거석들은 거의 7,000년 전인 기원전 5000년에 세워진 것으로 추정된다.

영국의 솔즈베리 평원에는 거대한 돌들을 둥그렇게 무리지어 세워놓은 것이 있다. 이 거석의 무리를 스톤헨지라고 하는데, 가장 무거운 돌의 무게가 약 5톤이나 된다. 이 거석들은 385킬로미터나 떨어진 곳에서 뗏목이나 썰매로 옮겨졌을 것이다. 신석기시대 사람들이 스톤헨지로 태양과 달이 뜨고 지는 시각과 고도를 측정하여 시간을 알아냈을 것으로 짐작된다.

수많은 돌을 쌓아 올려 만든 거대한 탑으로는 이집트의 피라미드를 빼놓을 수 없다. 기원전 26세기, 이집트 쿠푸Khufu 왕

피라미드. 고대 이집트 왕들은 신비한 무덤을 축조했다.

(기원전 2604~기원전 2581)이 높이 147미터의 피라미드를 세운 이후로 건축가들은 경쟁적으로 초고층 건물을 올렸다. 인류는 하늘에 좀 더 가까이 닿고 싶은 욕망을 표출하기 위해 높이 솟아오른 구조물의 건설을 꾸준히 시도한 것이다. 그 대표적인 고층 건물이 마천루이다.

20세기부터 마천루의 시대가 열렸다. 1885년 미국 시카고에 건설된 10층짜리 건물이 마천루의 효시이다. 1930년대 이후 미국에는 300미터를 넘는 마천루가 들어선다. 1931년 뉴욕에 102층(381미터)의 엠파이어 스테이트 빌딩이 세워졌고, 1970년대에는 뉴욕과 시카고에 마천루가 경쟁적으로 건립된다. 1970년 시카고의 존 핸콕 타워(100층, 344미터), 1973년 뉴욕의 세계무역 센터 쌍둥이 빌딩(110층, 417미터), 1974년 시카고의 시어스 빌딩(108층, 442미터)은 미국의 경제력을 온 세계에 과시하는 상

징물이었다. 그러나 2001년 9월 11일 세계 무역 센터 쌍둥이 빌딩은 자살 특공대로 보이는 테러 집단에 의해 납치된 민간 여객기가 충돌하여 발생한 화재로 붕괴되었다.

1990년대 중반 이후 마천루 건설 경쟁은 그 중심이 미국에서 아시아로 이동한다. 1998년 완공된 말레이시아 쿠알라룸푸르의 쌍둥이 빌딩인 페트로나스 타워(88층, 452미터)는 한동안 세계 최고 건물로 군림했다. 2004년 모습을 드러낸 대만 타이베이의 101빌딩(101층, 509미터)은 페트로나스 타워를 멀찌감치 따돌리며 세계 최고층 빌딩 기록을 경신했다.

2004년 말에 아랍에미리트는 두바이에 세계에서 가장 높은 버즈 두바이 빌딩을 건설할 것이라고 발표했다. '두바이의 탑'이라는 뜻의 버즈 두바이는 부르즈 할리파로 이름이 바뀌었

2010년 1월 4일 개장한 부르즈 할리파는 세계에서 가장 높은 빌딩이다.

다. 2010년 1월 개장한 부르즈 할리파는 163층, 828미터 높이의 세계 최고의 빌딩이다.

우리나라 최고층 빌딩은 서울 잠실에 건설된 롯데월드타워이다. 지상 123층, 지하 6층에 555미터 규모이다. 한국에서 100층을 넘은 첫 번째 건물이며, 세계에서 5번째 높이의 빌딩으로 기록되었다. 2009년 착공, 2016년 12월에 완공되었으며, 2017년 4월 공식 개장되었다.

1956년 89세에 미국 건축가인 프랭크 로이드 라이트Frank Lloyd Wright(1867~1959)는 마지막 작품으로 1마일(1,609미터) 높이의 528층짜리 건물을 설계했다. 1마일 타워가 시카고에 건설되었더라면 저층에서는 빗물을 보지만 고층에서는 눈발을 구경하게 되었을지 모른다.

9·11 테러를 계기로 산업혁명의 상징인 마천루가 정보사회에서도 꼭 필요한 것인지 의문을 제시하는 사람들이 적지 않다. 정보 사회에서는 사무실의 효용 가치가 떨어지므로 초고층 건물이 쓸모가 없다는 주장이 있지만 인류의 끝없는 과시 욕망은 더 높은 빌딩의 건설을 향해 질주하고 있다. 프랑스 철학자 자크 라캉Jacques Lacan(1901~1981)의 분석처럼 하늘을 찌르는 마천루는 남근phallus의 발기 능력을 과시하는 상징일 테니까.

언어가 사라진다

화성에 살고 있는 생명체는 아주 작은 물방울로 이루어진 구름이다. 물방울들은 물리적 접촉 대신 전장 및 자장에 의해 서로 정보를 교환한다. 전자기장이 근육과 신경 노릇을 하므로 수십 억 개의 물방울이 마치 하나의 독립 개체처럼 행동한다. 화성의 생명체는 몸과 마음이 모두 허약하지만 한 덩어리가 되면 집단지능collective intelligence이 발현하기 때문에 막강해지는 것이다.

화성 생명체는 물을 찾아 지구로 날아온다. 화성인들은 5,000년 동안 줄기차게 지구를 습격하여 마침내 식민지를 건설한다. 화성인과 지구인은 전쟁을 계속하여 둘 다 멸종 위기를 맞는다. 장구한 세월이 흐른 뒤 새로운 형태의 인류가 출현한다. 놀랍게도 새 인류의 뇌 안에는 화성인의 물방울이 자리 잡는다. 먼 옛날 우리 몸 안에 들어온 한 무리의 박테리아가 세포 안에서 공생하여 미토콘드리아로 진화한 것처럼, 사람들이 뇌세포 안의 물방울 덕분에 무선으로 뇌에서 뇌로 정보를 주고받는다. 인류가 화성의 생물체처럼 텔레파시 능력을 갖게 되는 것이다.

영국의 과학소설가인 윌리엄 올라프 스태플든William Olaf Stapledon(1886~1950)의 첫 장편인 『최후이자 최초의 인간Last and First Men』의 줄거리이다. 1930년 출간된 이 소설은 21세기 과학의 주요 관심사, 이를테면 인공지능, 집단지능, 생명과학, 신경공학, 정보기술, 원자력, 우주여행, 트랜스휴머니즘을 다루고 있어 과학적 상상력의 극치를 보여준 걸작으로 평가된다.

텔레파시는 두 사람 사이에 오감을 사용하지 않고 생각이나 감정을 주고받는 심령현상이다. 심령이란 마음속의 영혼, 곧 육체를 떠나서 존재한다고 여겨지는 마음의 주체이다. 심령현상은 영혼에 의해 나타나는 신비하고 불가사의한 정신현상이다. 1882년 영국 심령연구학회가 창립되던 해에 창시자의 한 사람인 프레데릭 마이어스Frederic Myers(1843~1901)가 그리스어로 먼 거리tele와 느낌pathe을 뜻하는 단어를 합쳐 만든 용어로서 텔레파시는 '떨어진 곳에서 느끼기'라는 의미를 지닌다. 가령 집에 있는 아내가 출근한 남편이 다친 것을 알게 되었을 때 텔레파시가 작동한 것이다. 나중에 아내는 텔레파시가 발생한 바로 그 순간 남편이 사고를 당했음을 확인하게 된다.

1930년 미국의 식물학자인 조세프 라인Joseph Rhine (1896~1980)이 듀크 대학에서 심령연구를 하면서부터 텔레파시에 대한 궁금증이 서서히 밝혀지기 시작했다.

1997년 미래 인류가 텔레파시 능력을 갖게 될 것이라는 스태플든의 상상력을 높이 평가한 책이 두 권 출간되었다. 하나는 미국의 과학사 연구자인 조지 다이슨George Dyson(1953~)이 펴낸 『기계에 둘러싸인 다윈Darwin Among the Machines』이다. 1863년 영국의 소설가인 새뮤얼 버틀러Samuel Butler(1835~1902)가 발표한 에세이 제목을 그대로 책 제목으로 삼았다. 문학과 과학을 융합하여 기계의 본질을 분석한 이 책에서 다이슨은 스태플든의 텔레파시 통신은 인류가 정보를 자유롭게 공유하는 분산통신 네트워크로 실현된다고 주장했다.

다른 한 권의 책은 이론물리학자 프리먼 다이슨Freeman Dyson(1923~2020)의 『상상의 세계Imagined Worlds』이다. 프리먼 다이슨은 조지 다이슨의 친부이다. 다이슨은 이 책에서 21세기 후반에 인류가 텔레파시 능력을 갖게 될 가능성을 언급했다.

그는 뇌를 조작하는 신경공학의 발달로 21세기에는 신경세포 안에서 뇌의 활동을 직접 관찰하는 장치가 개발될 것으로 예상했다. 이런 장치는 신경활동의 정보를 무선신호로 바꾸어 뇌 밖으로 송신한다. 거꾸로 무선신호를 신경정보로 변환하는 수신 장치를 뇌에 삽입한다. 사람 뇌에 무선 송수신기가 함께 설치되면 뇌에서 뇌로 직접 정보 전달이 가능하다. 다이슨은 이러한 통신 방식을 무선 텔레파시radiotelepathy라고 명명했다.

스태플든이나 다이슨처럼 무선 텔레파시 시대가 올 것이라고 전망하는 대표적인 과학자로는 영국의 로봇공학 전문가인 케빈 워릭Kevin Warwick(1954~)이 손꼽힌다. 2002년 펴낸 『나는 왜 사이보그가 되었는가I, Cyborg』에서 워릭은 2050년 지구를 지배하는 사이보그들이 네트워크를 통해서 생각을 신호로 보내 의사소통을 하게 된다고 주장했다. 이를테면 생각신호thought signal만으로 뇌에서 뇌로 정보를 전달하는 셈이다. 전화는 물론 언어까지 무용지물이 되는 세상이 온다는 것이다.

스태플든처럼 다이슨과 워릭이 상상한 무선 텔레파시가 실현되려면 신경공학의 대표적 기술인 뇌-뇌 인터페이스brain-brain interface가 발달해야 한다. BBI는 사람의 뇌를 서로 연결하여 말을 하지 않고도 생각만으로 소통하는 기술이다. 2013년 BBI의 실현 가능성을 보여준 실험결과가 세 차례 발표되었다. 첫 번째 실험결과는 2월에 미국 듀크대 신경과학자인 미겔 니코렐리스 Miguel Nicolelis(1961~)가 동물의 뇌 사이에 BBI를 실현한 것이다. 두 번째 실험 결과는 4월에 미국 하버드대 연구진이 동물의 뇌와 사람의 뇌 사이에 BBI를 실현한 것이다. 세 번째 실험 결과는 8월에 미국 워싱턴대 연구진이 사람과 사람 뇌 사이에 BBI를 실현한 것이다. 2013년 8월 12일의 이 실험은 쌍방향 BBI 수준은 아니었지만 사람 사이의 뇌끼리 정보를 전달할 수 있음을 최초로 보여준 역사적 사건이다.

니코렐리스는 2011년 3월 펴낸 『뇌의 미래Beyond Boundaries』에서 BBI 기능을 가진 뇌끼리 연결된 네트워크를 뇌 네트brain net라고 명명하고, 전체 인류가 집단적으로 마음이 융합되는 세상이 올 것이라고 상상했다.

한편 미국 물리학자 미치오 카쿠Michio Kaku(1947~)는 2014년 2월 펴낸 『마음의 미래The Future of the Mind』에서 뇌 네트를 마음 인터넷Internet of mind이라 부를 것을 제안했다.

BBI 기술이 쌍방향 소통 수단으로 실현되면 인류가 마음 인터넷으로 생각과 감정을 텔레파시처럼 전 세계 모든 사람과 실시간으로 교환하게 되고, 꿈도 동영상으로 찍어 실시간으로 전송하는 브레인메일brain-mail이 등장할 수도 있다.

21세기 중반 마음 인터넷으로 인류가 텔레파시 능력을 갖게 되면 정녕 전화는 물론 언어도 쓸모없어지는 세상이 오고야 말 것인지.

17

인간이 하늘을 날다

노반의 나무새

중국의 신화를 모아놓은 『산해경』을 보면 기굉국奇肱國 사람들이 갖가지 신기한 기계를 만들었다고 한다. '기굉'은 손이 하나만 있다는 뜻이다. 여러 가지 기계를 만든 것으로 보아 손이 아니라 다리가 하나였던 것 같다고 주장하는 사람도 있다. 손이 하나뿐이었으면 하나의 손으로 신기한 기계를 만들 수 없었을 것이며, 다리가 하나뿐이었기 때문에 불편을 해소하려고 여러 가지 기계를 만들었을 것이라는 논리가 그럴 법하다.

기굉국 사람들은 눈이 세 개 달려 있어 기계를 만들 때 도움이 되었다. 그들은 한 번 타면 1,000년을 살 수 있는 말을 타고 다녔다.

　기굉국의 과학자들은 비거飛車를 만들었다. 하늘을 날아다니는 수레였다. 은나라의 탕왕 때 처음으로 비거의 시험 비행을 하여 다른 나라로 날아갔는데, 물질문명을 반대하는 그곳 사람들이 못 쓰게 만들어버렸다. 10년이 지나서 동풍이 불자 비거를 원래 모습과 똑같이 만들어 되돌려주어서 그것을 타고 기굉국으로 돌아왔다고 한다.

기굉국의 비거.
팔이 하나에 눈이 셋인 기굉국 사람들은 수레를 타고 하늘을 날아다녔다.

　중국 전국시대에 공수반이라는 기술자가 있었다. 공수반은 노나라 사람이었기 때문에 노반이라고 불렸다. 노반은 목공에 종사하는 사람들이 사부로 받들어 모실 만큼 솜씨가 뛰어났다. 그는 남방의 초나라 왕을 위해 몇 가지 무기를 만들어주었다. 대표적으로 성을 공격할 때 사용하는 구름사다리雲梯를 발명했다. 전차에 싣고 갈 때에는 접어서 실을 수 있어 적의 눈에 띄지 않고, 일단 펴기만 하면 구름을 뚫고 하늘 높이 치솟아 올랐기 때문에 성을 공격하는 무기로 쓸모가 있었다. 또 나무로 까치를 한 마리 만들었는데, 나무 까치는 사흘 동안이나 하늘을 떠다니며 떨어지지 않았다. 노반은 나무 까치의 원리를 응용해서 사람이 탈 수 있는 새도 만들었다. 그는 그 새를 타고 다른 나라의 도성으로 날아가서 정찰한 뒤 지형이 험준한 곳이 어디인지, 어느 지역의 수비가 허술한지 파악해서 초나라 임금에게 보고했다.

　노반이 나무로 만든 자동기계는 한둘이 아니다. 그는 어머니를 위해 나무로 마차를 만들었는데, 마차를 끄는 두 마리의 말 뿐 아니라 마차를 모는 마부도 나무였다. 마차는 노반의 어머니를 태우고 달렸는데, 다시는 돌아오지 않았다. 노반이 마차를 멈추게 하는 장치를 만들지 않는 실수를 했기 때문에 그의 어머니를 잃어버렸다고 전해진다.

노반의 전설 중에서 가장 흥미로운 것은 나무 새에 얽힌 이야기이다. 그가 만든 나무 새에는 저절로 움직이게 하는 장치가 붙어 있었는데, 나무 막대기로 두세 번 두드리면 사람을 태우고 하늘로 떠올라 상당히 오랫동안 날 수 있었다. 노반은 나무 새를 타고 자주 집으로 가서 아내를 만났다. 어느 날 노반의 부모는 며느리의 배가 불러오는 것을 보고 그 연유를 물었다. 그제서야 며느리는 노반이 자주 밤중에 들러 잠자리를 했다는 사실을 털어놓았다. 노반의 아버지는 호기심이 발동하여 노반이 잠든 사이에 그 나무 새를 올라타고 막대기로 열 번 두드렸다. 그러자 나무 새는 눈 깜짝할 사이에 하늘로 올라 단숨에 수천 리 밖으로 날아갔다. 나무 새가 땅에 내려앉자 그곳 사람들은 하늘에서 내려온 늙은이는 요괴임에 틀림없다고 여겨 죽이고 말았다.

노반은 아버지를 찾아 나서기 위해 또 다른 나무 새를 만들었다. 그는 아버지의 시체를 찾아 나무 새에 싣고 고향으로 돌아왔다. 노반은 아버지를 죽인 사람들에게 복수하기 위해 나무로 신선을 만들어 그 신선의 손가락이 그 사람들을 가리키도록 하였다. 이윽고 그쪽 지방에 3년 동안 연속해서 큰 가뭄이 들었고 기우제를 지내도 비 한 방울 내리지 않았다. 결국 노반의 아버지를 죽인 사람들은 노반을 찾아가 잘못을 빌고 선물을 한 보따리

안겼다. 분이 풀린 노반이 나무 신선의 손을 잘라버리자 가뭄이
끝나고 비가 쏟아져 내렸다고 한다.

노반은 위대한 기술자였지만, 그 기술로 만든 나무 마차와
나무 새로 말미암아 어머니와 아버지가 세상을 떠났기 때문에
성공한 기술자라고는 할 수 없을 것 같다.

이카로스의 날개

아테네에서 가장 뛰어난 기술자는 다이달로스였다. 왕족의
후예로 태어난 그는 예술가, 건축가, 발명가로도 알려졌다. 그가
만든 조각상들은 곧 입술을 열고 말할 것처럼 살아 있는 듯했고,
그가 그린 그림들은 영락없이 진짜 같았다. 그가 세운 건축물들
은 아테네의 명물이 되었다. 또한 그는 줄자나 도끼는 물론이고
돛대를 발명하기도 했다.

다이달로스는 열다섯 살 된 조카를 조수로 데리고 있었다.
조카 역시 타고난 재주가 많았으므로 삼촌의 기대를 한 몸에 받
았다. 그러나 어느 날 두 사람이 함께 걷다가 조카가 바위에서
떨어져 죽고 말았다. 다이달로스는 재판을 받고 아테네에서 추
방되는 벌을 받았다. 그는 배를 타고 정처 없이 헤매다가 크레타
섬에 이르렀다.

미노스 왕이 다스리던 크레타는 지중해의 나라 중에서 가
장 강했다. 크레타의 수도인 크노소스는 사치스러운 궁궐과 사
원, 호화로운 건물들이 즐비했다. 그러나 미노스는 아테네보다
크노소스가 아름답지 못하다는 사실을 잘 알고 있었다. 그는 아

테네의 예술 작품이 다이달로스의 작품이라는 것도 이미 알고 있었다. 미노스에게 한 가지 꿈이 있다면 다이달로스를 데려다가 크노소스를 아테네보다 멋진 도시로 만드는 것이었다.

미노스는 다이달로스를 성대하게 환영하고 크레타를 아름답게 만들어줄 것을 당부했다. 다이달로스는 크레타의 여인과 결혼해서 아들인 이카로스를 낳았다. 이카로스는 아버지 밑에서 일을 배우면서 어른이 되었다. 다이달로스가 미노타우로스를 감금하기 위해 미궁(라비린토스)을 건설할 때도 이카로스가 거들었다.

아테네의 영웅 테세우스가 미노타우로스의 먹이가 될 젊은 이들과 크노소스에 왔을 때였다. 미노스의 딸인 아리아드네 공주는 첫눈에 테세우스를 사랑하게 되었다. 아리아드네는 다이달로스에게 테세우스가 미궁을 빠져나올 수 있는 방법을 가르쳐 달라고 애원했다. 다이달로스는 아리아드네에게 실타래를 주고 미궁에서 길을 잃지 않는 방법을 일러주었다. 그 결과 테세우스는 미노타우로스를 죽인 뒤에 아리아드네의 실타래를 사용하여 라비린토스를 탈출할 수 있었다.

미노스 왕은 이 사실을 알고 분노하여 다이달로스와 이카로스를 미궁에 가두었다. 자기가 만든 미궁이었지만 다이달로스는 빠져나갈 길을 찾을 수 없었다. 미노스의 아내인 파시파에가 다이달로스를 찾아왔다. 파시파에 왕비는 다이달로스가 만들어준 암소 안에 숨어서 그녀가 짝사랑한 황소를 유혹하는 데 성공했기 때문에 항상 다이달로스에게 감사해하고 있었다.

이카로스에게 날개를 달아주는 다이달로스.

이탈리아 토스카나의 성 루카 대성당 입구에 새겨진 미궁.
옆에 쓰인 글귀는 "안으로 들어간 사람은 모두 길을 잃는 이 미궁은 크레타의 다이달로스가 지은 것이다. 아리아드네의 실타래로 무사히 빠져나온 테세우스는 그녀에게 고마워하였다 (HIC QUEM CRETICUS EDIT. DAEDALUS EST LABERINTHUS. DE QUO NULLUS VADERE. QUIVIT QUI FUIT INTUS. NI THESEUS GRATIS ADRIANE. STAMINE JUTUS)."라고 적혀 있다.

다이달로스는 파시파에 왕비에게 백조의 깃털, 독수리의 깃촉, 황새의 날개 등 모든 깃털을 가져다달라고 부탁했다. 다이달로스는 파시파에가 모아다준 깃털을 배치하여 밀랍으로 붙였다. 마침내 며칠 만에 다이달로스는 새들의 날개와 똑같이 생긴 날개를 네 짝이나 만들었다. 다이달로스와 이카로스는 가죽끈을 이용해서 한 쌍의 날개를 각자의 팔과 어깨에 매달았다. 다이달로스는 아들에게 "너무 낮게 날면 깃털이 파도에 젖고, 너무 높게 날면 밀랍이 태양열에 녹는다. 황새처럼 천천히 날아가야만 먼 길을 안전하게 갈 수 있다"고 말했다. 부자는 날개를 퍼덕이며 하늘로 솟아올랐다. 그들의 행선지는 아테네가 아니었다. 미노스가 그들을 붙잡기 위해 전쟁을 일으키면 고국이 잿더미가 될 수 있었기 때문이다. 다이달로스 부자는 대양 위를 천천히 날아갔다. 여러 개의 섬이 밑으로 지나갔다. 이카로스는 아버지의 거듭된 충고에도 불구하고 자꾸만 하늘 높이 올라갔다. 어느 순간 이카로스는 작은 점으로 보일 정도로 높이 떠올라서 태양을 향해 다가가고 있었다. 이카로스의 날개는 태양이 밀랍을 녹이자 깃털들이 허공에서 흩어지기 시작했다. 날개가 사라진 이카로스는 돌멩이처럼 바다로 추락하여 숨을 거두었다.

　　아들을 잃은 다이달로스는 시칠리아 섬으로 날아가서 그 나라의 왕을 위해 여러 가지 일을 시작했다. 미노스는 다이달로스가 탈출한 사실을 알게 된 즉시 함대를 이끌고 그를 찾아 나섰다. 미노스는 다이달로스가 시칠리아 섬에 머문 것을 알고 왕에게 그를 내어줄 것을 요구했다. 그러나 시칠리아 사람들은 다이달로스에게 입은 은혜를 생각해서 그를 지켜주기로 결심했다.

시칠리아의 왕은 미노스를 궁궐로 초대하여 극진히 대접하는 척하면서 그를 죽일 기회를 엿보았다. 미노스가 목욕탕 안에 들어간 순간 그의 몸에 끓는 물을 두 솥이나 퍼부어 죽게 만들었다.

미노스가 죽은 뒤 다이달로스는 아테네로 돌아갔다. 고향에서 그는 젊은이들에게 예술과 기술을 가르치면서 여생을 보냈다.

비행기를 만든 사람들

노반이나 다이달로스처럼 하늘을 나는 기계를 꿈꾼 사람들은 이카로스처럼 목숨을 잃었다. 중세 유럽에서는 새의 날개를 본떠 만든 옷을 입거나 널찍한 외투를 걸치고 탑에서 떨어져 죽은 사람들이 적지 않았다.

비행에 대한 환상을 과학적으로 실현하려고 시도한 최초의 인물은 르네상스 시대 이탈리아의 화가인 레오나르도 다 빈치Leonardo da Vinci(1452~1519)다. 그는 새의 날개와 꼬리 모습을 본떠 그린 비행기 설계도를 백여 개나 남겼다. 그의 헬리콥터 설계도는 훗날 실제로 구현되었다.

첫 번째 비행 기록을 세운 사람은 프랑스의 조제프 몽골피에Joseph Montgolfier(1740~1810)와 에티엔 몽골피에Etienne Montgolfier(1745~1799)다. 1783년 9월 베르사유궁전의 정원에서

죽은 이카로스와 그의 죽음을 슬퍼하는 님프들.
다이달로스와 이카로스 부자는 날개를 달고 하늘을 날았으나,
이카로스가 너무 높이 올라가는 바람에 날개의 밀랍이 녹아서 바다로 추락해 죽는다.

275

루이 16세 등 13만 명이 지켜보는 가운데, 몽골피에 형제는 양털 뭉치, 낡은 신발, 동물 사체를 태워서 자신들이 만든 열기구에 뜨거운 공기를 불어넣었다. 11분 뒤에 비단으로 만든 파란 풍선이 높이 떠올랐다. 풍선 밑에 매달린 승객용 바구니에는 양, 수탉, 오리가 각각 한 마리씩 타고 있었다. 이 풍선은 8분 동안 하늘을 난 뒤 안전하게 착륙했다.

같은 해 11월, 몽골피에 형제는 풍선을 타고 고도 26미터의 파리 상공에서 25분간 12킬로미터를 비행하는 데 성공했다. 처음으로 사람이 하늘을 비행한 순간이었다. 마침내 날고 싶은 인간의 꿈이 실현된 것이다.

1889년 독일의 오토 릴리엔탈Otto Lilienthal(1848~1896)은 동생과 함께 황새의 비상을 관찰한 끝에 원시적인 날개 기구를 만들었다. 버드나무 줄기와 목화나무 섬유질을 이용하여 약간 둥근 날개를 단 비행기를 만든 것이다. 다름 아닌 글라이더였다. 릴리엔탈은 베를린의 한 언덕에서 도약하여 처음으로 하늘을 나는 데 성공했다. 그 후 2,000회 이상 비행했으나 1896년 글라이더를 타고 비행하던 중에 추락하여 목숨을 잃었다.

최초의 동력 비행에 성공한 사람은 미국의 윌버 라이트 Wilbur Wright(1867~1912)와 오빌 라이트Orville Wright(1871~1948)이다. 라이트 형제는 최초로 유인 동력 비행체 제작에 성공한 인물이기도 하다. 1903년 12월 17일 목요일 오전 10시 35분, 미국 노스캐롤라이나 주의 키티호크 언덕에서 라이트 형제가 만든 무게 300킬로그램의 동력 비행기가 조종석에 동생인 오빌을 태우고 36미터 상공에서 59초간 250미터를 무사히 비행했다.

1783년, 몽골피에 형제는 대중 앞에서 열기구를 선보였다.

1889년, 오토 릴리엔탈은 글라이더를 만들어 하늘을 나는 데 성공했다.

1920년대 탐험가들의 꿈은 대서양 횡단 비행이었다. 그러나 뉴욕-파리 간 5,810킬로미터에 몰아치는 거센 바람이 이들을 가로막았다. 1919년 미국 뉴욕의 호텔 재벌인 레이먼드 오티그Raymond Orteig는 뉴욕에서 파리까지 한 번도 급유를 받지 않고 비행기를 몰고 가는 사람에게 2만 5,000달러의 상금을 걸었다. 수십 명이 상금에 도전했지만 유효기간인 1925년 말까지 우승자가 나타나지 않았다. 결국 기간을 2년 더 연장했는데, 1927년 미국의 찰스 린드버그Charles Lindbergh(1902~1974)가 '세인트루이스의 정신'이라는 비행기를 타고 33시간 32분 만에 최초로 무착륙 대서양 횡단에 성공했다. 이를 계기로 비행기는 위험하다는 고정 관념이 바뀌기 시작하여 항공 여행 시대가 열리게 되었다.

자연은 위대한 스승이다

다이달로스는 새로부터 영감을 얻어 날개를 만들었다. 이를테면 다이달로스는 생물영감bioinspiration의 창시자인 셈이다. 생물영감은 문자 그대로 생물체로부터 영감을 얻어 문제를 해결하려는 공학기술분야이다. 생물영감은 생물의 구조와 기능을 본뜨는 생물모방biomimicry과 함께 청색기술blue technology이라 불린다. 2012년『자연은 위대한 스승이다』에서 처음 제안된 개념인 청색기술은 자연 전체가 연구 대상이므로 생물학, 생태학, 생명공학기술, 나노기술, 로봇공학, 인공지능, 신경과학, 에너지, 건축학 등 현대 과학기술의 핵심 분야가 대부분 관련된다.

21세기 들어 청색기술이 각광을 받는 까닭은 일자리 창출

청색경제를 창안한 군터 파울리Gunter Pauli가 청색기술이 제안된 『자연은 위대한 스승이다』에 "Nature is my inspiration(자연은 나의 영감이다)."이라고 적고 서명했다. (2019.12.02.)

측면에서 매우 인상적인 규모의 잠재력을 갖고 있을 뿐만 아니라 청색행성 지구의 환경 위기를 해결하는 참신한 접근 방법으로 여겨지기 때문이다.

청색기술은 무엇보다 녹색기술의 한계를 보완할 가능성이 커 보인다. 녹색기술은 환경오염이 발생한 뒤의 사후 처리적 대응의 측면이 강한 반면에, 청색기술은 환경오염 물질의 발생을 사전에 원천적으로 억제하려는 기술이기 때문이다.

자연을 스승으로 삼고 인류 사회의 지속가능한 발전의 해법을 모색하는 청색기술은 단순한 과학기술의 하나가 아니라 미래를 바꾸는 혁신적인 패러다임임에 틀림없다.

18

달
나
라
로
도
망
간
여
자

항아분월의 전설

요임금이 중국을 다스리던 시절 어느 날 갑자기 열 개의 태
양이 한꺼번에 하늘에 나타나서 온 세상이 불구덩이에 빠진 것
같았다. 태양 열 개가 쏟아붓는 열기로 대지 위의 모든 곡식은
말라 죽고 사람들은 더워서 숨도 제대로 쉬기 어려웠다.

열 개의 태양은 동방 천제의 아들들이었다. 그들은 천제가
정해놓은 규칙에 따라 돌아가면서 하나씩 하늘에 떠올랐다. 열
개의 태양은 수천만 년 동안 똑같은 일을 되풀이하느라 재미를
느끼지 못했다. 그러던 어느 날 태양들은 의기투합하여 동시에
함께 하늘로 뛰쳐나갔다.

사람들은 이 때문에 더위와 배고픔에 시달렸다. 요임금 역시 백성들처럼 굶고 지내면서 하늘의 천제에게 기도하고 호소했다. 요임금의 기도를 들은 천제는 자식들을 혼내주기 위해 천신인 예를 인간 세상으로 내려보냈다.

예는 활 솜씨가 무척 뛰어났다. 천제는 예가 하늘나라를 떠나 인간 세계로 가는 날, 붉은색 활과 하얀색 화살 한 통을 하사했다. 예는 아내인 항아와 함께 인간 세계로 내려갔다. 항아는 하늘나라의 여신이다. 요임금은 예와 항아를 반갑게 맞이하고 왕궁 밖으로 나가 열 개의 태양이 내뿜는 열기로 죽어가는 백성들의 모습을 살펴보게 하였다.

예는 그리스 신화의 영웅 헤라클레스처럼 어려운 일을 처리해나갔다. 헤라클레스가 델포이의 신탁에 따라 열두 가지 과제를 완수했다면, 예는 천제의 명령과 백성의 부탁을 받아들여 일곱 가지 재앙을 물리쳤다.

예가 하늘에 나타난 열 개의 태양을 향해 화살을 쏘고 있다.

예가 가장 먼저 한 일은 하늘에 나타난 열 개의 태양을 제거하는 것이었다. 예는 요임금을 따라 백성들이 기다리고 있는 광장으로 나아갔다. 그는 붉은 활과 하얀 화살을 꺼내 하늘의 해를 향해 쏘았다. 잠시 후 하늘의 불덩어리가 터지면서 붉은 물체가 땅 위에 떨어졌다. 그것은 화살에 맞은 거대한 황금빛의 세 발 까마귀, 곧 삼족오였다. 삼족오는 태양 정령의 화신이었다.

이제 하늘에는 아홉 개의 태양이 떠 있었

다. 백성들은 박수를 치며 환호했다. 예는 계속해서 하늘을 향해 활시위를 당겼다. 하늘의 불덩어리들이 차례대로 터지면서 세 발 달린 까마귀들이 하나씩 땅으로 떨어졌다. 태양 열 개를 모조리 떨어뜨리면 안 된다는 생각이 든 요임금은 사람을 보내 예의 화살집에 꽂힌 열 개의 화살 중에서 한 개를 몰래 뽑아 오게 하였다. 예는 결국 아홉 개의 태양을 쏘아서 떨어뜨렸고, 한 개는 남겨둘 수밖에 없었다.

예는 이어서 다른 여섯 가지 재앙을 해결하여 백성들의 마음속에 가장 위대한 영웅으로 남게 되었다. 그러나 천제는 조금도 기뻐하지 않았다. 예가 자신의 아들을 아홉 명이나 활로 쏘아 죽였다는 생각에 그에게 원망을 품게 된 것이다. 천제는 예에게 부여된 천신의 자격을 박탈하고 다시는 하늘로 돌아올 수 없게 만들었다. 예가 신에서 인간으로 전락하고 만 것이다.

예의 아내인 항아 역시 남편 때문에 여신의 자격을 상실하고 하늘로 갈 수 없는 신세가 되었다. 항아는 예를 향해 원망과 투정을 퍼부어댔다.

예는 생명의 위험을 무릅쓰고 백성을 위해 큰 공을 세웠음에도 천제의 노여움을 사게 되어 억울하고 원통했다. 게다가 갈수록 심해지는 항아의 잔소리에 우울한 나날의 연속이었다. 예는 이미 영웅의 모습이 아니었다. 그는 마침내 아내를 피해 집을 뛰쳐나가기로 결심했다. 날마다 들판이나 산속에서 사냥을 하며 허송세월했다. 빈둥거리는 그를 보고 타락했다고 혀를 차는 백성들이 적지 않았다.

시간이 지나 예가 유랑 생활을 끝내고 집으로 돌아오자 항아가 크게 반겼다. 그러나 예와 항아를 기다리고 있는 또 하나의 문제가 있었다. 그것은 인간으로 전락한 그들에게 죽음의 신이 점점 가까이 다가오고 있다는 사실이었다. 영웅인 예도 항아처럼 죽음을 두려워하고 있었다. 예는 죽음의 공포에서 벗어날 수 있는 방법을 찾아낸다면 항아와의 사랑도 회복할 수 있다고 생각했다. 그러던 어느 날 곤륜산 서쪽에 살고 있는 서왕모라는 신인이 불사약을 갖고 있다는 소문을 들었다. 예는 불사의 명약을 기어코 구해 오기로 결심했다.

서왕모는 남자인지 여자인지 알 길이 없는 신비스러운 존재이다. 전염병과 형벌을 관장하는 괴신으로, 표범의 꼬리에 호랑이의 이빨을 갖고 있으며 봉두난발에 옥비녀를 꽂았다. 동굴에 살면서 세 마리의 파랑새가 잡아다주는 피투성이 짐승을 호랑이 이빨로 먹어 치우고 기분이 좋아지면 동굴 밖의 깎아지른 절벽 위에서 목을 길게 빼고 하늘을 향해 휘파람을 불었다. 휘파람 소리가 하도 무섭고 처연해서 온갖 새들과 짐승들이 모두 도망쳐서 숨어버렸다고 한다.

곤륜산 위에는 불사수가 있고, 그 나무에 열린 과일로 만든 것이 불사약이다. 이 불사수는 몇천 년에 한 번 꽃이 피고 또 몇천 년이 지나서야 열매가 열렸다.

예는 영웅답게 온갖 난관을 뚫고 곤륜산 위로 올라가서 서왕모를 만났다. 서왕모는 예의 처지에 동정심을 드러내고 불사약이 담긴 호리병을 건네주며 당부의 말을 건넸다.

"이 불사약은 부부가 함께 먹어도 영원히 죽지 않을 만큼 충분한 양입니다. 또한 만약 한 사람이 혼자서 모두 먹는다면 하늘로 올라가 천신이 될 수 있습니다."

예는 항아에게 불사약을 맡겼다. 예는 좋은 날을 골라 함께 먹을 생각이었다. 그러나 항아는 혼자 약을 모두 먹고 하늘나라로 올라가 다시 여신의 신분을 찾고 싶었다. 항아는 남편이 집을 비운 사이에 호리병 속의 불사약을 몽땅 삼켜버렸다. 항아는 자신의 몸이 점점 가벼워지는 것을 느꼈다. 다리가 땅 위에서 떨어지더니 몸이 저절로 창밖으로 날아가기 시작했다. 하늘 높이 솟아올랐지만 항아는 곧바로 하늘나라로 가지 않을 생각이었다. 하늘의 여러 신들이 남편을 배반한 여자라고 조롱할 것 같았기 때문이다. 그래서 월궁, 곧 달나라로 가서 잠시 숨어 있기로 마음먹었다. 항아가 월궁에 도착한 순간 갑자기 몸에 변화가 나타나기 시작했다. 입은 넓어지고 눈도 커졌다. 목과 어깨는 한데 붙었다. 배와 허리는 부풀어 오르고, 등은 아래로 오그라들었다. 피부에는 온통 동전 모양의 울퉁불퉁한 흠집이 나타났다. 항아는 비명을 질렀으나 목소리는 나오지 않았다. 항아는 땅 위에 쪼그리고 앉아 팔짝팔짝 뛰는 두꺼비로 변해 있었다.

'항아가 달로 도망쳤다'는 뜻의 항아분월嫦娥奔月 전설은 항아만의 비극으로 끝나지 않는다. 예는 아내의 배신에 절망하여 영원히 살고 싶다는 꿈을 그만 접고 남은 삶을 불행하게 살았다. 더욱이 자신이 활 쏘는 법

월궁 항아 嫦娥.

284

을 가르쳐준 제자가 휘두른 몽둥이에 맞아 죽는 비참한 최후를 맞았다. 제자는 자기보다 재주가 뛰어난 스승을 제거해 일등이 되어야겠다는 허영심에 사로잡혀 스승의 머리를 복숭아나무 몽둥이로 내려친 것이다. 예는 연민과 경멸이 담긴 눈빛으로 제자를 쳐다보면서 커다란 산이 무너지듯이 쓰러졌다. 훗날 백성들은 불행한 삶을 살다가 억울하게 죽어간 예의 공덕을 기려 신으로 섬겼다. 헤라클레스는 신에 의해 올림포스에서 불사의 존재가 된 반면에, 예는 백성들에 의해 사악한 재앙을 물리쳐주는 신으로 받들어졌다.

21세기 우주 정복 계획

지구에서 38만 5,000킬로미터 떨어진 달은 인류가 오랫동안 가보고 싶어 한 꿈의 나라였다. 1865년 프랑스의 공상과학소설가인 쥘 베른Jules Verne(1828~1905)은 『지구에서 달까지From the Earth to the Moon』를 펴내고, 다음과 같이 달나라로 떠나는 여행을 묘사했다.

기술자가 단추를 눌렀다. 그러자 전혀 예상치 못했던 어마어마한 굉음이 나면서 인간의 상상을 초월하는 쇠로 만든 대포 화산이 폭발하는 것처럼 번갯불이 솟았다. 거대한 불기둥이 땅에서 솟아올랐다. 땅이 흔들렸고, 아주 소수의 구경꾼만이 아주 잠깐 동안, 불기둥 사이를 뚫고 승승장구 공중으로 솟아오르는 달 탄환을 관찰할 수 있었을 뿐이다.

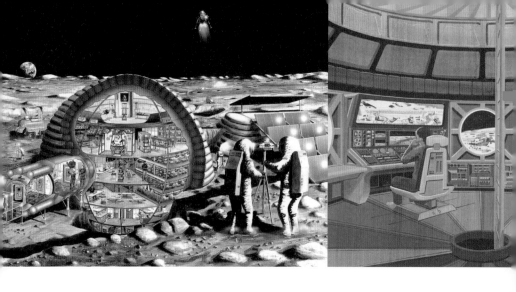

베른은 처음으로 로켓 발사에 의한 달나라 여행을 상상한 사람이다. 달 탄환이 로켓이라는 이름으로 개발되었기 때문이다. 로켓에 의한 우주여행을 제안한 미국의 로버트 고다드Robert Goddard(1882~1945)와 러시아의 콘스탄틴 치올콥스키Konstantin Tsiolkovsky(1857~1935)는 우주여행의 아버지라 불린다. 고다드는 1919년 로켓이 우주의 진공 속을 뚫고 달에 착륙할 수 있다는 논문을 발표하고, 1926년 3월 처음으로 액체연료 로켓 점화에 성공했다.

1969년 7월 20일, 미국의 우주 비행사 닐 암스트롱Neil Armstrong(1930~2012) 등이 탄 아폴로 11호가 마침내 달 착륙에 성공했다. 암스트롱은 달 표면에 발을 내디딘 최초의 인간이 되었다. 그는 "한 인간에게는 작은 걸음이지만 인류에게는 대단히 큰 도약입니다"라는 명언을 남겼다.

달은 우주 탐사 전초기지로 가장 적합한 조건을 갖춘 것으

달나라의 영구 기지. 2007년 미국 항공우주국(나사)은 달에 건설할 기지의 개념도를 발표했다. 우주비행사 열두 명이 거주할 수 있는 기지에는 체력 단련실, 기지 조종실, 수경 식물 재배실, 승무원 침실(맨 위층부터 차례로) 등이 있다.

로 여겨진다. 달은 중력이 약해 지구보다 훨씬 저렴하게 로켓을 발사할 수 있다. 달 남극에서는 얼음 상태의 물이 대량으로 발견되었다. 물은 우주인의 생존에 필수적이며, 수소와 산소로 분해하면 로켓의 연료가 될 수 있다.

전 세계가 달을 탐사하는 계획을 추진하고 있다. 2018년 10월 미국은 2022년부터 달 궤도를 도는 우주정거장을 건설하고 달 기지에 우주인을 상주시킬 계획임을 밝혔다. 2024년 달에 첫 여성 우주인을 보내는 계획도 추진 중이다.

미국이 280억 달러(약 33조 원)를 투입하여 주도하는 이 달 탐사 계획은 그리스 신화에서 아폴로의 쌍둥이 누이이자 달의 여신의 이름을 따서 아르테미스 계획Artemis program이라고 명명되었다. 소련과 경쟁 구도였던 아폴로 계획과 다르게 러시아와 유럽, 우리나라와 일본 등 10개국 이상이 공동 참가한다. 러시아는 2021년에 달 남극을 조사할 탐사선을 착륙시키고, 2023년에 달 탐사 전초기지를 건설할 예정이다.

일본은 2014년 하야부사 2호를 발사해 2020년 소행성 시료 채취에 성공했다. 2021년 달 착륙선을 발사하고, 2030년 달 유인 우주선을 착륙시킬 계획이다.

한편 우리나라는 2022년 달 궤도를 선회할 탐사선을 발사하고, 2030년 달에 무인 탐사선을 발사할 예정이다.

중국은 달 탐사 계획인 창어嫦娥 프로젝트를 진행 중이다. 창어는 항아분월의 전설에서 따온 명칭이다. 2007년 10월 첫 달 탐사 위성인 창어 1호를 발사했다. 2019년 세계 최초로 지구에서 육안으로 보이지 않는 달 뒷면에 창어 4호 탐사선을 착륙시키고, 2020년에는 달 토양을 채취하여 지구로 귀환하는 창어 5호를 발사했다. 2021년 3월 러시아와 월면 기지 공동건설 각서를 체결했다.

2020년대에 세계 각국이 달 탐사를 성공적으로 추진하게 되면 2030년대에는 달 정거장에서 화성 탐사선을 발사하게 될 전망이다.

우주인은 누구인가

우주에 다녀온 사람을 우주인이라 한다. 우주인이 되는 방법은 세 가지이다.

첫째, 우주 비행사가 되어 우주선을 탄다. 우주 비행사는 맡은 일의 종류에 따라 우주 조종 비행사, 임무 수행 비행사, 화물 운영 비행사로 분류된다.

우주 조종 비행사는 우주선의 사령관과 조종사 역할을 한다. 배의 선장처럼 우주선과 승무원에 대한 모든 책임을 진다. 우주 조종 비행사가 되려면 반드시 제트 비행기 비행시간이 1,000시간 이상 되어야 한다. 임무 수행 비행사는 우주 조종 비행사와 협조하여 우주선을 작동하고 조정한다. 우주유영과 페이로드payload 관리도 포함된다. 우주유영은 우주선 밖의 우주 공간에 나와 활동하는 것으로 우주 산책이라고도 한다. 페이로드는 우주선의 화물을 뜻하며 주로 과학실험 장비들이다. 화물 운영 비행사는 과학기술자 출신으로 페이로드를 작동시켜 과학 실험을 수행한다.

인류 최초의 우주인은 1961년 4월 보스토크 1호를 타고 우주 비행에 처음으로 성공한 소련의 유리 가가린Yurii Gagarin(1934~1968)이다. 유인우주선을 쏘아 올린 나라는 미국, 러시아, 중국 등 3개국에 불과하여 우주 비행사 역시 대부분 3개국 사람들이다.

둘째, 국제 우주정거장ISS으로 우주 관광을 떠난다. 우주정거장은 지구궤도에 건설된 대형 구조물로서 사람이 거주하면서 우주 개발 임무를 수행하는 전초기지이다. 하늘에 놓은 징검다리인 셈이다. 유인 우주정거장으로는 미국의 스카이랩과 스페이스 셔틀(우주 왕복선), 러시아의 미르 우주정거장과 소유스 우주선, 중국의 톈궁(2022년 완성)이 있다. 국제 우주정거장은 1998년부터 미국, 러시아, 일본 등 16개국이 참여하여 2011년 하반기에 완성되었으며 2024년까지만 운행될 전망이다.

1986년부터 2000년까지 러시아의 미르 우주정거장을 방문한 우주여행객은 100명이 넘는다.
2001년 3월 미르는 궤도를 벗어나 곧바로 태평양으로 떨어졌다.

2001년부터 민간인의 국제 우주정거장 방문이 허용된 이후 많은 사람이 이곳에 다녀왔다. 이들은 소유스를 타고 국제 우주정거장으로 날아가서 10일 동안 우주 관광을 하는 대가로 최소 2,000만 달러(약 280억 원)를 지불했다.

2022년 1월에 미국의 스타트업인 엑시옴 스페이스Axiom Space가 3명의 관광객을 국제 우주정거장에 보낼 계획이다.

또한 엑시옴 스페이스는 2022년에 민간인이 참여하는 우주인 선발 대회를 기획하여 최종 우승한 일반인이 국제 우주정거장으로 관광을 다녀오는 모든 과정을 텔레비전 방송으로 중계할 예정이다. 엑시옴 스페이스는 1년에 두 차례씩 국제 우주정거장에 관광객을 실어나르고, 2024년부터 별도의 우주 호텔을 건설할 계획이다.

2027년 완공 예정인 우주 호텔은 텔레비전이나 전망대 같은 편의시설을 갖추고 우주관광객을 맞이하게 된다.

셋째, 준궤도 우주여행suborbital space travel 시대가 오면 누구나 우주인이 될 수 있다. 국제적으로 인정하는 우주의 한계선인 100킬로미터 고도, 곧 준궤도에서 우주를 여행하는 것을 뜻한다. 지구의 대기권이 끝나는 100킬로미터를 지나면 정식으로 우주에 진입한 것이지만 궤도 비행은 하지 않기 때문에 준궤도 우주여행이라 부른다. 준궤도 우주여행은 관광객을 태운 우주선을 준궤도에서 운행시키므로 탑승자들은 몇 분 동안 무중력 상태를 체험할 수 있다.

미국의 블루오리진, 스페이스 X, 버진 갤럭틱 같은 민간 우주기업이 준궤도 우주여행 사업에 착수했다. 2021년 7월부터 지구 저궤도에서 무중력을 체험하는 우주관광이 시작되었다. 2021년 7월 11일, 버진 갤럭틱을 설립한 71세의 영국 억만장자인 리처드 브랜슨Richard Branson(1950~)이 준궤도 우주여행에 처음으로 성공했다. 브랜슨은 90킬로미터 상공 지구 궤도에서 15

분간 머물면서 미세 중력 상태를 경험하고 비행 1시간 만에 지상으로 돌아왔다. 같은 달 아마존 창업자인 제프 베이조스Jeff Bezos(1964~)가 설립한 블루오리진은 아폴로 11호가 달에 착륙한 날인 7월 20일에 맞추어 지구 저궤도 비행에 성공했으며, 2021년 9월 15일 일론 머스크Elon Musk(1971~)의 스페이스 X가 개발한 로켓으로 유인 우주선을 쏘아올려 세계 최초로 민간인만을 태우고 궤도비행에 성공하였다. 관광용 자율비행 우주선인 크루 드래곤은 우주관광객 4명을 태우고 사흘 동안 약 575킬로미터 상공에서 지구 궤도를 돌고 귀환하였다.

준궤도 우주여행 비용은 국제 우주정거장을 다녀오는 비용과 비교가 되지 않을 정도로 적기 때문에 웬만하면 누구나 우주로 나들이해서 우주인 명단에 이름을 올리게 될 것 같다.

우리 말고는 없는가

푸에르토리코의 북쪽 해변에 있는 아레시보 근처에는 접시 모양으로 커다랗게 구멍이 뚫린 바위가 있다. 이 안에는 지름이 무려 305미터나 되는 세계 최대의 전파망원경이 들어 있다.

1974년에 이것을 사용하여 지구로부터 2만 5,000광년 거리에 있는 별들의 무리를 향해 169초 동안 전신문을 발사한 적이 있다. 1과 0이 1,679개 연속된 이 신호는 소수인 23과 73의 곱이다. 0을 공백, 1을 검정 부분으로 생각하여 23개의 숫자를 73줄로 배열하면 한 장의 그림이 나타난다. 이 그림에 담긴 메시지는 인류의 모양과 신장, 지구의 인구, 태양계 등 아주 다채

롭다.

우주에서 지능을 가진 생명체, 이른바 ETI Extraterrestrial Intelligence를 과학적으로 찾기 시작한 것은 1960년대부터이다. 전파천문학이 등장한 덕분이다. 전파천문학은 멀리 떨어진 세계와 교신할 때 가장 효과적인 수단이 전파이므로, 만일 지능을 가진 외계 생명체가 있다면 그들도 틀림없이 전파를 사용하여 다른 문명 세계와 교신을 시도할 것이라고 믿고 있다. 따라서 고성능 안테나를 사용하여 우주에서 오는 전파의 포착을 시도하였다. 이러한 안테나를 전파망원경이라 한다.

전파로 외계 생명체를 탐사하는 이른바 SETI Search for ETI를 역사상 처음으로 시도한 천문학자는 미국의 프랭크 드레이크(1930~)이다. 1960년 당시 29살의 드레이크 박사는 우주 공간에서 가장 보편적인 전파의 주파수로 알려진 1,420메가헤르츠(MHz)를 사용하여 태양과 아주 비슷한 두 개의 별을 관측했다. 태양처럼 행성을 갖고 있다면 그 중에 지구처럼 문명세계를 가진 행성이 있을지 모른다고 생각했기 때문이다. 드레이크는 독일 동화에 나오는 공주의 이름을 따서 오즈마 Ozma 계획이라고 명명했다. 그러나 별나라의 오즈마 공주는 드레이크에게 아무런 회신도 보내지 않았다.

오즈마 계획의 실패에도 아랑곳하지 않고 크고 작은 SETI가 수십 개 추진되어 천문학자들은 거대한 전파망원경 앞에 앉아 외계인이 보내는 신호를 하염없이 기다릴 따름이었다. 지능을 가진 외계생명체를 찾는 일은 컴컴한 방에서 장님이 검은 고양이를 찾는 거나 진배없다. 더욱이 거기에 검은 고양이가 있으리라는 보장도 없다. SETI의 어려움을 우주라는 건초 오두막에서 바늘 한 개 찾는 일에 비유하는 까닭이다. SETI에 생사를 거는 천문학자들이야말로 인간의 위대한 상상력을 실천에 옮기는 고독한 승부사들임에 틀림없다.

외계 지능 생명체의 존재와 관련해서 항상 함께 거론되는 것은 미확인비행물체UFO이다. 1947년 6월, 미국의 한 사업가가 신비스러운 비행물체를 목격했다는 이야기가 언론에 크게 보도된 것을 계기로 '비행접시'라는 말이 널리 유행되었다.

비행접시로 말미암아 생겨난 신비스러운 현상은 한두 가지가 아니다. 비행접시가 사고로 지구에 추락했으나 미국 정부에 의해 수리되었으며, 외계인의 시체가 해부되었다는 헛소문이 끊임없이 나돌았던 적도 있었다.

한편 외계인과 접촉했다고 주장한 사람들도 적지 않았다. 외계인과 만났다고 주장한 최초의 인물은 미국사람이었다. 그는 1952년 캘리포니아 사막에 착륙한 비행접시를 발견하고 사진을 찍었다고 주장하였다. 외계인은 28살 정도의 아주 잘 생긴 사내였으며 스키복을 입었다고 한다. 그는 몸짓과 텔레파시로 대화를 나누었는데, 자기가 금성에서 왔으며 지구에서 진행중인 핵실험에 관심이 많다고 말했다고 한다. 그 사건 이후로 외계인과의 접촉 경험을 털어놓은 책들이 쏟아져 나왔으며 대부분 잘 팔렸다.

외계인에게 유괴당한 적이 있다고 주장한 사람들도 적지 않았다. 이들의 주장은 물론 조사 결과 엉터리로 드러났다.

우리가 사는 은하는 약 1,000억 개의 별로 이루어져 있다.

태양은 그 중 한 개의 별에 지나지 않는다. 지구는 태양이 거느린 행성의 하나일 따름이다. 우주에는 우리의 은하와 같은 별무리가 수십억 개나 있다. 따라서 많은 사람들은 이 광활한 우주 속 어딘가에 지구와 같은 고도의 문명사회가 존재할지 모른다는 상상을 떨쳐버릴 수 없는 것이다.

외계인의 존재가 증명되면 인류는 자신을 되돌아보지 않을 수 없을 것이다. 우리는 누구이고, 우주에서 우리의 위치는 어디인가를 되묻지 않을 수 없을 테니까.

우주를 왕복하는 엘리베이터

1895년 콘스탄틴 치올코프스키는 높이 320미터의 에펠탑을 바라보면서 정지궤도상에 있는 중간역까지 닿는 케이블을 단단히 묶어둔 거대한 탑을 상상했다.

미래 소설의 대가인 아서 클라크Arthur Clarke(1917~2008)는 1979년 펴낸 『낙원의 샘The Fountains of Paradise』에서 치올코프스키처럼 지구 상공으로 솟아오른 탑, 곧 우주 엘리베이터를 묘사했다. 적도 상공 3만 5,800킬로미터의 지구궤도를 도는 인공위성은 지구에서 보면 하늘에 정지되어 있는 듯 보인다. 클라크는 지구 상공에 멈추어 있는 인공위성 아래로 지구까지 거대한 탑을 건설할 수 있다고 상상했다. 그 탑 안에 승강기처럼 생긴 장치를 설치하면 지구와 위성 사이를 마음대로 오르내릴 수 있을 것이다. 이 우주 엘리베이터를 타고 지구 상공 3만 5,800킬로미터까지 여행한다면 얼마나 황홀하고 편리하겠는가. 인공위성을

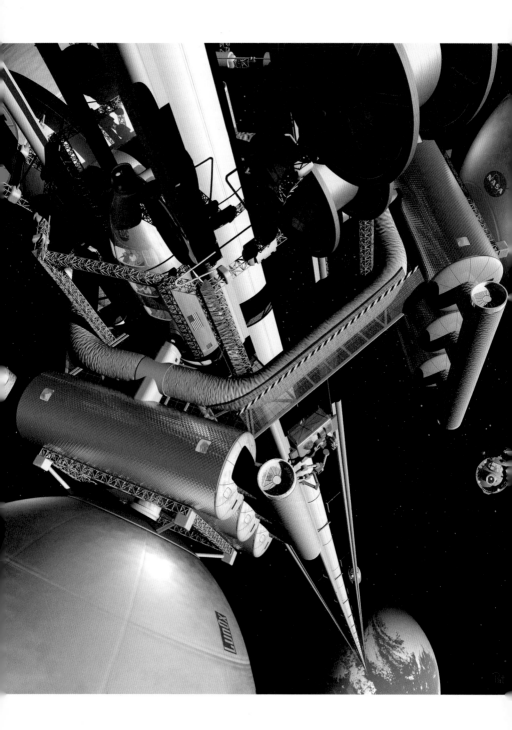

로켓으로 발사할 필요 없이 승강기로 운반하여 지구 상공에서 궤도에 진입시키면 얼마나 경제적이겠는가.

하늘 높이 3만 5,800킬로미터의 탑을 세우는 것은 그야말로 공상 과학소설 속에서나 가능한 터무니없는 발상이라 아니할 수 없다. 무엇보다 거대한 탑의 무게를 감당할 재료를 구할 수 없다. 이 재료는 강철의 30배에 해당하는 엄청난 인장력을 가져야 하기 때문에 우주 엘리베이터 건설은 애당초 불가능한 것으로 치부되었다. 그런데 탄소 나노튜브CNT가 출현하면서 상황이 바뀌었다.

우주 엘리베이터를 실현하려면 승강기의 속도 문제 등 해결해야 할 공학적 문제가 한두 가지가 아닐 것이다. 그러나 미국 항공우주국 기술자들은 우주 엘리베이터 건설 가능성을 낙관하는 보고서를 속속 내놓았다. 또한 2005년부터는 우주 엘리베이터 개발에 필요한 기술에 상금을 걸고 과학자들의 경쟁을 유도하고 있다. 나사는 2060년쯤 우주 엘리베이터 건설이 가능할 것으로 전망한다. 한편 일본의 한 건설회사는 2050년 우주 엘리베이터를 운행하겠다는 구체적인 목표를 제시하고 실제로 개발에 착수하였다. 정녕 우주 왕복선 대신 우주 엘리베이터를 타고 우주로 나들이를 떠나는 세상이 오고야 말 것인지.

우주 엘리베이터는 우주에 떠 있는 인공위성까지
케이블을 연결하여 관광객을 실어 나른다.

21세기 축지법, 원격이동

우주 탐험대원이 엘리베이터처럼 생긴 방으로 들어간다. 빛이 머리 위로 쏟아지는 순간 그의 몸은 사라진다. 얼마 뒤에 그는 지구로부터 멀리 떨어진 낯선 떠돌이별에서 모습을 나타낸다.

공상과학영화 「스타트렉Star Trek」을 통해 본격적으로 대중화되기 시작한 원격이동teleportation 장면이다. 물체가 물리적인 운송수단을 사용하지 않고 눈 깜짝할 사이에 멀리 떨어진 곳으로 이동하는 현상을 원격이동이라 한다.

원격이동의 원리는 간단하다. 먼저 물체의 형상 정보를 읽는다. 이어서 물질을 해체하여 잠시 저장했다가 목적지에 형상 정보와 함께 전송한다. 마지막으로 원래의 물질로 복원한다.

예컨대, 광주에서 건물을 해체한 다음에 철근, 벽돌 등 구성 물질을 설계도와 함께 순식간에 서울로 보낸 뒤, 설계도에 따라 원래의 건물로 복원하는 것이다.

물체의 원격이동은 영화에서와 달리 현실적으로는 불가능하다. 그러나 양자역학의 세계에서는 이런 일이 얼마든지 가능하다.

1993년 찰스 베넷Charles Bennett을 포함한 6명의 미국 물리학자는 양자세계에서는 이런 일이 가능하다는 양자원격이동quantum teleportation 이론을 발표하였다.

1997년 12월 오스트리아의 인스브루크 대학 연구진은 국제학술지 《네이처》에 "빛 에너지를 전달하는 입자인 광자를 한

298

장소에서 다른 장소로 순식간에 원격 이동하는 실험에 처음으로 성공했다"고 발표했다. 양자원격이동 가능성을 보여준 최초의 실험이다.

2004년 비엔나 대학의 물리학자들은 다뉴브 강 지하에 깔려 있는 광섬유 케이블을 통해 광자를 600미터 떨어진 곳으로 이동시킴으로써 새로운 기록을 세웠다.

같은 2004년에 미국의 연구진은 국제학술지 《네이처》에 광자가 아닌 원자를 양자적으로 공간이동하는 데 성공했다는 논문을 발표하여 세상을 놀라게 했다.

2006년 영국과 일본의 공동연구진은 수많은 광자로 구성된 레이저빔을 다른 장소로 2킬로미터까지 순식간에 원격이동하는 데 성공했다.

그러나 양자원격이동은 물질을 이동시키는 것이 아니라 그 물질에 대한 근본 정보인 양자 정보만 옮기는 것이다. 그러니까 「스타트렉」에 나오는 순간이동 장치처럼 물질까지 해체하여 보내는 것은 아니다.

그렇다면 사람은 언제쯤 순간이동이 가능할까. 사람의 몸을 형성하는 수많은 원자의 정보를 측정하여 전송하고 다시 재생하는 데만도 3억 년이 걸린다고 한다. 요컨대 사람이 한 장소에서 사라졌다가 거의 동시에 다른 장소에 나타나는 축지법은 불가능한 일임에 틀림없다.

19

황금 마차를 몰고 하늘을 날다

파에톤의 모험

달이 지면 새벽이 오고 해가 떠오르게 마련이다. 날마다 일어나는 자연현상이지만 고대 그리스인들은 달, 새벽, 해를 신으로 여기고 그들을 형제자매라고 생각했다. 달의 여신은 셀레네이며, 셀레네의 여동생인 에오스는 새벽의 여신이고, 에오스의 오빠인 헬리오스는 태양신이다.

달의 여신 셀레네는 밤마다 흰옷을 입고 뿔이 달린 황소가 끄는 마차를 타고 나타난다. 셀레네는 구름 사이에서 천천히 마차를 몰며 달빛을 온 세상에 뿌린다. 새벽의 여신 에오스는 밤이 끝나갈 무렵 마차를 몰고 나타난다. 에오스는 해가 떠오르기 직전에 하얀 날개를 펄럭이며 하늘로 올라가서 땅 위의 모든 것에 희미한 빛살을 뿌리고, 시원한 물이 담긴 황금 단지에 손가락을 담가서 묻힌 진주 이슬로 풀과 꽃을 적신다.

장밋빛 손가락을 가진 에오스는 헬리오스의 황금 궁전으로 가서 문을 연다. 궁전의 높은 문이 열리면 태양신 헬리오스가 황금 마차에 서서 나온다. 황금 마차는 날개 달린 말 네 마리가 끈다. 황금 궁전과 황금 마차는 대장장이인 헤파이스토스가 만든 것이다. 헬리오스는 황금 궁전에서 밤을 지낸 뒤에 금빛으로 빛나는 새끼 까마귀들이 깨우면 잠자리에서 일어나 하루의 여행을 준비한다. 헬리오스는 수천 년 동안 날마다 황금 마차를 하늘 높이 몰면서 빛을 뿌려 온 세상을 따뜻하게 만들고 모든 생명을 보살폈다. 낮이 끝나고 해가 질 무렵이면 헬리오스의 황금 마차는 저 멀리 서쪽 바다의 섬 근처로 천천히 가라앉는다. 그곳에서 헬리오스는 황금 배를 타고 동쪽에 있는 황금 궁전으로 돌아가서 잠자리에 든다.

헬리오스는 항상 항로를 벗어나지 않게 황금 마차를 몰지 않으면 안 되었다. 황금 마차가 궤도를 벗어나면 태양의 불꽃이 온 세상을 태워버릴 수 있기 때문이다. 따라서 헬리오스는 어느 누구에게도 황금 마차를 몰 수 없게 했다. 그런데 어느 날 파에톤이 찾아와서 황금 마차를 몰게 해달라고 응석을 부렸다.

파에톤은 헬리오스가 인간 세상의 여자인 클리메네에게서 얻은 아들이다. 파에톤이라는 이름은 '빛나는 자'라는 뜻이다. 파에톤은 클리메네와 땅에서 살았다. 어린 소년은 자신이 태양신 헬리오스의 아들이라는 사실을 자랑스럽게 밝혔다. 그러나

벤자민 웨스트, 「헬리오스에게 황금 마차를 몰게 해달라고 부탁하는 파에톤」.

사람들은 파에톤의 말을 믿지 않고 오히려 조롱했다. 이에 속이 상한 파에톤은 어머니에게 자신이 헬리오스의 아들임을 증명해 달라고 매달렸다. 클리메네는 할 수 없이 파에톤에게 하늘의 황금 궁전으로 아버지인 헬리오스를 찾아가도록 허락했다.

파에톤은 가파른 오르막길을 기어 올라가서 헬리오스의 왕궁으로 들어갔다. 헬리오스 주위에는 시종들이 서 있었다. 봄은 머리에 꽃으로 만든 관을 쓰고 있고, 옷을 벗은 여름은 익은 곡식의 잎으로 된 관을 쓰고 있고, 가을은 발에 포도즙이 묻어 있고, 겨울은 머리카락이 얼음처럼 굳어 있었다. 이처럼 일, 월, 년 등 시간의 시종들에 둘러싸인 태양신은 눈부시게 반짝이는 왕좌에 앉아서 파에톤에게 무슨 일로 왔느냐고 물었다.

"오, 빛나는 헬리오스여. 원컨대 제가 당신의 아들이라는 것을 알 수 있는 증거를 보여주십시오."

헬리오스는 파에톤의 황금빛 머리카락이 바로 그 증거라고 대답하고, 파에톤이 부탁하는 것은 무엇이든지 들어주겠노라고 맹세했다. 파에톤은 자신이 헬리오스의 아들이라면 하루만 아버지의 마차를 몰고 하늘나라를 돌아보게 해달라고 말했다. 헬리오스는 깜짝 놀라며 거절의 뜻을 나타냈다.

"다른 부탁이라면 몰라도 그런 청은 절대로 들어줄 수 없구나. 너는 나이도 어리고 반은 인간의 몸을 타고났으면서 신들조차 감히 엄두도 못 내는 일을 원하는구나. 나 말고는 태양 마차를 부릴 수 있는 자는 이 세상에 없단다. 번개를 치는 제우스조차 마차를 몰 수 없다는 걸 명심하거라."

그러나 파에톤은 물러서지 않았다. 어떤 부탁이든 들어주겠다고 약속하지 않았느냐고 물고 늘어졌다. 헬리오스는 어쩔 줄 몰랐다.

"아들아, 내가 마차를 얼마나 어렵게 모는지 설명해주마. 우선 출발이 어렵다. 길이 험해서 경험이 많은 나도 아침에 그 날개 달린 말들을 하늘로 날아오르게 할 때 힘이 든단다. 한낮에는 높은 하늘을 달리기 때문에 밑으로 지구를 내려다보면 정신이 아찔해질 정도이지. 낮이 끝날 때는 하늘 높은 데서 땅 쪽으로 동그라미를 그리며 하강하는데, 경사가 심해서 거꾸로 넘어지지 않으려고 애쓰느라 얼마나 힘이 드는지 모른단다."

헬리오스는 파에톤을 설득하려고 말을 이어갔다.

"모든 천지 만물이 내가 태양 마차를 정확히 몰아야만 안전하단다. 너무 가까이 다가가면 세상이 불타버리게 되고, 너무 멀리 떨어지면 완전히 얼어붙고 말 거야. 게다가 하늘나라 은하수 사이에 사나운 짐승들이 많아서 그들과 시비가 붙어서는 곤란하지. 별자리마다 괴물들이 버티고 있단다. 황소의 뿔, 사자의 턱, 전갈의 집게발, 게의 팔을 잘 피해 나아가야 하지. 그뿐만이 아니다. 황금 이륜마차를 모는 날개 달린 말 네 마리를 다루는 것도 쉬운 일이 아니야. 말들이 말을 잘 듣지 않으면 어떻게 할 테냐? 고삐를 너무 슬쩍 잡아당기면 추락할 것이고, 너무 세게 당기면 하늘 높이 올라갈 것이 아니냐. 그러면 온 세상에 재앙이 일어날 게 뻔하다. 아들아, 잘 생각해보거라. 황금 마차를 몰아볼 생각은 아예 그만두거라. 너의 생명이 위태로운데 어찌 내가 너의 청을 들어줄 수 있겠느냐. 하늘, 땅, 바다 등 어디에 있는 어떤 것이라도 기꺼이 주겠다. 제발 황금 마차 모는 것만은 포기하거라."

그러나 파에톤은 고집을 꺾지 않았다. 결국 헬리오스는 설득을 포기하고 파에톤을 황금 마차 쪽으로 데려갔다. 먼저 말들에게 하늘의 음식인 암브로시아를 배불리 먹이고, 아들의 얼굴이 불길에 타지 않도록 마술 연고를 발랐다. 새벽의 여신 에오스가 황금 궁전의 문을 열 즈음에 파에톤은 이륜마차에 올라탔다. 헬리오스가 탄식하며 말했다.

"아들아, 적어도 한 가지만은 명심하거라. 내가 다니는 수레바퀴 자국을 잘 살펴보고 반드시 그대로 따라가야 한다. 북극이나 남극은 피해야 하고, 너무 높게 날거나 너무 낮게 날아서도 안 된다. 그리고 채찍질은 삼가고, 고삐를 꼭 쥐고 있어야 한다.

그러나 자신이 없어지면 어디든지 안전한 곳에서 멈추어라. 이제 내가 할 수 있는 일은 운명의 여신에게 너를 보살펴달라고 부탁하는 일밖에 없구나. 아들아, 행운을 빈다."

마침내 파에톤이 모는 마차가 하늘로 출발했다. 헬리오스의 체중에 익숙한 말들은 소년의 몸무게가 가벼워 힘이 덜 들자 제멋대로 날뛰면서 평소의 궤도를 벗어났다. 깜짝 놀란 파에톤은 말을 제대로 몰 수 없었다. 정상 궤도를 벗어난 황금 마차의 뜨거운 열기 때문에 별들이 고통받았다. 열기로 몸을 그을린 북두칠성은 차가운 바닷속으로 풍덩 뛰어들었다. 북쪽에서 조용히 누워 있던 뱀자리의 별은 뜨거운 열기에 잠을 깨어 사납게 울부짖었다. 쟁기를 끌던 견우성은 뜨거운 열기에 놀라 도망을 쳤다.

겁에 질린 파에톤은 자기도 모르게 고삐를 놓아버렸다. 그러자 고삐 풀린 말들은 허공으로 줄달음질 쳤고 황금 마차는 길을 잃은 채 제멋대로 내달렸다. 온 우주가 열기로 시달리고 온 세상이 불바다가 되었다. 도시가 잿더미가 되고, 강은 끓어오르고, 바다는 오그라들었다. 신들조차 혼쭐이 났다. 바다의 신인 포세이돈은 영문을 몰라 세 번이나 물 위로 머리를 내밀었으나, 너무 뜨거워서 세 번 모두 물속으로 다시 들어갔다.

신들은 세상이 불타 없어져버리는 것이 두려워서 제우스에게 도움을 청했다. 제우스는 자신이 지상에 구름을 퍼뜨리고 번갯불을 던지던 높은 탑 위로 올라갔다. 제우스는 우레 소리를 내고 번쩍이는 번갯불을 쥐고 흔들면서 파에톤이 타고 있는 황금 마차를 향해 내던졌다. 그 순간 파에톤은 마차에서 떨어짐과 동시에 죽었다. 파에톤은 머리카락에 불이 붙어 마치 유성처럼 하

늘에 빛나는 줄을 그으면서 거꾸로 추락했다.

클리메네의 딸들은 오빠의 운명을 슬퍼하며 강가의 버드나무가 되었으며, 그녀들이 끊임없이 흘린 눈물은 강에 떨어져 호박이 되었다.

헬리오스는 로도스 섬에서 다른 어떤 신보다 높이 숭배되었다. 에게 해에 있는 이 섬의 항구 입구에는 헬리오스를 상징하는 콜로소스 상이 세워졌다. 이 콜로소스 상은 세계 7대 불가사의 중의 하나로서, 그 상의 다리 아래로 배들이 들락거릴 수 있을 정도로 크다.

호박 속의 옛 유전자

호박은 세계의 거의 모든 문화권에서 마력을 지닌 보석이나 약품으로 사랑을 받았다. 석기시대에는 호박으로 부적 따위의 장신구를 만들었다. 호박은 옷감에 문지르면 정전기를 띠게 되므로 사람들은 이것에 악운을 몰아내는 힘이 있다고 믿었던 것 같다. 로마인들은 호박 한 개와 노예 한 명을 맞바꿀 정도로 귀하게 여겼다.

호박을 의약품으로 사용한 흔적이 적지 않다. 로마의 농부들은 호박으로 목이나 머리의 병을 치료했다. 이집트인들은 미라를 만들 때 호박을 건조제로 사용했다. 마야 사람들은 호박을 태운 향으로 질병을 고쳤다.

세바스티아노 리치, 「파에톤의 추락」.

호박은 소나무나 전나무 같은 침엽수 껍질에서 배어 나온 끈적끈적한 수지가 굳어서 만들어진 화석이다. 대부분 황금빛이지만 흰색이나 붉은색은 물론이고 심지어는 초록빛을 띤 것들까지 있다.

모양은 250여 가지가 될 정도로 다양하다. 50만 년 된 것부터 3억 년 전의 것까지 세계 도처에서 발견되었다. 특히 발트 해와 도미니카 공화국에서 발굴된 호박은 과학자들에게 인기가 높다. 호박 안에 각종 생물의 유해가 들어 있기 때문이다.

꽃이나 나뭇잎은 물론이고 모기, 개미, 사마귀, 장수말벌 같은 곤충에서부터 지네, 개구리, 전갈, 도마뱀에 이르기까지 다양한 동물이 호박 안에 갇혀 있다.

호박 내부는 물과 산소로부터 격리되어 있으므로 오래전에 사라진 생물의 유전물질, 곧 디옥시리보핵산(DNA)이 고스란히 보존되어 있다.

멸종 생물의 DNA가 호박 안에서 발견되기도 한다. 1992년 두 건의 발견이 신문에 크게 보도되었다. 도미니카 호박에서 2,500만 년 전의 흰개미와, 2,500만 년에서 4,000만 년 정도 된 침 없는 벌로부터 DNA가 발견된 것이다. 1993년 6월에는 레바논에서 발굴된 1억 3,000만 년 전의 호박에서 멸종된 곤충인 바구미의 DNA가 채취되었다. 이 바구미는 딱정벌레의 일종으로 공룡과 같은 시기에 살았다. 때마침 영화 「쥐라기 공원The Jurassic Park」이 미국에서 상영되고 있던 터라 이 발

약 3,000만 년 전 포획된 사마귀.

이구아노돈의 화석. 1822년 영국의 한 시골 의사 부부가 왕진을 위해 서섹스 지역을 찾았다가, 마을의 채석장 근처 길가에서 공룡의 흔적을 처음 발견했다.

견은 세인의 호기심을 자극했다. 공룡의 피를 빨아 먹은 호박 속 모기에서 공룡의 DNA를 뽑아내 공룡을 복원한다는 영화의 줄거리가 더욱 그럴싸했기 때문이다.

옛 DNA로 유기체를 되살리는 일은 불가능에 가깝다. 설령 수많은 DNA 분자를 복원할 수 있다손 치더라도 이들을 꿰맞추어 생물의 기능을 발현시킬 방법이 없기 때문이다. 한번 사라진 생물은 영원히 소멸할 수밖에 없는 것이다.

크리스퍼 유전자 가위

2019년 6월 10일 러시아의 한 분자생물학자가 《네이처》와의 한 인터뷰에서 "유전자를 조작한 배아를 여성에게 이식하는 것을 고려하고 있다"고 밝혀 세계 과학계의 비판을 받았다. 유전자 편집 아기를 출산하려는 계획이었기 때문이다.

2018년 11월 25일, 중국 남방과학기술대의 허젠쿠이賀建奎 (1984~) 교수가 인류 역사상 최초로 맞춤 아기 출산에 성공한 데 이어 두 번째로 유전자 편집 아기를 만들려는 계획이어서 세계

과학계가 우려의 목소리를 낼 수밖에 없었다.

맞춤 아기 또는 유전자 편집 아기는 영화 「가타카GATTACA」에서처럼 부모가 원하는 대로, 가령 뛰어난 머리, 준수한 외모, 예술적 재능 등 누구나 바라는 형질의 유전자로 편집하여 만들어진 주문형 아기를 의미한다.

1997년에 개봉된 영화 「가타카」의 제목은 유전자를 구성하는 네 개의 염기인 G(구아닌), A(아데닌), T(티민), C(시토신) 각각의 머릿글자인 네 개의 알파벳으로 만들어진 것이다. 이 영화에서는 미래 사회가 유전적으로 완전한 상류계층과 유전적으로 불완전한 하류계층으로 양극화될 거라고 묘사한다.

2018년 11월에 허젠쿠이 교수가 에이즈 바이러스 감염에 저항력을 갖도록 유전자를 교정한 쌍둥이 여자 아기를 태어나게 하는 데 성공할 수 있었던 것은 크리스퍼-캐스9(CRISPR/Cas9)라고 불리는 유전자 가위 기술이 사용가능했기 때문이다.

유전자 가위란 유전자에서 특정 부분을 자르거나 교체하는 기술이다. 최초의 유전자 가위는 1970년에 발견된 제한효소이다. 제한효소가 나타나면서부터 유전자를 조작하는 기술이 출현했다. 제한효소는 미생물에서 분리한 천연 유전자 가위이지만 그 후로 1, 2, 3세대의 인공 유전자 가위 기술이 속속 등장한다.

1세대 유전자 가위 기술은 1996년에 개발된 징크 핑거 뉴클레이즈Zinc Finger Nuclease, 2세대 유전자 가위 기술은 2009년에 발견된 탈렌TALEN이다. 3세대 유전자 가위는 1, 2세대 유전자 가위 기술보다 유전자를 편집하는 속도가 빠르고, 누구나 사용하기 쉬운 데다가 비용이 몇백만 원 정도로 저렴한 크리스퍼-

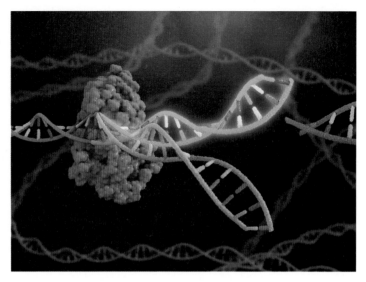

크리스퍼-캐스9는 유전자를 자르는 가위 역할을 한다.

캐스9 기술이다.

크리스퍼-캐스9 유전자 가위 기술은 유전자 편집의 대상, 곧 잘라내야 할 목표가 되는 유전자의 염기서열을 정확히 찾아내서 지퍼처럼 달라붙는 크리스퍼 분자와, 크리스퍼가 달라붙는 염기서열을 잘라내는 효소단백질인 캐스9가 짝을 이루고 있다.

2012년 6월 국제학술지《사이언스Science》에 크리스퍼 유전자 가위 기술이 발표되었을 때, 과학계가 발칵 뒤집혔을 뿐만 아니라 온 세계 언론이 대서특필했음은 물론이다. 크리스퍼 기술로 생명체가 갖고 있는 유전자의 일부를 잘라내거나 다른 생명체의 유전자로 바꿔 끼워 넣는 유전자 편집 기술이 비약적으로 발전했다. 다시 말해 인간이 조물주처럼 생명을 창조할 능력을 갖게 되었기에 전 세계가 경악과 흥분의 도가니에 빠진 것이다.

2012년 크리스퍼-캐스9 기술의 작동원리를 규명한 논문을 《사이언스》에 발표한 장본인은 미국의 생물학자 제니퍼 다우드나Jennifer Doudna(1964~) 교수이다.

2017년 다우드나는 크리스퍼 유전자 가위 기술에 관한 저서인 『크리스퍼가 온다A Crack in Creation』를 펴낸다. 이 책에서 다우드나는 크리스퍼 기술의 의미를 다음과 같이 강조한다.

> 현대 인간이 출현한 지 거의 10만 년이 흐르면서 호모 사피엔스의 게놈은 무작위 돌연변이와 자연선택이라는 두 힘으로 형태를 갖췄다. 이제 처음으로 우리는 현재의 인간뿐만 아니라 미래 세대의 DNA도 편집할 수 있는 능력을 갖췄다. 즉, 우리 자신의 진화 방향을 결정할 수 있다. 지구 생명체 역사상 전례 없는 일이고 인간의 지식을 넘어서는 일이다. 우리는 불가능하지만 꼭 답해야 하는 질문에 대면하게 된다. 스스로 인정하지는 않지만 사실은 괴팍한 우리는 이 거대한 힘을 갖고 어떤 선택을 해야 하는가?

다우드나는 이 책 끄트머리에서 "자신의 유전적 미래를 통제할 힘은 경이로운 동시에 두려운 대상이기도 하다. 이 기술을 어떻게 다룰지 결정하는 일이야말로 인류가 대면한 적 없는 가장 큰 도전일 것이다. 나는 우리가 감당할 수 있기를 바라고, 또 감당할 수 있다고 믿는다"고 희망 섞인 기대감을 피력했다.

다우드나는 2020년 노벨화학상을 받았다.

20

우주의
모든 것을 본다

헤임달과 호루스

신의 나라에서 신들을 지키는 수문장으로 유명한 신은 북
유럽 신화에 등장하는 헤임달이다.

고대 북유럽 사람들은 우주가 세 개의 수평면 구조로 형성
되었다고 믿었다. 가장 높은 수평면은 신들이 사는 아스가르드
이다. 두 번째 수평면은 인간들이 살고 있는 중간 세상인 미드가
르드이다. 세 번째 수평면에는 미드가르드에서 북쪽으로, 그리고
지하로 9일을 달려가야만 도착하는 죽은 자들의 세상이 있다.

아스가르드의 수문장은 헤임달이다. 헤임달은 아스가르드
와 미드가르드를 잇는 무지개다리에서 신들을 지켰다. 북유럽

신화에서 최고의 신인 오딘의 아들로 태어난 헤임달은 체력이
출중하고 감각이 예리하게 발달하여 신들의 파수꾼으로 발탁된
것이다.

북유럽 신화에 다음과 같은 대목이 나온다.

자, 들어보라! 그 누가 풀이 자라는 소리와 양의 등에서 털이 자라
는 소리를 들을 수 있단 말인가?
누가 새보다도 적게 잘 수 있단 말인가?
누가 밤낮으로 독수리의 눈처럼 예리하게 천 리도 넘게 떨어져
있는 곳에서 움직이는 것을 볼 수 있단 말인가?
바로 헤임달만이 가능했다.

헤임달은 새보다도 적게 자고 밤에도 낮처럼 1,200리 앞까
지 훤히 내다볼 수 있었으며, 풀이나 양에서 나오는 소리 등 이
세상의 모든 것이 내는 소리를 다 들을 수 있었다. 헤임달은 이
처럼 경계심이 뛰어나고 청력이 무척 민감해서 신들의 파수꾼
이 된 것이다.

헤임달은 북유럽신화에서 신과 거인들 사이에 벌어진 최후
의 전쟁인 라그나뢰크가 일어났을 때 협잡꾼 거인인 로키와 싸
운다. 헤임달과 로키는 서로에게 박치기를 하여 서로의 머리가
상대편에 박히는 기이한 자세로 둘 다 죽게 된다.

헤임달처럼 세상의 모든 것을 볼 수 있는 눈을 가진 존재로
는 이집트 신화의 호루스를 손꼽을 수 있다. 호루스는 이집트 신
화의 최고의 신인 오시리스와 최고의 여신인 이시스 사이에 태

『산문 에다』에 묘사된 헤임달.

어난 아들이며, 사랑과 미의 여신인 하토스의 남편이다. 오시리스가 동생 세트의 질투로 죽임을 당하자 이시스가 주술로 오시리스를 부활시키고 호루스를 잉태한다.

성년이 된 호루스는 아버지로부터 병법을 물려받고 아버지의 원수인 세트를 죽여 복수한다. 그러나 세트가 죽기 전에 호루스의 왼쪽 눈을 공격하여 호루스의 눈은 산산조각이 난다. 지혜의 신인 토트가 마법의 힘으로 호루스의 왼쪽 눈을 원상회복하였으며, 호루스는 이집트의 왕이 되었다.

호루스는 고대 이집트의 왕, 곧 파라오의 왕권을 지켜주는 상징이 되었다. 호루스가 파라오의 수호자로 알려진 매의 머리를 한 것도 그 때문이다. 특히 호루스의 눈은 세상의 모든 것을 감시할 수 있는 신성한 눈, 곧 전시안all-seeing eye으로 여겨진다. 모든 것을 보는 눈인 전시안에는 호루스의 눈과 함께 하느님의 눈, 부처의 눈이 있다.

고대 이집트 왕국의 측량제도는 호루스의 눈 전체를 1로 하여 각 부분에 분수를 배치했다. 1/2, 1/4, 1/8, 1/16, 1/32, 1/64을 모두 더하면 63/64이 된다. 부족한 1/64은 호루스의 눈을 치유해준 지혜의 신 토트가 채워준다고 여겼다. 1/2은 후각, 1/4은 시각, 1/8은 생각, 1/16은 청각, 1/32은 미각, 1/64은 촉각을 상징한다.

판옵티콘과 빅브라더

1999년 부활절 주말에 미국에서 개봉된 영화 「매트릭스 The Matrix」는 여느 훌륭한 예술 작품들처럼 다양한 문제 제기의 원천이 되었다.

세례자 요한 역할을 하는 모피어스는 주인공인 네오에게 다음과 같이 말한다. 네오는 컴퓨터 프로그래머로 일하면서 밤이면 인터넷 속의 다른 세계를 살아가는 해커이다.

> 매트릭스는 사방에 있네. 우리를 전부 둘러싸고 있지. 심지어 지금 이 방 안에서도. 창문을 통해서나 텔레비전에서도 볼 수 있지. 일하러 갈 때나 교회 갈 때, 세금을 내러 갈 때도 느낄 수가 있어. 매트릭스는 바로 진실을 볼 수 없도록 우리 눈을 가려온 세계라네.

매트릭스로 상징되는 정보기술은 우리의 일상생활을 샅샅이 통제하고 있다. 영화 「매트릭스」는 우리가 벌써 첨단기술의 포로가 되었다는 사실을 새삼스럽게 일깨워주고 있음에 틀림없다.

> 그들이 당신을 지켜보고 있다는 사실을 항상 잊지 마십시오. 전화는 도청되고 전자우편은 감시받고 있습니다. 침실에서는 몰래카메라를 조심하십시오. 가급적이면 신용카드 대신 현금을 사용하세요. 당신에 관한 자료가 정부기관 컴퓨터에 날날이 기록되고 있는 줄은 알고 계십니까?

사생활(프라이버시) 보호운동가들이 정보사회 예찬론자들에게 던지는 경고이다. 그들의 메시지가 과장된 것 같지만 실상을 제대로 반영하고 있다는 데 문제의 심각성이 있다. 비단 프라이버시 보호 운동가들의 지적이 아니더라도 정보기술 발달로 프라이버시의 종말이 임박했음을 예고하는 여러 징후가 나타나고 있다.

예컨대 거리에서 행인들이 속삭이는 말을 녹음하는 마이크로폰, 창문 유리의 진동으로 방 안에서 이루어지는 은밀한 대화를 도청하는 장치가 나왔다. 장수말벌 크기의 비디오카메라를 천장에 부착하면 방 안에서 일어나는 모든 일을 녹화할 수 있다. 대도시 거리에 설치된 비디오카메라는 범죄 용의자뿐만 아니라 일반 시민도 감시하게 된다.

공공연한 감시 기술은 판옵티콘Panopticon과 빅브라더Big Brother에 비유된다. 판옵티콘은 1791년 영국 철학자 제러미 벤담Jeremy Bentham(1748~1832)이 제안한 개념으로 학교, 공장, 병원, 감옥 등에서 한 사람이 모든 것을 감시하는 체계를 뜻한다. 프랑스 철학자 미셸 푸코Michel Foucault(1926~1984)는 정보기술에 의해 구축되는 컴퓨터 통신망과 데이터베이스를 판옵티콘에 비유한다. 푸코의 판옵티콘은 간수 한 명이 모든 죄수를 감시하는 원형감옥의 의미를 지닌다.

푸코는 개인의 일거수일투족에 관한 모든 자료가 저장되는 데이터베이스가 마치 판옵티콘이 죄수들을 감시하듯이 출산에서 죽음에 이르기까지 대중을 통제하고 관리하는 전체주의적 권력의 도구로 잘못 사용될 가능성을 주목했다. 말하자면 판옵

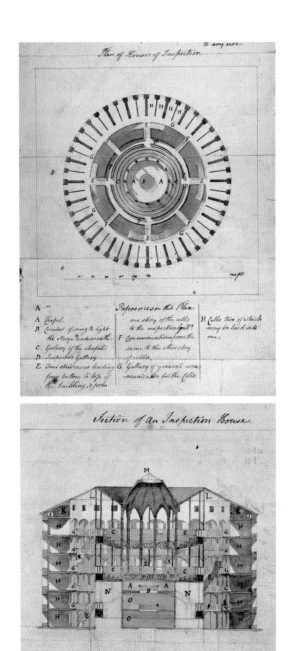

건축가 윌리 레버리Willey Reveley가 그린 원형감옥 형태의 판옵티콘.

티콘은 정보기술로 구축된 감시체계의 결정판인 셈이다.

프라이버시 보호운동가들은 정보기술을 빅브라더에 비유한다. 2003년 6월 25일, 조지 오웰George Orwell(1903~1950) 탄생 100주년을 맞아 참여연대 등 52개 시민단체는 '빅브라더' 주간을 선포하고 정보 인권 보호운동을 전개했다. 오웰이 1949년에 발표한 미래소설인 『1984Nineteen Eighty-Four』에서 독재자로 나오는 빅브라더(대형)는 텔레스크린telescreen이라는 장치로 모든 국민의 사생활을 끊임없이 엿본다. 오늘날 빅브라더는 정보기술을 이용해 사회구성원의 일거수일투족을 샅샅이 감시하는 어둠 속의 권력을 가리킨다.

전문가들은 정보기술 발달로 프라이버시의 종말이 다가왔다고 경고한다. 가까운 미래에는 보호받을 만한 프라이버시가 조금도 남아 있지 않을 것으로 전망한다. 산업사회의 도시는 익명성을 보장했다. 그러나 정보사회의 도시는 머지않아 모든 사람이 판옵티콘과 빅브라더 앞에서 발가벗겨진 채 어디에도 숨을 곳 없는 마을로 변할 것이다. 아무 데고 숨을 곳이 없는 사막처럼. 누가 정보사회를 유토피아라고 했는가!

사회물리학과 빅데이터

오늘날 인류 사회가 풀어야 할 난제는 인구 폭발, 자원 고갈, 기후 위기 등 한두 가지가 아니지만, 해결의 실마리는 좀처럼 나타나지 않고 있다. 따라서 이런 21세기 특유의 문제는 산업사회식 접근 방법보다는 21세기 사고방식으로 해결해야 한다는 목소리가 커지고 있다.

20세기 산업사회에서 개인은 거대한 조직의 톱니바퀴에 불과했지만 21세기 디지털사회에서는 개인 사이의 상호작용이 사회현상에 막대한 영향을 미친다. 개인의 상호작용을 분석하여 인간 사회를 이해하는 새로운 접근 방법은 사회물리학social physics이다.

사회물리학은 물리학의 방법으로 사회를 연구한다. 사람이 물리학 이론에 버금가는 법칙의 지배를 받는 것으로 여긴다. 물리학에서 원자가 물질을 만드는 방식을 이해하는 것처럼 사회물리학은 개인이 사회를 움직이는 메커니즘을 분석한다. 이를테면 사람을 사회라는 물질을 구성하는 원자로 간주한다.

2007년 미국 과학 저술가 마크 뷰캐넌Mark Buchanan(1961~)이 펴낸 『사회적 원자The Social Atom』는 "다이아몬드가 빛나는 이유는 원자가 빛나기 때문이 아니라 원자들이 특별한 형태(패

다이아몬드 원석. 표면에 원자들이 형성한 특별한 패턴이 보인다.

턴)로 늘어서 있기 때문"이라며 "사람을 사회적 원자로 보면 인간 사회에서 반복해서 일어나는 많은 패턴을 설명하는 데 도움이 된다"고 주장한다.

우리는 날마다 디지털 공간에서 남들과 상호작용하면서 우리가 생각하는 것보다 훨씬 더 많은 흔적을 남긴다. 미국 매사추세츠 공대의 빅데이터big data 전문가 알렉스 펜틀런드Alex Pentland(1951~)는 우리의 일상생활을 나타내는 이런 기록을 디지털 빵가루digital bread crumb라고 명명하고, 이를 잘 활용하면 사회 문제를 해결하는 데 크게 보탬이 된다고 주장한다.

2014년 펴낸 『창조적인 사람들은 어떻게 행동하는가Social Physics』에서 펜틀런드는 개인이 누구와 의견을 교환하고, 돈을 얼마나 지출하고, 어떤 물건을 구매하는지 낱낱이 알 수 있는 디지털 빵가루 수십억 개를 뭉뚱그린 빅데이터를 분석하면 그동안 이해하기 어려웠던 금융위기, 정치 격변, 빈부격차 같은 사회 현상을 설명하기 쉬워진다고 강조한다. 빅데이터가 개인의 사회적 상호작용을 상세히 분석하는 유용한 도구 역할을 할 수 있으므로 21세기 문제를 21세기 사고방식으로 풀 수 있게 된다는 것이다.

펜틀런드는 이 책에서 사회의 작동 방식을 이해하는 데 핵심이 되는 패턴은 사람 사이의 아이디어와 정보의 흐름이라고 밝혔다. 이런 흐름은 개인 사이의 대화나 SNS 메시지 같은 상호작용 패턴을 연구하고 신용카드 사용 같은 구매 패턴을 분석하면 파악할 수 있다.

펜틀런드는 "우리가 발견한 가장 놀라운 결과는 아이디어

흐름의 패턴이 생산성 증대와 창의적 활동에 직접적으로 관련된다는 것"이라면서 "서로 연결되고 외부와도 접촉하는 개인·조직·도시일수록 더 높은 생산성, 더 많은 창조적 성과, 더 건강한 생활을 향유한다"고 강조했다. 요컨대 사회적 원자들의 디지털 빵가루를 빅데이터 기법으로 분석한 결과 아이디어 소통이 모든 사회의 건강에 핵심적 요소인 것으로 재확인된 셈이다.

빅데이터는 이처럼 사회문제를 진단하고 해결 방안을 모색하는 데 유용한 도구일 뿐만 아니라 오늘보다 나은 미래의 조직·도시·정부를 설계하는 데 쓸모가 있는 것으로 나타났다. 펜틀런드는 이런 맥락에서 "빅데이터는 틀림없이 인터넷이 초래한 변화와 맞먹는 결과를 이끌어낼 것이다"라고 역설한다.

펜틀런드가 상상하는 것처럼 빅데이터로 '금융 파산을 예측해 피해를 최소화하고, 전염병을 탐지해서 예방하고, 창의성이 사회에 충일하도록 할 수 있다면' 얼마나 반가운 일이겠는가.

마크 뷰캐넌 역시 『사회적 원자』에서 사회물리학으로 '마른하늘에 날벼락처럼 종잡을 수 없이 일어나서 인생을 바꿔놓는 사건들'을 이해하게 되길 기대한다.

PART 6

신도

인간처럼

사랑한다

21

독약으로 사랑을 복수하다

독약의 여신 키르케

그리스 신화에서 독약을 발견한 최초의 신은 헤카테로 알려져 있다. 헤카테는 '멀리까지 힘이 미치는 여자'라는 뜻이다. 헤카테는 농업과 같은 활동에 영향력을 가진 여신이지만 지옥의 여신이기도 하다. 무덤이나 두 길이 교차하는 곳, 또는 살해당한 자와 변사자의 주위에 살면서 모든 악마와 악령을 지옥에서 지상으로 보내는 일을 했다. 헤카테는 마술에도 뛰어났다. 아테네 시민들은 그녀의 환심을 사려고 노력했다. 이를테면 헤카테를 위해 매달 십자로에 제물을 바쳤다.

일설에는 독약 제조 방법을 최초로 발견한 여신은 헤카테가 아니라 키르케라는 주장도 있다. 키르케는 호메로스의 『오디세이』에 나오는 전설 속의 섬에 사는 그리스의 여신이다.

트로이 전쟁을 그리스의 승리로 이끈 오디세우스는 고향으로 돌아가는 도중에 키르케가 사는 섬에 잠시 머물게 되었다. 키르케는 태양의 신인 헬리오스의 딸이었다. 그녀는 아름답고 당당한 여신이었다. 그녀가 사는 대리석 궁전 주변에는 사자들과 늑대들이 있었지만 오디세우스의 동료들을 해치지 않았다. 마법사인 키르케가 마술의 약초로 그 짐승들을 잘 길들여놓았기 때문이다.

키르케는 오디세우스의 동료들에게 치즈, 꿀, 포도주를 내놓았다. 그들은 그 안에 마술 약초가 들어 있는지 모르고 먹었다. 그러자 키르케는 요술 방망이로 그들을 때리면서 밖에 있는 우리로 몰고 갔다. 동료들의 목소리는 꿀꿀거리는 소리로 변하고 몸에는 뻣뻣이 털이 돋아났다. 모두 돼지로 변하고 만 것이다. 이 소식을 들은 오디세우스는 키르케의 궁전으로 향했다. 그는 가는 길에 멋진 젊은이로 변장한 헤르메스를 만났다. 제우스의 아들인 헤르메스는 날개 달린 샌들을 신고 다니는 상업의 신이자 제우스의 심부름꾼이다. 헤르메스는 오디세우스에게 키르케의 마술에 걸려들지 않는 비방을 가르쳐주었다. 키르케는 오디세우스가 자신의 꾀에 속아 넘어가지 않자 돼지로 변해 뻣뻣한 털이 수북한 동료들의 머리에 마술 연고를 문질러서 더 젊고 멋진 사내들로 되돌려주었다.

오디세우스 일행은 키르케의 궁전에서 먹고 마시고 즐기면서 1년을 보냈다. 그러던 어느 날 오디세우스는 고향에 두고 온 사랑하는 사람들에 대한 그리움이 솟구쳐서 키르케 앞에 무릎을 꿇고 고향으로 가게 해달라고 애원했다. 키르케는 고향으로 가는 항해 도중 겪게 될 여러 가지 위험을 알려주고 그에 대처하는 방법도 가르쳐주었다. 그 위험 중 하나가 스킬라였다.

스킬라는 모양이 각기 다른 여섯 개의 머리와 열두 개의 다리를 갖고 있는 괴물로, 머리마다 이빨이 세 줄로 나 있었다. 모습이 하도 흉측하게 생겨 신들조차 보고 싶어 하지 않았다. 높은 절벽 위에 있는 동굴 속에서 등골이 오싹할 정도로 짖어 대면서

스킬라와 카리브디스 사이.
'스킬라와 카리브디스 사이between Scylla and Charybdis'는 진퇴양난의 의미로 쓰인다.

뱀처럼 생긴 목을 바다로 밀어 넣고 돌고래와 상어 등을 잡아먹었다. 스킬라는 목이 닿는 거리에 지나가는 선박이 보이면 갑판에 나와 있는 선원들을 잡아먹었다.

스킬라는 원래 아름다운 처녀였다. 바다의 신인 글라우코스는 이탈리아 해안에서 스킬라를 처음 보고 사랑에 빠졌다. 글라우코스는 스킬라에게 아름다운 장래를 약속하며 유혹했으나 참담하게 거절당했다. 글라우코스는 키르케의 궁전으로 와서 도움을 청했다. 사랑병을 앓는 자신을 위해, 스킬라에게 약초를 써서 자신이 당한 만큼 고통을 당하게 해달라고 부탁한 것이다. 키르케만큼 사랑에 약한 여신도 드물었다. 키르케는 글라우코스의 말을 듣고 스킬라 대신 자신과 사랑을 나누자고 간청했다. 그러나 글라우코스는 스킬라에 대한 사랑이 영원할 것이라고 말했다. 거절당한 키르케는 신인 자기보다 더 대접받고 있는 인간 스킬라에게 질투를 느껴 분풀이할 결심을 했다. 키르케는 독초를 가루로 만들고 헤카테로부터 배운 주문을 외우며 독약을 조제했다. 검은 옷을 입고 궁전 밖으로 나간 키르케는 스킬라가 자주 와서 멱을 감는 웅덩이에 독약을 풀고 주문을 아홉 번씩 세 차례 읊어댔다. 이윽고 스킬라가 나타나 웅덩이에 들어가다 말고 비명을 질렀다. 허벅다리가 개의 머리로 변하고, 허리와 사타구니에도 개의 머리가 돋아났기 때문이다. 글라우코스는 흉측한 괴물로 변한 스킬라를 뒤로하고 멀리 도망쳤다.

존 윌리엄 워터하우스, 「질투하는 키르케」.
질투심에 불타오른 키르케는 스킬라가 자주 멱을 감는 웅덩이에 독을 풀었다.

330

바르톨로메우스 슈프랑거, 「글라우디스와 스킬라」.

페테르 파울 루벤스, 「스킬라와 글라우디스」.
스킬라의 허벅다리에서 개의 머리가 돋아나고 있다.

스킬라는 오디세우스의 배가 지나가자 여섯 개의 머리로 배를 덮쳐 한순간에 가장 용감한 젊은이 여섯 명을 낚아챘다. 스킬라는 그들을 바위에 던져놓고 차례로 잡아먹었다. 오디세우스는 죽어가는 동료들의 비명 소리를 들으면서도 손 한 번 써보지 못하고 부리나케 스킬라로부터 멀리 도망쳤다.

복수의 비극

그리스 신화에는 독약으로 복수한 이야기들이 여럿 나온다. 그중 가장 비극적이고 참혹한 사건은 네소스와 메데이아에 의한 복수극이다.

네소스는 켄타우로스였으므로 상반신은 사람, 하반신은 말인 반인반마의 괴물이었다. 여느 켄타우로스처럼 네소스 역시 여자를 좋아하는 특성을 지녔다. 네소스는 강에서 돈을 받고 나그네를 건네주는 일을 했다.

어느 날 그리스의 영웅인 헤라클레스가 그의 아내인 데이아네이라와 함께 강을 건너려 했다. 네소스는 데이아네이라를 등에 업고 강을 건너고, 헤라클레스는 헤엄을 쳐서 따라오기로 했다. 그러나 네소스는 강 건너편에 닿자마자 데이아네이라를 겁탈하려고 등에서 내려놓지 않은 채 냅다 달리기 시작했다. 헤라클레스가 히드라의 독에 적신 화살을 쏘았다. 히드라는 머리가 여러 개 달린 물뱀이다. 히드라의 입김은 물을 독으로 오염시킨다. 헤라클레스에게 주어진 열두 가지 난제 중에서 두 번째가 히드라를 죽이는 것이었다.

독화살에 맞은 네소스는 죽어가면서 헤라클레스에게 복수할 방법을 궁리하고, 데이아네이라에게 다음과 같이 말했다.

"당신에게 속죄하는 뜻에서 도움을 주고 싶소. 내 상처에서 흘러내리는 피를 병에 담아두시오. 훗날 헤라클레스가 바람을 피우면 달밤에 내 피를 속옷에 뿌려 그에게 입히시오. 남편은 당장 당신의 품으로 돌아올 것이오. 내 피는 마법의 힘을 지닌 미약이라오."

데이아네이라는 네소스의 피를 헝겊에 스며들게 한 뒤 집으로 가져갔다. 헤라클레스와 데이아네이라는 아이 넷을 낳으며 행복하게 살았다.

훗날 헤라클레스는 원정을 승리로 끝내고 상대방 나라의 공주인 이올레를 포로로 잡아 왔다. 그녀는 젊고 아름다웠다. 데이아네이라는 포로들 속에 섞여 있는 이올레 공주를 보고 질투를 느꼈다. 헤라클레스가 자기를 버리고 이올레를 아내로 삼을지 모른다는 불안감이 엄습했다. 데이아네이라는 남편의 사랑을 잃지 않기 위해 네소스의 충고를 실행하기로 결심했다. 헤라클레스의 속옷 가운데 가장 좋은 것을 들고 들판으로 나가서 달빛이 내리비칠 때 네소스의 피를 적셨다. 그 핏속에 히드라의 무시무시한 독이 섞여 있다는 사실은 전혀 모르고 있었다.

그 속옷을 입은 헤라클레스는 온몸에 독이 퍼져 고통에 휩싸였다. 옷이 피부에 착 달라붙어서 벗으려 할수록 살갗이 더 거칠게 찢겨나갔다. 그 사실을 전해 들은 데이아네이라는 스스로 목숨을 끊었다. 고통을 견디지 못한 헤라클레스는 아들에게 자신을 산꼭대기로 옮겨 화장할 나무에 눕혀놓고 불을 붙여달라고 말했다.

헤라클레스에게 불길이 닿으려는 순간, 제우스가 나타나 그를 구해주었다. 헤라클레스는 제우스가 보낸 전차를 타고 하늘로 날아올라 올림포스로 갔다. 제우스와 헤라는 헤라클레스를 따뜻이 맞아주었다. 제우스의 아들로 태어난 헤라클레스는 헤라의 미움을 받아 고난의 삶을 살았지만 마침내 서로 화해하게 된 것이다. 헤라클레스는 헤라의 딸과 결혼해서 올림포스에서 불사의 존재가 되어 영원히 행복하게 살았다.

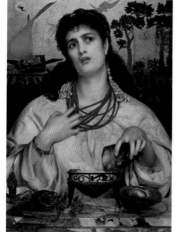

프레데릭 샌디스, 「메데이아」.

헤카테의 마력을 계승한 여인으로 알려진 메데이아는 콜키스 왕의 딸로 태어났으며, 키르케의 조카딸이기도 하다. 황금 양털을 가져가려고 콜키스에 나타난 이아손에게 첫눈에 반해 조국과 아버지를 배반한 여인이다. 메데이아의 도움 덕분에 황금 양털을 손에 넣게 된 이아손과 부부가 되었다. 두 사람은 아이를 네 명이나 낳고 잘 살았지만 세월이 흐르면서 사랑이 식어 비극적인 종말을 맞는다.

이아손은 그들이 머물던 코린토스 왕국의 공주와 메데이아 몰래 결혼식을 올린다. 코린토스 왕은 메데이아에게 추방 명령을 내렸다. 복수심으로 눈이 먼 그녀는 오직 자신만이 만들 수 있는 치명적인 독을 왕관과 옷에 발라서 코린토스 왕의 딸이자 이아손의 새 아내에게 보냈다. 공주가 옷을 입는 순간 옷이 몸에 달라붙어 연기를 내며 타올랐다. 왕관은 빨

갛게 달군 다리미처럼 불탔다. 결국 궁궐에 불이 옮겨붙어 잿더미가 되었다. 메데이아와 이아손의 사랑은 비극적인 결말을 맺고 말았다.

마술의 약초

신화에 등장하는 마술적인 식물 중에서 대표적인 것은 바곳과 만드라고라이다. 바곳은 미나리아재빗과의 여러해살이풀이다. 늦여름에 청자색의 꽃이 피며 뿌리가 비대하다. 뿌리에서 추출되는 물질은 독성이 매우 강해서 1~5밀리그램으로도 몇 시간 만에 생명을 앗아갈 정도이다.

그리스 신화에서는 메데이아가 바곳을 사용해 사람을 죽이려는 계략을 꾸민 것으로 나온다. 그리스인들은 바곳의 뿌리가 전갈의 꼬리 모양과 닮았다는 이유로 전갈에 물렸을 때 바곳을 복용하면 독이 사라진다고 믿었다.

고대 인도에서는 왕들이 바곳으로 여자를 키워 적을 살해했다는 이야기가 전해 내려오고 있다. 먼저 갓 태어난 여자아이를 골라 기저귀 밑에 바곳을 일정 기간 놓아둔다. 그 뒤에는 독초를 아기 이불 밑에 깔아두고, 이어서 아기 옷 속에 넣어둔다. 그다음에는 바곳을 우유에 섞어 먹인다. 독초를 먹고 자라난 여자 아기는 독에 대한 면역성을 갖게 되는데, 나중에 자신이 제거하고 싶은 나라의 왕에게 선물로 보낸다. 상대편 왕은 그 여자와

존 윌리엄 워터하우스, 「이아손과 메데이아」.

동침을 하다가 독살되고 만다.

로마제국에서도 바곳은 가장 효과가 빠른 독약으로 알려졌다. 어느 장군은 바곳을 바른 손으로 여성의 클리토리스를 애무하여 여러 명을 살해했다. 따라서 로마에서는 바곳과 같은 독약을 사용한 자는 국외 추방과 재산 몰수에 해당되는 벌을 내렸다. 이를테면 독살자는 암살자 이상으로 엄벌을 받았고, 독약을 판매한 자에게도 같은 형벌을 적용했다.

키르케가 사용한 독초로 알려진 만드라고라Mandragora는 일명 맨드레이크Mandrake라 불리는 가지과 유독식물이다. 키르케가 오디세우스의 동료들을 돼지로 둔갑시킬 때 사용한 마법의 약이 만드라고라로 여겨지기 때문에 '키르케의 독초'라고 불리게 되었다.

만드라고라는 뿌리에 잔털이 많고 둘로 나뉜 굵은 뿌리가 있어 사람의 모습과 비슷하다. 이런 생김새 때문에 한국의 인삼과 자주 비교되지만 둘은 완전히 다른 식물이다.

구약성서 「창세기」에 만드라고라가 언급된다.

보리를 거둘 때가 되어 르우벤이 밭에 나갔다가 자귀나무를 발견하여 어머니 레아에게 갖다드렸다. 라헬이 이것을 알고 레아에게 졸라댔다. "언니 아들이 캐어 온 자귀나무를 좀 나누어주구려!" 그러나 레아는 "네가 나에게서 남편을 빼앗고도 무엇이 부족해서 이제 내 아들이 캐 온 자귀나무마저 달라느냐?" 하며 역정을 내었다. 그러자 라헬은 "언니 아들이 캐 온 자귀나무를 주면 오늘 밤 그분을 언니 방에 드시도록 하리다" 하였다. 저녁때가 되어 야

만드라고라. 얼룩무늬 개를 이용하여 뿌리가 사람처럼 생긴 만드라고라를 뽑아낸다.
1520~1530년경 쓰여진 「약용식물도감」 삽화.

곱이 밭에서 돌아오자 레아가 나가서 맞았다. 그러고는 "당신은
오늘 제 집에 드셔야 합니다"라고 말하며 자기 아들이 캐 온 자귀
나무로 치른 값을 해달라고 하였다. 야곱은 그날 밤 레아와 한자
리에 들었다. 하느님은 레아의 호소를 들으시고 레아에게 아기를
점지해주셨다. 그리하여 레아는 야곱에게 다섯 번째 아들을 낳아
주었다.(「창세기」 30:14~17)

여기서 합환채로 여겨진 자귀나무는 만드라고라를 뜻한다.
중근동지역에서 만드라고라는 불임을 치유하는 효능이 있으며,
최음 효과가 있는 유독 물질이라고 알려졌다. 최음 효과가 있다
는 믿음은 갈라지지 않은 상태의 뿌리가 남자 생식기와 아주 흡
사하다는 사실에서 비롯되었을 가능성이 크다.

로마의 작가인 플리니우스는 37권짜리 책인 『박물지』에서

만드라고라의 독성에 대해 다음과 같이 적었다.

이슬을 맞은 잎에서 짜낸 즙은 생명과 관계가 있다. 그것을 소금
물에 넣어둔다고 해서 쉽게 독성이 사라지지는 않는다. 냄새를
맡기만 해도 두통을 일으킬 정도이기 때문이다. 지나치게 냄새를
많이 맡으면 말을 못 할 수도 있다. 지나치게 마시면 죽기도 한다.

만드라고라는 뿌리가 사람처럼 생겼기 때문에 기이한 미신
을 불러일으켰다. 서기 1세기 말의 로마 기록에는 만드라고라를
땅에서 뽑을 때 위험하다고 적고 있다. 만드라고라에 들어 있는
악마가 뿌리가 뽑히면 비명을 질러대는데, 그 소리가 너무나 무
시무시해서 사람들이 미쳐버리거나 즉사한다는 것이다. 따라서
만드라고라를 뽑을 때는 먼저 명상을 하고 단식을 해야 한다. 가
장 안전한 방법은 개를 이용하여 만드라고라를 뽑아내는 것이
었다. 착한 처녀의 머리털을 엮어 만든 새끼줄로 흑백 얼룩 개의
목에 연결하고 그것을 만드라고라 뿌리와 연결한다. 그리고 개
를 먹이로 살살 유혹하면 개가 움직이면서 뿌리가 뽑혀 나온다.
이때 나는 비명 소리를 들은 개는 그 자리에서 죽는다. 그 뒤에
아직 피를 흘리고 있는 만드라고라를 모은다.

만드라고라에 관한 기이한 믿음은 유럽에서 중세 시대까지
이어졌다. 마녀 사냥 열기가 극에 달한 15세기부터 만드라고라
를 지니고 있다고 여겨지면 사형을 당했다. 영국이 프랑스를 공
격하면서 시작된 백년전쟁(1337~1453)에서 프랑스를 구한 잔 다
르크 Jeanne D'arc (1412~1431)는 마녀로 몰려 화형당했는데, 재판 기

록에는 시골 출신의 17세 소녀가 가진 초능력이 만드라고라에 의한 것이라는 대목이 나온다.

17세기에는 만드라고라가 교수형을 당한 남자나 마차에 매달려 처형된 남자가 흘린 정액이 한 방울씩 떨어진 곳에서 싹이 튼다고 믿는 학자들이 나타났다.

윌리엄 셰익스피어William Shakespeare(1564~1616)의 비극인 『로미오와 줄리엣Romeo and Juliet』에서 줄리엣은 다음과 같이 읊조린다.

……대지에서 뿌리째 뽑히는 만드라고라의 비명 소리, 그 소리를 들은 사람은 그대로 광기에 휩싸이게 된다던데……

해독제와 오리

모든 물질은 기본적으로 독극물로 작용할 수 있다. 단지 섭취하는 분량이 문제가 될 따름이다. 하지만 독성이 있는 물질도 존재한다.

살인용 독약으로 악명 높은 비소부터 알려진 것 중에서 가장 강력한 독극물인 보툴리눔톡신, 암을 유발하는 카드뮴, 제1차 세계대전 때 독가스로 오용되어 수천 명의 목숨을 앗아간 염소, 환경호르몬으로 손꼽히는 다이옥신, 인공지능의 아버지인 앨런 튜링Alan Turing(1912~1954)이 자살할 때 절반쯤 베어 먹다 남긴 사과에 묻어 있던 시안화칼륨(청산가리)까지, 독성물질은 끊임없이 수많은 사람의 목숨을 노리고 있다.

인류 문명의 초창기에 독성물질에 대한 처방전을 만든 인물로는 터키 서부의 폰토스 왕국을 56년간 지배한 미트라다테스 6세Mithradates VI(기원전 135~63)이다. 소아시아에서 강력한 지도력을 발휘한 그는 로마와 주도권을 다툴 정도였다. 22개 국어를 구사하는 지력과 뛰어난 체력을 겸비한 인물이었지만, 어렸을 때부터 독살당할지 모른다는 공포심에 사로잡혀 번민의 나날을 보내기도 했다. 그는 의사들을 불러 모아서 독초를 재배하고 해독제 연구에 몰두했다. 그러다 마침내 폰토스 지방에 서식하는 오리의 피에서 추출한 물질로 해독제를 개발했다.

폰토스 지방의 오리는 양잿물 같은 독극물을 먹여도 고통을 받을지언정 멀쩡히 살아 있었다. 오리의 뇌와 핏속에 비상을 비롯한 거의 모든 독을 해독하는 성분이 포함되어 있기 때문이다. 그래서 오리고기를 먹으면 각종 공해로 인해 우리 몸 안에 축적된 독성을 해독시켜주는 것으로 알려졌다.

미트라다테스 6세는 수많은 해독제를 발견한 최초의 인물로 여겨진다. 그러나 해독제도 안심이 되지 않았는지 나중에는 극단적인 방법을 생각해낸다. 흑해에 사는 오리가 독을 먹은 뒤에도 살아 있는 것을 보고 오리에게 계속해서 독을 먹여서 면역 체질로 바꾸는 실험을 했다. 그는 이러한 실험을 자신에게도 해서 날마다 독을 조금씩 먹고 어떤 독이 들어오더라도 면역성이 생기도록 했다. 훗날 미트라다테스 6세가 면역학의 창시자로 불리는 것도 이 때문이다.

미트라다테스 6세는 집권 말기에 로마와 치열한 전쟁을 벌인다. 마지막 전투에서 로마군 총사령관 폼페이우스Pompeius에게 패배하여 성이 함락하자 포로 신세로 전락할 것이 두려워 스스로 목숨을 끊기로 한다. 그는 몸에 지닌 독약을 먹고 자결을 시도했다. 그러나 몸이 독에 대한 면역체질로 바뀌어 항체가 만들어져 있으므로 흑해의 오리처럼 멀쩡했다. 마침내 미트라다테스 6세는 병사에게 창으로 몸을 찔러달라고 부탁해서 스스로 최후를 맞는다.

폼페이우스는 미트라다테스 왕이 남긴 의학실험 결과를 몽땅 전리품으로 압수하여 즉시 라틴어로 번역했다.

플리니우스는 『박물지』에서 폼페이우스가 입수한 미트라다테스 왕의 수첩에 다음과 같은 해독제가 기록되어 있다고 적었다.

말린 호두 두 개, 무화과 두 개, 그리고 운향풀잎 스무 장에 소금을 한 움큼 집어넣고 찧은 것을 곡기를 끊은 뒤에 마시면 그날만은 독으로부터 피해를 입지 않는다.

22

초
콜
릿

케
찰
코
아
틀
과

문화영웅 케찰코아틀

1519년 스페인의 에르난도 코르테스Hernándo Cortés
(1485~1547) 장군이 소수의 군대를 이끌고 멕시코 해안에 상
륙했을 때 아스테카 왕국의 황제인 몬테수마 2세Montezuma II
(1466~1520)는 크게 기뻐하며 융숭하게 대접하였다. 몬테수마는
코르테스 일행이 언젠가 되돌아올 것이라고 조상들이 예언했던
케찰코아틀이 틀림없다고 여겼기 때문이다.

중앙아메리카에는 백인들이 들어오기 전부터 네 개의 고대
문명이 꽃피었다. 가장 오래된 올멕 문명을 비롯하여 톨텍 문명,
마야 문명, 아스테카 문명이 그것이다. 그러나 이들 문명은 스페

아스테카 왕국의 마지막 황제인 몬테수마 2세가 코르테스 장군을 영접하고 있다. 작자 미상.

인 정복자에 의해 무참히 파괴당했다.

케찰코아틀은 전설적인 영웅으로 숭배되었고, 동시에 중앙 아메리카 신화의 중심적인 존재로 여겨졌다. 그는 톨텍족의 마지막 왕으로서, 역사상 가장 위대한 문화영웅이었다. 신화에서 사회의 열망이나 이상을 실현하고 인간에게 생존 수단을 전해주는 존재를 문화영웅이라고 한다.

케찰코아틀은 숫처녀의 아들로 태어났다. 케찰코아틀이라는 이름은 '깃털 달린 뱀'이라는 뜻이다. 그는 키가 훤칠했고 수염이 길었으며 번뜩이는 두 눈과 부드러운 피부를 가지고 있었다. 케찰코아틀은 몸소 백성에게 베 짜는 법과 돌을 가는 법, 깃털로 외투를 만드는 기술을 가르쳤다. 옥수수 재배법도 알려주었는데, 옥수수가 너무 잘 자라 농부가 옥수수 알을 한 번에 한 개 씩밖에 운반할 수 없을 정도였다. 또한 시간을 계산하는 방법

스페인-아즈텍 전쟁 당시 아즈텍 사제들이 남긴 『보르보니쿠스 문서Codex Borbonicus』 일부.
가운데에 그려진 두 인물 중 왼쪽이 케찰코아틀, 오른쪽은 테스카틀리포카이다.

과 예술을 창조하고 누리는 방법도 소개했다. 케찰코아틀의 가르침 덕분에 지상에는 인간의 행복을 약속하는 황금시대가 열리게 되었다.

케찰코아틀의 쌍둥이 동생인 테스카틀리포카는 톨텍의 지도자로 추앙받는 형에게 질투심을 느꼈다. 그래서 형을 무너뜨릴 음모를 꾸몄다. 그는 케찰코아틀과 반대되는 성격의 소유자로서 무질서와 파괴의 힘을 상징하는 신이었다.

테스카틀리포카는 케찰코아틀을 왕위에서 끌어내리는 최선의 방법이 그의 도덕성을 훼손하는 것이라고 생각했다. 그래서 정신을 혼미하게 만드는 선인장 술로 케찰코아틀을 유혹해 판단력을 흩뜨려놓은 뒤, 케찰코아틀의 딸을 이용해 형의 체면을 손상할 계략을 짰다. 테스카틀리포카는 먼저 노인으로 변장

멕시코 칼릭스틀라우아카에 있는 케찰코아틀 신전. 이 신전의 나선 형태는 바람의 움직임을 상징하는 케찰코아틀의 거대한 수정 고둥을 연상시킨다. 피라미드 외부에는 깃털 달린 도마뱀인 케찰코아틀의 부조가 장식되어 있다.

하고 케찰코아틀에게 선인장 술을 한 잔 갖다 바치면서, 죽음에 대한 걱정마저 잊게 해주는 술이라고 말했다. 케찰코아틀은 잔을 비운 뒤 젊음을 되찾는 방법을 물었다. 테스카틀리포카는 케찰코아틀에게 한 노인을 찾아가면 젊음의 샘으로 안내해줄 것이라고 거짓말을 했다.

케찰코아틀이 노인을 찾아 왕궁을 떠난 뒤에 테스카틀리포카는 기막히게 잘생긴 젊은이로 변장하고 고추를 파는 상인 행세를 하며 시장통으로 나섰다. 그리고 공주가 지나다니는 시장 길목에서 거의 벌거벗은 차림으로 어슬렁거리다가 공주를 유혹했다. 고추는 멕시코인들 사이에서 남성의 생식기를 상징한다. 첫눈에 고추 장수에게 반한 공주는 사랑의 열병으로 몸져누울 지경이 되었다. 케찰코아틀은 도덕성이 투철했으므로 딸로부터 자초지종을 듣고 고추 장수를 찾아서 사위로 삼았다. 테스카틀리포카의 계략이 그대로 맞아떨어진 것이다.

톨텍인들은 왕이 톨텍의 훌륭한 젊은 이들을 제쳐두고 다른 지역 출신 건달에게 공주를 준 사실을 뒤늦게 알고 분노했다. 결국 테스카틀리포카의 꼬임으로 반란이 일어나고 케찰코아틀은 수세에 몰려 협상을 하지 않으면 안 되는 수모를 당했다.

케찰코아틀은 아즈텍 최고신의 아들이었다.

테스카틀리포카는 여기에 만족하지 않고 케찰코아틀에게 더 큰 치욕을 안겨주기 위해 톨텍 사회 전체를 파괴할 궁리를 했다. 그는 전염병을 퍼뜨리고, 화산을 폭발시키는 등 갖가지 방법으로 톨텍 왕국을 무너뜨리려 했다. 하지만 케찰코아틀을 완전히 파멸시키지는 못했기 때문에 최후의 결정적인 방법을 찾아냈다.

테스카틀리포카는 케찰코아틀에게 회춘할 수 있다고 속여 독한 술을 마시게 했다. 케찰코아틀은 술에 취해 바닥에 나뒹굴었다. 여사제 한 명이 왕을 알현하러 왔다가 술잔 밑바닥에 남은 몇 방울의 술을 마시고 바닥에 쓰러졌다. 두 사람은 정신을 잃고 함께 이틀을 누워 있었다. 술에서 깨어난 케찰코아틀은 여사제와 동침한 것으로 생각하고 수치심에 사로잡혔다. 케찰코아틀 역시 사제였으므로 그에게 여사제는 동생과 같은 존재였다. 그는 누이동생과 근친상간을 한 것이라고 생각한 것이다. 근친상간에 대한 벌은 죽음이었다.

케찰코아틀은 신하들에게 죗값을 치르기 위해 백성들 곁을 떠나야겠다고 말했다. 그는 모든 귀중품을 골짜기와 강물 속에 버린 다음 자신의 무덤을 만들고 그 안에서 사흘 밤을 지냈다. 그리고 왕의 자리를 내놓고 죽음의 나라로 떠났다.

케찰코아틀은 대서양을 향해 가면서 활과 화살로 십자 모양을 만들었는데, 이것이 훗날 케찰코아틀의 상징이 되었다. 대서양에 다다른 케찰코아틀은 다시 돌아오겠다는 말을 남기고 뱀들로 만든 뗏목을 타고 동쪽으로 갔다.

아즈텍 사람들은 흰 살결에 수염이 덥수룩한 케찰코아틀이 십자 모양 표지를 들고 해가 뜨는 동쪽 바다로부터 돌아와 왕좌를 다시 차지할 것이라고 철석같이 믿었다. 따라서 몬테수마는 흰 얼굴에 십자가를 들고 나타난 코르테스 일행을 케찰코아틀로 알고 반겼던 것이다. 코르테스는 소수의 군대로 별다른 저항을 받지 않고 아스테카 왕국을 정복할 수 있었다. 신화가 현실 세계에까지 영향을 준 보기 드문 역사적 사건이었다.

초콜릿은 최음제일까

아즈텍 사람들은 케찰코아틀을 카카오나무를 지키는 신으로 숭배했다. 초콜릿 나무라 불리는 카카오나무는 작고 하얀 꽃을 피우며, 그 꽃에서 길이 25센티미터, 폭 10센티미터의 커다란 꼬투리가 자란다. 칼로 카카오나무에 달린 열매를 떼어내 일주일 정도 발효시킨 다음에 햇볕에 말리고 볶는다. 열매에서 나오는 씨(카카오콩)를 으깨어 단단한 껍데기를 제거하고 남은 덩어리를 찧어 분말을 만든다. 카카오 분말을 반죽 상태로 만든 뒤 설탕이나 바닐라를 첨가하여 음료를 만든다. 이처럼 카카오 반죽에 향신료를 가미하여 만든 음료를 초콜릿이라 한다.

초콜릿은 중남미 인디언, 특히 아즈텍족이 최초로 만들었다. 아스테카 제국은 초콜릿을 숭배하는 사회였다. 1502년 미국의 인디언 추장으로부터 카카오 열매를 선물받은 크리스토퍼 콜럼버스는 그 가치를 제대로 알지 못했다.

유럽인들이 초콜릿의 맛을 음미하기 위해서는 1519년 스페인의 코르테스 장군이 아즈텍을 정복할 때까지 기다려야 했다. 초콜릿 맛에 감탄한 코르테스는 1528년 처음으로 카카오 열매를 배에 싣고 스페인으로 돌아온다. 그러나 스페인에 초콜릿 공장이 생기고 카카오 열매가 정기적으로 수입된 것은 1580년부터이다. 초콜릿은 프랑스, 이탈리아에 이어 영국에 소개되면서 마약처럼 유럽인들의 마음을 사로잡았다. 이후 초콜릿은 오랫동안 귀족들의 사치스러운 소비품에 머물렀으나 20세기 초부터 생산비 절감으로 일반인들도 초콜릿을 즐길 수 있게 되어 아침 식사와 어린이 간식의 기본 메뉴로 자리 잡았다.

오늘날 가장 비중 있는 초콜릿 소비 국가는 미국과 유럽이지만 브라질, 중국, 일본, 한국에서 수요가 지속적으로 증가하는 추세이다.

카카오 열매는 제3세계에서 주로 생산된다. 첫째가는 카카오 생산국은 총생산량의 40퍼센트를 점유하는 코트디부아르이다. 2위는 가나(13퍼센트), 3위는 인도네시아(11퍼센트)이다.

카카오나무는 차나무, 커피나무에 이어 세 번째로 손꼽히

카카오 열매. 카카오나무의 열매에서 나오는 씨(카카오콩)로 초콜릿을 만든다.

는 카페인 공급원이다. 카페인은 식물이 자연적으로 만들어내는 각성제 가운데 가장 널리 사용되는 물질이다.

초콜릿은 영양학적으로 매우 흥미로운 특성이 있는 식품이다. 탄수화물, 지방, 단백질, 섬유질이 함유되어 있고 비타민과 필수 무기 원소도 들어 있다. 따라서 초콜릿은 에너지를 공급하는 영양식 또는 강장제로 사랑을 받아왔다. 예컨대 아즈텍 전사들에게는 활력을 불어넣는 간식거리였으며, 나폴레옹 1세는 전쟁터에서 부하들에게 일부러 초콜릿을 먹였다. 제2차 세계대전 때부터 초콜릿은 미국 병사들의 하루 치 식량에 포함되었다.

초콜릿은 여자들이 즐기는 간식이다. 우울할 때나 사랑하는 이와 헤어졌을 때, 또는 월경이 시작되기 전에 여자들은 초콜릿을 마구 먹곤 한다. 1982년 미국 약리학자인 마이클 리보비츠 Michael Liebowitz 박사는 여자들이 우울할 때 초콜릿을 많이 먹는 것은 뇌에서 각성제 역할을 하는 물질인 페닐에틸아민(PEA)과 연관이 있다고 주장했다. 리보비츠에 따르면 연인들이 상대방에게 얼이 빠지는 사랑의 첫 단계에서 페닐에틸아민이 뇌를 가득 채우기 때문에 연인들은 행복감에 도취되며 밤새 마주 보고 앉아서도 지칠 줄을 모른다. 요컨대 페닐에틸아민이 사랑에 빠지게 하는 최음 효과가 있으므로 초콜릿에 페닐에틸아민이 많이 함유된 초콜릿이 여자들에게 유독 인기가 높다는 것이다.

　페닐에틸아민 이론이 많은 학자로부터 지지를 받는 것은 아니다. 그러나 초콜릿에 성욕 항진 효과가 있다는 믿음은 널리 퍼져 있다. 아스테카 제국의 마지막 황제인 몬테수마 2세는 600명의 여자를 거느린 하렘을 방문하기 전에 정력을 보강한답시고 하루에 초콜릿 50잔을 마셔댔다. 18세기 유럽의 귀부인들은 정부를 흥분시키기 위해 초콜릿을 대접했다. 사상 최고의 포르노그래피 작가로 손꼽히는 프랑스의 사드Marquis de Sade(1740~1814) 후작은 칸다리딘cantharidin을 넣은 초콜릿으로 젊은 애인들을 중독시켰다는 죄목으로 감옥살이를 했다.

　칸다리딘은 한방에서 반묘斑猫라 불리는 까만 갑충인 가뢰에서 채취한 화학물질이다. 과용하면 지속 발기증을 일으킬 정도로 강력한 최음제이다. 성욕과 무관하게 페니스가 계속 발기하는 증상을 지속 발기증이라 한다.

　사실상 초콜릿뿐만 아니라 모든 음식이 최음제로 생각될 만큼 남자들은 정력에 좋다면 아무것이나 닥치는 대로 먹어 치운다. 식물로는 당근, 부추, 마늘, 아스파라거스, 인삼, 양파, 감자 등이, 동물로는 사슴뿔, 곰쓸개, 물개 성기, 하마 코, 거위 혀 따위가 최음제로 애용되고 있다.

초콜릿에 최음 효과가 있다는 증거는 없다. 하지만 많은 사람은 초콜릿과 사랑이 서로 관련이 있다고 상상한다. 해마다 2월 14일 밸런타인데이가 되면 평소 좋아하던 남자에게 사랑을 고백하며 초콜릿을 선물할 그 많은 소녀들도 그런 상상을 할 테지만.

사람들이 초콜릿을 갈망하는 이유가 언젠가는 과학적으로 밝혀지겠지만 그날이 와도 초콜릿을 좋아하는 사람들은 줄어들지 않을 것 같다.

신경전달물질 세로토닌

기분이 안 좋을 때 초콜릿을 먹으면 기분이 좋아지고, 크리스마스에 초콜릿이 잘 팔리는 이유는 초콜릿에 세로토닌이 들어 있기 때문이다.

세로토닌은 뇌에 정보를 제공하는 신경전달물질이다. 세로토닌은 몸 안에 10밀리그램 정도가 있으며, 이 가운데 1퍼센트만이 신경전달물질로서 뇌에 존재하고 나머지는 위와 장에 머물며 복부두뇌abdominal brain의 기능을 돕는다.

위장이 뇌와 같이 일종의 지능을 갖고 있다는 의미에서 위장을 제2의 뇌 또는 복부두뇌라 일컫는다. 복부두뇌는 식도부터 장까지 모든 소화기관을 통괄하며 음식물의 소화를 감시하고 제어한다.

뇌의 세로토닌 수치는 사람의 마음에 결정적 영향을 미친

다. 부부싸움을 하거나 직장에서 스트레스를 받으면 뇌의 세로
토닌 수치가 감소하여 불쾌감을 느끼게 된다. 뇌의 세로토닌 수
치가 급격히 낮아지면 우울증이나 강박신경증에 걸리기 쉽다.

　우울증은 특히 겨울철에 많이 발생한다. 계절적 정서장애
(SAD)라 불리는 겨울 우울증은 짧은 겨울 낮에 햇볕을 충분히
받지 못해 발병하는 것으로 짐작된다. 겨울에 햇볕을 자주 쬐면
기분이 좋아지므로 우울증 치료에도 보탬이 된다. 따뜻한 햇살
을 쬘 때 기분이 좋아지는 것은 우리가 빛을 보면 뇌에서 세로토
닌이 생산되기 때문이다. 햇빛이 부족한 긴긴 겨울에는 세로토
닌이 많이 필요하므로 크리스마스에 초콜릿이 잘 팔리는지 모
른다.

　강박신경증에 시달리는 사람은 세균에 감염되는 것이 두려
워 지나치게 자주 씻거나 집 안 청소를 하루에도 수십 차례 해야
만 직성이 풀린다. 문이 제대로 닫혀 있어도 여러 차례 확인해야
안정감을 느낀다. 이러한 강박신경증이 발생하는 원인은 아직
완전히 규명된 상태는 아니지만 강박신경증을 앓는 환자는 대
부분 뇌 안의 세로토닌 농도가 정상치에 비해 아주 낮은 것으로
밝혀졌다.

　우리는 누구나 한 번쯤 강박신경증 환자가 된다. 사랑에 빠
지는 순간 온종일 애인만을 생각하며 마치 미친 사람처럼 행동
한다. 연애 초기에 사람들은 강박신경증 환자처럼 뇌 안의 세로
토닌 수치가 평균보다 40퍼센트 낮은 것으로 밝혀졌다.

　기분이 좋지 않을 때 초콜릿을 먹으면 어떤 약을 먹는 것보
다 기분이 좋아지는 까닭은 초콜릿에 들어 있는 세로토닌 때문

이다. 세로토닌은 바나나, 딸기, 파인애플 같은 과일이나 우유, 달걀, 참깨, 치즈, 콩, 견과류 같은 음식에도 들어 있다. 과일이나 음식에 들어 있는 세로토닌은 뇌에 직접 전달되지 않고 세로토닌의 전 단계인 트립토판tryptophan 형태로 전달된다. 필수 아미노산인 트립토판은 뇌에 도착하면 세로토닌으로 바뀌기 때문에 가령 초콜릿이나 견과류를 먹으면 기분이 좋아지는 것이다. 음식을 먹으면 연애할 때와 유사한 감정을 느끼게 되는 것은 뇌 안의 세로토닌 수치가 높아지기 때문이다.

세로토닌은 복부두뇌에 머물면서 장 근육의 운동 제어에 결정적 역할을 한다. 소화기관에서 음식물을 수송할 때 장 근육 운동을 자극하는 것이다. 스트레스는 소화기관 안의 세로토닌 수치를 급격히 높이기 때문에 가령 울화가 치밀면 소화가 잘되지 않고 위장 장애가 생긴다.

과민성대장 증상도 세로토닌과 관계가 많은 것으로 밝혀졌다. 과민성대장증후군은 대부분 복부두뇌의 신경세포가 지나친 자극을 받아 장에서 세로토닌을 너무 많이 분비해서 발생하는 질환이다.

신들도 동성을 사랑한다

아폴론의 동성애

그리스 신화의 최고신인 제우스는 성적으로 난잡하기 이를 데 없는 행동을 일삼았다. 마음에 드는 여자는 수단과 방법을 가리지 않고 자기의 것으로 만들었다. 그는 수백 년 동안 수많은 여인과 사랑을 나누면서 간통, 납치, 강간을 서슴지 않았다. 제우스의 상대는 여성에 국한되지 않았다. 그는 트로이의 잘생긴 왕자인 가니메데스에게 홀딱 반해서 독수리를 보내 그를 올림포스로 물어 오게 했다. 제우스가 가니메데스와

벤베누토 첼리니, 「가니메데스」.
미소년 가니메데스는 제우스가 보낸 독수리에 업혀 올림포스 산으로 온다.

잠자리를 같이한 뒤부터 동성애는 올림포스 신들에게 자연스럽게 받아들여졌다.

동성애의 명수는 금발의 아폴론이었다. 미국의 저술가인 토머스 벌핀치의 『고대신화』에는 아폴론이 히아킨토스라는 젊은이와 비극적인 사랑을 나눈 이야기가 짤막하게 적혀 있다.

아폴론은 히아킨토스가 운동을 하건, 사냥을 하건, 산에 소풍을 가건 언제고 그의 뒤를 따랐다. 어느 날 그들은 쇠고리 던지기를 하며 놀고 있었다. 아폴론은 기술과 힘을 겸비했으므로 쇠고리를 하늘 높이 멀리 던졌다. 히아킨토스는 자기도 어서 던지고 싶어 쇠고리를 잡으려고 달려갔는데, 땅에 떨어진 쇠고리가 튀어 오르면서 히아킨토스의 이마를 때리고 말았다. 그는 기절을 하고 자빠졌다.

아폴론은 히아킨토스처럼 얼굴이 창백해졌다. 그는 히아킨토스를 붙들어 일으키고 이마 상처의 피를 멎게 하고, 꺼져가는 그의 생명을 붙잡으려고 갖은 노력을 다했다. 하지만 운명의 신은 아폴론의 정성을 외면했다. 뜰에 핀 백합의 줄기를 꺾으면 땅을 향해 수그러지는 것처럼 히아킨토스의 머리는 어깨 위로 축 늘어졌다. 아폴론은 넋두리를 했다.

"히아킨토스야, 네가 나 때문에 꽃다운 나이에 죽는구나. 네가 이런 일을 당하다니, 모두 내 죄로구나. 할 수만 있다면 너 대신 내가 죽었으면 좋겠구나. 너는 앞으로 나와 더불어 추억과 노래 속에서 살게 될 것이다. 나의 거문고는 너의 아름다움을 칭송하고, 나의 노래는 너의 운명을 노래할 것이다. 그리고 너를 나의 애통

장브록, 「히아킨토스의 죽음」.
아폴론이 히아킨토스의 주검을 끌어안고 있다.

한 마음을 아로새긴 꽃으로 태어나게 할 것이다."

아폴론이 말을 하고 있는 동안에 그때까지 땅바닥에 흘러 풀을 물들이던 히아킨토스의 피가 어느새 아름다운 빛깔의 꽃이 되었다. 이 꽃은 히아신스hyacinth라고 불리는데, 해마다 봄이면 피어나서 사람들에게 히아킨토스의 죽음을 떠올리도록 해준다.

아폴론이 사랑했던 미소년인 퀴파리소스는 아폴론을 피해서 도망을 가다가 죽었는데, 아폴론이 그 소년을 삼나무로 변하게 했다. 영어로 삼나무를 뜻하는 사이프러스cypress는 퀴파리소스에서 유래된 단어이다.

성경 속의 동성애

동성애는 성경에서 일종의 범죄로 간주되었다. 야훼는 모세에게 이스라엘 백성이 그릇된 성관계를 가져서는 안 되는 규정을 일러주면서 "여자와 자듯이 남자와 한자리에 들어도 안 된다"(「레위기」 18:22)고 말하고 "여자와 한자리에 들듯이 남자와 한자리에 든 남자가 있으면 그 두 사람은 망측한 짓을 하였으므로 반드시 사형을 당해야 한다. 그들은 피를 흘리고 죽어야 마땅하다"(「레위기」 20:13)고 했다.

남성 동성애자(게이)들은 대퇴부 성교와 항문 성교를 한다. 대퇴부 성교는 두 남자가 마주 보면서 상대방의 사타구니에 페니스를 끼우고 비벼서 넓적다리에 사정하는 방식으로 진행된다. 항문 성교는 페니스를 상대 남자의 항문에 삽입하여 오르가습을 느끼는 것이다. 항문 성교 행위는 비역 또는 남색이라 하는데, 남색을 의미하는 영어 'sodomy'는 소돔에서 비롯되었다.

「창세기」에는 사해 남쪽에 있던 소돔이 동성애를 탐닉한 대가로 고모라와 함께 멸망하는 이야기가 나온다. 하느님의 천사 둘이 저녁때 소돔에 다다른다. 성문께에 앉아 있던 롯이 때마침 그들을 보고 자신의 집에서 하룻밤 쉬게 한다. 천사들이 잠자리에 들기 전에 소돔 시민이 늙은이 젊은이 할 것 없이 몰려와 롯에게 "오늘 밤 네 집에 든 자들이 어디 있느냐? 그자들하고 재미를 좀 보게 끌어내어라"고 소리친다. 롯은 "나에게는 아직 남자를 모르는 딸이 둘 있소. 그 아이들을 당신들에게 내어줄 터이니 마음대로 하시오. 그러나 내가 모신 분들에게만은 아무 짓도 말아주시오" 하며 사정한다. 천사들은 문 앞에 몰려든 사람들이 눈이 부셔 문을 찾지 못하게 만들고 롯에게 "아들딸 말고도 이 성에 다른 식구가 있거든 다 데리고 떠나거라. 이 백성이 아우성치는 소리가 야훼께 사무쳐 올랐다. 그래서 우리는 야훼의 보내심을 받아 이곳을 멸하러 왔다"고 말한다. 롯이 아내와 두 딸을 데리고 소돔을 떠난 뒤에 야훼가 손수 하늘에서 유황불을 소돔과 고모라에 퍼부어 도시와 사람을 모조리 태워버린다. 소돔과 고모라와 그 분지 일대의 땅에서는 마치 아궁이에서 뿜어 나오는 것처럼 연기만 치솟았다.(「창세기」 19:1~29)

성경에는 또 동성애가 빌미가 되어 집단 강간이 발생하고 내전으로 비화해 한 도시가 멸망하는 이야기가 소개된다. 레위인 한 사람이 첩과 함께 여행하다가 기브아에 있는 어느 노인의 집에서 하룻밤 묵게 된다. 무뢰배들이 몰려와서 노인에게 남색의 상대로 레위인을 요구한다. 레위인은 자신의 첩을 기브아 남자들에게 넘겨준다. 그들은 그녀를 밤새도록 욕보였으며 결국 죽게 만든다.(「판관기」 19)

동성애에 대한 기독교의 입장을 공식적으로 정리한 최초의 인물은 사도 바울Saint Paul이다. 남성뿐만 아니라 여성 동성애자(레즈비언)도 경멸했다. 바울은 "인간이 이렇게 타락했기 때문에 하느님께서는 그들이 부끄러운 욕정에 빠지는 것을 그대로 내버려두셨습니다. 여자들은 정상적인 성행위 대신 비정상적인 것을 즐기며 남자들 역시 여자와의 정상적인 성관계를 버리고 남자끼리 정욕의 불길을 태우면서 서로 어울려서 망측한 짓을 합니다"(「로마인들에게 보낸 편지」 1:26~27)라고 말하고, 남색하는 자는 하느님의 나라를 차지할 수 없다고 경고한다.(「고린토전서」 6:9)

동성애의 역사

인간의 성적 일탈 행위 중에서 동성애만큼 사회적 수용 기준이 시대에 따라 달라진 예는 드물다.

인류 역사를 되돌아보면 동성애는 대부분의 사회에서 경멸과 금지의 대상이었으나, 성 풍습에 따라 용인되기도 했다. 고대 그리스에서는 남자의 동성애가 찬미되었다.

동성애에 도덕적 권위를 부여한 인물은 소크라테스 Socrates(기원전 469?~399)다. 기원전 7세기에 레스보스 섬에서 살았던 그리스의 여류 시인인 사포Sappho는 소녀들을 사랑했다. 그

녀의 고향인 레스보스에서 유래된 말이 레즈비언(여성 동성애자)
이다.

　　로마 시대에는 가톨릭이 국교로 공인되면서 동성애는 교
회법에 의해 죄악으로 간주되었다. 동성애는 수음이나 피임처럼
조물주가 허용한 성교의 본래 목적인 종족 보존과는 무관한 탐
욕적인 성행위이기 때문에 성경의 계율을 어긴 범죄로 본 것이
다. 가령 4세기에는 동성애자에게 세례를 해주지 않았으며, 7세
기에는 게이의 다섯 가지 성적 기교인 키스, 상호 수음, 대퇴부
성교, 구강 성교, 항문 성교에 대해 차등을 두어 형량을 결정했
다. 키스의 경우 범법자가 스무 살 미만일 때 단순 키스는 6일,
음란한 키스는 8일, 사정 또는 애무가 수반된 키스는 10일의 단

귀스타브 쿠르베, 「잠」. 여성 중에도 동성애자가 적지 않다.

식에 처해졌다. 동성애자가 스무 살 이상일 때는 키스의 형태를 구분하지 않고 단식 벌칙을 내리고 교회에서 추방했다. 상호 수음은 20~40일, 대퇴부 성교는 2년, 구강 성교는 4년, 항문 성교는 7년의 참회를 선고받았다.

16세기 초에는 영국에서 동성애를 사형으로 다스리는 법률이 제정되었다. 종교적 차원을 넘어 사회적 범죄로까지 낙인이 찍힌 것이다. 프랑스에서는 동성애자를 화형에 처했다.

성과학sexology의 여명기인 19세기에 이르자 사람들은 동성애를 사악한 원죄의 산물이나 범죄적 성향으로 보는 대신에, 정신적 요인에서 비롯된 성적 일탈 행위로 규정했다. 동성애가 치료 가능한 정신 질환 증세로 간주됨에 따라 수많은 게이가 정신

시메온 솔로몬, 「미틸렌 정원에서 사포와 에리나」.

분석, 거세, 호르몬 처리, 전기충격 치료, 뇌 수술 따위의 실험 대상이 되지 않으면 안 되었다.

20세기에는 산업화와 도시화의 영향으로 성 풍습에 극적인 변화가 일어나면서 나라에 따라 동성애에 대한 태도가 다양하게 나타났다. 미국에서는 알프레드 킨제이Alfred Kinsey(1894~1956)가 1948년과 1953년에 각각 발표한 보고서를 계기로 동성애에 대한 대중의 거부감이 완화된다.

킨제이에 따르면 오로지 게이로 평생을 일관한 남자가 4퍼센트, 오르가슴을 수반한 동성애 경험을 적어도 한 번 가진 적이 있는 남자가 37퍼센트였다. 여자의 경우는 다소 비율이 낮았는데, 1~3퍼센트가 오로지 레즈비언으로 일관했으며, 13퍼센트가 동성과의 성행위에서 적어도 한 번 오르가슴을 맛본 것으로 나타났다.

1969년 6월에는 스톤월 폭동 사건이 터져 미국 사회가 발칵 뒤집혔다. 스톤월은 뉴욕 중심가에 있는 동성애자 전용 술집인데, 경찰이 이곳을 과잉 단속하자 일반 시민들이 동성애자에 가세하여 경찰을 공격했다. 역사상 전무후무한 동성애자들의 반란이 일어난 것이다.

스톤월 폭동을 계기로 동성애자의 존재가 일반인들의 관심사로 부각되었으며 동성애자들은 인권 회복 운동을 조직적으로 전개하기 시작했다. 마침내 1974년 미국 정신병학회는 동성애를 공식적으로 정신 질환 목록에서 삭제했다.

정신병의 굴레에서 벗어난 동성애자들은 본격적인 커밍아웃coming out을 시작했다. 커밍아웃은 글자 그대로 밀실 밖으로 나와 주변 사람들에게 자신이 동성애자임을 떳떳이 밝히는 행위를 뜻한다. 그들은 취업, 결혼, 군 복무에서 이성애자와 동등한 법률적 권한을 적극적으로 요구하고 나섰다.

1975년 미국 연방 정부는 기업이 동성애자라는 이유로 취업 거부를 하지 못하도록 했다. 또한 동성애 부부에게 이성애 부부와 대등한 권리를 부여하는 움직임이 잇따랐다. 1999년 10월 프랑스 의회는 동성애 부부를 법적으로 인정하는 법률을 의결했다. 같은 달 영국 대법원은 게이에게 동거하던 게이의 유산 상속권을 부여하는 판결을 내렸다.

운명인가, 선택인가

동성애의 원인에 대해서는 극단적인 두 견해가 있다. 하나는 동성애 성향이 생물학적으로 결정된다고 보는 반면에 다른 하나는 동성애를 성장 과정의 결과로 본다. 전자는 동성애를 선천적인 운명으로, 후자는 후천적인 선택으로 간주하는 것이다.

동성애를 종교적 차원의 죄악, 극형으로 다스려야 할 범죄 또는 치료 가능한 질환으로 여기는 입장은 물론 후자에 속한다. 이러한 견해를 가진 쪽에서는 동성애를 성적으로 문란하고 무책임한 사람들의 이기적이고 쾌락주의적인 선택으로 보기 때문에 경멸하고 핍박하는 것이다.

그러나 동성애를 개인의 선택으로 보는 견해는 영향력을 잃어가고 있다. 1990년부터 동성애의 생물학적 근거를 밝히려는 연구가 괄목할 만한 성과를 내놓았기 때문이다. 이러한 연구는 두 갈래로 진행된다. 하나는 뇌에서 발견되는 구조적 차이를 관찰하는 연구이고, 다른 하나는 유전적 요인이 동성애에 영향을 미치는 증거를 찾아내는 연구이다.

1991년 8월, 신경과학자인 사이먼 리베이Simon LeVay (1943~) 박사는 게이와 이성애 남자의 뇌 구조에 차이가 있음을 처음으로 밝혀냈다. 에이즈로 죽은 열아홉 명의 게이를 포함해서 남자 열여섯 명, 여자 여섯 명 등 마흔한 명의 뇌를 검시했는데, 시상하부의 간핵INAH 네 개 중에서 세 번째 것의 크기가 현저한 차이를 보인 것이다. 호두 크기만 한 시상하부는 성욕을 관장하는 영역이다. 제3간핵은 이성애자의 것이 게이보다 두 배가량 컸으며, 게이와 여자는 크기가 같았다.

1993년 분자생물학자인 딘 해머Dean Hamer(1951~)는 성염색체에서 게이 형제들이 공유한 유전자의 위치를 발견하고 게이 1호라고 명명했다. 게이 유전자의 존재는 제3간핵의 차이 못지않게 충격적이었기 때문에 학계는 물론이고 저널리즘의 최대 화제가 되었다. 해머도 리베이처럼 게이이다.

해머의 연구는 비교적 소수인 38쌍의 게이를 대상으로 한 연구라는 이유로 비판을 받기도 했다. 그러나 2014년 미국 연구진이 409쌍의 게이를 대상으로 한 연구에서도 비슷한 결과가 나와서 게이 유전자가 존재한다는 연구 결과가 어느 정도 설득력을 갖게 되었다.

동성애가 유전적 요인의 영향에 의해 형성되는 성적 지향으로 밝혀짐에 따라 동성애를 선천적인 운명으로 받아들이는 분위기가 조성되었다. 하지만 동성애가 단일 또는 소수의 유전자에 의해 형성된다는 기존 연구 결과는 논란거리가 되었다. 2019년 미국의 연구진은 국제학술지 《사이언스》 8월 30일 자에 실린 연구논문에서 동성애를 유발하는 단일 또는 소수의 유전자는 존재하지 않는다고 밝혔다. 미국과 유럽에서 48만 명의 유전자를 분석한 결과, 동성애가 수백, 수천 개의 수많은 유전자가 복합적으로 영향을 미쳐 발생하는 것으로 나타났다는 연구논문이었다. 물론 이 연구도 동성애가 유전에 의해 운명적으로 타고나는 성적 지향임을 부정하지는 않고 있다는 사실에 주목할 필요가 있다.

PART 7

필멸자 인간,
영원을
욕망하다

24

타나토노트

신화 속에서 신들은 저승을 마음대로 들락거리지만 인간은 저승 여행이 불가능하다. 그러나 최초의 타나토노트thanatonaute 인 길가메시를 비롯해 그리스 신화의 헤라클레스와 오르페우스, 로마 신화의 아이네이아스 등이 저승에 가서 살아 돌아온다. 타나토노트는 죽음을 의미하는 타나토스thanatos와 여행객을 뜻하는 나우테스nautes의 합성어로서, 명계를 탐사한 사람들을 가리킨다.

수메르 신화에서 우루크 왕국을 126년간 다스린 길가메시는 3분의 2는 신, 3분의 1은 인간이었다. 그는 죽음을 이길 수 있는 방법을 찾기 위해 자기 선조이자 불멸의 존재가 된 우트나피시팀을 찾아갔다. 그는 죽음의 강 건너편에 있는 명계에 살고 있었다. 우트나피시팀은 길가메시에게 바다 깊은 곳에 인간이 영생할 수 있게 만드는 마법의 식물이 있다고 알려준다. 길가메시가 약초를 구해서 우루크로 돌아오는 도중에 뱀이 그것을 집어삼키는 어처구니없는 일이 발생했다. 결국 길가메시는 자기가 죽을 운명임을 깨닫고 우루크 왕국으로 돌아와 순순히 죽음을 맞아들였다.

그리스 신화의 위대한 영웅인 헤라클레스는 제우스와 테베의 왕비 사이에서 태어났다. 테베의 왕이 전쟁터에 나가고 없는 동안에 제우스가 테베의 왕으로 변신해서 왕비와 동침한 것이다. 제우스의 아내인 헤라는 갓 태어난 헤라클레스를 죽이려고 거대한 뱀 두 마리를 요람에 풀어놓았다. 그러나 놀랍게도 태어난 지 겨우 8개월밖에 안 된 헤라클레스는 고사리 같은 손으로 뱀의 목을 졸라 죽였다. 헤라의 적개심은 집요하기 이를 데 없었다. 헤라클레스가 어른이 된 뒤 헤라는 아주 비열한 속임수를 썼다. 헤라클레스를 미치게 만들어 그의

대리석으로 만든 헤라클레스 조각상. 기원전 4세기에 카라칼라 욕장에 세우기 위해 제작되었던 리시포스의 원본을 재현한 작품으로 3세기 초 그리스인 조각가 그리코가 만들었다. 첫 번째 과제인 사자 사냥을 마치고 몽둥이에 기대어 쉬고 있는 모습.

아내와 세 아이를 살해하게 한 것이다. 정신이 되돌아온 헤라클레스는 자신이 저지른 엄청난 일을 깨닫고 델포이로 가서 신탁을 구했다. 결국 헤라클레스는 델포이의 신탁에 따라 영웅이 아니면 해낼 수 없는 열두 가지 과제를 처리해야 하는 처지가 되었다. 열두 과제 중에서 마지막 과제가 지하 세계를 지키는 케르베로스를 한낮의 태양 아래로 끌어내는 일이었다. 케르베로스는 머리가 셋 달린 거대한 개로서, 살아 있는 뱀이 꼬리에 달려 있어서 지옥에 들어오는 사람들에게 꼬리로 인사를 했다. 케르베로스는 지하 세계의 신인 하데스를 모시는 저승의 문지기로서, 죽은 사람들을 지옥으로 들여보내기만 할 뿐 결코 아무도 밖으로 내보내지 않았다. 누구든지 문 근처에 다가가기만 하면 갈기갈기 찢어 한순간에 꿀꺽 삼켜버렸다.

하데스는 무한 지옥인 타르타로스에 있다. 타르타로스는 대장간의 청동 모루를 떨어뜨리면 아흐레를 밤낮으로 내려가 10일째 되는 날 아침에야 닿을 수 있을 만큼 깊은 땅속의 지옥이다. 사람이 이승을 하직하고 하데스의 궁전으로 가려면 아케론, 레테, 스틱스 등의 강을 건너야 한다.

첫 번째 강인 아케론은 '비통의 강'이다. 카론이라는 뱃사공 영감이 뱃삯을 받고 소가죽 배로 혼령을 강의 건너 쪽, 곧 피안으로 실어다준다. 혼령이 지옥의 강을 한두 개 더 건너면 레테, 곧 '망각의 강'에 다다른다. 죽은 자들의 영혼은 살아생전의 기억을 잊기 위해 레테 강에서 물을 마신다. 레테 강을 건너면 혼령은 이승의 추억 때문에 괴로워하지 않게 되고 다시 저승의 백성으로 태어난다. 레테 강을 건너면 벌판이 나오고 지옥의 강

가운데 가장 유명한 스틱스, 곧 '증오의 강'
이 나타난다. 아케론과 레테는 스틱스의 지
류이다.

스틱스 강을 건너면 벌판 앞에 하데스의
궁전이 보인다. 하데스의 궁전에는 죽음의 신,
잠의 신, 꿈의 신, 노쇠의 신, 거짓말의 신이
있다. 하데스의 오른팔인 죽음의 신 타나토스
는 하데스의 명령에 따라 검은 도포 자락을 펄
럭이면서 인간의 영혼을 저승으로 데려오는 저승
사자이다. 타나토스의 손아귀 힘을 꺾은 영웅은 신
과 인간을 통틀어 헤라클레스밖에 없다. 타나토
스는 헤라클레스에게 혼이 나서 그의 혼령을 저
승으로 데려오는 데 실패한 적이 있었다.

지하 세계의 궁전. 저승의 신인 하데
스가 앉아 있고 아래에는 케르베로
스를 붙잡은 헤라클레스가 보인다.

헤라클레스는 열두 번째 과제를 수행하기
위해 저승 세계로 내려갔다. 뱃사공 카론이 돈을 받고 죽음의 강
을 건너게 해주었다. 케르베로스가 살아 있는 인간의 냄새를 맡
고 헤라클레스에게 달려들 기세였다. 그는 하데스에게 케르베로
스를 이승으로 데려가게 해달라고 말했다. 하데스는 무기를 사
용해서는 안 된다는 조건 아래 케르베로스를 데려가도록 허락
했다. 헤라클레스는 케르베로스의 목을 졸라 항복을 받아내고,
쇠사슬로 묶어서 땅 위로 끌어냈다. 나중에 헤라클레스는 케르
베로스의 목에 맨 사슬을 풀어주었다. 케르베로스는 지하 세계
의 어둠 속으로 번개처럼 재빨리 사라졌다.

그리스 신화의 위대한 음악가인 오르페우스는 가수이자 리라(수금) 연주가였다. 그가 노래하기 시작하면 새들은 지저귐을 멈추고 들짐승들도 온순해졌다. 그는 님프인 에우리디케와 열렬한 사랑에 빠져 결혼했다. 두 사람은 세상에서 가장 잘 어울리고 가장 많이 사랑하는 한 쌍이었다. 어느 날 에우리디케는 리라를 연주하며 노래를 부르고 있는 오르페우스 옆에서 행복에 겨워 춤을 추다가 잠자고 있던 독사를 밟고 말았다. 독사가 그녀의 발을 깨물었다. 뱀의 독이 에우리디케의 혈관을 타고 온몸으로 퍼져나가 숨을 거두고 말았다. 아내를 잃은 지 10일째가 되자 오르페우스는 어떤 인간도 해보지 못한 생각을 하게 되었다. 땅속의 지하 세계로 내려가 사랑하는 아내를 찾아오기로 마음먹었던 것이다. 그는 일개 가수였으나 헤라클레스라도 된 듯이 불가

티치아노, 「오르페우스와 에우리디케」.
오르페우스와 행복한 나날을 보내던 에우리디케는 독사에게 발뒤꿈치를 물려 죽는다.

능에 도전하기로 결심했다.

　오르페우스는 주변의 만류에도 불구하고 저승 세계로 들어가는 입구를 찾아다녔다. 그는 여기저기 묻고 또 물어 헤라클레스가 케르베로스를 잡으러 갈 때 지나간 길을 찾아냈다. 긴 동굴 속으로 나 있는 길을 따라 끝없이 아래로 아래로 내려갔다. 마침내 그는 스틱스 강에 이르렀다. 뱃사공인 카론이 나타나서 자신의 배에 살아 있는 사람은 절대로 태우지 않는다고 소리쳤다. 오르페우스는 리라를 연주했다. 카론은 음침하기만 한 저승 입구에서 한 번도 들어보지 못한 황홀한 선율에 넋을 잃고 자기도 모르게 저승 문 앞까지 나룻배를 저어갔다. 케르베로스는 살아 있는 사람을 보고 소리를 내질러댈 뿐이었다. 케르베로스가 하는 일은 저승으로 들어오는 사람을 막는 것이 아니라 저승 세계의 망령이 도망치지 못하게 하는 것이었기 때문이다.

　오르페우스는 하데스 앞에 섰다. 살아 있는 사람이 저승 세계로 들어와서 하데스는 몹시 화가 났다. 그러나 오르페우스가 리라를 연주하며 노래를 부르기 시작하자 하데스는 곧 음악에 도취되었다. 저승 세계의 모든 이들이 오르페우스의 음악에 사로잡혔다. 죽은 자들의 영혼도 가슴을 찢어내는 듯한 노랫소리에 귀를 기울였다. 그런데 죽은 자들 가운데서 젊은 여자 영혼이 갑자기 오르페우스 앞으로 달려 나왔다. 사랑하는 사람의 노래를 듣고 달려 나온 에우리디케였다. 그 순간 저승 세계의 법이 무너졌다. 죽은 자와 산 자는 결코 만날 수 없는데, 에우리디케의 영혼이 살아 있는 오르페우스의 품에 뛰어들었기 때문이다.

　하데스는 놀랍게도 이들에게 벌을 내리기는커녕 오르페우

장라우, 「오르페우스와 에우리디케」.
오르페우스는 황홀한 노래로 저승 세계를 감동시키고
아내 에우리디케를 이승으로 데려가도록 허락받는다.

스에게 에우리디케를 이승으로 데려가도 좋다고 허락했다. 다만 한 가지 조건을 달았다.

"너와 함께 에우리디케를 보내주마. 네가 앞장서 가면 그녀는 네 뒤를 따를 것이다. 하지만 너는 햇빛을 보기 전에는 절대로 뒤를 돌아보아서는 안 된다. 지상에 닿기 전에 뒤를 돌아보면 에우리디케는 다시 지하 세계로 돌아오게 될 것이다."

오르페우스가 앞서고 조금 떨어져 에우리디케가 뒤따르면서 두 사람은 저승 문을 통과했고, 카론의 배를 타고 스틱스 강을 건너 되돌아 나왔다. 오르페우스는 에우리디케가 뒤따라오고 있는지 궁금해서 견딜 수 없었다. 그런데 오르페우스는 에우리디케의 발소리가 들려오지 않아 케르베로스가 저승 문을 통과하지 못하게 했거나, 카론이 배에 태워주지 않았을지 모른다는 생각이 퍼뜩 들었다. 마침내 햇빛이 희미하게 보이기 시작하자 오르페우스는 에우리디케가 자신의 뒤에 없을 것 같은 불안감에 사로잡혀 고개를 돌리고 말았다. 그 순간 에우리디케의 슬픈 눈망울이 그를 원망하듯 쳐다보았다. 오르페우스는 그녀를 껴안으려고 했으나 바람 앞의 불꽃처럼 어두운 지옥으로 사그라지고 말았다.

오르페우스는 7일 동안 스틱스 강가를 서성이면서 카론에게 강을 건너게 해달라고 애걸복걸했다. 그러나 결국 8일째 되는 날 오르페우스는 아내를 찾는 일을 포기하고 고향으로 돌아왔다. 몇 해가 지났건만 오르페우스는 에우리디케 생각뿐이었다. 고향에서 성대한 축제가 열렸는데, 여자들이 오르페우스에게 리라를 연주하고 노래를 불러달라고 청했지만 여전히 깊은 슬픔에 젖어 있던 그가 응할 리 만무했다. 거절당한 여자들은 축제가 끝날 무렵 술이 잔뜩 취한 오르페우스를 공격해서 갈기갈기 찢어 죽였다.

오르페우스의 영혼은 부리나케 에우리디케가 기다리는 저승으로 달려갔다. 저승에는 햇빛도 없고 음악 소리도 없었지만 두 사람은 마냥 행복하기만 했다. 이제 죽음 따위로 다시 헤어질 일은 없기 때문에 마음 놓고 사랑할 수 있었던 것이다.

로마 신화에서 아이네이아스는 로마제국의 기초가 되는 도시를 건설한 영웅이다. 그는 이탈리아에 도착하기 전에 세상을 떠난 아버지를 찾아 명계로 내려간다. 명계에서 아이네이아스는 아버지인 안키세스의 영혼과 재회한다. 안키세스는 자기 아들이 세계에서 가장 강력한 나라를 세우게 될 것이라고 예언했다. 아이네이아스는 아버지의 예언대로 로마를 창건했다.

임사 체험

실존 인물 중에서 지하 세계를 다녀온 이야기를 가장 실감나게 들려준 사람은 이탈리아 시인 단테 알리기에리Dante Alighieri(1265~1321)이다. 그는 죽은 지 1,000년이 넘은 베르길리우스Publius Vergilius Maro(기원전 70~19)의 안내를 받아 저승에 다녀온 기록을 『신곡La Divina Commedia』으로 펴냈다. 중세 기독교 시대의 영혼 공간은 지옥, 연옥, 천국 등 세 지역으로 나뉜다. 따라서 『신곡』도 지옥 편, 연옥 편, 천국 편의 3부로 이루어졌다.

단테에 따르면 지옥은 지구 표면의 갈라진 틈 안에 있고,

연옥은 지구 표면 위의 산에 위치하고 있으며, 천국의 위치는 항성과 일치한다. 단테는 우리를 중세 시대의 내세로 안내한다. 단테와의 여행은 먼저 지옥의 문에서 시작된다. 지옥으로 들어가는 입구에서 단테와 베르길리우스는 "여기 들어오는 너희, 온갖 희망을 버릴진저"라는 유명한 경고문을 본다. 단테와 베르길리우스는 지옥을 지나 연옥에 다다른다. 지옥이 희망의 무덤이라면 연옥은 희망의 장소이다. 영혼들은 연옥에서 고통을 참아냄으로써 속죄를 받고 에덴동산, 곧 지상낙원으로 들어갈 채비를 갖춘다. 이 지상낙원에서 단테는 저승으로 돌아가는 베르길리우스와 헤어지고 하늘로 솟아오른다.

단테와 같은 타나토노트는 우리 주변에 의외로 많다. 그러나 무덤 저쪽의 세계는 오랫동안 과학적으로 탐구가 불가능한 영역으로 여겨졌다. 죽은 사람은 말이 없으므로. 따라서 1960년대까지 죽음의 과정을 과학적으로 연구하는 시도는 거의 없었다. 하지만 죽음의 문턱까지 다녀온 사람들의 경험담이 연구되면서부터 임사 체험near-death experience이라는 용어가 등장하게 된다.

미국 정신과 의사인 레이먼드 무디Raymond Moody(1944~)가 만든 이 용어는 죽음의 바로 앞까지 갔다가 살아남은 사람들이 죽음 너머의 세계를 엿본 신비스러운 체험을 일컫는다. 말하자면 타나토노트가 아니면 겪을 수 없는 체험담이라고나 할까.

1975년 무디가 펴낸 『삶 이후의 삶Life After Life』은 300만 부 이상 팔린 베스트셀러가 되었다. 이 책에서 무디는 사망 선고를 받은 후 소생한 환자 100명의 사례 보고서를 제시했는데, 모든 임사 체험에서는 비슷한 요소들이 나타나고 있다는 결론을 내렸다. 무디의 기념비적인 저서를 계기로 사람들은 비웃음을 살까 두려워할 필요 없이 임사 체험을 털어놓게 된다.

무디의 저서에 영감을 받은 심리학자 케네스 링Kenneth Ring(1936~)은 사고, 질병 또는 자살 기도로 죽음에 가까이 갔던 102명을 면담하고 임사 체험에 다섯 가지 요소가 똑같은 순서로 발생하는 경향이 있음을 알아냈다.

1980년 링이 발표한 임사 체험의 다섯 단계는 평화로운 감정, 유체이탈 경험, 터널 같은 어둠으로 들어가는 기분, 빛의 발견, 빛을 향해 들어가는 단계이다. 각 단계는 평화(60퍼센트), 유체이탈(37퍼센트), 터널(23퍼센트), 빛 발견(16퍼센트), 빛 관통(10퍼센트)처럼 다음 단계로 넘어갈수록 그 전 단계에 비해 보고되는 빈도수가 낮게 나타났다.

임사 체험자는 마지막 단계에서 아름다운 꽃이 가득하고 가끔 황홀한 음악이 들려오기도 하는 별천지에 온 듯한 느낌을 받는다. 죽은 가족이나 친구는 물론이고 빛을 발하는 전능한 존재도 만난다. 그리고 전능한 존재와 함께 이승에서의 삶을 되돌아본다. 결국 임사 체험자는 가족을 돌보기 위해서 또는 아직 마무리하지 못한 삶의 목적을 완성하기 위해 이승으로 되돌아가도록 권유받는다. 중요한 것은 임사 체험자들이 이승으로의 복귀를 별로 달가워하지 않는다는 사실이다. 저승이 낙원이어서일까, 아니면 이승이 고해여서일까.

1982년 갤럽 조사를 보면 미국의 성인 800만 명, 즉 20만 명에 한 명꼴로 적어도 한 번 임사 체험을 한 것으로 나타났다. 그러나 많은 과학자들은 임사 체험을 죽어가는 뇌에서 산소가 결핍되어 발생하는 환각일 따름이라고 일소에 부친다. 물론 환각 이론에 허점이 적지 않다. 먼저 환각은 대개 사람에게 의식이 있을 때 생기지만 임사 체험은 무의식 상태에서 발생하게 마련이다. 또한 뇌의 산소 결핍으로 발생하는 환각은 혼란스럽고 두려움을 동반하지만 임사 체험은 생생하며 평화로운 감정을 수반한다.

2001년 네덜란드 의료진들은 이러한 환각 이론이 옳지 않음을 입증하는 논문을 발표했다. 심장마비 뒤에 의식을 회복한 평균 62세의 환자 344명 중에서 18퍼센트만이 임사 체험을 보고했기 때문이다. 임사 체험이 뇌의 산소 결핍에서 비롯된 환각이라면 모든 환자가 반드시 임사 체험을 해야 했다는 뜻이다. 결국 이들의 연구는 임사 체험이 의학적으로 설명하기 어려운 현상임을 재확인한 셈이다.

어쨌든 많은 사람들이 임사 체험은 분명히 존재하는 현상이며, 임사 체험 당사자의 여생을 극적으로 바꾸어놓는다는 사실에 대해 이의를 달지 않는다. 죽음 너머의 세계를 엿보고 돌아온 타나토노트들은 죽음에 대한 공포를 잊고 내세를 확신하게 됨은 물론이며 물질에 욕심을 덜 내고 타인에게 연민 어린 관심을 갖게 되며 삶에 더욱 감사하는 것으로 확인되었다.

임사 체험은 어떤 의미에서 죽음을 두려워하는 사람들에게 훌륭한 위안이 될 수 있다. 뇌가 죽어갈 때 발생되는 환각으로 고통이나 두려움 없이 평화롭게 생의 종말을 맞이할 수 있다면 축복이 아닐 수 없기 때문이다.

25

불로장생을
꿈꾸는 사람들

길가메시의 저승 여행

저승에 가서 살아 돌아온 최초의 영웅은 수메르 신화의 길가메시이다. 수메르인은 메소포타미아에 최초로 문명을 건설한 민족으로, 기원전 3000년경부터 티그리스 강과 유프라테스 강의 삼각주 유역에 정착했다. 수메르 신화 중에서 가장 유명한 것은 『길가메시 서사시』이다.

길가메시는 기원전 2600년경 우루크 왕국을 126년간 통치했던 왕이기에 그의 이야기는 신화가 아닌 서사시라고 불리지만 그 내용은 신화와 다를 바 없다.

길가메시는 몸의 3분의 2가 신이고 3분의 1은 사람이었다.

신들은 이 세상의 모든 인간들보다 뛰어난 힘과 용기를 가진 존재로 길가메시를 창조했다. 그러나 길가메시는 우루크 왕국을 포악하게 다스렸고, 고통에 빠진 백성들은 신들에게 길가메시에 맞설 수 있는 힘을 가진 영웅을 보내달라고 간청했다. 이들의 기도를 들은 창조의 여신은 진흙을 침으로 이겨 만든 엔키두를 내려보냈다. 엔키두는 온몸에 털이 덥수룩하고 머리가 긴 반인반수의 사나이였다.

신들은 엔키두에게 엄청난 힘을 부여했다. 엔키두는 들짐승들을 자신의 혈육처럼 아꼈다. 영양 떼와 같이 풀을 뜯어 먹고 들소

길가메시. 수메르 신화의 영웅인 길가메시가 한 손으로 사자를 껴안고 있다.

와 함께 웅덩이 물을 마셨다. 사냥꾼이 놓은 덫을 부수고 사로잡힌 동물들을 풀어주면서 숲속 동물의 수호자가 되었다. 엔키두 때문에 더 이상 사냥을 할 수 없게 된 길가메시의 신하들은 길가메시에게 엔키두를 응징해달라고 호소했다.

길가메시는 육체적 쾌락을 모르는 엔키두를 함정에 빠뜨리기 위해 여자를 이용했다. 신전에 있는 아리따운 창기를 뽑아 숲속의 샘물에서 목욕하다가 엔키두가 물을 마시러 오면 유혹하라고 시킨 것이다. 말하자면 미인계를 쓴 셈이다. 미녀에게 마음을 빼앗긴 엔키두는 여섯 날과 일곱 밤 동안 그녀와 깊은 사랑을 나누었다. 이레가 지나서야 엔키두는 여인의 유혹에서 벗어나게 되었지만 이미 모든 것이 달라져버렸다. 숲속 동물들은 엔키두

를 보고 두려움에 떨며 도망쳤다. 여자는 엔키두의 가죽옷을 벗기고, 털을 깎고, 기름을 바른 후 길가메시 앞에 세웠다.

반인반신인 길가메시와 반인반수인 엔키두는 자웅을 겨루었으나 도저히 상대를 꺾을 수 없다는 것을 깨닫고 도리어 절친한 친구가 되었다. 둘은 영원한 우정을 맹세한 뒤 함께 모험을 시작했다.

길가메시와 엔키두는 모험을 하던 중에 삼나무 숲을 지키는 거인인 훔바바를 만난다. 훔바바는 사자의 손톱과 콘도르의 발톱이 달린 괴물이었다. 몸은 온통 두꺼운 비늘로 덮여 있고 이마에는 들소의 뿔이 달려 있으며, 머리에 꼬리와 생식기가 함께 붙어 있었다. 훔바바가 울부짖으면 홍수가 났고, 입에서는 불이 뿜어져 나왔다. 그의 숨결은 죽음, 바로 그것이었다.

길가메시는 엔키두에게 훔바바를 죽이자고 제안했다. 훔바바의 무서운 힘을 알고 있었던 엔키두는 주저하다가 결국 길가메시를 따라나섰다. 길가메시가 도끼로 삼나무를 넘어뜨리자 화가 난 훔바바가 다가왔다. 길가메시가 훔바바의 힘에 밀려 자포자기하려는 순간에 신들은 열세 가지 바람으로 훔바바를 강타했다. 그 덕분에 형세를 역전시킨 길가메시와 엔키두는 목숨을 살려달라고 애원하는 훔바바의 목을 칼로 베고, 그의 머리를 유프라테스 강의 뗏목 위로 내던졌다.

그런데 삼나무 숲은 공교롭게도 예전에 길가메시에게 사랑을 고백했다가 거절당한 여신인 이슈타르의 땅이었다. 격분한 이슈타르는 길가메시를 치기 위해 하늘의 황소를 땅으로 내려보내 우루크 왕국을 공포로 몰아넣었다. 그러나 엔키두는 용감하게 싸워 하늘의 황소를 칼로 찔러 죽였다. 신들은 그들이 만들어낸 피조물에 불과한 엔키두가 훔바바에 이어 하늘의 소까지 죽이자 분노하여 회의를 소집하고, 엔키두에게 죽음을 선고했다. 결국 엔키두는 병으로 쓰러져 날이 갈수록 쇠약해졌고 죽음을 맞았다.

엔키두의 죽음을 지켜본 길가메시는 자신도 엔키두처럼 죽을 수밖에 없는 운명임을 깨닫고 불멸의 생명을 찾아서 모험의 길을 떠난다. 길가메시는 그의 조상인 우트나피시팀이 유일하게 불멸의 생명을 얻었음을 알게 되고 그를 찾아 나선다. 길가메시는 도중에 술집에서 잠시 동안 휴식의 시간을 갖게 되는데, 여주인은 영생을 구하는 것은 덧없는 일이므로 인생을 있는 그대로 받아들이고 즐기면서 살라고 설득한다. 그러나 길가메시가 뜻을 꺾지 않자 우트나피시팀이 명계의 강 건너에 있다고 알려준다.

길가메시는 나룻배를 타고 죽음의 강을 건너서 우트나피시팀을 만난다. 우트나피시팀은 신들로부터 영생을 얻은 경위를 설명해주면서, 신들이 영원한 생명을 자신들의 몫으로 남겨두고 인간에게는 죽음을 운명으로 부여했다는 사실을 강조한다. 우트나피시팀은 인간이 죽음은 말할 것도 없고 잠조차 이길 수 없는 존재라고 말한다. 그는 길가메시에게 여섯 날 일곱 밤 동안 자지 말라고 명했으나 너무나 피곤했던 길가메시는 잠들고 말았다. 길가메시는 잠든 지 7일째 되는 날 깨어났는데, 우트나피시팀의 말대로 잠조차 이기지 못하는 자신에게 실망해 왕국으로 돌아가기로 마음먹는다.

우트나피시팀은 이별 선물로 사람을 다시 젊게 만드는 약초가 있는 곳을 알려준다. 길가메시는 바다 밑바닥까지 헤엄쳐 들어가 이 약초를 구해 온다. 그러나 길가메시가 도중에 목욕을 하는 사이에 뱀 한 마리가 물속에서 나와서 그 약초를 재빨리 먹어버린다. 뱀은 약초를 먹는 순간 허물을 벗고 젊음을 되찾는다. 결국 길가메시는 영생의 길을 찾는 데 실패하고 쓸쓸히 우루크 왕국으로 되돌아온다.

신들의 음식

영생을 누리는 신들은 특별한 음식을 먹었다. 그리스의 올림포스 신들은 모이면 암브로시아를 먹고 넥타르를 마셨기 때문에 늙지도 않고 영원한 젊음을 즐길 수 있었다. 인도 신화의 신들은 암리타와 소마soma를 마셨다.

앙코르와트 회랑 양각 부조. 불사의 영약 암리타를 얻기 위해 우유의 바다를 휘젓는 92명의 데바(신)들과 88명의 아수라가 표현되었다.

암리타는 인도의 감로甘露이다. 감로는 '하늘에서 내린 달콤한 이슬'을 뜻하며, 중국인들은 감로를 불로장생하는 신선의 음료라고 생각했다. 암리타의 뜻은 '죽지 않는 것'이며 암브로시아와 어원이 같다. 암리타는 힌두 신화에서 생명의 물이다.

소마는 넥타르와 같이 신주神酒라고 번역되지만, 양조 과정을 거치는 술이 아니라 즉석에서 복용할 수 있는 환각 물질로 여겨진다. 『리그베다』에는 "우리는 소마를 마셨다. 우리는 불사신이 되었다"는 대목이 나온다.

중국 신화에도 불사약이 빠질 리 없다. 불사약을 먹으면 장생불사할 뿐만 아니라 죽은 사람도 살려낼 수 있다. 불사약에 관한 최초의 기록은 『산해경』에 나온다. 알유의 시체를 가져다가 불사약으로 기사회생시켰다는 구절이 있다. 알유는 모습이 소와 비슷하고 사람의 얼굴과 말의 발을 가졌으며 어린아이 울음소리를 내는 괴물이었다. 알유는 사람을 자주 먹이로 잡아먹었기 때문에 백성은 그 이름만 들어도 간담이 서늘해졌다. 알유는 그의 신하들에 의해 살해되었으나 불사약으로 다시 살아난 뒤 물속으로 뛰어들어 괴상한 짐승으로 변했다고 한다.

또 곤륜산에 살고 있는 서왕모라는 신인이 불사약을 갖고 있었다고 한다. 서왕모는 표범의 꼬리에 호랑이의 이빨을 갖고 있고 봉두난발에 옥비녀를 꽂았다. 동굴에 사는 서왕모는 세 마리의 파랑새가 물어다주는 피투성이의 날짐승과 길짐승 등을 먹고 살았다. 서왕모는 기분이 좋아지면 동굴 속에서 나와 절벽 위에 서서 길게 휘파람을 불었는데, 그 무섭고 처연한 소리가 산골짜기에 울려 퍼지면 모든 동물이 자취를 감추었다고 한다.

서왕모는 곤륜산 위의 불사수에 열린 열매를 따서 만든 불사약을 갖고 있었다. 이 불사수는 몇천 년에 한 번 꽃이 피고, 또 몇천 년이 지나서야 열매를 맺었으며, 그 열매의 수가 많지 않아서 불사약은 참으로 희귀했다. 게다가 서왕모가 있는 곤륜산 근처에는 깊은 강물이 흐르고 불꽃이 타오르는 큰 산이 있었으므로 보통 사람들은 불사약을 구하러 갈 엄두를 내지 못했다.

『산해경』에는 영원히 죽지 않는 사람들의 나라가 여러 개 있다고 나온다. 남방의 황야에 불사민이라는 부족이 살았다. 부근의 산 위에 불사수가 있고 산기슭에는 샘이 있었는데, 불사수의 열매와 샘물을 먹고 모두가 죽지 않고 오래 살았다.

동방삭東方朔은 곤륜산의 신선 중 하나로 한 번 먹으면 천 갑자를 산다는 서왕모의 반도蟠桃를 세 번이나 훔쳐 먹고 삼천갑자를 산 사람이다. 장수로 인해 예로부터 상서로운 인물로 여겨져 그림에 자주 등장한다.

또한 무계국無膂國은 후손을 두지 않고도 국가가 유지되었다. 그들은 동굴 속에 살며 공기만 마시기도 하고, 진흙을 밥으로 삼기도 했다. 남녀의 구별도 없었다. 죽으면 땅속에 매장했는데, 땅속에서도 심장이 멈추지 않고 뛰다가 1,200년이 지나면 부활하여 새로운 삶을 살았다. 이처럼 살다가 죽고, 죽었다가 다시 살아나는 과정을 되풀이했으므로 한 번 죽는 것이 1,200년 동안 긴 잠을 자고 일어나는 것과 마찬가지였다. 결국 그들은 장생불사한 셈이므로 후손을 두지 않고도 국가가 유지될 수 있었던 것이다.

중국의 연금술

옛 중국인들은 장생불사하기 위해 갖가지 방법을 궁리했다. 갈홍葛洪(283~343)이 펴낸 『포박자抱朴子』에는 영생을 얻는 비법이 소개되어 있다. 갈홍은 유교 윤리와 도가의 신비 사상을 결합하려고 시도한 신선가였다.

갈홍은 정확한 호흡 실습, 정액을 보존하는 연습, 태양광선 쐬기, 식이요법 등을 생명 연장 기술로 나열했다. 그러나 장생불사에 이르는 가장 효과적인 방법은 선약을 먹는 것이었다. 『포박자』에는 선약을 만드는 비방이 자세히 적혀 있다. 예컨대 1만 년을 산 두꺼비와 1,000년을 넘긴 박쥐를 한 마리씩 사로잡아서 그늘에 말린 뒤 가루로 만들어 먹으면 4만 세까지 살 수 있다. 또 풍생수라고 하는 짐승을 잡아서 선약을 만드는 방법도 소개한다. 풍생수는 온몸이 푸른색이고 표범처럼 생겼는데, 몇 수레의 땔감으로 불태워도 털끝 하나 타지 않기 때문에 쇠망치로 수천 번 머리를 내리쳐야 죽일 수 있다. 하지만 풍생수는 죽어서도 입을 벌려 바람이 입안에 가득 차면 금방 살아나므로 얼른 콧구멍을 막아야 한다. 풍생수가 죽은 뒤 뇌수를 꺼내서 국화와 함께 장기 복용하면 500세까지 살 수 있다.

『포박자』에는 선약을 만드는 비법이 적혀 있어서 중국 초기 연금술의 전통을 집대성한 고전으로 평가된다. 연금술은 값싼 금속에서 금과 은 같은 귀한 금속을 만들거나 불로불사의 선약을 만들려는 원시적인 화학 기술이다. 비금속을 귀금속으로 바꾼다는 연금약액, 불로장생의 영약, 만병통치약을 통틀어 엘릭시르elixir라고 한다. 요컨대 연금술사들은 엘릭시르로 알려진 신비스러운 물질의 도움으로 비금속 같은 불완전한 것을 귀금속 같은 완전한 상태로 변성할 수 있다고 믿었다.

연금술의 역사는 중국이 서양을 앞선다. 연금술에 관한 가장 오래된 기록이 중국에서 발견되었기 때문이다. 기원전 4세기에 활동한 추연鄒衍(약 기원전 350~270)은 최초의 연금술사로 추측된다. 그는 연금술 이론의 초석이 된 음양의 교리와 5행설을 체계적으로 해석한 최초의 철학자로 여겨지는 전설적인 인물이다. 그는 불사의 방법과 금을 만드는 기술을 설명한 저서를 남겼다고 알려졌다.

중국인들은 만물이 불, 물, 나무, 금속, 흙의 5원소, 곧 5행으로 시작되어 음과 양의 상호 작용으로 창조된다고 생각했다. 중국 연금술사들은 음과 양을 정확한 비율로 혼합하면 기저 금속을 금으로 변성할 수 있다고 믿었으며, 똑같은 법칙을 사람의 생명을 연장하는 데 적용했다.

추연이 죽은 뒤 연금술은 수백 년 동안 황제들의 마음을 사로잡았다. 몇몇 황제는 연금술사를 왕궁 안으로 불러 엘릭시르를 만들도록 했다. 가짜 금이 너무 많이 나돌아서 황제의 칙령으로 다스릴 정도였다.

142년 중국 연금술의 아버지로 불리는 위백양魏伯陽은 『주역참동계周易參同契』를 저술했다. 위백양은 자신을 골짜기에 은둔하여 조용히 책이나 읽으며 사는 사람으로 묘사했다. 중국 연금술의 근본 이론을 정립한 『주역참동계』는 유교의 주역, 도교의 철학, 불사약의 비술을 종합한 이론서이다. 불사약은 금과 수은으로 만들 수 있다고 적었다. 특히 붉은색 안료인 진사(황화수은)가 중시되었다. 진사는 가열하면 유황이 증발하고 신비한 은빛의 수은 결정만이 남아 보는 이들을 놀라게 할 수 있다.

> 금과 황화수은(진사)이 오장으로 스며들면 …… 새하얗던 머리카락은 온통 검은색으로 변하고 빠져버렸던 이는 원래의 자리에 다시 자라난다. 망령이 들어버린 늙은이는 다시 왕성한 젊은이가 된다. 쭈그렁 할머니는 다시 어린 소녀가 된다.

위백양에 이어 갈홍 역시 금과 진사로 불사약을 만드는 몇 가지 조제법을 남겼다. 금으로 엘릭시르를 만드는 조제법 중에서 가장 기발하면서도 효과적인 것은 다음과 같다.

> 돼지 등가죽과 등 지방 3파운드, 1쿼트(1.14리터)의 강산을 준비한다. 5온스의 금을 용기에 넣고 흙 난로 위에서 끓인다. 돼지기름에 금을 담갔다가 꺼내기를 100번 반복하고 똑같이 강산에도 반복한다. 이 금 1파운드를 섭취해보라. 당신은 모든 자연보다 오래 살 것이다. 0.5파운드를 섭취하면 2,000년을 살 것이다. 5온스를 섭취하면 1,200살까지 살 것이다.

갈홍은 진사로 불사약을 만드는 방법도 제시했다.

> 진사 3파운드와 흰색 꿀 6파운드를 뒤섞어라. 이것을 태양에 노출한 뒤 알약 모양이 될 때까지 끓여라. 대마 씨만 한 크기의 이

알약을 날마다 아침에 열 알 복용하라. 1년이 안 되어 하얗던 머리가 검게 되고 빠져버린 이가 다시 나고 피부는 온통 촉촉해지고 원기를 회복하게 될 것이다. 이 알약을 먹으면 나이를 먹지 않고 충만한 생을 즐기며 불사신이 될 것이다.

중국 황제들은 불사를 꿈꾸며 금과 수은으로 만든 엘릭시르를 복용했다. 그러나 그들이 섭취한 엘릭시르는 몸에서 금속 중독을 일으켰을 따름이다. 황제들은 영생하기는커녕 엘릭시르 중독으로 고통받다가 죽음을 맞았다.

중국 연금술의 황금기는 4세기부터 9세기까지였다. 9세기 이후에 중국 연금술이 쇠퇴하게 된 원인 중의 하나로 엘릭시르 중독이 꼽힌다. 그렇다면 연금술사들이 진사로 만든 엘릭시르에 독성이 있다는 사실을 알았으면서도 끈질기게 시도한 이유는 무엇일까. 불사약에 대한 중국 연금술사들의 집념이 그만큼 치명적일 정도로 강력했다고밖에 말할 수 없을 것 같다.

서양의 연금술

중국 연금술이 불로장생의 선약을 만드는 데 주력한 반면에, 서양 연금술은 비금속에서 귀금속을 만드는 것이 주된 목적이었다. 서양 연금술사들은 금을 가장 귀하게 여겼다. 물질 중에서 부패하지 않는 유일한 것이기 때문이다.

연금술 이론은 아리스토텔레스의 4원소설과 4원성설에 기초하고 있다. 모든 물질은 불, 물, 공기, 흙의 4원소로 이루어졌으며, 4원소는 뜨거움, 차가움, 건조함, 축축함의 네 가지 성질 중에서 각각 두 가지씩을 지니고 있다는 것이다. 자연의 모든 물질은 4원소를 모두 포함하고 있으며 각 물질에 그 원소들이 존재하는 비율이 다를 뿐이라는 것이다.

연금술사들은 아리스토텔레스의 4원소설을 더욱 확대하여 유황/수은 이론을 내놓았다. 유황과 수은이 각각 다른 비율과 순도로 섞여 서로 다른 금속을 만들어낸다는 이론이다. 수은은 불변적인 것을 상징하고, 유황은 타서 없어졌다가 다시 생기는 것을 나타냈다. 유황/수은 이론은 유럽 연금술의 기본 원리가 되었다.

서양에서 최초로 연금술이 성행한 곳은 알렉산드리아를 중심으로 하는 헬레니즘 지역이었다. 아리스토텔레스의 철학과 이집트의 금속 기술이 어우러져 출현한 연금술의 목적은 현자의 돌Philosopher's stone을 찾는 것이었다. 현자의 돌은 천한 금속을 귀한 금속으로 변성할 수 있는 것으로서 금의 본질 또는 금의 요소이다. 이 돌은 개념적으로 엘릭시르와 같다고 할 수 있다. 연금술사들은 현자의 돌의 존재를 굳게 믿고 그것을 구하려고 전력투구했다. 그러나 6세기에서 12세기 사이에 연금술은 유럽에서 거의 잊혀졌다. 그 기간에 고대 헬레니즘의 연금술은 이슬람 세계로 건너가 아랍인들에 의해 생생하게 계승되고 발전했다. 연금술의 영어 용어도 대부분 아랍어에서 유래되었다. 예컨대 연금술alchemy, 엘릭시르elixir, 알코올alcohol, 염기alkali 등이 모두 아랍어에서 비롯된 용어이다.

이슬람 연금술의 핵심 인물은 자비르 이븐 하이얀Jabir ibn

중세 이슬람 세계의 연금술.
1062년 페르시아에서 태어나 법원 비서로 일하던 알-투라이al-Tuġrā'i가 쓴 『자비의 열쇠와 지혜의 비밀』 본문. 이 책은 크게 2부로 나뉘어져 있다. 전반부의 긴 서론에서는 4원소론에서 구리를 은으로 변환하기 위한 백색 엘릭시르와 은을 금으로 변환하기 위한 레드 엘릭시르의 준비에 이르기까지 연금술 교리에 대한 체계적인 설명을 제시한다. 원고의 두 번째 부분에는 300년경의 유명한 연금술사 조시무스Zosimus of Panopolys가 쓴 그리스 논문의 아랍어 번역이 포함되어 있다. 알-투라이는 자신의 의견과 다른 권위자들(아리스토텔레스Artistotle, 데모크리토스Democritus, 갈레노스Galen 같은 철학자와 헤르메스Hermes 및 클레오파트라Cleopatra 같은 신화또는 역사적 인물 포함)의 인용문으로 글을 보완하였다. 그리스어로 된 책이 원전이지만 그럼에도 불구하고, 이 번역의 존재 자체는 고대와 헬레니즘 과학 지식의 보존과 전달에 있어서 아랍 과학의 역할에 대해 많은 것을 말해준다.

Hayyan(721~776)이다. 그는 아리스토텔레스의 4원소설을 받아들여, 4원소의 구성비를 알면 그들을 변성해 금을 만들 수 있다고 믿었다. 그는 각각의 기저 금속이 필요로 하는 엘릭시르를 수학적으로 산출하는 방법을 제안했다.

자비르는 엘릭시르 산출 방법에 근거하여 수많은 물질을

창조할 수 있다고 확신했다. 그는 필요한 것이라고는 4원소를 정확한 비율로 조합하고, 화학작용을 수백 번 또는 수천 번 반복하여 수행하는 것뿐이므로 수천 종류의 동식물뿐만 아니라 인간의 생명도 실험실에서 창조할 수 있다고 주장했다.

아랍에서 발달한 연금술은 12세기에 중세 유럽으로 다시 전해졌다. 그 후 르네상스 시대부터 연금술은 새로운 모습을 갖추기 시작한다. 새로운 연금술을 이끈 인물은 파라켈수스 Paracelsus(1493~1541)이다. 그는 연금술에서 중요한 것은 금을 만드는 것이 아니라 약제를 개발하는 것이라고 주장했다. 그를 추종하는 연금술사들은 1500년경 유럽을 휩쓴 매독 치료에 수은을 사용하여 성과를 거두었다. 이를 계기로 16세기에 화학 혁명의 싹이 움트기 시작했다. 천재이며 괴짜인 파라켈수스는 연금술과 현대 화학 사이에 다리를 놓은 셈이다. 유럽인들은 중국인들과 달리 연금술을 과학으로 끌어올렸다.

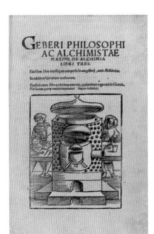

『위대한 철학자이자 연금술사 자비르의 연금술에 관한 세 권의 책』 표지.
자비르 이븐 하이얀Jabir ibn. Hayyān은 8, 9세기 아랍 및 페르시아에서 활약한 학자이자 연금술사이다. 자비르가 쓴 것으로 알려진 여러 저술이 라틴어로 번역되었는데, 이 책에서는 그중 금속의 특성, 연금술 기술 및 행성의 특성을 다루는 세 가지 항목을 수록하였다.

서양 연금술의 기본 신념을 나타내는 상징 가운데 하나는 우로보로스이다. 연금술에서는 모든 물질이 근본적으로 하나이며 죽음과 재생을 통해 완전해질 수 있다는 신념을 갖고 있다. 연금술사들은 이러한 신념을 나타내기 위해 우로보로스를 상징으로 삼은 것이다. 우로보로스는 자신의 꼬리를 물고 있는 뱀으로, 그 이름의 뜻은 '제 꼬리를 먹는 것'이다. 말하자면 '끝은 곧 시작'이라는 의미이다. 이 뱀은 끝도 없고 시작도 없다. 스스로 자신을 먹어 치우고, 자신과 결혼하고, 자신을 새로 만들어낸다. 우로보로스가 만드는 원은 생명과 죽음, 창조와 파괴가 끝없이 순환하는 과정을 상징한다.

　　우로보로스를 그린 그림에는 으레 '모든 것은 하나에, 하나는 모든 것에'라는 뜻을 지닌 그리스어가 쓰여 있다. 이 문구는 연금술의 표어로 널리 사용되었다.

우로보로스.
서양 연금술의 상징 동물인 우로보로스 그림에는 '모든 것은 하나에, 하나는 모든 것에'라는 뜻을 지닌 그리스어 문장이 쓰여 있다.

26

신들의
현란한 변신 솜씨

비슈누의 열 가지 아바타라

인터넷 사용자들은 자신의 아바타avatar를 통해 가상공간에서 활동한다. 아바타는 사이버공간에서 인터넷 사용자를 대신하는 애니메이션 캐릭터를 가리킨다. 입체감과 현실감을 지닌 3차원 아바타는 메타버스metabus에서 춤을 추기도 하고, 끼리끼리 어울려 채팅을 하기도 하고, 친구들과 게임을 즐기기도 하고, 실제로 물건을 구매하기도 한다. 한마디로 아바타는 현실 세계와 가상공간을 이어주는 인터넷 사용자의 분신이다. 아바타는 인도의 창세신화에서 유래한 단어이다.

인도의 힌두교에서 신봉하는 태초의 신들을 찬미한 서정시

398

는 '베다'라 불리는 네 개의 경전에 수록되어 있다. 네 종류의 베다 중에서 가장 오래된 문헌은 기원전 1200년에서 1000년 사이에 편찬된 것으로 추정되는 『리그베다』이다. 리그는 '찬가', 베다는 '지식'이라는 뜻이다. 인도의 고대 찬가를 집대성해놓은 『리그베다』에는 인도의 신들을 찬미한 시들이 실려 있다.

힌두교에서는 세계가 창조, 유지, 파괴를 반복한다고 생각했다. 힌두교의 신화에는 수많은 신들과 생물들이 출몰하지만, 이들은 결국 창조, 유지, 파괴라는 끊임없는 순환 속에 나타났다가 사라지는 존재에 불과하다.

힌두교에서 창조를 주관하는 신은 브라흐마, 세계를 유지하는 신은 비슈누, 파괴의 신은 시바이다. 이 중에서 힌두교 신자들이 가장 좋아하는 신은 비슈누이다. 비슈누는 검푸른 피부에 고대의 왕들이 입던 옷을 걸친 미남으로 묘사된다. 네 개의 손에는 소라고둥, 원반, 곤봉, 연꽃을 들고 있다.

13세기에 지어진 **락슈미 나라시마 사원에 있는 비슈누의 아바타 조각.** '아바타'라는 말은 산스크리트 어로 인간 세상에 내려온 신의 화신을 의미하는 '아바타라'에서 유래했다.

인도의 창세신화에서 태초의 바다는 우유로 되어 있다. 이 끝없는 우유의 바다 한가운데 아름다운 연꽃이 피어 있고, 그 안에서 우주 최초로 유일하게 깨어 있는 존재인 신들의 신이 휴식을 취하고 있다. 바다에서 쉬고 있는 신은 다름 아닌 비슈누이다. 인도인들은 비슈누가 잠을 잔다고 생각했으며, 세계의 창조와 소멸은 모두 그가 꾸는 다양한 꿈의 끝없는 사슬일 뿐이라고 생각했다.

태고의 대해에서 휴식 중인 비슈누의 발치에는 그의 영원한 아내이자 행복과 사랑의 여신인 락슈미가 앉아 있다. 신비한 동물들이 이들 부부를 에워싸고 편히 지낼 수 있게 해주는데, 그 중 대표적인 동물이 아난타와 가루다이다.

아난타는 우유의 바다에서 헤엄치는 우주의 뱀으로, '무궁하다'라는 의미이다. 천 개의 머리를 양산처럼 달고 있는데, 이 머리들은 아난타 위에 누워서 명상하는 비슈누를 가려주는 차양 역할을 한다.

가루다는 비슈누가 타고 다니는 황금빛 새로, 무한한 공간을 오갈 수 있다. 얼굴과 발은 독수리를 닮았고 몸통과 다리는 사람처럼 생겼다. 가루다는 완전히 자란 뒤에 알에서 나오며, 소원을 들어주는 생명의 나무에 둥지를 튼다. 가루다는 힌두교에서 피닉스(불사조)와 동일하게 여겨진다. 가루다의 중요성은 인도에만 국한된 게 아니었다. 예를 들면 캄보디아의 건축에서는 사원 전체가 그 신비스러운 황금새의 등에 얹혀 있다.

비슈누의 힘은 아바타라avatara, 곧 '하강'이라 불리는 다양한 형태로 이 세상에 드러난다. 아바타라는 산스크리트어로 '내려오다ava'와 '땅terr'을 합성한 단어이며, '지상에 강림한 신의 화신'을 의미한다.

인도인들은 432만 년이라는 장구한 시간 동안 비슈누가 모두 열 차례 화신이 되어 세계를 구하려 했다고 믿는다. 아바타라는 세상이 어떤 사악한 힘에 물들어서 그것을 서둘러 바로잡지 않으면 안 될 때면 언제나 나타났다. 비슈누는 "질서와 정의가 무너지고 인간들이 위기에 빠졌을 때 나는 지상에 내려온다"

비슈누의 탈 것인 가루다에 올라 탄 비슈누(왼쪽)와 락슈미.

비슈누가 아내인 락슈미와 함께 우유의 바다에서 헤엄치는 아난타 위에서 쉬고 있다.

고 말한다.

비슈누는 열 가지의 아바타라가 되는데, 절반은 사람으로 절반은 동물로 나타난다. 첫 번째 화신은 물고기이다. 비슈누는 거대한 물고기로 변신하여 의로운 일가족에게 대홍수가 올 테니 배를 준비하라고 일러준다. 그 말에 따라 인간 가운데 유일하게 살아남은 사람들이 인간의 시조였다. 두 번째는 거북의 화신으로 나타나서 악마인 아수라가 우유의 바다를 휘저어 암리타를 빼내려는 것을 저지한다. 암리타는 마시면 불로장생하는 생명의 물이다. 세 번째는 멧돼지로 변신하여 오랫동안 물속에 잠긴 대지를 어금니로 끌어 올렸다. 네 번째는 사자 머리에 사람의 몸을 가진 사자 인간의 화신으로 모습을 드러내서 마왕을 왕좌에서 쫓아내고 여덟 조각으로 찢어버렸다. 다섯 번째는 난쟁이로 변신한다. 비슈누는 신들을 능가하는 힘을 가진 악마에게 난쟁이의 모습으로 다가간 뒤 갑자기 거대한 모습으로 부풀어 오르며 악마의 머리를 밟아 지하에 가두었다.

가장 유명한 아바타라는 일곱 번째의 라마와 여덟 번째의 크리슈나이다. 라마는 『라마야나Ramayana』의 주인공이다. '라마 왕의 행장기'라는 의미를 가진 『라마야나』는 『마하바라타Mahabharata』와 함께 고대 인도의 2대 서사시로 손꼽힌다. 라마왕이 악마들을 물리치고 왕국을 지키는 이야기가 실려 있다.

크리슈나는 『마하바라타』에 나오는 영웅이다. '바라타족의 전쟁을 읊은 대서사시'라는 의미를 가진 『마하바라타』는 세계 최대의 장편 서사시이다. 바라타 왕의 가족들이 18일 동안 벌인 대전쟁이 묘사되어 있다.

비슈누의 아홉 번째 화신은 붓다이다. 붓다는 불교의 교조인 석가모니이다. 최후의 아바타라인 열 번째 화신은 칼키이다. 파괴의 세력인 아수라에 의해 참된 승려들이 살해되고, 남녀 사이에는 더 이상 사랑이 없고, 어린이까지 능욕을 당하는 세상이 된다. 그러자 비슈누는 날개 달린 백마를 타고 칼키라는 인물로 변신하여 세상의 질서를 허물어뜨린 자들을 모조리 응징하고 정의를 부활시킨다. 이로써 432만 년의 세월은 처참한 종말을 고하고 똑같은 기간의 황금시대가 열리게 된다.

제우스가 변신을 자주 한 까닭은

비슈누에 버금가는 변신 솜씨를 자랑한 신은 그리스의 제우스이다. 비슈누가 세계를 구하기 위해 변신을 했다면, 제우스는 애정 행각을 펼치기 위해 변신했다는 점이 다를 뿐이다.

제우스의 다채로운 여성 편력은 그가 영락없이 호색가였음을 보여준다. 그는 수백 년에 걸쳐 수많은 여인과 염문을 뿌리고 다녔으며, 인간인 여성에게 접근할 때는 때때로 자신의 모습을 바꾸었다. 그의 변신은 상상을 초월한다.

다나에는 아름다운 공주였다. 그녀의 아버지는 어떤 사람으로부터 손자에게 죽임을 당할 것이라는 말을 듣고 외동딸인 다나에를 탑 속에 가두어버렸다. 아무도 만나지 못하면 아이를 가질 수 없을 터이므로 손자가 태어날 리 만무했기 때문이다. 다나에를 연모한 제우스는 황금 소나기로 변신해서 창문을 통해 다나에에게 황금 비를 뿌렸다. 다나에는 곧 임신하여 아들인 페

IOANNES · MABODIVS · PINGEBAT · 15 ??

르세우스를 낳았다. 페르세우스는 괴물 여인인 메두사를 죽인 것으로 유명한 그리스의 전설적인 영웅이다.

제우스는 동물로 변신하기도 했다. 제우스는 스파르타의 왕비인 레다가 강에서 목욕하는 것을 보고 욕정을 느꼈다. 그는 백조로 변신하여 레다 앞에 나타나서 임신을 시켰다. 레다는 딸인 헬레네를 낳았다. 헬레네는 세상에서 가장 아름다운 여인으로, 그녀 때문에 전쟁이 일어날 정도였다. 헬레네가 열두 살밖에 되지 않았을 때 영웅 테세우스가 그녀를 한 번 보고는 사랑에 빠져 궁전에서 몰래 납치했다. 이 때문에 스파르타와 아테네 사이에 전쟁이 일어나고 말았다. 헬레네는 스파르타의 왕비가 되었다. 이후 트로이의 미남 왕자인 파리스가 스파르타를 방문했는데, 두 사람은 첫눈에 사랑을 느낀다. 헬레네는 파리스를 따라 트로이로 도망친다. 스파르타 왕은 그리스 영웅들로 군대를 꾸려 트로이로 출발한다. 이렇게 해서 9년 동안 계속된 트로이 전쟁이 발발하게 된 것이다.

에우로페는 페니키아 왕의 딸이었다. 제우스는 하얀 황소로 변신하여 그녀에게 접근했다. 에우로페가 황소의 등에 타자 제우스는 달리기 시작했다. 제우스는 바다로 뛰어들어 크레타 섬으로 헤엄쳐 갔다. 섬에 납치된 에우로페는 제우스의 아들인 미노스 등을 낳았다. 미노스는 크레타 왕조의 시조가 된다.

제우스는 좋아하는 여인의 남편으로 변신할 정도로 수단

얀 호사르트, 「다나에」.
제우스가 황금 비로 변신하여 다나에에게 다가간다.

코르넬리스 보스, 「레다와 백조」.
제우스는 백조로 변신하여 레다 왕비를 임신시킨다. (미켈란젤로의 제자인 안토니아 미니의 모작을 보고 코르넬리스 보스가 판화로 남겼다. 미켈란젤로가 그린 원본은 유실되었다.)

방법을 가리지 않았다. 알크메네는 테베의 왕비였다. 그녀는 제우스의 키스나 포옹을 받아들이지 않았다. 제우스는 알크메네의 남편으로 변신해서 그녀와 키스도 하고 포옹도 했다. 나중에 진짜 남편이 집으로 돌아왔을 때 비로소 제우스에게 속은 것을 알았지만 이미 돌이킬 수 없는 일이었다. 알크메네는 제우스의 아들인 헤라클레스를 낳았다. 제우스의 아내인 헤라는 화가 나서 갓 태어난 헤라클레스를 죽이려고 했으며, 어른이 된 뒤에는 그를 미치게 만들어 아내와 세 아이를 살해하게 했고, 영웅이 아니면 해낼 수 없는 열두 과제를 수행할 수밖에 없는 처지로 만들었다.

제우스는 또한 사랑하는 여인을 동물로 둔갑시키기도 했다. 요정인 이오는 제우스와 사랑에 빠진다. 제우스는 헤라에게 이오와의 관계를 들킬까 봐 두려워 이오를 하얀 암송아지로 둔갑시켰다. 그러나 헤라는 이것을 눈치채고 제우스에게 암송아지를 달라고 요청해서 온갖 방법으로 괴롭혔다. 한번은 이오에게 한 마리의 등에를 보냈다. 이오는 등에를 피하기 위해 고향으로 도망쳤다. 이오가 헤엄쳐 건넜던 바다에 그녀의 이름이 남았는데, 이것이 오늘날 이오니아 해이다. 마침내 제우스가 나서서 헤라에게 이오와의 관계를 끊겠다고 약속하고 암송아지를 사람으로 원상 복구시켰다.

기게스의 황금 반지

제우스에게 기게스의 반지가 있었다면 여인들을 유혹할 때 구태여 변신을 하는 속임수를 쓰지 않아도 되었을 것이다. 기게스의 반지는 플라톤의 대표작인 『국가Politeia』의 제2권에 소개되어 있다.

전설에 따르면 기게스는 리디아 왕의 시중을 드는 양치기였다. 어느 날 폭풍우가 치고 지진이 나면서 땅이 갈라졌는데, 기게스가 양 떼에게 풀을 먹이던 그 자리에 커다란 틈이 생겼다. 그는 땅이 열린 아래로 내려갔는데, 신비로운 것들이 많이 있었다. 그중에는 속이 텅 비고 문이 달린 청동 말 한 마리가 있었다. 몸을 구부리고 그 문 안을 들여다보았더니 사람보다 훨씬 커 보이는 생물의 싸늘한 사체가 있었다. 그 사체는 손가락에 낀 금가락지 말고는 아무것도 몸에 걸치지 않았다. 기게스는 그 반지를 빼서 밖으로 나왔다. 양치기들은 달마다 왕에게 양 떼에 관한 일을 보고하는 모임을 갖고 있었는데, 기게스는 그날도 모임에 참석하면서 반지를 끼고 갔다. 기게스는 사람들 사이에 끼어 앉으면서 무심코 금반지의 바깥쪽을 손바닥 쪽으로 돌렸는데, 그 순간 그는 남의 눈에 보이지 않게 되었고 사람들은 마치 그가 그 자리에 없는 것처럼 그에 대해 험담을 늘어놓았다. 기게스는 놀라서 다시 금반지를 제자리로 돌렸는데 다시 남의 눈에 보이게 되었다. 그러니까 반지를 안쪽으로 돌리면 보이지 않고, 바깥쪽으로 돌리면 보이게 되었던 것이다.

기게스는 왕에게 가는 사자의 한 사람으로 선발되어 왕궁으로 들어갔다. 그는 반지를 끼고 남에게 보이지 않게 한 뒤에 왕비를 겁탈했다. 그 후 왕비의 도움을 얻어 흉계를 꾸며 왕을 살해한 다음 왕국을 차지했다. 기게스의 마술 반지 덕분에 그의 자손들은 리디아를 다스리는 왕족이 된다.

기게스의 황금 반지는 그것을 낀 사람을 투명 인간으로 만드는 마력을 지녔다. 투명 인간은 과학소설이나 영화에서 즐겨 다루어진 소재이다. 가령 영국 소설가인 H. G. 웰스Herbert George Wells (1866~1946)의 『투명 인간The Invisible Man』은 과학자가 자신을 투명 인간으로 만드는 이야기이다. 주인공은 투명 인간이 되어 절도를 하고 폭력을 행사한다. 그는 결국 인간 이상의 존재가 되는 동시에 인간 이하의 존재가 된다. 투명 인간은 군중에게 맞아 죽게 되었을 때 투명성을 상실한다.

『투명 인간』을 바탕으로 수많은 투명 인간 영화가 제작되

영화 「할로우 맨」. 인간이 형상을 감출 수 있게 되면서 사악한 유혹을 이기지 못하고 위험한 존재가 되어가는 과정을 그린다.

었다. 가령 「할로우 맨(속이 빈 사람)Hollow Man」(2000)은 과학자가 스스로 투명 인간이 되는 실험에 성공했으나 원래 모습으로 돌아오지 못해 일어나는 사건을 보여준다. 투명 인간이 된 주인공은 벌거벗은 여자를 훔쳐보고 옛 애인을 겁탈하고 연구소장과 동료들을 모두 살해하는 망나니로 돌변한다. 이 영화는 플라톤이 기게스의 반지를 통해 제기한 윤리학의 근본 문제를 되묻고 있다. 이를테면 플라톤은 기게스의 반지를 갖고 있다면 굳이 도덕적으로 행동할 필요가 있는지 묻는다. 투명 인간이 되면 들킬 염려가 없는데 어느 누가 욕망을 자제하고 올바른 행동을 하겠느냐고 질문한다. 그 답은 물론 독자 여러분의 몫이다.

머리를 이식한다

남을 속이기 위해 변신하는 방법의 하나는 성형수술로 얼굴을 뜯어고치는 것이다. 극단적인 경우 다른 사람과 얼굴을 통째로 맞바꾸는 상황을 상상할 수 있다.

영화 「페이스 오프(얼굴 맞바꾸기)Face Off」(1997)에서는 미국 연방수사국 요원과 테러범이 서로의 안면을 떼어내 이식 수술을 하여 얼굴이 완전히 뒤바뀐다. 수사관은 테러범을 생포했지만 그가 의식불명에 빠지자 폭탄 설치 장소를 알아내기 위해 테러범의 얼굴로 바꾼 뒤에 그의 동생에게 접근한다. 한편 의식을 회복한 테러범은 수사관이 떼어놓은 얼굴을 자신에게 이식하고 반격에 나선다. 최후의 순간 맞닥뜨린 두 사람은 서로 자신의 얼굴을 향해 총구를 겨눈다.

이 영화는 얼굴 바꾸기 수술의 현실성 여부를 놓고 뜨거운 논란을 불러일으켰다. 그런데 2005년 11월 프랑스에서 세계 최초로 다른 사람의 얼굴을 부분적으로 이식하는 안면 수술에 성공했다. 이전의 수술은 대부분 환자 자신의 등이나 엉덩이의 살을 이용한 부분 이식에 그쳤지만, 처음으로 다른 사람의 얼굴을 코와 입 등 얼굴 주요 부위에 이식하는 데 성공한 것이다. 환자는 38세의 프랑스 여성으로 개에 물리는 사고를 당해 코, 입술, 턱을 잃어 말도 제대로 못 하고 음식도 씹기 힘든 상태였다. 이식 수술에 필요한 얼굴 피부 조직은 뇌사자로부터 기증받았다.

프랑스 의료진은 5시간에 걸쳐 세계 최초의 안면 이식 수술을 진행했다. 먼저 기증자와 이식자의 얼굴 양쪽 정맥과 동맥을 1~2쌍씩 연결했다. 이어서 기증자의 얼굴에서 코와 입술 등 이식 수술에 필요한 피부와 지방, 혈관을 분리하고 이들에 연결된 근육과 말초 신경 조직을 함께 떼어냈다. 이렇게 떼어낸 부분을 이식자의 얼굴 위에 옮기고 미세 혈관을 연결했다. 코와 입 주변에 이식한 조직을 미세한 봉합실로 꿰매고, 뺨과 입 사이 윤곽선을 활용하여 흉터를 최소화했다. 수술 후 48시간 동안에 이식자의 면역 체계가 거부 반응을 일으키지 않아야 비로소 성공했다고 할 수 있는데, 프랑스 의료진은 환자 상태가 양호하다고 발표했다. 환자의 새 얼굴은 원래 자신의 얼굴과 기증자의 얼굴을 섞은 모습인 것으로 알려졌다.

얼굴뿐만 아니라 머리 자체를 바꾸는 것을 꿈꾸는 사람들도 있다. 5세기 초 중국의 남조 송나라 때 편찬된『유명록幽明錄』은 주로 귀신 이야기를 모아놓은 책인데, 머리를 바꾼 사람의 일화가 수록되어 있다.

재주는 보잘것없지만 용모가 빼어나서 관청의 군사 참모가 된 사내가 있었다. 그는 꿈속에서 얼굴이 못생긴 사내로부터 머리를 맞바꾸자는 제안을 받고 식은땀을 흘린다. 꿈속에서 그는 사내의 집요한 설득에 짜증이 나서 마음대로 하라고 내뱉는다. 얼마 뒤에 그 사내는 머리 바꿔치기를 성공적으로 끝냈다고 말하고 사라진다. 놀라서 깨어났을 때 그의 온몸은 땀으로 젖어 있었다. 사람들은 괴물처럼 생긴 그의 얼굴을 보고 딴사람이라고 의심한다. 그는 아내의 허벅지에 엄지손톱만 한 반점이 있다는 사실을 털어놓으면서 사람들에게 머리가 바뀌었음을 하소연한다. 결국 그는 관청으로 불려가 여러 형태의 시험을 통과하여 신분을 확인받는다. 그런데 이게 웬일인가. 그의 보잘것없던 필체와 문장은 온데간데없고 깔끔한 필체와 시원스러운 문장을 구사하고 있었다. 그는 이미 군사 참모라는 직책이 초라하게 느껴질 정도로 재능이 뛰어난 사람으로 바뀌어 있었다. 그의 새 머리에 비상한 재주가 숨겨져 있었기 때문이다.

이러한 머리 이식은 그간 과학소설의 소재에 머물렀으나 21세기 초에 임상적으로 현실화될 것으로 전망하는 과학자들도 있다. 이미 동물을 대상으로 한 머리 이식에서 몇 차례 성공을 거두었기 때문이다.

1908년 미국의 생리학자인 찰스 거스리Charles Guthrie
(1880~1963)는 작은 잡종견의 머리를 같은 종의 더 큰 개의 목에
접합하는 실험을 했다. 큰 개의 머리는 손대지 않았으므로 머리
가 두 개 달린 상태였다. 1950년대에 러시아 과학자인 블라디미
르 데미코프Vladimir Demikhov(1916~1998)는 잡종 강아지의 상체
를 더 큰 개의 목 혈관에 접합했다. 앞다리가 달린 채로 상체를
접합했으므로 목은 두 개, 앞다리는 네 개 달린 개가 생긴 것이
다. 이 개는 수술 뒤 29일간 생존했다.

머리가 제거된 포유동물의 몸에 새 머리를 이식하는 수
술은 1970년 미국의 신경외과학자인 로버트 화이트Robert
White(1926~2010)에 의해 처음으로 시도되었다. 화이트 교수는
붉은털원숭이가 머리 이식 수술 후 마취에서 깨어나 두개골의
신경 기능을 완벽하게 회복했으며 8일 동안 살아 있었다고 발표
했다.

화이트 교수는 원숭이 머리 이식 수술 절차를 조금만 응용
하면 인간의 머리 이식도 가능할 것이라고 주장했다. 그가 말하
는 사람의 머리 이식 수술 과정은 머리를 주는 사람과 머리를 받
는 사람을 마취하는 것으로 시작된다. 두 사람의 목둘레를 절개
한 뒤 조직과 근육을 분리하여 동맥, 정맥, 척추를 노출시킨다.
뇌가 충분한 혈액 공급, 즉 산소를 받을 수 있도록 혈액 응고를
방지하는 약품을 각 혈관마다 넣는다. 그 뒤 두 사람의 목 척추
에서 뼈를 제거한 뒤 척수를 드러낸다. 척추와 척수를 분리하고
나서는 이식할 머리를 절단해 머리가 이미 절단되어 있는 몸에
접합한다. 이어서 이식한 머리에 달린 정맥과 동맥을 새로운 몸

의 정맥과 동맥에 봉합한다. 근육과 피부도 차례대로 봉합되면 머리 이식 수술이 완료된다.

화이트 교수에 이어 머리 이식 수술 연구에 성과를 올린 인물은 이탈리아의 외과의사인 세르조 카나베로Sergio Canavero (1964~)이다. 2015년 2월 국제 학술지에 발표한 논문에서 카나베로는 화이트와 유사하게 머리 이식 수술 방법을 제안하고, 가장 어려운 문제는 몸의 면역계가 새 머리를 거부하지 않게끔 하

플루타르코스는 다음과 같은 질문을 던진다. "미노타우로스를 죽인 후 아테네에 귀환한 테세우스의 배를 아테네인들은 팔레론의 디미트리오스 시대까지 보존했다. 아테네인들은 배의 판자가 썩으면 새 판자로 계속 교체했다. 그러다 보니 언젠가부터는 원래의 배의 조각은 하나도 남지 않았다. 그렇다면 이 배를 테세우스의 배라고 부를 수 있는가?"

는 것이라고 밝혔다. 화이트의 머리 이식 수술이 실패한 이유 가운데 하나는 원숭이 머리가 새 몸뚱이에 의해 거부되었기 때문이다. 일부 전문가들은 남의 장기나 팔다리를 받아들이게 하는 약품을 투여하면 면역 거부 반응을 손쉽게 해결할 수 있다고 주장한다.

2017년 11월 카나베로는 기증된 시신 두 구를 이용해 머리를 이식하는 수술에 성공했다고 밝혔다.

머리 이식은 사고로 목 아래쪽이 마비된 사람들이 희망할 것 같다. 머리를 다른 사람의 온전한 몸으로 이식하면 신체를 더 많이 움직일 수 있으므로 생명을 연장할 가능성이 커지기 때문이다.

사람의 머리 이식은 필연적으로 윤리 문제를 야기한다. 그러나 화이트나 카나베로는 머리 이식에 필요한 몸은 뇌사 판정을 받은 사람으로부터 기증받기 때문에 머리 이식에 따른 생명 윤리 문제는 없을 거라고 주장한다. 하지만 머리 이식으로 목 아래의 신체 기관, 이를테면 심장, 젖가슴, 팔다리, 배꼽, 생식기, 발톱, 항문 등이 남의 것으로 바뀐 사람을 수술 전의 그 사람과 온전히 똑같다고 보기는 어려울 것 같다.

27

별난 짝짓기와 생식 전략

아프로디테의 불륜 행각

그리스의 올림포스 신 중에서 소문난 바람둥이를 꼽으라면 남자로는 제우스, 여자로는 아프로디테이다. 둘 모두 사랑의 욕구를 충족하기 위해서 수단 방법을 가리지 않았다. 제우스는 변신을 해서 남의 아내와 간통을 하고 자식까지 낳았다. 유부녀인 아프로디테 역시 외간 남자와 간통을 서슴지 않았다.

사랑의 여신인 아프로디테는 '거품에서 생긴 여자'라는 뜻이다. 창세신화에서 우라노스의 막내아들인 크로노스는 낫으로 아버지의 생식기를 잘라 바다에 던졌는데, 그 작은 살점 한 조각이 떨어진 자리에서 작은 거품이 생겨나 자꾸 커지더니 어느 날

갑자기 거품 덩어리 안에서 다 자란 처녀가 튀어나왔다. 그 처녀가 우라노스와 거품 사이에서 태어난 아프로디테이다. 말하자면 아프로디테는 우라노스의 딸이므로 크로노스와는 남매 사이이며 제우스에게는 고모뻘이다.

아프로디테는 올림포스 산 꼭대기에서 아들인 에로스의 도움을 받아 신과 인간의 사랑을 다스렸다. 날개 달린 에로스는 한 번도 과녁을 비껴가지 않은 활을 쏘아 신과 인간의 가슴에 사랑과 미움의 감정을 심어주었다. 아프로디테의 주요 임무는 신성한 결혼을 보호하는 것이므로 그녀는 혼인의 맹세를 지키지 않는 이들을 가장 싫어했다. 하지만 아프로디테 자신은 결혼의 의무를 지키지 않고 바람을 피웠다. 그녀의 이름으로부터 성욕을 촉진하는 약, 곧 최음제를 뜻하는 영어 단어 'aphrodisiac'이 파생된 것은 우연이 아닌 듯하다.

어느 날 전쟁의 신인 아레스가 아프로디테를 찾아왔다. 아레스는 몸매가 다부지고 잘생겼지만 살육을 즐기는 신이었으므로 아무도 그를 좋아하지 않았다. 하지만 아프로디테만은 그를 황금 투구와 갑옷이 잘 어울리는 용맹한 장군으로 보았다. 아레스는 아프로디테가 절름발이 남편인 헤파이스토스를 사랑하지 않는다는 사실을 알고 있었으므로 그녀에게 하룻밤을 같이 지내자고 유혹했다. 아레스는 놀랍게도 헤파이스토스의 침대에서 잠자리를 하자고 꼬드겼다.

아뇰로 브론치노, 「비너스, 큐피드, 어리석음과 세월」.
비너스(아프로디테)와 큐피드(에로스)는 신과 인간의 사랑을 다스렸다.

조르다노, 「헤파이스토스의 대장간에서 밀회를 나누는 아레스와 아프로디테」.
아프로디테는 아레스와 바람을 피운 끝에 망신을 당한다.

그날 태양신 헬리오스는 헤파이스토스가 만들어준 태양 마차를 몰고 하늘나라를 지나다가 아프로디테가 아레스와 함께 헤파이스토스의 침대에 누워서 사랑을 속삭이는 간통 현장을 발견하고 분노했다. 헬리오스는 마음씨 착하고 성실한 남편을 배반한 아프로디테를 원망하며 헤파이스토스에게 간통 사실을 알려주었다.

헤파이스토스는 아내의 불륜 소식을 듣고 격분했지만 곧바로 이성을 되찾고 간통 현장을 포착하는 계략을 짰다. 그는 대장간으로 가서 청동으로 눈에 보이지 않는 투명 그물을 만들어 자신의 침실 천장에 걸어놓았다. 그리고 먼 곳으로 볼일을 보러 떠난다고 거짓말을 하고는 침실 근처에 숨었다.

아프로디테는 남편의 모습이 사라지자마자 아레스를 침실로 끌어들였다. 두 신은 벌거벗고 침대 위로 나뒹굴었는데, 그 순간 천장에서 투명 그물이 내려와서 그들을 덮쳤다. 헤파이스토스가 미리 연락을 해서 불러 모은 신들이 침실 안으로 몰려들었다. 신들은 두 남녀가 벌거벗은 채 그물에 걸려 버둥거리는 광경을 보면서 조롱하듯 웃어댔다. 그 와중에 바다의 신 포세이돈은 아프로디테의 알몸에 홀딱 반해서 음탕한 생각까지 했다. 그러나 포세이돈은 시치미를 떼고 아레스를 윽박질렀다.

"아레스는 내 말을 잘 듣게. 자네가 저지른 죄에 대해 손해배상을 해야 할 걸세. 헤파이스토스가 아프로디테와 결혼하면서 제우스에게 지불한 헌납금이 얼마인 줄 아는가. 그 액수만큼의 돈을 헤파이스토스에게 주어야만 남의 아내와 놀아난 죄를 용서받을 수 있을 걸세. 그런데 자네가 그 돈을 내놓지 않겠다면 내가 희생정신을 발휘할 수밖에 없네. 헤파이스토스가 부정한 아내와 갈라선다면 나라도 그 음탕하지만 가엾은 여인을 데리고 살며 보살펴주어야 하지 않겠는가."

선량한 헤파이스토스는 포세이돈의 엉큼한 속셈을 눈치채지 못하고 그의 희생정신에 감사의 뜻을 나타냈다. 아레스는 배짱 좋게 한 푼도 내놓지 않았지만 아내를 극진히 사랑한 헤파이스토스는 아프로디테를 버릴 수 없었다. 그 후 아프로디테는 바닷물에 목욕을 하고 다시 처녀성을 회복했다. 하지만 그녀는 타고난 바람기를 주체할 수 없어 방탕한 생활을 계속했다.

제우스는 아프로디테의 행실이 마음에 들지 않아 그녀를 혼내주기로 마음먹고 인간 남자인 안키세스와 사랑에 빠지게 만들었다. 안키세스는 트로이의 양치기였다. 아프로디테는 인간 세상의 공주로 변장하고 양치기 막사로 안키세스를 찾아갔다. 안키세스는 그녀의 아름다움에 사로잡혀 뜨거운 하룻밤을 보냈다. 아프로디테는 정사를 끝내고 자신의 신분을 밝혔다. 안키세스는 인간이 여신과 잠자리를 하면 엄청난 대가를 치러야 한다는 사실을 뒤늦게 깨달았다. 제우스는 안키세스에게 번갯불을 날릴 생각이었다. 제우스의 번갯불이 안키세스에게 떨어지려는 순간 아프로디테가 마법의 허리띠로 그를 감쌌다. 안키세스는 목숨을 건졌지만 한쪽 다리를 쓸 수 없게 되었다. 훗날 아프로디테는 안키세스의 아들을 낳았다. 그의 이름이 아이네이아스다. 그는 트로이 전쟁의 영웅으로 로마의 창시자가 되었다.

간통에서 비롯된 트로이 전쟁

바다의 요정인 테티스의 결혼식에는 단 한 명을 빼놓고 모든 신이 초대되었다. 유일한 불청객은 아레스의 여동생이며 불화의 여신인 에리스였다. 싸움을 좋아하는 에리스가 결혼식을 망칠 가능성이 커서 제우스가 그녀를 초청 대상에서 제외했다. 에리스는 무시당한 데 대해 보복하기로 결심했다.

결혼식은 성대하게 치러지고 신들은 즐겁게 어울렸다. 헤라, 아테나, 아프로디테 등 세 여인도 사이좋게 담소를 나누었다.

그런데 그들 뒤로 에리스가 눈에 띄지 않게 지나가면서 세 여인의 발치에 사과 한 개를 던졌다. 그 황금 사과에는 '가장 아름다운 여신에게'라는 글자가 새겨져 있었다. 제우스의 아내인 헤라, 지혜의 여신인 아테나, 사랑의 여신인 아프로디테 모두 외모에 자신이 있었으므로 서로 그 사과는 자기 것이라고 주장했다. 결국 결혼식은 난장판이 되었고 세 여인은 서로를 증오하며 헤어졌다. 시간이 흘러도 세 여인은 화해하지 않았다. 자신이 이 세상에서 가장 아름다운 여인이라고 생각했기 때문이다.

제우스는 세 여인 모두 황금 사과를 차지할 자격이 충분하다고 생각했지만 어느 한쪽의 손을 들어줄 수는 없었다. 그래서 최고의 미인을 뽑는 일을 인간에게 맡기기로 결정했다. 그는 트로이의 양치기인 파리스에게 사과의 주인이 될 여신을 뽑아달라고 부탁했다.

파리스는 본래 트로이 마지막 왕의 둘째 아들로 태어났다. 왕비는 그가 태어나기 전날 밤 트로이가 불길에 휩싸이는 태몽을 꾸었다. 신탁에 따르면 파리스가 참혹한 전쟁의 원인이 될 것이라고 했다. 결국 트로이의 왕은 나라를 구하기 위해 파리스를 제거하기로 했다. 왕은 양치기에게 갓난아기를 주면서 죽이라고 명령했다. 그러나 양치기 부부는 아기 왕자를 친아들보다 더 사랑하며 몰래 키웠다. 아기의 이름은 '바구니'를 뜻하는 파리스로 불렸다.

어느 날 파리스가 소 떼에게 풀을 뜯기고 있을 때 헤라, 아테나, 아프로디테 여신이 나타났다. 제우스가 그에게 세 여인 중에서 가장 아름다운 여인을 골라 황금 사과를 주라고 했다는 말을 듣고 깜짝 놀랐지만 피할 수 없는 운명임을 깨달았다. 여신들은 파리스에게 환심을 사려고 좋은 조건을 제시했다. 먼저 헤라는 아시아의 지배자이면서 세상에서 가장 큰 부자로 만들어주겠다고 했다. 아테나는 전쟁에서 백전백승하는 무적의 용사이자 동시에 세상에서 가장 지혜로운 사람으로 만들어주겠다고 했다. 마지막으로 아프로디테는 이 세상에서 가장 아름다운 여자인 헬레네를 아내로 맞게 해주겠다고 약속했다. 헬레네는 백조로 변신한 제우스와 스파르타의 왕비인 레다 사이에 태어난 공주였다. 그녀는 스파르타 왕인 메넬라오스와 결혼했다. 그러니까 아프로디테는 남의 아내를 빼앗아서 파리스에게 주겠노라고 제안한 것이다. 총각에게 유부녀와의 간통을 권유한 셈이다.

비천한 양치기인 파리스는 세상에서 가장 아름다운 여자를 아내로 맞을 수 있다는 제안을 뿌리치지 못하고 말았다. 그는 아프로디테에게 사과를 주었고, 아프로디테는 최고의 미인으로 인정받게 되었다. 그러나 이 일로 해서 파리스에게 내려진 신탁이 마침내 실현되게 되었다. 헤라와 아테나가 파리스에게 복수를 맹세하면서 트로이가 불길에 휩싸이는 전쟁이 시작되었기 때문이다.

훗날 파리스는 트로이의 운동경기에서 우승하게 되었고, 왕 앞에 나타나서 양치기인 자신이 왕자임을 밝힌다. 마침내 부모를 찾게 된 것이다. 파리스 왕자는 스파르타를 방문해서 메넬라오스 왕의 아내인 헬레네와 사랑을 나누게 된다. 아프로디테의 아들인 에로스가 쏜 화살이 헬레네의 심장을 찌른 것이다. 파리스 왕자와 헬레네 왕비는 스파르타를 탈출해 트로이로 왔다.

자크-루이 다비드, 「파리스와 헬레네의 사랑」.
벌거벗은 파리스 왕자는 남의 아내인 헬레네 왕비와 사랑을 나눈다.

    왕비를 빼앗긴 메넬라오스는 트로이를 상대로 전쟁을 선포
했다. 그는 그리스의 영웅들을 중심으로 군대를 모아 헬레네를
구출하기 위해 트로이로 출발했다. 파리스의 선택에 분노한 헤
라와 아테나는 그리스의 편에 섰고, 아프로디테는 트로이의 편
에 섰다. 트로이 전쟁은 9년 동안이나 계속되었다. 그리스인들
은 트로이 목마를 타고 트로이 성 안으로 들어가 도시를 불바다
로 만들어버렸다. 트로이가 함락된 후, 아프로디테는 그의 아들
인 아이네이아스가 트로이의 생존자를 구출할 수 있도록 도와
주었다. 그는 불구의 몸인 아버지 안키세스를 등에 업고 불타는
도시에서 도망쳤다. 그의 아내는 전쟁 중에 죽었다. 아이네이아

스는 아버지, 아들들, 트로이 귀족들을 이끌고
먼 길을 떠났는데, 방랑을 계속하는 도중에
안키세스가 죽고 말았다. 아이네이아스 일행
은 마침내 이탈리아에 상륙하여 로마의 기초
가 되는 도시를 건설한다.

트로이 전쟁은 호메로스가 쓴 서사시인
『일리아드』를 통해 알려졌으며, 아이네이아
스 이야기는 로마 시인인 베르길리우스가 11
년에 걸쳐 집필한 장편 서사시인 『아이네이스
Aeneid』에 실려 있다. 아이네이스는 '아이네이
아스의 노래'라는 뜻이다.

트로이 전쟁의 한 장면을 담은 유물.

다윗이 부하의 아내를 빼앗다

"너희는 간음하지 못한다"는 성경에 나오는 십계의 일곱 번
째 계율이다.(「출애굽기」 20:14, 「신명기」 5:18) 간통은 야훼(하느님)
의 계율을 어긴 행위로 간주된다. 「창세기」 39장이 좋은 예이다.

요셉은 이집트로 끌려가서 파라오의 신하인 경호대장 보디
발의 노예로 팔린다. 요셉은 잘생긴 사내였으므로 보디발의 아
내로부터 유혹을 받는다. 그러나 요셉은 마님을 범접하는 것은
하느님에게 죄가 된다고 거절한다. 날마다 수작을 걸었으나 뜻
을 이루지 못한 보디발의 아내는 화풀이로 요셉에게 강간 누명
을 씌운다.

간통에 대한 경고는 구약성서의 도처에서 찾아볼 수 있다.

남의 아내를 범한 사내가 붙잡히면, "맞아 터지고 멸시를 받으며 씻을 수 없는 수모를 받게 된다. 그 남편이 질투에 불타 앙갚음하는 날에는 조금도 사정을 보지 아니할 것"(「잠언」6:32~35)이라고 경고하고 있다.

호색의 죄에 대한 경고도 빠뜨리지 않는다. 호색가는 상대를 가리지 않고 다 좋아해서 죽을 때까지 그만둘 줄 모른다. 부정한 침소에서 나온 자는 마음속으로 말할 것이다. "아무도 보지 않는다. 주위에는 어둠뿐, 벽이 나를 가려주지 않느냐? 아무도 보는 이 없으니 겁날 게 무엇이냐?" 그러나 그는 주님의 눈이 태양보다 만 배나 더 밝으시다는 것을 모르고 있다. 이런 자는 온 동네 뭇사람 앞에서 벌 받을 것이며, 뜻하지 않은 때에 생각지도 못한 곳에서 잡힐 것이다.(「집회서」23:16~21)

여자의 간음에 관하여 흥미로운 표현이 구약성서에서 적지 않게 발견된다. 가령 "정말 모를 일이 네 가지 있으니, 곧 독수리가 하늘을 지나간 자리, 뱀이 바위 위를 기어간 자리, 배가 바다 가운데를 지나간 자리, 사내가 젊은 여인을 거쳐간 자리"라고 언급하고 "간음하는 여인의 행색도 그와 같아 먹고도 안 먹은 듯 입을 씻고 '난 잘못한 일 없다'고 시치미 뗀다"는 것이다.(「잠언」30:20)

야훼는 모세에게 아내가 간통한 것을 밝히는 절차를 가르쳐준다. 남편 몰래 외간 남자와 잠자리를 하여 몸을 더럽히고 숨기고 있는데도 증인이 없고 현장에서 붙들리지 않았을 경우, 남편은 아내를 사제에게 데리고 가서 보릿가루를 예물로 바친다. 사제는 그 여인을 가까이 오게 하여 야훼 앞에 세운다. 그리고 거룩한 물을 오지그릇에 떠 놓고, 성막 바닥에 있는 먼지를 긁어서 물에 탄 다음에 여인의 머리를 풀게 한다. 그러고 나서 죄를 고백하게 하는 곡식 예물을 여인의 두 손바닥에 들려주고, 사제는 저주를 내려 고통을 주는 물을 손에 든 채 여인에게 다음과 같이 말하며 맹세를 시킨다.

"외간 남자와 한자리에 든 일이 있느냐? 유부녀로서 남편을 배신하고 몸을 더럽힌 일이 있느냐? 만일 그런 일이 없다면 저주를 내려 고통을 주는 이 물이 너를 해롭게 하지 못할 것이다."

그 물을 마시게 했을 때 여인이 정말 몸을 더럽혀서 남편을 배신한 일이 있었다면, 그 저주를 내리는 물이 들어가면서 여인은 배가 부어오르고 허벅지가 말라비틀어질 것이다.(「민수기」 5:11~28)

간통한 사실이 발각되면 남녀 모두 반드시 함께 사형을 당해야 한다.(「레위기」 20:10, 「신명기」 22:22) 특히 자기 남편을 버리고 딴 남자의 아이를 낳은 여자의 경우, 여자는 물론이고 그녀의 소생까지 저주받게 된다.

간음으로 사생아를 낳은 여자는 공중 앞에 끌려나가 벌을 받을 것이며, 사생아들은 아무 곳에도 뿌리내리지 못한다. 간음녀의 말로를 본 후대 사람들은 주님의 계명을 지키는 일보다 더 감미로운 것이 없음을 알게 된다.(「집회서」 23:22~28)

간음의 소생들은 장래가 없으며, 불법의 잠자리에서 낳은 자는 멸망하고 만다. 그들이 비록 오래 산다고 하더라도 아무런 값어치가 없으며, 결국은 노년기에 가서 영예스러운 것이 하나

도 없다.(「지혜서」 3:16~18)

구약성서에서 가장 유명한 간통 사건은 다윗과 밧세바 사이의 불륜이다. 유다의 왕인 다윗은 어느 날 저녁 궁전 옥상을 거닐다가 목욕을 하고 있는 아름다운 여인을 보게 된다. 밧세바라는 유부녀였다. 그녀의 남편인 우리야는 군인으로 싸움터에 나가 있었다. 다윗은 밧세바를 데려다가 정을 통했고, 밧세바는 임신하게 된다. 다윗은 태아의 아버지를 속이기 위해 우리야를 싸움터에서 불러들여 술상을 차려주고 밧세바와 동침하기를 바랐으나 우리야는 끝내 집에 들어가지 않고 대궐 문간에서 근위병들과 함께 잤다. 다윗이 우리야에게 집에 들어가지 않는 이유를 하문한즉슨, 우리야는 전우들이 들판에서 진을 치고 있으므로 혼자 먹고 마시고 아내와 재미를 볼 수 없노라고 대답했다.

다윗은 사령관 앞으로 편지를 써서 우리야에게 들려 보냈다. 그 편지에는 우리야를 전투가 가장 격렬한 곳에 내보내 죽게 하라는 내용이 적혀 있었다. 결국 우리야는 격전지로 배속되어 적군의 화살에 맞아 전사한다.

다윗은 예를 갖추어서 밧세바를 아내로 맞아들인다. 밧세바의 몸에서 아들이 태어난다. 야훼는 다윗의 행동이 눈에 거슬렸다. 야훼는 예언자를 다윗에게 보내 야훼를 얕본 벌로 밧세바의 아기에게 중병을 내릴 것임을 통보한다. 다윗은 식음을 전폐하고 베옷을 걸친 채 밤을 새우며 어린것을 살려달라고 맨땅에 엎드려 하느님에게 애원했으나 아기는 일주일 만에 숨을 거둔다.

다윗은 아기가 죽자 야훼에게 예배를 올린 다음에 집에 돌아와서 밧세바와 잠자리를 갖는다. 밧세바는 다윗의 두 번째 아

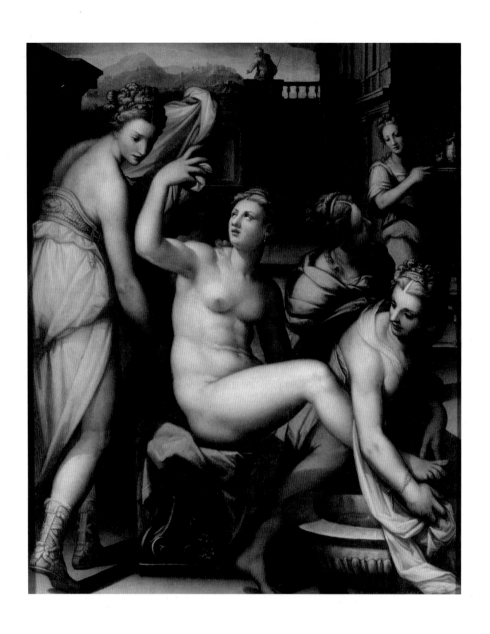

조반니 바티스타 날디니, 「밧세바의 목욕」.
다윗은 부하의 아내인 밧세바와 결혼하여 솔로몬을 낳는다.

들을 낳는다. 이름은 솔로몬이다.(「사무엘하」 11~12)

간통은 신약성서에서도 구약성서에서처럼 경멸받는 행위이다. 예수는 산상설교에서 "누구든지 여자를 보고 음란한 생각을 품는 사람은 벌써 마음으로 그 여자를 범했다"(「마태오의 복음서」 5:28)고 말하고, 길을 떠날 때 부자 청년이 다가와서 영생을 얻기 위해 무엇을 해야 하는지를 묻자 간음하지 말라는 계명을 상기시킨다.(「마르코의 복음서」 10:17~19)

그러나 예수는 간음한 여자를 타살되기 직전에 구출하는 아름답고 극적인 에피소드를 남긴다. 율법학자들과 바리새파 사람들이 간통 현장에서 붙잡혀 온 여자를 모세법에 따라 돌로 쳐 죽이는 문제에 대해 의견을 물어오자 예수는 "너희 중에 누구든지 죄 없는 사람이 먼저 저 여자를 돌로 쳐라"고 말한다. 결국 아무도 돌을 던지지 못하고 그녀는 죽음을 면한다.(「요한의 복음서」 8:3~11)

사도 바울은 사랑의 의무를 다하려면 간음하지 말라는 계명을 지켜야 한다고 말하고(「로마인들에게 보낸 편지」 13:8~10), 음란한 자와 간음하는 자는 하느님의 심판을 받을 것이며(「히브리인들에게 보낸 편지」 13:4), 간음하면 하느님의 나라에서 추방된다고 편지에 적고 있다.(「고린토인들에게 보낸 첫째 편지」 6:9)

그러나 신약성서에서 간통은 새롭게 정의된다. 결혼과 이혼에 대한 예수의 가르침에 따르면 이혼한 사람이 재혼할 경우 간통을 범한 것으로 간주된다.

바리새파 사람들이 예수의 속을 떠보려고 "남편이 아내를 버려도 좋습니까?"라고 묻는다. 예수는 "천지창조 때부터 하느님은 사람을 남자와 여자로 만들었다. 그러므로 사람은 그 부모를 떠나 자기 아내와 합하여 둘이 한 몸이 되는 것이다. 따라서 그들은 이제 둘이 아니라 한 몸이다. 그러므로 하느님이 짝지어준 것을 사람이 갈라놓아서는 안 된다"고 대답한다. 제자들이 이 말씀에 대해 물으니 예수는 "누구든지 자기 아내를 버리고 다른 여자와 결혼하면 그 여자와 간음하는 것이며, 또 아내가 자기 남편을 버리고 다른 남자와 결혼해도 간음하는 것이다"고 말한다.(「마르코 복음」 10:1~12, 「루가복음」 16:18)

오늘날 예수의 가르침에 따라 이혼과 재혼을 간음 행위로 여기는 기독교도들을 찾아보기 힘들다는 것은 주지의 사실이다.

혼외정사는 제2의 생식 전략

인류학자들은 결혼을 남녀가 사회로부터 동의를 받아 성교하고 출산하는 관계라고 정의한다. 이를테면 결혼은 법률적 합의, 성적 접근의 우선권 확보, 생식 자격의 부여 등 세 가지 요소로 성립된다. 그러나 결혼이 반드시 배우자 상호 간의 성적 충실성을 담보하는 것은 아니다. 일부일처제는 인간의 짝짓기 전략 가운데 하나일 따름이며, 제2의 생식 전략으로 혼외정사를 자주 하기 때문이다.

혼외정사는 다름 아닌 간통이다. 간통은 법률적으로 기혼자가 배우자 이외의 이성과 성교하는 행위를 일컫지만 문화에 따라 천태만상으로 공공연히 존재해왔다. 에스키모 사람들의 풍습 중에 아내 접대가 있다. 남편이 사냥 친구나 사업 동료와 우의를 돈독히 하고 싶으면 부인의 성적 봉사를 제공한다. 부인은 남편이 지정한 사내와 며칠 또는 몇 주 동안 동침한다. 이와 같은 공공연한 간통 행위는 중세 유럽 사회에서도 찾아볼 수 있다. 봉건영주는 가신이 결혼하면 첫날밤에 신랑보다 먼저 신부의 처녀성을 유린할 수 있는 권리를 가진다. 이른바 초야권으로 알려진 관행이다.

일반적으로 남자가 여자보다 혼외정사에 더 적극적이라고 보는 것이 사회적 통념이다. 인류학자인 도널드 시먼스Donald Symons(1942~)는 이를 뒷받침하는 이론을 내놓았다. 남자들은 본능적으로 많은 자손을 남기고 싶어 한다. 『기네스북』에 최다 자손 보유자로 기록된 모로코의 마지막 황제 무레이 이스마일 Moulay Ismail(1672~1727)은 서른 살이 안 된 처첩 500여 명에게서 888명의 아이를 낳았다. 이스마일 황제처럼 많은 여자와 성관계를 맺으면 많은 자식을 낳을 수 있다. 따라서 남자들은 성적으로 다양한 변화를 모색하게 마련이다. 이러한 남자들은 자연선택되어 그들의 후손에게 항상 새로운 여자를 유혹하는 유전적 자질을 물려주게 되었다. 오늘날의 남자들이 그들의 아들인 것이다.

그러나 여자들은 남자들과 입장이 다르다. 배란기 이외의 기간에는 정부와 아무리 잠자리를 자주 하더라도 아이를 가질 수 없다. 설령 임신을 하더라도 또다시 임신하려면 오랜 시간을 기다려야 한다. 따라서 여자들은 새로운 상대를 물색함에 있어 남자들보다 생물학적으로 동기가 덜 부여될 수밖에 없다.

더욱이 여자들은 출산 후에 아이를 돌보아줄 남자를 확보

하는 일이 급선무이다. 만일 여자가 성적으로 자유분방하다면 질투심 많은 배우자가 집을 나가버릴 가능성이 크다. 또 혼외정사에 많은 시간과 노력을 투입하면 그만큼 아이를 돌보는 데 소홀해진다. 이러한 여자들은 결국 자연도태되었으며 배우자에게 성적으로 충실한 여자들만이 많은 후손을 남기게 되었다. 오늘날의 여자들이 그들의 딸인 것이다.

시먼스의 이론을 요약하면 남자들은 타고난 난봉꾼들이다. 물론 시먼스의 주장에는 허점이 없지 않다. 우선 혼외정사에 참여한 모든 여자가 남자보다 소극적이었을 리 만무하다. 시먼스는 유부녀가 혼외정사에 빠질 때 봉착하는 불이익만 계산했다. 그러나 간통이 먼 옛날 인류의 암컷에게 생물학적으로 적합했을 이유가 적어도 세 가지는 있다. 첫째, 유부녀가 남편 몰래 혼자 돌아다니면 추파를 던지는 뭇 사내로부터 의식주에 관련된 많은 도움을 받게 마련이다. 혼외정사를 통해 생계에 보탬이 되는 재화를 얻게 된다는 뜻이다. 둘째, 간통은 일종의 생명보험처럼 이용되었다. 남편이 사망하거나 가출했을 때 정부를 곧장 아버지의 자리에 앉힐 수 있기 때문이다. 셋째, 남편이 시력이 나쁜 사냥꾼이거나 무능력한 가장일 때 혼외정사를 통해 유전적으로 우수한 남자의 씨를 잉태할 수 있다. 이와 같이 간통은 여유 있는 생활, 남편 후보생, 좋은 유전자의 자식을 보장해주었으므로 여자의 조상들은 은밀히 혼외정사에 탐닉했다. 이들의 피를 물려받은 여자들은 오늘날 간통의 기회를 사양하지 않고 있는 것이다.

아득히 먼 옛날 인류의 암컷이 혼외정사에 적극적이었음을 보여주는 증거로 여성의 오르가슴이 제시되기도 한다. 남자는 사정과 동시에 절정감을 느끼면서 음경이 위축된다. 음경이 다시 발기하려면 시간이 필요하다. 그러나 여자는 한 번 성교로 여러 차례 되풀이해서 오르가슴에 도달할 수 있다. 말하자면 연속적인 오르가슴은 일부일처의 결속보다는 난잡한 성관계를 고무하기 위해 진화된 것으로 볼 수 있다.

1993년 영국 맨체스터 대학의 로빈 베이커Robin Baker (1944~) 교수는 국제 항구인 리버풀을 대상으로 혼외정사의 실태를 조사한 결과 10퍼센트가량의 어린애가 친부가 아닌 사내에 의해 태어났음을 밝혀냈다. 남편 열 명 중 하나는 남의 자식을 키우면서도 자신의 핏줄이라고 속고 있는 셈이다.

아무튼 일부일처제가 인류에게 허용된 유일한 결혼 제도로 보편화되는 한, 남녀 모두의 성적 동기에 의해 혼외정사는 제2의 생식 전략으로 영원히 살아남을 것임에 틀림없다.

인간 복제

2002년 12월 26일, 사상 최초로 복제 인간 아기가 태어났다는 미국 회사 클로네이드의 발표가 언론에 보도되자 온 세계가 깜짝 놀랐다.

클로네이드는 신흥 종교 집단인 라엘리언 무브먼트가 설립한 인간 복제human cloning 전문 회사이다. 라엘리언 무브먼트는 프랑스 출신으로, 중학교 중퇴 학력의 자동차 경주 선수였던 라엘Raël(1946~)이 27세에 외계인을 만난 뒤 창설한 종교집단이다.

라엘리언은 높은 과학문명을 가진 행성의 과학자들이 비행접시를 타고 지구에 나타나 모든 생물체를 창조했다고 믿는다. 따라서 외계인이 지구의 생명을 창조한 것처럼 인류도 인간 복제를 통해 영원한 생명을 창조해야 한다고 주장한다.

클로네이드에 따르면, 복제 아기는 '이브'라 이름 지어진 3.17킬로그램의 여자아이로 알려졌다. 이브는 복제 양 돌리처럼 체세포 핵이식 기술로 복제되었다고 한다. 그러나 클로네이드는 끝내 복제 인간임을 입증할 수 있는 과학적 증거를 제시하지 못했다.

인간 복제란 유전적으로 동일한 인간을 인위적인 수단으로 하나 이상 만들어내는 것을 의미한다.

1997년 2월 23일 발간된 국제학술지《네이처》표지에는 새끼 양 한 마리가 소개되었다. 1996년 7월 5일 오후 5시에 영국의 로슬린 연구소 근처에 있는 오두막에서 태어난 돌리라는 이름의 복제 양이 8개월 만에 모습을 드러낸 것이다. 돌리는 여섯 살짜리 암양의 유방에서 떼어낸 세포로부터 복제된 것이다.

유방세포와 같은 체세포는 생식세포와 달리 생식능력이 없다. 따라서 체세포를 몸에서 떼어내 생식 능력을 되살리는 방법으로 생명을 복제하는 것은 과학적으로 불가능하다고 여겨졌다. 그런데 돌리는 생식세포가 아닌 체세포를 사용해 복제에 성공한 첫 번째 동물이어서 온 세계가 떠들썩했다.

복제 양 돌리의 출현은 복제 인간의 가능성을 열어놓음으로써 온 세계를 경악의 도가니로 몰아넣었다. 실제로 복제 인간이 태어날 경우 사회에 줄 충격이 엄청날 것이기 때문이다. 인간

세계 최초로 체세포 복제를 통해 태어난 돌리(오른쪽)와 돌리가 1998년에 낳은 보니(사진 왼쪽). 2003년 안락사한 돌리는 현재 스코틀랜드 국립박물관에 박제되어 있다(사진 오른쪽).

의 존엄성이 땅에 떨어져 사회 질서가 흔들릴 수도 있고, 인간의 생명을 마음대로 조작할 수 있다는 잘못된 가치관을 심어줄 수도 있는 것이다.

물론 돌리를 탄생시킨 복제기술을 사람에게도 활용해야 한다는 목소리가 없는 것은 아니다. 자식이 없는 불임부부 또는 동성애 부부들에게 그들의 체세포로 아기를 복제할 수 있게 해야 한다고 주장하는 사람이 적지 않다. 한편에서는 자신의 복제품을 통해 지나온 삶을 다시 살아보고 싶거나 영생을 바라는 사람들이 인간 복제를 지지한다.

인간 복제를 찬성하는 사람들이 가장 강조하는 것은 장기 문제 해결이다. 지금도 심장, 간, 콩팥 등이 부족해 수많은 사람이 죽어가고 있다. 사람이 기증하는 물량으로는 도저히 수요를 감당할 수 없기 때문이다. 이러한 여건에서 복제 인간의 장기를 사용하면 단번에 문제를 해결할 수 있다는 것이다.

인간 복제를 둘러싼 찬반 논란이 끊임없이 벌어지는 가운데, 1998년 4월 23일 로슬린 연구소는 돌리가 새끼를 낳았다고 발표했다. 복제 양도 생식능력에 문제가 없음이 확인된 셈이다. 돌리가 1997년 산양과 짝짓기를 하여 낳은 딸의 이름은 보니이다. 돌리와 보니 모녀는 생명공학이 이룩한 발전의 상징으로 손색이 없다.

그러나 돌리는 1999년 유전자 이상으로 인한 조기 노화 현상이 나타났으며, 2002년에는 퇴행성 관절염 증세를 보였다. 2003년 2월 14일 로슬린 연구소는 돌리가 진행성 폐질환을 앓고 있는 것으로 드러나 안락사시켰다고 밝혔다. 돌리는 양의 평균수명의 절반에 불과한 여섯 살 나이에 병으로 죽게 된 것이다.

돌리의 죽음을 계기로 복제기술의 한계와 위험성에 대한 논란이 일어났다. 인간 복제에 대한 대중적 관심은 공상과학영화의 흥행 성공으로 이어졌다. 미국에서 2000년에 발표된 「여섯 번째 날6th Day」은 비밀 복제조직이 만든 복제 인간의 출현으로 빚어지는 혼란을 부각시킨다. 2005년의 화제작인 「아일랜드 The Island」는 장기 공급을 위해 만들어진 복제 인간과 원본 인간의 이야기이다. 2018년 개봉된 「레플리카Replicas」는 교통사고로 가족을 잃은 합성생물학자가 가족 모두를 복제하는 데 성공하지만 복제된 가족들이 이상 징후를 나타내면서 일어나는 갈등을 보여준다.

인간 복제는 대부분의 나라에서 법으로 금지되어 있다. 그러나 돌리의 경우처럼 복제기술이 어렵지 않은 생식기술이어서 클로네이드처럼 인간 복제를 시도하는 조직이 없으리라는 법은 없을 것이다. 만일 복제 인간들이 세계 곳곳에서 활동하는 날이 온다면, 미래의 인류 사회는 걷잡을 수 없는 혼란에 빠져 허우적 댈 것임에 틀림없다.

28

이루어질 수 없는
사랑

오누이의 사랑

신들은 가까운 직계 혈족끼리 짝짓기를 잘한다. 근친상간
에는 부녀 상간, 모자 상간, 남매 상간, 동성 상간 등의 네 가지
형태가 있다. 가장 사례가 많은 경우는 오누이 사이에 성관계를
갖는 남매 상간이다.

그리스 신화의 최고신 제우스는 누이인 헤라와 화려한 결
혼식을 올린다. 헤라는 '여주인'이라는 뜻이다. 헤라는 올림포스
궁전의 여주인으로서 막강한 권력을 행사했다.

수메르의 창세신화에서 물의 신 엔키는 누나인 대지의 여신
닌후르사가와 사랑하는 사이였다. 엔키는 닌후르사가와 함께 낙

원에서 살았다. 그곳은 질병과 늙음이 없는 풍요로운 섬이었다.

이집트 신화의 최고 영웅 오시리스는 누이인 사랑의 여신 이시스를 아내로 맞아 눈물겨운 사랑을 나눈다. 이시스는 남편이 시동생에 의해 살해되었지만 지극한 정성을 쏟아 다시 그를 살려냈다.

중국의 창세신화에서는 인류를 창조한 여와가 인류에게 불을 가져다준 복희와 오누이가 되기도 하고, 부부가 되기도 한다. 오누이인 복희와 여와가 부부가 되는 이야기는 중국 서남부 소수민족 사이에 널리 퍼져 있다. 이러한 전설은 지역마다 조금씩 다르지만, 기둥 줄거리는 홍수가 나서 인류가 파멸한 뒤 오누이가 결혼하여 인류의 시조가 된다는 순서로 전개된다.

홍수로 모든 것이 떠내려가고 남은 것은 하나도 없었다. 대지 위에 살던 인류는 모두 죽어버리고 오빠와 동생 두 아이만 살아남았다. 오누이는 집을 짓고 땅을 개간하여 곡물을 재배했다. 시간이 쏜살같이 흘러 그들은 어느덧 어른이 되었다. 오빠는 동생과 결혼하고 싶어 했으나 누이동생은 "우리는 친남매잖아요"라고 말하곤 했다. 오빠가 끈질기게 부부가 될 것을 요구하자 누이는 하는 수 없이 "저를 쫓아오세요. 오빠가 저를 붙잡을 수 있다면 결혼할게요"라고 말했다. 오빠와 누이는 커다란 나무를 가운데에 두고 그 둘레를 돌며 도망치고 뒤쫓았다. 누이는 행동이 민첩해서 오빠는 도무지 붙잡을 수 없었다. 오빠는 꾀를 내었다. 누이를 쫓아가는 척하다가 갑자기 방향을 돌려 달려오는 누이를 포옹했다. 내기에 진 누이는 오빠와 결혼하게 되었다. 오누이는 부부가 된 뒤에 둥근 공처럼 생긴 살덩어리를 하나 낳았다. 머리도 다리도 없는 고깃덩어리였다. 부부는 이 살덩어리를 잘게 다졌는데, 갑자기 바람이 몰아치면서 살점이 사방으로 흩어졌다. 살점들은 땅에 떨어지는 순간 모두 사람으로 바뀌었다. 이렇게 해서 세상에는 인류가 다시 생겨나게 되었다. 복희와 여와 부부는 인류를 다시 창조한 시조가 된 것이다.

이와 같이 '홍수-인류의 파멸-남매의 결혼-인류의 시조'라는 순서로 전개된 인류 기원 신화는 우리나라에도 전해 내려오고 있다.

옛날 대홍수로 세상 사람들이 모두 죽고 두 오누이만 살아남았다. 오누이로 남아 있으면 자식을 낳을 수 없으므로 사람의 씨가 사라질 수밖에 없었다. 오누이 사이에 결혼을 할 수 없었으므로 천신에게 물어보기로 했다. 두 사람은 각각 산봉우리에 올라가 오빠는 숫절구를, 누이는 암절구를 굴려 떨어뜨렸는데, 두 개의 절구는 계곡 바닥에서 정확하게 합쳐졌다. 또한 두 개의 봉우리에서 소나무 잎을 태웠는데, 그 연기가 서로 엉켰다. 오누이는 하늘의 뜻으로 여기고 결혼하여 인류의 시조가 되었다.

오이디푸스 콤플렉스

그리스 중부의 테베를 다스리는 라이오스 왕은 이오카스테를 왕비로 맞아들였다. 두 사람은 왕위를 물려줄 아들이 태어나지 않자 델포이의 아폴론 신전에 찾아가 신탁을 들어보기로 했다. 그는 자신의 운명에 대한 신탁을 듣고 공포에 떨었다.

"아버지가 되는 기쁨을 누리고 싶다고 했으므로 네가 아들을 갖게 해주겠다. 하지만 너는 아들 손에 죽을 운명을 피할 수 없을 것이다."

테베로 돌아온 라이오스는 델포이 신탁이 두려워 아이를 갖지 않기로 결심했다. 그러나 이오카스테는 생각이 달랐다. 결국 그녀는 남편을 술 취하게 만든 뒤 동침해서 임신하는 데 성공했다. 아기가 태어나자 이오카스테는 기뻐했지만 라이오스는 델포이 신탁의 예언이 떠올라 아기를 없애버릴 궁리를 했다. 그는 믿을 만한 목동에게 아기를 산기슭에 내다 버리라고 명령했다. 라이오스는 아이의 발 사이에 쇠막대를 끼워 넣고 밧줄로 꽁꽁 묶었다. 목동이 아이를 데리고 궁궐을 나설 때 이오카스테가 통곡했다. 목동은 왕비의 울음소리를 듣고 아이의 목숨을 살리기로 결심했다. 그는 친구인 양치기에게 아기를 넘겼다. 친구는 코린토스의 왕인 폴리보스의 양을 돌보고 있었다. 폴리보스 왕은 아들이 없었다. 폴리보스 왕 부부는 아기를 양자로 삼고 오이디푸스라는 이름을 지었다. 오이디푸스는 '부어오른 발'이라는 뜻이다. 아기의 발이 지나치게 꽁꽁 묶여서 퉁퉁 부어올라 있었기 때문에 그런 이름을 지어준 것이다.

오이디푸스는 폴리보스 왕 부부를 친부모라 믿으며 잘생기고 똑똑한 청년으로 성장했다. 그러다 어느 날 술 취한 친구로부터 자신이 버림받은 사생아라는 모욕적인 말을 듣게 된다. 그는 고민 끝에 출생의 비밀에 관하여 델포이의 신탁을 듣기로 했

「오이디푸스의 발견」.
오이디푸스는 테베의 왕 라이오스의 아들로 태어났으나 버림받았다. 목동 덕에 목숨을 구한 오이디푸스는 코린토스의 왕 폴리보스의 양자로 자란다.

다. 퓌티아의 입을 통해 전해진 아폴론의 예언은 소름 끼치는 내용이었다.

"저주받은 인간이여. 너는 아버지를 죽이고 어머니와 결혼할 것이다."

오이디푸스는 델포이의 신탁이 말하는 아버지와 어머니를 폴리보스 왕 부부라고 생각했으므로 신탁의 저주를 피하기 위해 코린토스의 왕궁으로 돌아가지 않기로 마음먹고 방랑길에 나섰다.

오이디푸스는 델포이를 떠나 무작정 테베로 향했다. 한편 바로 그날 라이오스 왕은 테베를 떠나 델포이로 가고 있었다. 그는 온 나라를 공포에 몰아넣은 괴물인 스핑크스를 해치우는 방법을 퓌티아에게 물어볼 계획이었다. 스핑크스는 사람의 머리와 가슴, 사자의 몸통, 독수리의 날개, 쇠로 된 발톱, 용머리처럼 생긴 꼬리를 가진 무시무시한 괴물이었다. 스핑크스는 지나가는 사람들에게 수수께끼를 내고 풀지 못하면 잡아먹었다. 수수께끼를 들은 사람들이 모두 살아 돌아오지 못했으므로 테베에는 수수께끼의 내용이 무엇인지 아는 사람조차 없었다.

라이오스 왕은 전차를 타고 있었는데, 세 갈래 길에서 오이디푸스와 맞닥뜨렸다. 길이 너무 좁아 라이오스 왕 일행과 오이디푸스 사이에 시비가 붙었다. 라이오스는 불손한 젊은이라고 화를 내면서 채찍으로 오이디푸스의 얼굴을 내리쳤다. 오이디푸스도 지팡이로 왕의 가슴을 쳤는데, 늙은 왕은 그만 전차에서 굴러떨어져 죽고 말았다. 오이디푸스는 델포이 신탁대로 그의 친아버지를 살해한 것이다. 라이오스 왕의 부하들도 차례차례 죽임을 당했으며 한 명만이 살아서 도망쳤다. 그는 전차 몰이꾼이었다. 테베로 돌아간 그는 젊은이 한 명에게 왕과 부하들이 한꺼번에 피살된 것을 사실대로 말하지 않았다. 창피하기도 했고 자기의 말을 믿어줄 것 같지도 않아서 그냥 떼강도의 습격을 당했다고 둘러댔다.

테베 왕실에서는 라이오스의 후계자가 없기 때문에 스핑크스를 격퇴해서 테베를 구해내는 사람에게 왕좌를 넘겨주고 이오카스테 왕비를 아내로 주기로 결정했다.

한편 오이디푸스는 테베로 들어가는 길목에서 스핑크스와 맞닥뜨렸다. 스핑크스가 수수께끼를 냈다.

"아침에는 네 발, 한낮에는 두 발, 저녁때는 세 발이 되는 것은 무엇이냐?"

"사람이다. 아기 때는 손과 무릎으로 기어 다니니까 네 발이 되고, 어른이 되면 두 발로 걷다가, 늙으면 지팡이의 도움을 받으니 세 개의 다리가 된다."

스핑크스는 화가 치밀어 온몸을 떨다가 높은 바위에서 떨어져 즉사했다. 테베 사람들은 스핑크스가 죽었다는 소식을 듣고, 자기들을 구해준 젊은 영웅을 대대적으로 환영했다. 오이디푸스는 스핑크스를 물리친 보상으로 테베의 왕좌에 올라 이오카스테 왕비를 아내로 차지했다. 그는 결국 델포이 신탁대로 그의 아버지를 죽이고 자기를 낳아준 어머니와 결혼하게 된 것이다. 오이디푸스와 이오카스테 왕비는 두 아들과 두 딸을 낳았다.

오이디푸스는 자신을 구세주로 떠받드는 테베 백성들의 사랑을 듬뿍 받으며 훌륭한 임금이 되었다. 그러나 테베에 역병이 돌면서 곡식과 가축이 죽는 재앙이 닥쳐왔다. 오이디푸스 왕은 테베를 살릴 대책을 얻기 위해 델포이의 아폴론 신전으로 사람을 보냈다. 퓌티아는 라이오스 왕의 살인범을 잡아서 처벌하면

귀스타브 모로, 「오이디푸스와 스핑크스」.
오이디푸스가 스핑크스의 수수께끼를 풀고 있다.

444

역병이 사라질 것이라는 아폴론의 신탁을 전했다. 오이디푸스는 살인범을 찾기 위해 라이오스 왕이 죽은 경위를 알아보았다. 그는 이오카스테 왕비로부터 라이오스가 살해될 당시의 상황을 듣고 자신이 테베로 오는 길목에서 한 노인과 그 일행을 죽인 상황과 비슷하다고 생각했다. 그러나 자신은 혼자서 노인을 처치했는데, 테베 왕실에서는 떼강도의 습격으로 왕이 죽은 것으로 알려져 있어 안도의 한숨을 쉬었다.

그런데 폴리보스 왕의 죽음을 알리기 위해 코린토스로부터 사자가 와서 오이디푸스 왕을 알현하기를 청했다. 그는 폴리보스 왕의 아들인 오이디푸스가 코린토스의 새 왕이 되었다고 알렸다. 그러나 오이디푸스는 델포이의 신탁을 언급하면서 어머니가 살아 있는 한 코린토스로 돌아갈 수 없다고 말했다. 신탁대로라면 그녀와 결혼해야 하기 때문이다. 그러자 사자는 폴리보스 왕 부부가 오이디푸스의 친부모가 아니라는 사실을 밝혔다. 사자는 친구인 목동으로부터 아기를 건네받아 폴리보스에게 넘긴 장본인이었다. 그는 오이디푸스의 생명을 구해준 대가를 받기 위해 사자를 자청해서 테베로 온 것이다.

당황한 오이디푸스는 사자에게 아기를 처음 보았을 때 어떤 상태였는지 물었다. 사자는 아기의 발이 묶여 있었고 발뒤꿈치에 못에 찔린 듯한 구멍이 나 있었다고 말했다. 발이 부어올라 있어 오이디푸스라는 이름이 생긴 것이라고도 덧붙였다. 사자로 온 폴리보스의 양치기는 오이디푸스의 추궁에 못 이겨 자신에게 아기를 부탁한 친구는 라이오스 왕의 목동이었다고 털어놓았다. 이오카스테 왕비는 비로소 오이디푸스가 자기 아들이라는

446

사실을 확인하고 깊은 충격에 빠졌다. 그런데 라이오스 왕의 목동은 하필이면 라이오스가 오이디푸스에게 피살될 때 현장에서 유일하게 도망친 전차 몰이꾼이었다. 그는 오이디푸스가 왕이 된 뒤에 시골로 내려가 양치기가 되어 있었다. 오이디푸스는 모든 진상을 파악하기 위해 그를 소환해서 코린토스에서 온 사자와 대질 신문을 했다.

결국 모든 것이 명명백백해졌다. 오이디푸스는 자신의 출생에 얽힌 비밀을 알고 울부짖었다.

"신이여! 저는 태어나서는 안 될 부모님한테서 태어났고, 함께 자서는 안 될 여인과 잠을 잤으며, 죽여서는 안 될 사람을 죽였습니다."

오이디푸스 왕은 자신이 아버지에게는 한 여자를 나누어 가진 남자인 동시에 살인자이고, 어머니에게는 아들인 동시에 남편이며, 자식들에게는 아버지인 동시에 형제라는 사실이 믿기지 않았다. 이오카스테 왕비는 남편과의 사이에서 남편을 낳고, 아들과의 사이에서 자식들을 낳은 자신의 운명 앞에 통곡하면서 침실에서 목을 매 자살했다. 오이디푸스는 어머니이자 아내인 그녀의 옷에 꽂혀 있던 황금 핀을 뽑아서 자신의 눈을 몇 번이고 찔렀다. 진실을 알아보지 못한 자신의 두 눈을 찔러서 스스로 장님이 된 것이다.

눈이 먼 오이디푸스는 방랑의 길을 떠났다. 그는 아테네의 왕인 테세우스의 도움을 받으며 말년을 보냈다. 오이디푸스는 그의 두 딸과 테세우스가 지켜보는 가운데 두 발로 걸어서 저승으로 내려갔다. 테세우스는 오이디푸스의 두 딸에게 말했다.

"그분은 비록 죄를 지었다고는 하나, 마지막 순간까지 온 인류가 존경할 만한 분이셨다."

오이디푸스는 19세기 말에 오스트리아의 정신과 의사인 지그문트 프로이트Sigmund Freud(1856~1939)에 의해 부활했다. 프로이트는 잠재의식을 신경증(노이로제)의 원인으로 인식하는 정신분석과 심리요법을 개발했는데, 성적인 관심이 인간의 정신 발달에 결정적인 영향을 미친다고 확신했다. 1897년 그는 사내아이가 어머니와 유대를 맺으면서 아버지를 경쟁자로 여겨 제거하고 싶은 욕망을 갖고 있다고 주장하고, 그러한 욕망의 원인을 오이디푸스 콤플렉스라고 명명했다. 이를테면 오이디푸스 콤플렉스는 사내아이가 무의식적으로 아버지를 배척하고 어머니를 사모하는 경향이다. 프로이트는 잠재의식 속에 들어 있는 오이디푸스 콤플렉스가 다양한 정신 장애의 원인을 설명하는 중요한 단서가 된다고 주장한 것이다.

아버지를 사랑한 여인

그리스의 조각가인 피그말리온은 상아로 만든 여인상을 사랑하게 된다. 사랑의 여신인 아프로디테는 그 여신상에 생명을 불어넣는다. 피그말리온은 그녀에게 갈라테이아라는 이름을 지어주었다. 피그말리온과 갈라테이아 사이에 태어난 딸이 낳은 아들이 키뉘라스 왕이다. 그는 과년한 딸인 뮈라 공주에게 좋은 배필을 구해주려고 백방으로 노력했다. 여러 나라에서 수많은 청년들이 몰려와서 뮈라 공주를 아내로 차지하려고 온갖 기예를 자랑했다. 그러나 뮈라는 구혼자들을 거들떠보지도 않았다. 뮈라가 정말 사랑하는 남자는 따로 있었기 때문이다.

오비디우스는 『변신 이야기』에서 뮈라의 속마음을 다음과 같이 묘사한다.

> 암소는 그 아비의 사랑을 용납하고도 부끄러워하지 않고, 수말에게는 그 딸을 아내로 삼는 경우가 있지 않습니까? 숫양은 제 씨로 지어진 암양을 거느리고, 새도 제 아비였던 새의 알을 낳는 수가 있지 않습니까?

뮈라 공주가 짝사랑한 사내는 다름 아닌 그녀의 아버지 키뉘라스 왕이었다. 뮈라는 아버지를 향한 뜨거운 욕망에 죄의식을 느끼면서도 한편으로는 아버지와의 사랑을 간절히 원했다. 하지만 그런 사랑은 결코 이루어질 수 없다는 사실을 깨닫고 죽을 결심을 하게 된다. 그녀는 올가미에 목을 넣었다. 그 순간 공주의 침실을 지키던 늙은 유모가 뛰어 들어와 공주의 목에서 올가미를 벗겼다. 공주가 강보에 싸여 있을 때부터 젖을 먹여 기른 유모는 공주를 설득해서 자살하려고 한 이유를 집요하게 캐물었다. 유모는 공주가 사랑하는 남자가 그녀의 아버지라는 말을 듣고 전율을 느꼈지만, 최소한 공주의 자살만은 막기 위해서라도 그녀가 뜻을 이루도록 돕기로 결심했다.

늙은 유모는 키뉘라스 왕이 술에 취해 혼자 침소에 있는 틈을 노렸다. 칠흑처럼 어두운 밤에 뮈라는 키뉘라스 왕의 침소에 들었다. 아버지는 상대가 딸이라는 사실을 모른 채 욕정을 불태웠다. 아버지를 속인 뮈라는 꿈꾸던 사랑을 끝내 이루고 그의 씨를 받았다. 그다음 날 밤에도 뮈라는 키뉘라스 왕의 침소로 가서 뜨거운 사랑을 했다. 부녀간의 불륜은 계속되었다. 어느 날 밤 키뉘라스 왕은 여자가 누구인지 궁금해서 그녀가 잠든 사이에 불을 켰다. 키뉘라스 왕은 그동안 살을 섞은 여자가 딸이라는 사실을 알고 분노해서 칼을 뽑아 들었다. 뮈라 공주는 간신히 침소를 빠져나와 목숨을 구했다.

뮈라 공주는 아버지의 눈길을 피해 왕국의 방방곡곡을 헤맨 끝에 고향 땅을 떠났다. 아버지와 동침한 뒤 아홉 달이 지나자 아랫배가 산처럼 부어올라 더 이상 떠돌이 생활을 할 수 없었다. 그녀는 신들을 향해 다음과 같이 기도했다.

"저는 살면 사는 대로 이 세상 사람들로부터 손가락질 받을 죄를 지었고, 죽으면 죽는 대로 저 세상 사람들의 분노를 살 죄를 지었습니다. 그러니 저를 쫓으시되 이 세상에서도 쫓으시고 저세상에도 들지 않게 하소서. 바라오니, 저를 다른 것으로 바꾸시어 죽은 것도 아니고 산 것도 아닌 몸이게 하소서."

미르라 나무와 그 즙액을 말려서 만든 약제.

뮈라가 기도하는 동안 발은 흙 속으로 깊이 묻히고, 발가락에서는 뿌리가 뻗어 나왔다. 뮈라의 뼈는 나무가 되었다. 팔은 큰 가지, 손가락은 작은 가지, 살갗은 나무껍질로 바뀌었다.

뮈라는 나무가 된 뒤에도 여전히 눈물을 흘렸으므로 나무에서도 물방울이 떨어졌다. 이 나무는 뮈라의 이름을 따서 미르라myrrh, 곧 몰약沒藥이라 불렸다. 몰약은 아라비아와 아프리카에서 자라는 관목으로, 고대부터 방향제나 방부제로 쓰였다. 특히 몰약의 즙액은 향수, 의료품, 구강 소독제, 여인용 머릿기름으로 사용되었다. 이 즙액은 물론 뮈라 공주가 아비를 사랑할 수밖에 없는 자신의 처지를 한탄하며 흘리는 눈물이다.

성경 속의 금지된 사랑

성경에는 혈족 간의 성관계를 금지하는 조항이 많이 들어 있다. 야훼는 "아무도 같은 핏줄을 타고난 사람을 가까이하여, 부끄러운 곳을 벗기면 안 된다"(「레위기」 18:6)라는 은유적 표현으로 근친상간을 금지했다. 성행위 금지 대상으로는 어머니와 아버지는 물론이고 누이, 손녀, 고모, 이모, 숙모, 며느리, 형제의 아내와 처제, 심지어 아비의 동거녀까지 열거했다.(「레위기」 18:7~18)

근친상간을 금지하는 율법을 어길 경우 저주를 받는다. 모세는 온 백성이 큰 소리로 "아비의 이불자락을 들추고 아비의 아내와 자는 자" "아비의 딸이든 어미의 딸이든 제 누이와 자는 자" "장모와 자는 자"에게 저주를 빌 것을 명령한다.(「신명기」 27:20~23)

그럼에도 예루살렘 주민 사이에서 근친상간이 드문 일은 아니었다. 야훼는 "너희 가운데는 자기 아비가 데리고 사는 여인을 건드리는 자가 있는가 하면 …… 며느리와 놀아나는 자도 있고 같은 아비에게서 난 누이를 범한 자도 있다"(「에제키엘」 22:10~11)고 말한다.

성경에 가장 먼저 등장하는 근친상간은 「창세기」 19장에 소개된 롯과 두 딸의 성관계이다. 하느님의 천사 두 사람이 소돔을 멸하러 왔을 때 우연히 롯의 집에 머물게 된다. 그들이 잠자리에 들기 전 소돔 시민이 온통 몰려와 롯의 집을 둘러싸고 "오늘 밤 네 집에 든 자들이 어디 있느냐? 그자들하고 재미를 좀 보게 끌어내라"고 소리친다. 롯은 천사 대신 두 딸을 제공하려 한

요아킴 브테바엘, 「롯과 두 딸」.
성경에서 롯의 두 딸은 아버지의 아이를 갖게 된다.

다. 천사들은 롯의 도움에 보답하는 뜻에서 소돔 성을 멸하기 전에 롯의 식구가 성을 빠져나가도록 한다. 그들은 롯의 가족에게 "살려거든 어서 달아나거라. 뒤를 돌아보아서는 안 된다"고 재촉한다. 롯이 작은 도시인 소알 땅에 이르렀을 때 해가 솟았다. 야훼는 손수 하늘에서 유황불을 소돔에 퍼부어 도시와 사람과 땅에 돋아난 푸성귀까지 모조리 태워버린다. 그런데 롯의 아내는 뒤를 돌아다보다가 그만 소금 기둥이 되어버린다.(「창세기」 19:1~26)

롯은 소알에서 사는 것이 두려워 두 딸을 데리고 산의 굴속으로 들어간다. 하루는 언니가 아우에게 "아버지는 늙어가고 이 땅에는 우리가 세상의 풍속대로 시집갈 남자가 없구나. 그러니 아버지께 술에 취하도록 대접한 뒤에 우리가 아버지 자리에 들어 아버지의 씨라도 받도록 하자"고 말한다. 그날 밤 아버지에게 술을 대접하고 언니가 아버지와 성교한다. 그 이튿날 언니가 아우에게 "오늘은 네 차례이다. 같이 아버지 씨를 받자"고 말한다. 이리하여 롯의 두 딸은 아버지의 아이를 갖게 된다.(「창세기」 19:30~36)

근친상간은 정치적으로 이용되기도 했다. 「사무엘하」 13~18장에는 근친 사이의 강간 사건이 빌미가 되어 암살, 반란, 근친상간 등 일련의 사태가 전개되는 이야기가 소개된다.

다윗의 맏아들인 암논은 이복 누이동생인 다말을 강간한다. 다말의 오빠인 압살롬은 암논을 암살하고 도망친다.(「사무엘하」 13) 다윗은 3년이 지나서야 압살롬에게 품었던 노기가 풀린다. 다윗 왕이 압살롬을 그리워하는 것을 눈치챈 신하가 그를 예루살렘으로 부르자고 건의한다. 압살롬은 예루살렘으로 돌아왔으나 자기 궁으로 물러가 살면서 어전에는 얼씬도 하지 못한다. 결국 2년이 지난 뒤에 부자 상봉이 이루어진다. 압살롬이 어전에 들어가 얼굴을 땅에 대고 부왕 앞에 엎드리자 다윗 왕은 압살롬에게 입을 맞춘다.(「사무엘하」 14)

그 뒤 압살롬은 자신이 탈 병거와 말을 갖추고 호위병 쉰명을 거느린다. 오직 왕만이 거느릴 수 있는 수행 규모이다. 압살롬은 다윗 왕을 왕위에서 축출하기 위한 음모를 꾸민 것이다. 압살롬은 이스라엘의 모든 족속에 첩자를 보내 나팔 소리를 신호로 "압살롬이 헤브론에서 왕이 되었다"고 외치도록 한다. 압살롬을 따르는 무리의 수가 불어나면서 반란 세력이 커져간다. 이스라엘의 민심이 압살롬에게 기울었다는 소식을 듣고 다윗은 왕궁을 지킬 후궁 열 명만 남겨두고는 온 왕실을 거느리고 걸어서 피난길에 오른다.(「사무엘하」 15)

예루살렘에 입성한 압살롬이 왕위에 올라 앞으로 무슨 일을 해야 할지 의견을 묻자 한 신하가 "부왕이 궁궐을 지키라고 남겨두고 간 후궁들과 관계하십시오. 임금님께서 친아버지마저 욕을 보였다는 소식이 온 이스라엘에 퍼지면 임금님을 받드는 사람들은 의기충천할 것입니다"라고 아뢴다. 압살롬은 궁궐의 옥상에 천막을 쳐 신방을 마련한 다음 온 이스라엘이 보는 앞에서 부왕의 후궁 열 명과 차례로 성교를 한다.(「사무엘하」 16)

압살롬의 행위는 근친상간에 해당하지만 쿠데타의 성공을 알리는 정치적 행동에 가깝다고 볼 수 있다. 그러나 다윗의 입장에서는 유부녀인 밧세바와 불륜을 저지르고 그의 남편인 우리야를 싸움터에서 죽게 만든 죄를 벌하기 위해 야훼가 선언했던 운명이 실현된 셈이다.

> "바로 네 당대에 재난을 일으킬 터이니 두고 보아라. 네가 보는 앞에서 네 계집들을 끌어다가 딴 사내의 품에 안겨주리라. 밝은 대낮에 네 계집들은 욕을 당하리라. 너는 그 일을 쥐도 새도 모르게 했지만 나는 이 일을 대낮에 온 이스라엘이 지켜보는 앞에서 이루리라."(「사무엘하」12:11~12)

성경의 율법 중에는 형제의 아내와 상간을 허용하는 특별한 경우가 한 가지 있다. 계대결혼繼代結婚, 혹은 수혼嫂婚이라 불리는 유대의 특이한 풍습에서는 과부가 된 형수와의 성교를 의무화하고 있다. 여러 형제가 함께 살다가 형이 아들 없이 죽으면 동생이 형수를 아내로 맞아 같이 산다. 그렇게 태어난 첫아들은 죽은 형의 이름을 이어받는다.(「신명기」25:5~10)

수혼의 대표적 사례는 「창세기」에 나오는 오난의 이야기이다. 유다는 맏아들 에르에게 아내를 얻어주었는데 그의 이름은 다말이다. 에르는 야훼의 눈 밖에 나서 죽는다. 유다가 에르의 동생인 오난에게 이르기를, 형수에게 장가들어 시동생으로서 할 일을 하여 형의 후손을 남기라고 한다. 그러나 그 씨가 자기 것이 되지 않을 줄 안 오난은 형수와 한자리에 들었을 때 정액을 바닥에 흘려 형에게 후손을 남겨주지 않으려 한다. 그가 한 짓은 야훼의 눈에 거슬리는 일이었으므로 야훼가 그를 죽인다.(「창세기」38:6~10)

수혼 제도에 도전한 오난의 행위는 피임 기술의 일종인 질외사정으로 보는 견해가 없지 않지만 그의 이름에서 비롯된 오나니즘onanism은 수음을 뜻한다.

한편 자식도 없이 과부 신세가 된 다말은 시댁의 혈통이 끊기지 않도록 중대 결심을 한다. 과부의 옷차림 대신 너울로 몸을 가린 매춘부로 변장하고 시아버지인 유다가 양털을 깎으러 가는 길목에 나가 앉는다. 유다는 며느리를 창녀로 착각하여 그녀의 몸을 사려고 수작을 건넨다. 공교롭게도 유다는 가진 돈이 없었기 때문에 화대 대신 인장과 지팡이를 담보로 맡긴다. 두 사람이 동침한 뒤 다말은 아이를 갖는다. 훗날 유다는 친구를 보내 담보를 돌려받으려 했으나 그 여인은 이미 거기에 없었다. 석 달쯤 지나 유다는 다말이 창녀 짓을 하여 아이를 가졌다는 소문을 듣게 된다. 유다는 다말을 끌어내 화형에 처하라고 명령한다. 다말은 유다에게 인장과 지팡이의 주인이 아이의 아버지라는 전갈을 보낸다. 다말은 시아버지의 아이를 쌍둥이로 낳는다.(「창세기」 38:11~27)

금지된 것인가, 회피된 것인가

근친상간은 고대 이집트나 잉카제국의 왕실에서처럼 지배계급에 의해 용인된 경우도 있지만 거의 모든 문화권에서 인류의 역사만큼이나 오랫동안 금기(터부)로 전승되어왔다.

근친상간을 금지하는 관습이 거의 모든 곳에서 보편적으로 존재하는 이유에 대해서는 두 가지 상반된 설명이 있다. 한편에서는 사람들이 근친상간을 은밀히 갈망하지만 사회적 터부의 존재로 이를 극복할 수 있다고 주장하고, 다른 한편에서는 매우 가까운 친척 사이에는 성적 흥분을 느끼지 못하므로 성관계를 혐오한다고 주장한다. 전자는 근친상간이 금지되었다고 보는 반면에 후자는 회피되었다고 보는 것이다.

19세기 말 근친상간에 대해 체계적으로 연구한 최초의 인물은 핀란드의 사회학자인 에드워드 웨스터마크Edward Westermarck(1862~1939)다. 그는 1891년에 펴낸 『인류혼인사The History of Human Marriage』에서 근친상간 회피 이론을 제안했다. 어린 시절부터 함께 사는 사람들 사이에는 성적 감정이 거의 없으므로 성교 행위에 혐오감을 갖게 되는데, 이러한 감정이 혈족 간 성교를 꺼리는 관습으로 자연스럽게 표현되어 근친상간이 회피되었다는 것이다.

회피 이론은 지그문트 프로이트에게 공격당한다. 프로이트는 근친상간이 본능적 혐오감에 의해 회피된 것이 아니라 문화적 구속력에 의해 금지되었다고 주장했다. 1913년 출간된 『토템과 터부Totem und Tabu』에서 프로이트는 오이디푸스 콤플렉스로 근친상간 금기를 설명했다.

초기 인류는 원시적인 집단을 형성하여 살았는데, 나이 많은 수컷 하나가 암컷들을 전부 독차지했다. 성욕을 발산할 기회를 박탈당한 젊은 수컷들은 음모를 꾸며 아버지인 그 수컷을 잡아먹어버리고, 아버지의 상대였던 암컷들과 교미한다.

이들의 행동은 오이디푸스가 저지른 짓과 다를 바 없다. 젊은 수컷들은 부친을 살해한 데 대해 양심의 가책을 느끼고 아버지를 죽이는 일이 다시는 일어나지 않도록 예방하기 위해 어미나 누이와의 간음을 금지하는 관습을 만들었다. 프로이트의 정신분석학적 설명을 요약하면, 인간은 성이 반대인 부모에게 성적으로 끌리지만 사회적 제약에 의해 근친상간 충동을 극복할 수 있다는 것이다.

다분히 공상적인 프로이트의 이론과 달리 사회적 기능이라는 측면에서 근친상간 금기의 기원을 설명한 사람은 프랑스 인류학자인 클로드 레비스트로스Claude Lévi-Strauss(1908~1991)이다. 레비스트로스는 1949년에 펴낸 『친족의 기본 구조The Elementary Structures of Kinship』에서 사회 결연 이론을 제안했다. 농경 집단 사회에서 다른 가족과 결연을 맺으면 이득이 많아지기 때문에 결혼이라는 의식을 통해 다른 가족에게 선물로 증여하기 위해 딸과 누이를 성교 대상으로 삼지 못하게 했다는 것이다.

많은 사람은 아버지와 딸, 어머니와 아들, 오빠와 누이가 잠자리를 함께한 것이 들통 나서 받게 될 사회적 비난과 처벌이 두려워 근친상간을 삼가는 것일 뿐 매일 유혹을 느끼며 살아가고 있다. 요컨대 근친상간 터부는 문화적 선택의 결과이다. 이것은 프로이트의 주장이다. 그러나 웨스터마크는 그와 정반대의 입장에서 근친끼리는 본능적으로 성관계를 혐오하여 회피한다고 주장한다.

대관절 근친상간은 금지된 것인가, 회피된 것인가.

29

미라에 새긴
부활의 꿈

오시리스 신화

나일 강의 거대한 물줄기는 이집트를 두 부분으로 나눈다. 기원 전 3000년 무렵 나일 강의 범람에 중앙집권적으로 대처할 필요성을 절감한 이집트인들은 두 지역을 합친 통일 국가를 세웠다. 통일 왕국은 상형문자와 피라미드로 상징되는 세계 4대 문명의 하나를 꽃피웠다.

그리스 신화보다 1,500년 이상 앞선 이집트 신화의 밑바탕에는 나일 강의 범람과 태양의 위력을 일상적으로 경험한 이집트인들의 세계관이 녹아 있다.

이집트 신화의 핵심 요소는 태양의 신인 라와 부활의 신인 오시리스이다. 라는 이집트 창조 신화의 주역이다. 사람의 모습 또는 매의 머리를 가진 것으로 묘사되는 라는 석양이 지면 지하 세계로 내려가서 적들과 싸우지만 언제나 승리하고 다음 날 아침 다시 떠오른다. 태양신 숭배를 표현하기 위해 이집트인들은 피라미드를 건설했다.

　　이집트 신화에 등장하는 최초의 남녀 한 쌍은 대지의 남신인 게브와 하늘의 여신인 누트이다. 그리스 신화에서는 대지의 여신인 가이아가 아래쪽에 있지만 이집트 신화에서는 남신이 땅을 지배하고 그 위에 하늘의 여신이 활 모양으로 굽어 있다. 태양신 라는 게브와 누트의 사랑을 시샘하여 둘의 결혼을 금지했으나 누트는 명령을 거역한다. 분노한 라는 누트가 1년 360일 내내 아기를 낳을 수 없도록 저주한다. 지혜의 신인 토트가 누트를 위해 1년을 365일로 늘려준다. 추가된 닷새 동안 누트는 두

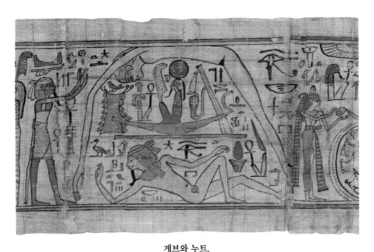

게브와 누트.
이집트 신화에서 누워 있는 대지의 남신 게브가 하늘을 이루는 여신 누트와 사랑을 나눈다.

쌍의 남녀 신, 곧 오시리스, 이시스, 세트, 네프티스를 차례로 낳는다. 장남인 오시리스는 누이인 이시스를 아내로 맞고 차남인 세트 역시 누이인 네프티스를 아내로 삼는다.

고대 이집트인들이 가장 숭배했던 신은 오시리스이다. 그는 이집트의 왕으로서 문명을 일으킨 영웅이다. 질투심 많은 동생 세트는 오시리스를 제거하는 음모를 꾸몄다. 악의 화신인 세트는 태어날 때 예정일이 채 되기도 전에 누트의 배를 찢고 튀어나올 정도로 천성이 포악했다. 그는 연회를 베풀고 형을 초대했다. 그 자리에는 오시리스의 그림자 치수를 재서 만든 나무 관이 놓여 있었다. 세트는 그 관에 정확히 들어맞는 사람에게 상금을 주는 내기를 걸었다. 그러고는 오시리스가 관 속에 눕자마자 뚜껑을 덮고 밀랍으로 봉인해 나일 강에 던져버렸다. 오시리스가 죽은 그 순간부터 이집트는 온갖 재앙에 시달리기 시작했다.

오시리스의 누이이자 아내인 사랑의 여신 이시스는 천신만고 끝에 남편의 주검이 들어 있는 관을 찾아내고 그에게 입을 맞춰 생명을 불어넣었다. 다시 살아난 오시리스는 사악한 동생을 피해 은둔 생활을 한다. 그러나 형의 부활을 눈치챈 세트는 잠든 오시리스를 덮쳐서 그의 몸을 열네 토막으로 잘라 이집트 방방곡곡에 흩뿌렸으며 생식기는 악어에게 먹이로 던져주었다.

이시스는 이집트 전체를 뒤져 남근을 제외하고 남편의 조각난 시신을 모두 거두어들여 마법을 써서 몸을 원상 복구했다. 부활한 오시리스의 영혼은 이승에 머물지 않고 죽은 사람들의 나라로 갔다. 오시리스의 주검은 죽은 자의 영혼이 머무는 지하 세계에서 아누비스에 의해 방부 처리되어 최초의 미라가 되었다. 그 덕분에 오시리스는 저승에서 최초로 부활한 망자가 된다.

아누비스는 재칼의 머리를 갖고 있다. 재칼이 밤이나 낮이나 볼 수 있는 능력을 갖고 있기 때문이다. 아누비스는 매일 저녁 태양이 지는 나일 강의 무덤에 살면서 영혼을 저승으로 인도하고 미라를 처리하는 역할을 맡았다. 1922년 발굴된 기원전 14세기의 소년 왕인 투탕카멘Tutankhamen의 왕릉에서 아누비스 형상의 목제품이 출토되었다.

고대 이집트인들은 영혼의 저승 안내서인 『사자死者의 서 Book of the Dead』를 관 속의 미라 곁에 넣어두었다. 이 책에는 죽은 자의 영혼이 천국에 받아들여지기 전에 치르는 절차가 묘사되어 있다. 먼저 저승의 문지기인 아누비스가 사자를 오시리스의 재판정으로 데려간다. 그러면 사자는 오시리스와 이집트 각지에서 온 여러 신 앞에서 그들이 묻는 말에 '아니요'라고 부정적 고백을 해야 한다. 예를 들면 심판관들이 "생전에 나쁜 짓을 저질렀는가?"라고 물으면 사자는 "아니요"라고 대답하는 것이

다. 이어서 아누비스는 저울 양쪽에 진리를 나타내는 새의 깃털과 영혼을 나타내는 사자의 심장을 각각 올려놓는 이른바 심장 무게 달기 의식을 거행한다.

저울이 균형을 이루면 무죄가 인정되지만 저울이 심장 쪽으로 기울면 생전에 나쁜 짓을 많이 한 것으로 판정된다. 그러면 저울 옆에 입을 벌리고 있는 아메마이트가 사자를 집어삼켜 제2의 죽음으로 밀어 넣는다. 저승에서 영원한 삶을 믿어 의심치 않던 이집트인들로서는 이 두 번째 죽음만큼 두려운 것도 없었다.

아메마이트는 사자, 악어, 하마가 합쳐진 잡종 동물이다. 사자의 머리와 갈기, 다리가 달려 있고 악어를 닮은 턱은 길고 가늘게 생겼으며 날카로운 이빨로 가득 차 있다. 허리통은 하마처럼 육중하며 꼬리는 파충류처럼 기다랗다. 아메마이트는 나일강 하류의 갈대밭과 진흙탕에 숨어 살면서 하마나 물새 또는 사람을 잡아먹는다. 짝짓기할 때 수컷들이 서로 암컷을 차지하려고 피투성이 싸움을 벌이면서 내뿜는 열기로 나일강의 물이 끓

나니의 「사자의 서」.
사후 세계에서 현생을 재판하는 장면이 담긴 「사자의 서」 일부. 이 서의 주인공 나니는 생전에 제전에서 노래하는 가수이자 왕녀였다. 지하세계의 신 오시리스의 주재 아래 재판이 진행되는데 커다란 천칭 왼쪽에는 나니와 이시스가 서 있으며, 자칼 머리 형상의 아누비스는 천칭을 작동하는 일을 맡았다. 이들은 나니의 심장과 마아트(정의와 진리의 여신)의 무게를 비교하여 현실 세계에서 저지른 행실을 심판하는데 다행히 그 결과는 우호적이다. "그녀의 마음은 올바르다"고 아누비스가 선포하고 오시리스가 이를 확인해주고 있다.

어오를 정도이다.

죽은 자 가운데 최초로 신으로 부활한 오시리스는 저승의 왕들로부터 그들의 상징인 도리깨와 끝이 굽은 지팡이를 빼앗았다. 저승의 우두머리가 된 오시리스는 지하 세계를 개혁했다. 오로지 왕들만이 사후에 신들의 왕국에서 부활하는 특전을 누렸으나 오시리스는 모든 사람에게 천국을 개방한 것이다. 말하자면 오시리스는 모든 이집트인에게 저승에서의 부활을 약속했다. 따라서 이집트인들은 미라로 만들어져 매장되면 누구나 오시리스처럼 부활할 수 있다고 굳게 믿었다.

죽은 자는 천국의 영역으로 들어서는 순간 베누의 영접을 받는다. 이집트인들은 커다랗고 푸른 왜가리인 베누를 오시리스의 화신인 불사조라고 생각했다.

오시리스 신화는 사람이 죽어도 영혼은 영생을 누릴 수 있으며, 죽은 자들의 나라에서 부활 판결을 받으면 몸과 영혼이 재결합할 수 있다고 믿었던 이집트인들의 내세관이 엮어낸 한 편의 흥미진진한 드라마이다. 특히 아메마이트가 죽은 자를 먹어 치우는 제2의 죽음을 설정해 이승에서의 삶을 경계한 대목은 섬뜩하면서도 교훈적이다.

이집트 신화는 태양신 신화와 오시리스 신화가 서로 영향을 주고받으면서 생명과 사후 세계에 대한 이집트인들의 사고 체계를 드러낸다. 특히 오시리스 신화에서 네 남매가 이승과 저승을 넘나들며 펼치는 사랑과 증오, 죽음과 부활의 이야기는 고대 이집트인들의 위대한 상상력을 유감없이 보여준다.

고대 이집트의 미라 처리 기술

영원불멸을 소망한 고대 이집트 사람들은 사후에 육신이 원형 그대로 보존되어 있지 않으면 사망할 즈음 분리된 정신과 다시 결합할 수 없으므로 저승에서 부활이 불가능하다고 생각했다. 따라서 고대 이집트에서는 남녀노소 가릴 것 없이 모두 시체를 미라로 처리하여 관 속에 안치했다.

이집트에서 미라 제작은 기원전 3000년 이전에 시작되었으나 미라 처리 기술이 완성된 시기는 기원전 1000년쯤이다. 미라를 제작하는 과정은 기원전 5세기 중반, 그러니까 약 2,400년 전 그리스의 역사가인 헤로도토스Herodotus(기원전 484~425)가 저술한 『역사Historiae』에 자세히 묘사되어 있다.

약 5,600년 전의 미라.
태아처럼 몸을 동그랗게 말고 있는 모습 때문에 학자들은 이집트의 선사 시대 건조한 기후로 인해 우연히 미라가 되었으리라고 오랫동안 생각했다. 그러나 방부 처리를 위한 고약 성분이 수의에 묻어있는 등, 죽음에 대한 관심이 있었음을 암시하는 증거가 속속들이 나타나고 있다.

초상이 나고 2~3일이 지나면 시체는 방부 처리 전문가에게 건네진다. 방부 처리사들은 먼저 왼쪽 콧구멍에 쇠갈고리를 쑤셔 넣어 콧부리의 뼈를 부수고 뇌수를 꺼낸다. 그런 다음 송진을 두개골 속에 집어넣는다. 송진은 두개골과 접촉하는 순간 굳어진다. 이어서 날카로운 돌로 왼쪽 갈비뼈 밑에 구멍을 내고 내장을 들어낸다. 간과 위, 창자, 폐는 꺼내지만 심장은 그대로 둔다. 심장에 마음이 들어 있으므로 육체와 분리될 수 없다고 생각했기 때문이다. 콩팥, 비장, 방광, 여성의 생식기관 따위는 하찮게 여겨 특별한 처리를 하지 않는다.

헤로도토스의 설명은 다음과 같이 이어진다.

내장을 다 꺼낸 다음에는 옆구리의 구멍을 종려나무 술로 깨끗이 씻고 짓이긴 향료로 다시 닦아낸다. 그리고 짓이긴 몰약, 카시아, 유향을 뺀 나머지 향료 등으로 배를 채운다. 그리고 실로 그 구멍을 기운다. 그 후 시체를 소다석 속에다 약 70일 정도 담가 둔다.

70일쯤 소요된 방부 처리 과정이 완료되면, 시체를 나일강 물에다 씻고, 각종 연고로 닦아내어 피부를 부드럽게 하고, 마지막으로 장례 침대에 올려놓고 옷을 입힌다. 시체에 붕대를 감는 과정은 손가락을 하나하나 묶는 일부터 시작된다. 붕대에는 가끔 송진을 바르는데, 붕대의 겹겹마다 부적 따위를 집어넣는다. 팔다리에 이어 몸뚱이를 묶은 다음에 마지막으로 머리를 묶는다. 시체를 미라로 처리하는 과정이 완료되면 장례식을 준비 중인 유족들이 넘겨받아 나무 관속에 넣는다.

이집트의 미라는 19세기 초만 해도 단순한 호기심 거리에 지나지 않았다. 하지만 1881년 이집트 왕들의 미라 저장소로 쓰인 동굴이 발견된 사건을 계기로 과학적 관심의 대상이 되었다. 특히 고고학자들은 과학자들의 도움을 받아 미라가 수천 년의 세월을 견디며 온전히 보존된 비법을 밝히는 일에 전력투구했다.

미라의 과학적 연구에는 초창기에 X선 촬영술이 사용되었으나 오늘날에는 컴퓨터 단층촬영CT이 동원된다. 자기공명영상MRI은 쓸모가 없다. 이 영상 기술은 수소 원자에 반응하여 작동하지만 인체에서 물 분자 형태로만 나타나는 수소를 건조한 미라에서 찾아낼 수 없기 때문이다.

물론 미라 처리는 고대 이집트인들의 전유물은 아니다. 방부 처리 풍습은 멕시코와 안데스까지 널리 퍼져 있었으며 우리나라에서도 미라가 발견되고 있다.

인체 냉동 보존술은 성공할까

20세기 후반부터 시체의 부패를 멈출 수 있는 여러 방법이 개발되었다. 그런 기술 가운데 하나가 액체질소를 이용하는 인체 냉동 보존술cryonics이다. 냉동 보존술은 죽은 사람을 얼려 장시간 보관해두었다가 나중에 녹여 소생시키려는 기술이다. 인체를 냉동 보존하는 까닭은 사람을 죽게 만든 요인, 예컨대 암과 같은 질병의 치료법이 발견되면 훗날 죽은 사람을 살려낼 수 있다고 믿기 때문이다. 말하자면 인체 냉동 보존술은 시체를 보존하는 방법이라기보다는 생명을 연장하려는 새로운 시도라고 할 수 있다.

인체의 사후 보존에 관심을 표명한 대표적인 인물은 미국의 정치가이자 과학자인 벤저민 프랭클린Benjamin Franklin(1706~1790)이다. 미국의 독립선언 직전인 1773년, 그가 친지에게 보낸 편지에는 '물에 빠져 죽은 사람을 먼 훗날 소생시킬 수 있도록 시체를 미라로 만드는 방법'에 대해 언급한 대목이 나온다. 물론 그는 당대에 그러한 방법을 구현할 만큼 과학이 발달하지 못한 것을 아쉬워하는 문장으로 편지를 끝맺었다.

　　인체의 냉동 보존을 이론적으로 제안한 최초의 인물은 미국 물리학자인 로버트 에틴거Robert Ettinger(1918~2011) 교수이다. 1962년 『냉동 인간The Prospect of Immortality』이라는 책을 펴내고, 저온생물학cryobiology의 장래는 죽은 사람의 몸을 얼린 뒤 되살려내는 데 달려 있다고 강조했다. 특히 액체질소의 온도인 섭씨 영하 196도가 시체를 몇백 년 동안 보존하는 데 적합한 온도라고 제안했다. 그의 책이 계기가 되어 인체 냉동 보존술이라는 미지의 의료 기술이 모습을 드러냈다.

　　에틴거 교수는 1940년대에 개구리의 정자를 냉동하려는 과학자들을 지켜보면서 인체 냉동 보존 아이디어를 생각해냈다. 의학적으로 정자를 가수면 상태로 유지한 뒤에 소생시킬 수 있다면 인체에도 같은 방법을 적용할 수 있다고 확신한 것이다.

　　과학자들은 1940년대에 여러 종류의 세포를 성공적으로 냉동 보존했으며, 1950년에는 소의 정자, 1954년에는 사람의 정자를 냉동 보관하는 데 성공했다. 세계 도처의 정자은행에서는 정자를 오랫동안 냉동 저장한 뒤에 해동해 난자와 인공수정한다. 1971년에는 쥐의 배아를 냉동 보관하는 데 성공했으며 이

3,200년 이상 된 미라.
람세스 2세의 미라. 약 500여 명의 각 분야 학자들이 모여 죽은 지 3,200년이 넘은 람세스 2세의 미라를 다양한 방법으로 연구하였다. 연구로 인해 미라가 손상되는 것을 막기 위해 핵물리학자가 합류하였고, 약 7개월여에 걸친 연구를 마친 뒤 1977년에 처음 발견된 대로 목관에 안치시켜 카이로에 돌려보냈다.

어서 토끼, 양, 염소, 소의 배아를 냉동 보관하게 되었다.

사람의 경우 1984년 3월 오스트레일리아에서 냉동 배아로부터 첫아기가 태어났다. 이제는 체외수정 시술을 위해 사람의 배아를 냉동 보관하는 것을 자연스럽게 받아들이고 있다. 한편 난자는 정자나 배아보다 동결이 쉽지 않기 때문에 1986년 독일에서 냉동 난자로 체외수정된 아기가 처음 태어났으며 우리나라에서는 1999년 8월 첫 번째 아기가 태어났다.

에틴거 교수의 인체 냉동 보존 아이디어는 1960~1970년대 미국 지식인들의 상상력을 자극했다. 특히 히피 문화의 전성기인 1960년대에 환각제인 엘에스디LSD를 만들어 미국 젊은이들을 중독에 빠뜨린 장본인인 티머시 리어리Timothy Leary(1920~1996) 교수는 인체 냉동 보존술에 심취했다. 그는 말년에 암 선고를 받고 자살 계획을 세워 자신의 죽음을 인터넷에 생중계할 정도로 괴짜였다. 그의 사후에 출간된 『임종의 설계Design for Dying』를 보면 1996년 75세로 병사한 리어리 교수는 자신이 냉동 보존으로 부활하는 꿈을 포기하지 않았음을 알 수 있다.

리어리 교수의 경우에서 보듯이 인체 냉동 보존술은 진취적 사고를 가진 미국 실리콘밸리의 첨단 기술자들을 매료시켰다. 세계 최대 인체 냉동 보존 서비스 조직인 '알코르 생명연장 재단Alcor Life Extension Foundation'의 고객 중 25퍼센트 이상이 첨단 기술 분야 종사자들인 것으로 알려졌다. 1972년부터 냉동 보존 서비스를 제공하고 있는 알코르는 세계적으로 1,000여 명이 상담을 진행 중이며 냉동 보존된 사람은 100여 명 정도라고 밝히고 있다. 우리나라의 경우, 2020년 5월에 숨진 80대 여성이 국내 최초의 냉동인간이 되었다. 러시아의 모스크바에 있는 인체 냉동 보존 서비스 회사인 크리오러스KrioRus 본사에 냉동 보존되어 있는 것으로 알려졌다.

알코르는 고객을 '환자', 사망한 사람을 '잠재적으로 살아 있는 자'라고 부른다. 환자가 일단 임상적으로 사망하면 알코르의 냉동 보존 기술자들이 현장으로 달려간다. 그들은 먼저 시신을 얼음 통에 집어넣고, 산소 부족으로 뇌가 손상되는 것을 방지하기 위해 심폐 소생 장치를 사용해 호흡과 혈액 순환 기능을 복구한다. 이어서 피를 뽑아내고 정맥주사를 놓아 세포의 부패를 지연시킨다. 그런 다음에 환자를 애리조나 주에 있는 알코르 본부로 이송한다. 환자의 머리와 가슴의 털을 제거하고, 두개골에 작은 구멍을 뚫어 종양의 징후를 확인한다. 시신의 가슴을 절개하고 늑골을 분리한다. 기계로 남아 있는 혈액을 모두 퍼내고 그 자리에는 특수 액체를 집어넣어 기관이 손상되지 않도록 한다. 사체를 냉동 보존실로 옮긴 다음에는 특수 액체를 부동액으로 바꾼다. 부동액은 세포가 냉동되는 과정에서 발생하는 부작용을 감소시킨다. 며칠 뒤에 환자의 시체는 액체질소의 온도인 섭씨 영하 196도로 급속 냉각된다. 이제 환자는 탱크에 보관된 채 냉동 인간으로 바뀐다.

인체 냉동 보존에는 비용이 적지 않게 소요된다. 냉동 보존 서비스에는 비용에 따라 특급과 보통이 있다. 알코르에서는 12만~13만 달러 정도를 내면 몸 전체를 보존하는 특급 서비스가 제공되지만, 5만 달러로는 머리만 냉동 보존해준다.

알코르의 홈페이지www.alcor.org를 보면 "우리는 뇌세포와 뇌의 구조가 잘 보존되는 한, 심장 박동이나 호흡이 멈춘 뒤 아무리 오랜 시간이 흘러도 그 사람을 살려낼 수 있다고 믿는다. 심박과 호흡의 정지는 곧 '죽음'이라는 구시대적 발상에서 아직 벗어나지 못한 사람들이 많다. '죽음'이란 제대로 보존되지 못해 다시 태어날 수 없는 상태일 뿐이다"라고 적혀 있다. 그러나 현대 과학은 아직까지 냉동 인간을 소생시킬 수 있는 수준에 도달하지 못한 상태이다.

인체 냉동 보존술이 실현되려면 반드시 두 가지 기술이 개발되지 않으면 안 된다. 하나는 뇌를 냉동 상태에서 제대로 보존하는 기술이고, 다른 하나는 해동 상태가 된 뒤 뇌의 세포를 복구하는 기술이다. 뇌의 보존은 저온생물학과 관련된 반면, 세포의 복구는 분자 수준에서 물체를 조작하는 나노기술과 관련된다. 말하자면 인체 냉동 보존술은 저온생물학과 나노기술이 결합될 때 비로소 실현 가능한 기술이다.

먼저 저온에서 뇌를 보존하는 기술은 더 말할 나위 없이 중요하다. 사람의 뇌를 냉동 상태에서 보존하지 못한다면 해동 후에 뇌 기능의 소생을 기대할 수 없기 때문이다. 사람의 다른 신체 부위, 이를테면 피부나 뼈, 골수, 장기 등은 현재의 기술로 저온 보존이 가능하다. 바꾸어 말하자면 냉동과 해동에 의해 이러한 부위를 구성하는 분자들이 변질되지 않는다는 뜻이다. 요컨대 냉동은 일반적으로 단백질의 변성이나 화학적 변화를 야기하지 않는다.

세포의 경우 구성 물질의 85퍼센트가량이 물이기 때문에 냉동 시 얼음으로 바뀌면서 부피가 팽창해 세포가 파괴될 것이라고 생각하기 쉽다. 그러나 물이 얼음으로 바뀜에 따라 세포의 부피는 10퍼센트 정도 팽창하는 데 그칠 뿐 아니라, 세포는 부피가 50~100퍼센트까지 늘어나더라도 내부에 형성된 얼음 때문에 세포가 죽는 일은 발생하지 않는다.

한편 세포가 냉동될 때 물이 빠져나오기 때문에 세포 사이에 얼음이 형성된다. 그 결과 세포는 팽창하기보다는 오히려 축소된다. 세포가 축소되면서 세포막에 변화가 발생하여 결국 세포가 죽게 되는 것이다.

이러한 냉동 보존의 결과는 가령 콩팥이나 배아 연구를 통해 확인되었을 뿐이며 곧바로 뇌에 적용될 수는 없다. 뇌를 냉동

했을 때 각 부위의 세포와 조직에 대해 그 구조와 기능이 제대로 보존되는지 면밀히 검토해야 하기 때문이다. 물론 아직까지 뇌의 모든 부위에 대해 이러한 연구가 이루어진 것은 아니다. 하지만 뇌 역시 냉동 시 형성되는 얼음에 의해 인지 능력이 손상되지 않을 뿐 아니라, 동결 방지제인 글리세롤을 사용하면 뇌의 기능을 온전히 유지할 수 있는 상태까지 얼음 형성을 억제할 수 있는 것으로 밝혀졌다. 결론적으로 이러한 연구 결과는 인체 냉동 보존이 저온생물학의 측면에서는 별다른 장애 요인이 없을 것임을 시사해준다.

인체 냉동 보존술의 성공을 위해 기본적으로 필요한 두 번째 기술은 나노기술이다. 나노기술은 냉동 과정에서 손상된 세포를 해동한 뒤 수리할 때 필수 불가결한 기술로 기대를 모은다.

인체는 수십조 개의 세포로 이뤄져 있으며, 냉동될 때 세포를 구성하는 수분이 밖으로 빠져나가 얼음으로 바뀐다. 수많은 세포 주변에 형성된 얼음은 마치 바늘이 풍선을 터뜨리듯 이웃 세포의 세포막을 손상하게 마련이다. 뇌세포 역시 예외가 아니다.

신체의 많은 기관은 새로운 것으로 교체될 수 있다. 예컨대 심장이나 콩팥, 피부 따위는 모두 새것으로 바꾸면 그만이다. 그러나 뇌는 전혀 다른 문제이다. 뇌에는 개체의 의식과 기억이 들어 있기 때문이다. 뇌세포가 손상된 경우 그 안에 저장된 정보들이 온전할 리 만무하다. 따라서 손상된 뇌세포의 기능을 복원할 뿐 아니라 그 안에 있는 정보를 보존하기 위해서 해동된 뒤에 뇌세포를 원상태로 복구해놓지 않으면 안 된다.

이러한 문제에 대한 거의 유일한 해결책으로 미국의 에릭

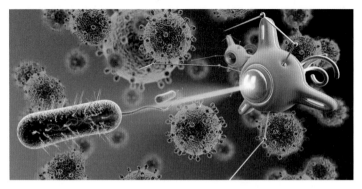

나노 로봇. 나노 로봇이 뇌세포를 수리하면 소실된 기억을 살려낼 수 있다.

드렉슬러Eric Drexler(1955~)가 1986년 펴낸 『창조의 엔진Engines of Creation』에서 제안한 바이오스태시스biostasis 개념이 제시된다. 드렉슬러는 '생명 정지'를 뜻하는 바이오스태시스라는 용어를 만들고 '훗날 세포 수복 기계에 의해 원상 복구될 수 있게끔 세포와 조직이 보존된 상태'라고 정의했다.

세포 수복 기계는 나노 크기의 컴퓨터, 센서, 작업 도구로 구성되며 크기는 박테리아와 바이러스 정도이다. 이 나노 기계는 백혈구처럼 인체의 조직 속을 돌아다니고, 바이러스처럼 세포막을 여닫으며 세포 안팎으로 들락거리면서 세포와 조직의 손상된 부위를 수리한다.

드렉슬러는 이러한 나노 로봇이 개발되면 냉동 보존에 크게 도움이 될 것이라고 주장했다. 요컨대 인체 냉동 보존술의 성패는 저온생물학 못지않게 나노기술의 발전에 달려 있는 셈이다.

전문가들은 2030년경에 세포 수복 기능을 가진 나노 로봇이 출현할 것으로 전망한다. 그렇다면 늦어도 2040년까지는 냉동 보존에 의해 소생한 최초의 인간이 나타날 가능성이 크다. 그러나 이미 소실된 기억을 다시 살려내는 일이 쉽지 않을 것이라는 의견도 만만치 않다. 결국 사람이 죽은 뒤에 영혼이 시체와 함께 보존될 수 있는가 하는 궁극적인 질문과 다시 맞닥뜨리게 되는 것이다.

이런 쟁점은 인체 냉동 보존 이론가들이 해답을 내놓아야 할 성질의 것은 아닌지도 모른다. 어쨌든 21세기 초반에 신경과학의 발달로 기억과 관련된 뇌의 구조가 밝혀지고 기억 기능이 작용하는 메커니즘이 파악될 터이므로 나노기술로 기억을 회복시킬 가능성을 배제할 수만도 없을 것 같다.

특히 엑스트로피 인스티튜트Extropy Institute 과학자들은 인체 냉동 보존술의 장래를 낙관한다. 엑스트로피는 엔트로피의 반대를 의미하는 말로서, 과학기술로 인간의 생명과 지능을 개선하는 것을 뜻한다. 마빈 민스키Marvin Minsky(1927~2016), 레이 커즈와일Raymond Kurzweil(1948~), 바트 코스코Bart Kosko(1960~) 등 세계적 과학자들이 자문 위원으로 참여하고 있는 엑스트로피 인스티튜트는 냉동 보존술로 인간의 영생을 추구하고, 인간의 의식을 컴퓨터로 옮기는 문제를 연구한다.

이들의 소망대로 인체 냉동 보존술의 두 필수 요소인 저온 생물학과 나노기술이 발전하지 못하면 21세기의 미라인 냉동 인간은 영원히 깨어나지 못한 채 차가운 얼음 속에서 길고 긴 잠을 자야 할지 모를 일이다.

2011년 세상을 떠난 에틴거 교수는 아내와 함께 냉동 인간이 되어 부활을 기다리고 있는 것으로 알려졌다.

PART 8

새로운 신화의 탄생

30

황금 가지는
겨우살이인가

발데르의 죽음

바이킹 시대에 제작된
오딘 청동상.

북유럽 신화의 신들 가운데 가장 현명하고 인정이 많아서 사랑을 가장 많이 받은 신은 발데르이다. 그는 최고의 신인 오딘의 둘째 아들로 태어났다. 그의 형은 눈이 먼 호드르이다.

북유럽의 서사시인 『신 에다』에는 발데르에 관한 이야기가 상세하게 나와 있다. 어느 날 발데르는 자신의 죽음을 암시하는 듯한 꿈을 꾸었다. 꿈속에서 유령 같은 괴물이 생명을 해치려고 해서 발데르는 비명을 지르며 잠에서 깨어났다. 꿈 이야기를 전해 들은 신들은 발데르의 생명이 위

험에 처했음을 예감하고 그를 죽음으로부터
지켜낼 방법을 궁리했다.

스웨덴에서 출토된 발데르 모양 장신구.

발데르의 어머니인 프리그는 아홉 나라
를 돌면서 모든 사물로부터 발데르를 해치
지 않겠다는 맹세를 받아냈다. 불이 제일 먼
저 서약하고 물도 뒤따라 맹세했다. 쇠를 비롯
한 모든 금속, 돌, 흙도 프리그의 상냥하지만 열의에 찬 설득 앞
에서 발데르를 해치지 않겠다고 맹세하지 않을 수 없었다. 나무
뿐만 아니라 모든 종류의 질병도 서약했다. 아들을 살려야겠다
는 일념으로 물불을 가리지 않는 여신의 모성애는 네발 달린 짐
승, 새, 구불구불 기어 다니는 뱀까지 감동시켰다. 신들은 프리그
가 불, 물, 금속, 돌, 흙, 나무, 질병, 짐승, 새, 파충류로부터 서약
을 받아 왔기 때문에 이 세상 그 어느 것도 발데르를 해칠 수 없
다고 생각했다. 신들은 이제 발데르가 불사신이 되었다고 기뻐
하면서 그가 안전한지 시험해보기로 했다.

신들은 돌멩이로 발데르의 광대뼈를 맞추거나, 막대기로
그의 가슴을 내리쳤다. 발데르는 아무렇지도 않다고 말했다. 더
강도 높은 시험도 했다. 발데르를 벽 앞에서 과녁 삼아 세워놓고
활을 쏘기도 하고, 도끼로 내려치고 칼로 깊이 베어보기도 했지
만 어떤 것도 발데르에게 상처를 눈곱만큼도 내지 못했다.

모든 신은 아무것도 발데르를 해치지 못한다는 사실에 기
뻐했지만 단 한 명 예외가 있었다. 로키만은 기뻐하지 않았던 것
이다. 로키는 변덕스러운 거짓말쟁이에다 교활한 협잡꾼인 재앙
의 신이다. 심술궂은 로키는 신들이 즐거워하는 모습이 못마땅

해서 견딜 수 없었다. 발데르가 모든 종류의 공격을 끄떡없이 견 뎌내는 불사신이 된 것을 축하해줄 마음이 추호도 없었다.

　어느 날 로키는 노파로 변신해서 프리그의 궁전으로 갔다. 로키는 능청을 떨면서 사람들이 한 젊은이에게 돌을 던지는 이 유를 물었다. 프리그는 노파가 길가에서 본 것은 신들이 자기 아 들을 상대로 놀이를 즐기는 것이라고 말해주었다. 모든 사물이 발데르에게 상처를 입히지 않겠다고 서약을 했으므로 어떤 것 도 위험하지 않다고 덧붙였다. 노파는 콧방귀를 뀌며 물었다.

　"정말로 모든 것들이 발데르에게 해를 끼치지 않겠다고 당 신에게 맹세했단 말이유?"

　프리그 여신이 자신만만하게 대꾸했다.

　"그래요. 모든 것이 서약했죠. 단 하나만 빼고요. 발할라 서 쪽에서 자라는 겨우살이만 빼고요. 그건 너무 어려서 굳이 서약 을 받을 필요가 없었으니까요."

　그 말을 들은 로키는 발할라 쪽으로 서둘러 떠났다. 발할라 는 신들의 나라에 있는 오딘의 궁전으로, 오딘은 전사자들의 영 혼을 초대하여 잔치를 베풀었다. 로키는 전사자들의 영혼이 소 리치는 것을 들으면서 작은 덤불숲으로 들어갔다. 그곳에는 땅 이나 물에 뿌리를 내리지 않고 참나무 줄기에서 자라 나오는 특 이한 식물이 있었다. 로키는 마침내 겨우살이를 찾아낸 것이다.

　겨우살이의 열매는 희미한 싹 다발처럼 반짝였고, 잎새들 은 초록색이나 연두색이었으며, 줄기와 가지는 초록색이었다. 로키는 겨우살이의 작은 가지를 세게 비틀어 참나무 줄기에서 떼어냈다. 그리고 그중에서 자신의 팔뚝 길이만 한 곧은 가지를 골라냈다. 그 가지의 껍질을 벗겨낸 뒤에는 한쪽 끝을 뾰족하게 갈았다. 로키는 그것을 들고 신들이 모여 있는 곳으로 갔다. 신들은 발데르에게 던지기 놀이를 하고 있었는데, 발데르의 눈먼 형인 호드르는 좀 떨어진 곳에 멀거니 서 있었다. 로키는 호드르에게 접근하여 "왜 발데르에게 아무것도 던지지 않느냐?"고 물었다. 호드르는 "발데르가 어디 있는지 보이지도 않고 던질 만한 무기도 없어"라고 대답했다.

로키는 겨우살이의 뾰족한 가지를 호드르의 손에 쥐여주며 부추겼다.

"발데르가 서 있는 곳으로 데려다줄 테니 이 작은 가지를 던져보렴."

호드르는 로키가 일러준 대로 발데르를 겨냥해서 겨우살이 가지를 던졌다. 겨우살이 가지는 발데르를 정확히 맞추었다. 그 순간 발데르는 앞으로 꼬꾸라져서 그 자리에서 죽고 말았다. 신들은 가장 아름답고 현명한 발데르가 숨을 거둔 채 빛나는 모습으로 누워 있는 것을 바라보면서 슬픔을 표현할 말을 찾지 못했고, 눈물에 막혀 입을 열 수조차 없었다.

신들은 발데르의 시체를 짊어지고 해변으로 갔다. 해변에는 발데르의 배가 있었다. 신들은 발데르의 시체를 배 위의 제단에 안치했다. 발데르의 아내는 남편의 시신을 본 순간 슬픔으로 가슴이 파열되어 그 자리에서 숨이 끊어지고 말았다. 신들은 그녀를 남편 옆에 같이 뉘였다. 신들은 두 사람이 안치된 배에 불을 붙였다. 발데르의 배는 불이 붙은 채 바다 깊은 곳으로 사라졌다.

심술궂은 로키는 발데르의 눈먼 형 호드르에게 겨우살이를 던지게 해 발데르를 죽인다.

아이네이아스의 황금 가지

아프로디테는 트로이의 양치기인 안키세스와 하룻밤을 지
낸 뒤 아이네이아스를 낳았다. 아이네이아스의 이야기는 로마의
시인인 베르길리우스의 『아이네이스』에 실려 있다.

고대 로마제국의 황제들은 신으로 여겨졌기 때문에 신들
의 계보가 필요했지만 제국 건국에 대한 영웅적 서사시조차 없
었다. 이런 상황에서 기원전 1세기의 끝 무렵 베르길리우스가 완
성한 로마인들만의 서사시가 『아이네이스』이다. 이 서사시의 주
인공 아이네이아스는 호메로스의 서사시인 『일리아드』에서 비

교적 평범한 영웅으로 등장하지만, 베르길리우스에 의해 로마의
창시자로 그려진다. 신들의 이름도 로마식으로 표기된다. 제우
스는 유피테르, 헤라는 유노, 아폴론은 아폴로, 아르테미스는 다
이아나, 아프로디테는 비너스, 에로스는 큐피드이다.

그리스인들은 트로이 목마를 타고 성안으로 들어가 트로
이를 완전히 파괴했다. 비너스의 아들인 아이네이아스는 불구가
된 아버지를 등에 업고 불타는 도시에서 도망쳤다. 아이네이아
스는 트로이가 파괴될 때 아내를 잃었다. 그는 아들들과 함께 트
로이 귀족들을 이끌고 새로운 도시 건설에 나섰다.

아이네이아스 일행은 델로스 섬에 도착했다. 아폴로와 그
의 쌍둥이 누이인 사냥의 여신 다이아나가 태어난 곳이자 아폴
로의 신탁이 있는 섬이었다. 신탁은 아이네이아스에
게 그의 행로를 다음과 같이 예언했다.

> 너의 어머니를 찾아가거라. 너의 후손들은
> 그녀가 살고 있는 땅에 정착하여 번영을 누
> 리며, 그리스를 포함한 여러 나라를 지배하
> 게 될 것이다.

어머니를 찾으라는 말은 비너스
가 아이네이아스와 함께해줄 것이라는

요한 토비아스 세르겔, 「포옹하는 비너스와 안키세스」.
아프로디테와 안키세스 사이에 아이네이아스가 태어난다.

뜻이었다. 아이네이아스의 선조들은 이탈리아에서 온 사람들이었다. 따라서 그들이 목적지로 정할 수 있는 곳은 이탈리아뿐이었다.

아이네이아스 일행은 방랑을 계속하며 수많은 섬에 들렀다. 도중에 늙은 안키세스는 세상을 떠났다. 마침내 아이네이아스의 배는 오늘날 로마가 위치한 이탈리아 반도에 상륙했다. 로마를 건설할 현장에 도착한 아이네이아스는 여자 예언자이자 무녀인 시빌레를 찾아갔다. 베르길리우스는 시빌레가 있는 성역에 동굴이 그물처럼 뚫려 있어서 미궁을 이루고 있다고 『아이네이스』에 써놓았다.

> 거대한 바위의 옆을 뚫어서 동굴을 만들었으며, 거기서 지상으로 통하는 넓은 출입구가 백 개나 있어서 마치 백 개나 되는 아가리를 벌리고 있는 듯했다. 그리고 그 백 개나 되는 입들에서 제가끔 소리가 흘러나왔다. 그것은 시빌레의 대답이었다.

시빌레는 아이네이아스에게 먼저 저승에 다녀오지 않으면 절대로 전쟁에서 이겨 이탈리아를 지배할 수 없을 것이라고 귀띔해주었다. 아이네이아스는 저승에 있는 아버지를 그리워하며, 시빌레에게 지하 세계로 가는 길을 안내해달라고 졸랐다. 시빌레는 아이네이아스에게 먼저 신전의 숲에 있는 성스러운 나무에서 가지 하나, 곧 황금 가지Golden Bough를 꺾어 오라고 말했다. 황금 가지란 현세와 내세를 잇는 것, 천계로 가는 여권, 마법의 가지를 뜻한다.

아이네이아스가 황금 가지를 꺾은 나무는 푸른 참나무였다. 참나무는 로마 최고의 신인 유피테르의 성스러운 나무였다. 베르길리우스는 비둘기 두 마리가 아이네이아스를 황금 가지가 무성한 어슴푸레한 계곡으로 인도하고 나무 한 그루에 내려앉아 쉬고 있는 모습을 다음과 같이 묘사했다.

거기에서 한 줄기 황금빛이 반짝거리고 있다. 추운 겨울 숲에서 본래 그 나무의 것이 아닌 겨우살이가 무성한 푸른 잎과 노란 열매를 줄기에 매달고 있다. 어두운 참나무에 황금색 잎이 무성해서 미풍을 받고 황금색 잎이 바스락거리며 소리를 내고 있는 듯하다.

아이네이아스는 황금 가지를 들고 시뷜레의 안내를 받아 명계로 내려갔다. 두 사람이 스틱스 강에 이르러 나루터지기인 카론에게 황금 가지를 보여주자, 카론은 두말없이 강을 건너게 해주었다.

영국의 인류학자이자 민속학자인 제임스 조지 프레이저 James George Frazer(1854~1941)는 1890년부터 1936년까지 전체 13권으로 완간한 『황금 가지The Golden Bough』에서 원시종교의 역사, 곧 주술 및 종교의 기원과 그 진화 과정을 해부하고 있는데 황금 가지가 겨우살이였다고 추론할 수밖에 없다고 주장하면서, 베르길리우스가 저승으로 내려가는 아이네이아스에게 하늘의 영광을 받은 겨우살이 가지를 가지고 가게 한 것을 다음과 같이 설명하고 있다.

베르길리우스에 의하면 지옥의 입구에는 음울한 숲이 끝없이 펼쳐져 있고, 아이네이아스는 유혹이라도 하는 듯이 나는 두 마리의 비둘기를 따라서 끝없는 숲을 헤맨 뒤에 어두운 그림자로 뒤덮인 나무들 저쪽에 황금 가지의 반짝이는 빛이 뒤엉켜 있는 것을 보았던 것이다. 쓸쓸한 가을 숲속에서 마른 겨우살이의 노란 가지가 불씨를 가지고 있다면, 혼자서 저승을 헤매는 사람에게는 주위를 비추는 빛이 되고, 손에 쥐면 채찍이나 지팡이가 되는 이 가지는 훌륭한 반려였을 것이다. 이 무기가 있으면 모험의 여행 길에서 기다리고 있는 무서운 요괴들과 맞설 수 있을 것이다. 그래서 아이네이아스는 숲을 빠져나와 지옥의 늪지를 구불구불 천천히 흘러가는 스틱스 강의 강변에 도달해서 심술궂은 사공이 황천으로 가는 배를 태워줄 수 없다고 거부했을 때 품에서 천천히 황금 가지를 꺼내서 위로 쳐든다. 위세 당당하던 사공은 그것을 본 순간 움츠러들어 아이네이아스를 온순하게 배에 태운다. 하지만 낡은 배는 살아 있는 사람의 몸무게 때문에 가라앉고 만다. 근대에 와서도 겨우살이가 마녀와 요괴를 물리친다고 믿는 것을 보면 고대 사람들이 겨우살이에 마력이 있다고 믿었던 것은 당연한 일이다. 그리고 현재 유럽의 농민들 중에는 겨우살이가 어떤 자물쇠라도 열 수 있는 힘을 가지고 있다고 믿는 사람이 있다. 그렇다면 아이네이아스가 겨우살이를 황천의 문을 열 '열려라 참깨'로 사용했다고 생각해도 무리가 없을 것이다.

아이네이아스와 시뷜레는 케르베로스가 지키는 저승의 문을 통과하여 명계로 들어갔다. 그들은 비극적인 사랑으로 고뇌하다가 자살한 여성들의 영혼이 떠돌아다니는 통곡의 들판을 지나갔다. 명계로 깊숙이 들어가자 트로이 전쟁에서 사망한 병사들이 보였다. 마침내 명계의 길이 두 갈래로 나뉘는 지점에 이르렀다.

왼쪽으로 가면 죄인들이 갇혀 있는 나락의 밑바닥인 타르타로스이고, 오른쪽으로 가면 축복받은 인생을 보낸 사람들의 영혼이 사는 극락의 초원인 엘리시온이었다.

시뷜레는 아이네이아스에게 오른쪽 입구의 문에 황금 가지를 걸어놓으라고 말했다. 아이네이아스가 엘리시온으로 들어가자 위대한 시인과 영웅들의 모습이 나타났다. 오르페우스가 리라를 연주하고 있었다. 그곳에서 아버지인 안키세스의 영혼과

세바스티아노 콘카, 「엘리시온 들판을 찾아간 아이네이아스」.
안키세스는 죽은 뒤에도 계속 유령으로 나타나 아들을 돕는다.

재회했다.

아버지와 아들은 서로 끌어안고 감격했다. 안키세스는 자신의 아들이 그 어느 나라보다 강력한 제국의 창시자가 될 것이라고 예언했다. 작별의 시간이 다가오자 안키세스는 아이네이아스를 레테, 곧 망각의 강으로 데려가서 그 물을 마시도록 했다. 인간이라면 누구나 저승을 떠나기 전에 반드시 그 강물을 마셔야 했기 때문이다. 아이네이아스는 아버지의 예언을 가슴속에 새기면서 시빌레의 안내를 받아 지상으로 무사히 돌아왔다. 아이네이아스는 전쟁을 치르는 등 우여곡절 끝에 로마 근처 도시에 나라를 세웠다. 트로이 전쟁에서 패배하여 지중해를 방랑하던 아이네이아스가 드디어 로마제국의 기초가 되는 도시를 건설한 것이다.

겨우살이 숭배

겨우살이mistletoe는 영어로 똥이라는 의미의 단어 'mistel'과 나뭇가지라는 의미의 단어 'tan'이 합쳐진 것이다. 이 이름은 씨를 퍼뜨리는 방법에서 비롯된 것이다. 새가 겨우살이의 열매를 먹으면 끈끈한 씨는 창자를 그대로 통과하여 배설물과 함께 나뭇가지에 쌓인다. 겨우살이의 씨는 나뭇가지 틈새에 자리를 잡고 싹을 틔워서 그런 이름이 붙여졌다.

겨우살이는 서양겨우살이, 미국겨우살이, 난쟁이겨우살이 세 종으로 나뉜다. 서양겨우살이는 영국을 포함한 유럽의 온대 지역에 널리 퍼져 있다. 북아메리카에만 사는 미국겨우살이는

겨우살이는 유럽에서 아주 옛날부터 미신적 숭배의 대상이었다.

미국꽃단풍과 느릅나무에 산다. 잎이 없이 꽃만 피는 난쟁이겨
우살이는 침엽수에 큰 피해를 입힌다.

서양의 신화에 나오는 겨우살이는 서양겨우살이이다. 이
겨우살이는 본래 참나무에 기생하지만 오늘날 사과나무와 사시
나무 같은 낙엽수에서 더 흔히 볼 수 있다.

겨우살이는 유럽에서 아주 옛날부터 미신적 숭배의 대상
이 되었다. 로마의 박물학자인 플리니우스는 다음과 같이 적고
있다.

갈리아 전역에서 겨우살이가 숭배되고 있다는 사실을 간과해서
는 안 된다. 갈리아인은 마법사를 드루이드Druid라고 부르는데
그 드루이드는 겨우살이가 기생하고 있는 나무가 참나무인 경우
에만 신성한 것으로 여기고 있다. 그러나 이것과는 별도로 그들

은 참나무 숲을 신성한 숲으로 생각했으며 성스러운 의식에는 반드시 참나무 잎을 사용한다. 그래서 드루이드라는 이름 자체가 참나무 숭배와 관련이 있는 그리스어의 명칭으로 간주되기도 한다. 이 나무에 자라고 있는 것은 그것이 무엇이든 하늘에서 주어졌으며 이 나무가 신에게 선택되었다는 표시라고 믿었기 때문이다. 참나무에 겨우살이가 기생하는 것은 매우 드문 일이어서 겨우살이를 발견하면 사람들은 그 주위에 모여 엄숙한 의식을 치른다. 무엇보다도 행사는 그달의 엿새째 되는 날에 연다. 그달, 그해, 30년 주기가 시작되는 날로부터 엿새째 되는 날이다. 달의 엿새째에는 활력이 넘치며, 달이 반도 차지 않은 상태이기 때문이다. 그 나무 아래 제물을 바치고 제사 준비를 한 뒤 겨우살이가 만물을 치유할 수 있을 것이라고 찬양하고, 뿔을 한 번도 묶은 적이 없는 하얀 황소 두 마리를 데리고 온다. 하얀 예복을 입은 사제 한 사람이 그 나무 위로 올라가서 황금 낫으로 겨우살이를 잘라내서 흰 천으로 받는다. 그런 다음 황소를 제물로 바치면서 그것을 내려준 신에게 기도를 올린다. 사람들은 겨우살이로 만든 약물이 새끼를 낳지 못하는 동물들에게 새끼를 낳게 하며, 또한 겨우살이가 모든 독을 해독할 수 있다고 믿는다.

플리니우스는 참나무에 기생하는 겨우살이가 약으로도 효험이 있는 것으로 여겨졌다고 적었다. 이러한 겨우살이는 간질에 특효가 있으며, 여자가 몸에 지니고 다니면 아이를 낳을 수 있다고 생각하는 사람들이 많았다. 특히 종양이 생겼을 때 한 조각은 씹고 한 조각은 환부에 대면 탁월한 효과가 있는 것으로 알려졌다.

드루이드교도들은 참나무에 기생하는 겨우살이를 만병통
치약이라고 부르기도 했다.

키스의 역사

겨우살이에 관련된 여러 신비스러운 풍습 중에서 오늘날까
지 사라지지 않고 있는 것은 크리스마스 때 황금빛이 감도는 초
록 식물의 가지를 걸어놓고 그 밑에서 입맞춤을 하는 것이다. 이
러한 풍습은 겨우살이를 생식력과 관련짓는 데서 비롯된 것이
다. 한겨울에 낡은 한 해의 끝자락에서 봄을 기다리며, 겨우살이
밑에서 좋아하는 사람과 입맞춤을 하는 것은 새로운 생명을 잉
태하기 위한 의식이라 할 수 있다. 겨우살이를 걸어두고 입맞춤
하는 풍습은 18세기 영국에서 시작되었다.

사람들은 사랑을 확인할 때 상대방의 신체 부위에 입을 맞
춘다. 이마, 머리털, 뺨, 눈, 어깨, 가슴, 입술 또는 혀에 키스를 한
다. 그런 만큼 키스를 일컫는 어휘도 키스의 종류와 방식에 따라
어머니 키스에서 프렌치 키스까지 한두 가지가 아니다. 어머니
키스는 아기와 엄마를 이어주는 끈이 되며, 아기가 엄마의 품속
에서 진정한 자유를 느낄 수 있게 해준다. 프렌치 키스는 사랑하
는 남녀가 애무하면서 입을 벌리고 혀를 깊숙이 섞는 키스이다.
그밖에도 혀로 귀를 애무하는 고등 키스, 깜박거리는 속눈썹을
피부에 대면서 하는 나비 키스가 있다.

키스가 언급된 가장 오래된 문헌은 기원전 1500년경 인도

에서 베다 범어로 작성된 것이다. 남녀가 코를 비비고 누르는 행위가 묘사되어 있는데, 입술로 하는 키스가 생기기 이전에 사랑을 나누던 관습으로 짐작된다. 구약성서의 「아가雅歌」에도 "나의 신부여! 그대 입술에선 꿀이 흐르고 혓바닥 밑에는 꿀과 젖이 괴었구나"(4:11)라고 언급되어 있다.

키스에 관한 기교를 상세히 소개한 최초의 저술은 『카마수트라Kamasutra』이다. 이 책은 4세기경 바차야나Vatsayana가 인도 힌두교의 성에 관한 사상을 집대성하여 편찬한 성애학의 경전이다. 고대 인도의 지체 높은 사람들은 다르마, 아르타, 카마의 세 가지를 교양으로 학습하지 않으면 귀족으로서 자격을 인정받지 못했다. 소년기에는 실리(아르타), 즉 자산의 획득을 위해 힘써야 하고, 청년이 되면 성애(카마)에 전력하고, 노년에는 정법(다르마), 즉 의무 이행에 전심을 기울여야 했다. 카마는 남녀 간의 정사, 곧 키스나 포옹과 더불어 행해지는 성교에서 느껴지는 쾌락을 말한다.

사람이 카마의 본질을 이해하고 성취하는 방법을 가르치는 학문이 성애학이며, 기원전 6세기경 바라문의 학자들이 깊은 삼림에 은거하며 논술한 각종 성애학의 경전을 집대성해놓은 것이 카마의 길잡이(수트라), 곧 『카마수트라』이다. 『카마수트라』에는 성교에 관한 각종 기교에서부터 유부녀나 창녀를 희롱하는 방법에 이르기까지 성행위의 모든 것이 묘사되어 있다. 입맞춤의 기교는 제2부 제3장에 나온다. 한 사람이 혓바닥을 상대방의 입안에 넣고 그 혀끝으로 이, 윗잇몸, 혀 등을 누르는 프렌치 키스가 소개된다.

구스타프 클림트, 「키스」.
키스는 건강에 크게 도움을 준다.

인도의 키스 문화는 유럽으로 건너갔는데, 이것을 받아들인 최초의 유럽인은 고대 그리스인들로 추정된다. 그러나 정작 입맞춤을 대중화한 민족은 피가 뜨거운 로마인들로 여겨진다. 로마인들은 순수한 인사로서의 키스와 애정 행위로서의 키스가 혼동되지 않도록 키스의 성격에 따라 여러 가지 용어를 사용했다. 가령 사랑하는 사람들이 입술을 맞추는 달콤한 키스를 바시움basium이라 불렀다.

그러나 가톨릭이 로마제국의 종교가 되면서 키스가 일상화되는 현상에 제동을 걸기 시작했다. 가톨릭교회는 종교적 의식에서 행해지는 키스는 수용했지만 다른 키스는 죄를 짓는 행위라고 선언했다. 육체적 쾌락을 추구하는 입맞춤은 소죄, 간통을 위해 주고받는 키스는 지옥에 떨어질 대죄라고 규정했기에 중세 말엽까지 사랑의 키스는 설 자리가 없었다. 그러나 르네상스가 시작되면서 부모와 자식 또는 친구 사이에 인사로서의 키스는 모습을 감춘 반면에 사랑과 성적 관계를 표현하기 위한 키스는 오늘날까지도 연인들의 전유물로 살아남았다.

서구에서는 키스가 일상적인 행위이지만 인류의 모든 문화권에서 입맞춤이 보편화된 것은 아니다. 찰스 다윈Charles Darwin(1809~1882)은 "우리 유럽인들은 애정의 징표로서 키스 행위에 너무나 익숙해져서 그것을 인류의 천부적 행동으로 여긴다. 그러나 그것은 사실이 아니다. 키스라는 관습은 뉴질랜드 원주민, 타이티 원주민, 파푸아족, 오스트레일리아 원주민, 아프리카 소말리아족, 그리고 에스키모들에게는 알려지지 않은 것"이라고 주장했다.

폴리네시아 마오리족의 인사법을 홍이hongi라고 하는데 코를 맞대고 비비며 인사를 나눈다.

키스가 본능적 행위가 아니라 문화적 산물이라면 키스의 기원이 궁금하지 않을 수 없다. 많은 인류학자들은 키스가 사랑하는 사람의 냄새를 확인하는 수단으로 시작되었다고 주장한다. 에스키모 부족인 이누이트나 태평양의 마오리, 폴리네시아 등의 문화권에서는 입술 대신에 코를 비비는 것을 선호한다.

그러나 입으로 하는 키스, 특히 남녀가 혀를 섞는 프렌치 키스가 시작된 이유로는 설득력이 떨어진다. 1973년 영국 동물학자인 데즈먼드 모리스Desmond Morris(1928~)가 가장 그럴듯하게 프렌치 키스의 유래를 설명했다. 몇백만 년 동안 어머니가 아기의 젖을 떼기 위해 음식을 씹어 입술과 입술의 접촉을 통해 아기의 입에 넣어준 행위로부터 프렌치 키스가 유래했다는 것이다.

남녀가 키스를 할 때 나타나는 가장 중요한 현상은 타액 분비가 많아진다는 것이다. 프렌치 키스를 할 때 최대 9밀리그램의 타액과 함께 단백질 0.7그램, 유기질 0.18그램, 염분 0.45밀

리그램뿐만 아니라 대략 250종의 각종 박테리아가 교환된다고
한다.

키스를 하면 혈액순환이 두 배나 빨라지고 혈압과 체온이
상승한다. 이러한 흥분 상태는 부신을 자극하여 몸에 좋은 호르
몬이 많이 분비되게 하며, 적혈구를 증가시켜 면역력을 높이기
때문에 건강에도 도움을 준다.

31

성경과 과학이 만나다

종교와 과학의 갈등

구약성서는 "한 처음에 하느님께서 하늘과 땅을 지어내셨다"는 문장으로 시작된다. 이어서 「창세기」는 하느님이 엿새 동안에 천지를 창조하는 과정을 보여준다.

기독교 신자들은 하느님의 말씀에 절대로 오류가 있을 수 없다고 생각하기에 구약성서 「창세기」에서 우주와 생명의 기원에 관해 서술한 내용은 엄연한 역사적 사실이라고 주장한다.

16세기부터 가톨릭교회는 세계를 해석하는 방법을 놓고 과학자들과 첨예하게 대립했다. 가톨릭의 우주관에 대한 최초의 도전은 1543년 폴란드의 니콜라우스 코페르니쿠스Nicolaus

니콜라우스 코페르니쿠스(왼쪽 위)와 갈릴레오 갈릴레이의 초상화(왼쪽 아래).
코페르니쿠스는 그가 태어난 곳인 폴란드의 예술가들에게 많은 영감을 주었다(오른쪽 위). 베
니스의 베르티니 총독에게 망원경 사용법을 보여주는 갈릴레오 갈릴레이(오른쪽 아래).

Copernicus(1473~1543)가 제창한 태양중심설이다. 무려 1,500년간
이나 천동설이 받아들여졌기 때문에 그의 지동설은 엄청난 충
격을 몰고 왔다. 가톨릭의 저항은 극렬했다. 지구를 우주의 중심
이 아니라고 생각하면 기존의 종교적 원리가 붕괴할 수밖에 없
기 때문이다.

　가톨릭교회는 1600년 지동설을 지지한 이유로 이탈리아
의 시인인 조르다노 브루노Giordano Bruno(1548~1600)를 화형에

처했고, 1616년 코페르니쿠스의 책을 판금시켰으며, 1633년 갈릴레오 갈릴레이Galileo Galilei(1564~1642)에게 유죄 판결을 내렸다. 로마 교황청은 360년 뒤인 1992년 갈릴레오를 복권했다.

19세기에는 생명의 기원을 놓고 신학과 과학 사이에 일대 혈전이 전개되었다. 1802년 영국 신학자인 윌리엄 페일리William Paley(1743~1805)는 기계적인 완벽성을 갖춘 척추동물의 눈을 시계에 비유하고, 시계의 설계자가 있는 것과 똑같은 이치로 눈의 설계자가 반드시 존재한다는 논리를 펼쳤다. 페일리가 내세운 설계자는 다름 아닌 하느님이다. 생물체는 하느님이라는 시계공이 만든 살아 있는 시계라는 것이다.

페일리의 창조론은 19세기 초반까지 통용되었다. 그래서 1859년 찰스 다윈의 『종의 기원The Origin of Species』이 출간되었을 때 대부분의 사람은 진화론을 이해하기는커녕 관심조차 갖지 않았다. 그러나 진화론은 결국 창조론을 뿌리째 흔들어놓았다. 과학은 종교와의 싸움에서 승리를 거두었고 종교적 세계관은 권위를 상실했다.

20세기 들어 유례없는 과학기술의 진보로 숨을 죽이고 있던 창조론자들은 1960년대부터 반격을 개시했다. 그 신호탄은 1961년 미국에서 출간된 『창세기 대홍수The Genesis Flood』이다. 이 책은 빅뱅 이론을 부정하고 어린 지구 창조론young-Earth creationism을 제시했다. 이 이론은 약 130억 년 전에 일어난 대폭

알브레히트 뒤러, 「아담과 이브」.
구약성서에는 하느님이 자신의 모습대로 사람을 남자와 여자로 지어냈다고 적혀 있다.

발에 의해 우주가 생성되었다는 빅뱅 이론과 달리 우주는 1만 년 전쯤에 창조되었다고 주장한다.

창조론자들은 진화론에 대해 지적 설계Intelligent Design 가설로 맞섰다. 이들의 주장은 1991년 법학 교수인 필립 존슨Phillip Johnson(1940~)이 펴낸 『심판대의 다윈Darwin on Trial』과 1996년 생화학자인 마이클 베히Michael Behe(1952~)가 출간한 『다윈의 블랙박스Darwin's Black Box』에 체계화되어 있다. 가령 베히는 세포의 생화학적 구조는 진화론의 자연선택 과정에서 우연히 만들어졌다고 볼 수 없을 만큼 복잡하고 정교하기에 생명은 오로지 지적 설계의 산물일 수밖에 없다고 주장했다.

지적 설계란 과학으로 입증이 불가능한 지적인 존재, 곧 하느님의 손길에 의한 설계를 뜻한다. 요컨대 지적 설계 가설은 생명이 하느님의 창조물이라는 주장을 과학적으로 설득하려는 시도이다. 예전의 창조론자들처럼 맹목적으로 성경에 매달리는 대신 과학이 밝혀낸 사실을 아전인수식으로 원용하는 새 창조론은 창조 과학creation science이라 불린다. 성경 대신 과학을 무기 삼아 진화론을 공격하는 고등 전술의 창조론인 셈이다.

창조론에 과학의 옷을 그럴듯하게 입힌 창조 과학자들의 활동은 괄목할 만하다. 창조과학자들의 활동은 기독교 문화권을 넘어 이슬람 국가로까지 뻗어나가고 있다. 진화론과 창조론의 다툼은 그동안 미국에서만 사회적 쟁점이 되었으나 터키, 브라질, 러시아, 케냐 등 지구촌 전역으로 급속히 확산하는 추세이다.

고고학이 성경 기록을 뒷받침하다

2000년 희년禧年을 맞아 로마 교황청은 축하 행사의 일환으로 8월 중순부터 2개월 동안 토리노 성의를 일반에 공개했다. 1353년 프랑스에서 존재가 확인되어 이탈리아 토리노의 한 성당에 보관 중인 이 성의에는 십자가에 못 박혀 죽은 예수 그리스도Jesus Christ의 모습이 어려 있는 것으로 알려지고 있다. 가톨릭 신자들은 이것이 예수를 매장할 때 주검을 감싼 수의라고 믿지만 1988년 방사성 탄소연대측정법에 의한 분석에 따르면 중세기에 제조된 옷감인 것으로 판명되어 논란이 끊이지 않았다.

토리노 성의의 진위 공방처럼 과학이 종교의 약점을 들춰내는 악역만 하고 있는 것은 아니다. 예컨대 고고학은 다윗 왕에 관한 구약성서의 기록을 뒷받침하는 물증을 찾아냈을 뿐만 아니라 예수의 죽음에 관련된 실체적 진실을 밝히는 데 큰 몫을 했다.

다윗 왕은 구약성서의 핵심 인물이며 예수의 직계 조상임에도 불구하고 성경 이외의 고대 문헌 어디에도 그 이름이 나타나지 않았기 때문에 「사무엘서」 「열왕기」 「역대기」에 묘사된 다윗과 그의 아들 솔로몬의 황금시대는 날조된 기록이라는 지적이 만만치 않았다. 그러나 1993년 갈릴리의 댄이라는 고대 이스라엘 마을의 유적에서 발굴된 기원전 9세기의 비석에 의해 다윗이 실존 인물임이 밝혀졌다. 다윗 왕조 100년 뒤에 만들어진 돌기둥에 다윗의 군사적 승리를 기념하는 문구가 들어 있는 것으로 확인되었기 때문이다. 댄 비석 발견으로 다윗과 솔로몬의 통치 기간(기원전 1000~920)이 역사적 사실로 확인된 것이다.

고고학자들은 예수의 삶과 죽음에 관련된 증거를 여러 차례 발굴했다. 1961년 로마제국의 유대 총독이 집무했던 장소에서 유물을 발굴하는 도중에 1세기 석판이 발견되었는데, 비문에는 라틴어로 빌라도Pontius Pilate의 이름이 새겨져 있었다. 빌라도가 예수를 십자가형에 처한 유대 총독임을 확인해주는 물증인 셈이다. 이른바 빌라도 석판Pilate Stone 발견으로 고고학자들은 뜨거운 갈채를 받았다.

1968년 예루살렘 교외의 한 묘지 동굴에서는 십자가에 못 박혀 죽은 20대 사나이의 뼈가 보존되어 있는 돌함이 발견되었다. 이 발견은 두 가지 측면에서 중요한 의미를 지니고 있다.

첫째, 성경에서 로마제국의 처형 방식으로 묘사된 십자가형이 사실이었음을 뒷받침하는 증거이다. 「요한의 복음서」에는 "병사들이 와서 예수와 함께 십자가에 매달린 사람들의 다리를 차례로 꺾고"(19:32)라는 대목이 나온다. 이 남자는 정강이뼈가 으깨지고 두 팔은 십자가에 못질을 당했으며 큰 쇠못이 양쪽 발 뒤꿈치를 관통한 것으로 짐작되었다. 로마제국에서 반역자, 강도, 포로 등 수천 명이 십자가형을 당한 것으로 알려졌으나 그런 유해가 한 번도 발굴된 적이 없었기 때문에 이 남자의 뼈는 중요한 발견으로 평가된다.

둘째, 예수의 매장 방식에 대한 논쟁에 종지부를 찍는 증거가 된다. 예수가 죽은 뒤 시체에 향료를 바르고 고운 베로 감아 동산의 새 무덤에 안치한다.(「요한의 복음서」 19:38~42) 일부 학자들은 로마제국에서는 십자가형에 처한 죄인의 주검을 공동묘지에 내던지거나 십자가에 매달아놓고 짐승들이 뜯어 먹도록 했

한스 홀바인, 「손을 씻고 있는 빌라도」.
빌라도 총독이 죄수 가운데 한 사람을 석방시켜 주겠다고 제안하자,
군중은 예수 대신에 바라바를 선택했다.

호바르트 플링크, 「골고다」.
십자가형은 로마제국의 처형 방식이었다.

다고 주장한다. 요컨대 로마의 장례 풍속으로는 예수가 무덤에 묻힐 수 없었다는 것이다. 그러나 십자가형을 당한 사내의 해골이 납골당에 해당하는 상자에 보존된 사실로 미루어볼 때 빌라도 총독의 허락을 받아 예수를 무덤에 매장했다는 성경 기록이 엉터리가 아님이 확인되었다고 볼 수 있다.

1990년에는 1세기경 세워진 예루살렘 근교의 묘지에서 여러 개의 석회석 납골당이 발굴된 일도 있었다. 이 가운데에는 60세 된 노인의 뼈가 들어 있고 '가야바의 아들'이라는 비문이 새겨진 것도 있었다. 전문가들은 성경에서 예루살렘의 대사제로 예수를 빌라도에게 넘긴 가야바가 이 뼈의 주인이라고 확신하고 있다.

베들레헴의 별을 찾아서

예수그리스도가 탄생한 경위를 설명한 신약성서의 「마태오의 복음서」에는 예수가 태어날 즈음에 동방의 현자들이 예수의 별을 보고 예루살렘으로 왔다고 적혀 있다.

> 예수께서 헤롯 왕 때에 유다 베들레헴에서 나셨는데 그때에 동방에서 박사들이 예루살렘에 와서 "유다인의 왕으로 나신 분이 어디 계십니까? 우리는 동방에서 그분의 별을 보고 그분에게 경배하려 왔습니다" 하고 말하였다.(「마태오의 복음서」 2:1~3)

헤롯은 동방박사들에게 예수가 태어난 곳을 묻는다. 그들

은 예언서에 유다의 땅 베들레헴에서 이스라엘의 목자가 될 영
도자가 태어날 것이라 기록되어 있다고 말한다. 동방박사들은
헤롯 왕의 부탁을 듣고 베들레헴으로 길을 떠난다. 그때 동방에
서 본 그 별이 그들을 앞서가다가 마침내 아기가 있는 곳 위에
이르러 멈추었다. 한편 헤롯은 예수를 죽일 계획을 세우고 베들
레헴에 있는 두 살 이하의 사내아이를 모조리 죽인다. 그러나 요
셉과 마리아는 꿈속에 나타난 천사의 도움으로 아기 예수를 데
리고 이집트로 피신해 헤롯의 음모를 피할 수 있었다.(「마태오의
복음서」 2:4~18)

기독교도들은 물론이고 천문학자와 점성가들은 예수의 강
탄을 예고한 별의 정체에 궁금증을 가졌으나 수수께끼는 풀리
지 않고 있다. 더욱이 다른 복음서에는 베들레헴의 별이 언급되
어 있지 않기 때문에 그 별의 존재 여부를 의심하는 사람들이 적
지 않다.

17세기 초 행성의 운동에 관한 법칙을 발견한 독일의 천문
학자인 요하네스 케플러Johannes Kepler(1571~1630)는 베들레헴의
별이 신성nova이나 초신성supernova이라고 생각했다. 신성이란 희
미하던 별이 갑자기 환히 빛났다가 곧 다시 희미해지는 별이며,
보통 신성의 1만 배 이상의 빛을 내는 특별히 큰 신성을 초신성
(슈퍼 노바)이라 이른다.

성운의 일부분.
초신성이 폭발한 뒤 남은 찌꺼기는 성운이 된다. 성운의 내부에 가득한 성간가스와
성간먼지의 덩어리들이 새로 태어나는 별의 재료가 되는데,
이중 가장 유명한 것이 사진에서 보이는 수리 성운의 '창조의 기둥'이다(어두운 부분).

케플러 이후 베들레헴의 별에 대한 논쟁은 수그러들었으나 1999년 영국과 미국에서 서로 상반된 견해를 주장한 두 권의 책이 출간된 것을 계기로 대중적 관심사로 부상했다. 한쪽은 천문학으로, 다른 한쪽은 점성학으로 접근했다. 2001년에는 영국에서 가장 존경받는 천문학자인 패트릭 무어 경Sir Patrick Moore(1923~2012)이 책을 펴내면서 색다른 이론을 제안했다. 그는 베들레헴의 별이 행성이나 초신성이 아니라 유성(별똥별)이라고 주장했다. 이와 같이 베들레헴의 별이 무엇인지에 관한 의견이 분분하기에 일부에서는 천문학보다는 점성학으로 설명을 시도하려 나서기도 했다.

점성학은 서양에서 르네상스까지 전성시대를 누릴 정도로 영향력이 막강했다. 옛사람들은 개인의 운명에서 전쟁이나 홍수 등 재앙까지 세상만사를 별자리로 점칠 수 있다고 믿었다. 따라서 마태오는 예수가 죽고 수십 년이 지난 뒤 유대인들에게 예수가 하느님의 아들인 구세주임을 설득하지 않으면 안 되었을 때 점성학을 신봉하는 사회 분위기를 외면할 수 없었을 것이다.

하느님이 존재한다면 그의 독생자를 땅으로 내려보낸다는 사실을 사전에 알리지 않았을 리 없다고 믿는 사람들에게 마태오가 제시할 수 있는 최상의 증거는 별자리였을 것이다. 그는 베들레헴의 별이 예수의 탄생을 예고했다고 둘러댄 것이다.

베들레헴의 별이 유독 「마태오의 복음서」에만 언급되어 있고 천문학자들이 아직까지 그 별의 정체를 밝혀내지 못하고 있는 상황에서 이처럼 점성학을 동원한 상상이 그럴 법하게 여겨질 만도 하다.

오스트리아의 수학자이자 천문학자 게오르그 폰 포이어바흐Georg von Peuerbach가 쓴 『행성에 관한 새 이론Theoricae novae planetarum』의 삽화.

15세기에 제작된 에르하르트 쉔의 목판화로, 여기 그려진 천문도는 프톨레마이오스가 그의 논문 「알마게스트」에서 제시한 것이다. 그때까지 철학적 논의에 그쳤던 우주론은 이 책 이후 수학 계산을 바탕으로 한 천문학 연구로 전환되었다.

타멜란의 손자인 티무르드 이스칸다르 술탄의 운명을 점치는 점성술 책의 일부.
술탄이 태어난 1384년 4월 25일의 행성 위치를 보여주는 평면 그림이다. 류트를 연주하는 여자로 의인화된 금성은 물고기자리에, 전갈자리에는 칼을 든 전사로 묘사된 화성이 보인다.

한스 폰 쿨름바흐, 「동방박사의 경배」.
동방에서 별을 보고 베들레헴으로 온 박사들이 마리아가 안고 있는 아기를 보고 경배했다.

노아의 방주는 거기에 있는가

1872년 영국 대영박물관에서 메소포타미아 지역의 출토품인 점토판을 해독하던 한 연구관은 깜짝 놀라지 않을 수 없었다. 점토판에는 설형문자가 새겨져 있었다. 설형문자는 기원전 4000년경 메소포타미아 지역에 세계 최초로 생겨난 도시문명인 수메르가 만든 쐐기처럼 생긴 문자이다.

홍수의 타블렛으로 불리는 이 점토판은 아마도 모든 설형문자판 중 가장 유명한 판일 것이다. 『길가메시 서사시』의 열한 번째 판으로 신들이 세상을 파괴하기 위해 어떻게 홍수를 내렸는지 설명한다. 노아와 마찬가지로 우트나피시팀도 홍수에 대한 경고를 받았으며 홍수 후에는 마른 땅을 찾기 위해 새를 보냈다.

연구관이 보던 토판은 『길가메시 서사시』의 열한 번째 토판이었다. 이 토판은 길가메시와 우트나피시팀이 죽음에 관해 이야기하는 것으로 시작된다. 우쿠르 왕국을 126년간 통치한 길가메시는 죽음을 물리칠 방법을 찾기 위해 불멸의 존재가 된 우트나피시팀을 만나려고 저승으로 찾아간 것이다.

우트나피시팀은 길가메시에게 대홍수에 대해 이야기해준다. 그는 인간을 대홍수로 심판하기로 결심한 신의 귀띔을 받고 네모난 배, 곧 방주를 만들어 가족과 함께 모든 생명체의 씨앗을 싣는다.

이어서 무시무시한 대홍수가 시작된다. 엿새 낮과 엿새 밤 동안 바람이 불고 홍수와 폭풍우가 육지를 휩쓸었다. 이레째 되는 날, 폭풍우와 홍수가 맹렬하게 기승을 부릴 때 우트나피시팀의 방주는 산꼭대기에 있었다. 그는 방주 밖으로 나와 위대한 신들에게 감사 제사를 지냈다.

우트나피시팀의 방주 이야기가 구약성서의 「창세기」에 나오는 노아의 방주 이야기와 너무도 유사했기에 영국 대영박물관의 연구관은 경악할 수밖에 없었던 것이다.

노아는 하느님의 뜻에 따라 방주 한 척을 만든다. 노아가 600세 되던 해에 40일 동안 밤낮으로 비가 내려 홍수가 난다. 하늘의 비가 멎은 7월 17일에 방주는 아라랏 산 위에 머무른다.

아라랏Ararat은 오늘날 아르메니아 지방의 옛 이름이며 터키, 이란, 옛 소련 국경에 걸쳐 있는 산의 이름이기도 하다. 해발고도가 5,156m나 되는 아라랏 산은 넓은 들판에 홀로 솟아 있으며 구름 속에서 어쩌다 잠깐 모습을 보이는 산꼭대기는 만년설로 뒤덮여 있어 신비스럽기 그지없다. 아르메니아 사람들은 아라랏 산의 꼭대기에 있는 호수 안에 틀림없이 노아의 방주가 있다고 믿는다. 그리고 하나님이 출입을 금한 성역이라고 여겨 거의 2천여 년간 아무도 이 신성한 산에 오를 엄두를 내지 못했다.

19세기 중반에 와서야 성경을 고고학적으로 검증하려는 성경고고학이 출현하면서 아라랏으로 노아의 방주를 찾아나서는 사람들이 나타났다. 1829년 10월에는 독일의 한 교수가, 그로부터 54년 뒤인 1883년 5월에는 터키 관리들이 아라랏 산 꼭대기에 올랐으나 물론 노아의 방주를 찾지는 못했다.

20세기에 들어서자 전쟁터에 나갔던 조종사들의 목격담이 전해졌다. 1916년 늦여름 러시아 조종사가 아라랏 산 근처에 다녀온 기록을 남겼다.

호수 가장자리에 둥그스름한 지붕으로 덮은 묘하게 생긴 배 한 척이 얼음에 파묻혀 있었다. 배는 엄청나게 컸다. 대장은 틀림없는 노아의 방주라고 말했다. 1년 중에 두 달만 조금 드러나고 열 달은 얼음에 묻히므로 썩지 않고 5천 년간 버텨왔을 거라는 것이 대장의 의견이었다. 대장은 이 사실을 로마노프 황제에게 보고했다.

1959년 터키에 머물던 미국 공군 장교도 아라랏 산 위를 비행한 기록을 남겼다.

낙타 등과 같이 생긴 산등성이 밑에 배 같은 모양이 드러누워 있는 것이 보였다. 우리가 본 물체는 틀림없이 네모난 배 모양이었다.

20세기 중반부터 미국의 기독교 교단들은 앞을 다투어 아라랏 산으로 탐험대를 보냈다.

2010년 4월 30일 중국인과 터키인 15명으로 구성된 기독교 계열 탐사대는 기자회견을 열고 아라랏 산에서 노아의 방주로 추정되는 목재 파편을 발견했다고 밝혔다. 탐사대는 목재 표본의 탄소연대를 측정한 결과 기원전 2800년대로 노아 시대와 비슷하고 동물의 우리로 보이는 칸막이가 있는 걸로 볼 때 "100퍼센트는 아니지만 99.9퍼센트 노아의 방주라고 확신한다"고 주장했다.

어쨌거나 아직까지 노아의 방주를 찾아낸 사람은 아무도 없다.

32

사피엔스가 더 이상 주인공이 아닌 세상

전설 속의 인조인간

동서양의 전설에는 사람이 인간처럼 만든 로봇, 곧 인조인간 이야기가 나온다. 기원전 3세기경 쓰여진 『열자列子』에 다음과 같은 내용이 소개되어 있다.

주나라의 목왕은 노는 것을 좋아해서 곳곳을 돌아다니는 것을 즐겼다. 그는 백성을 돌보지 않고 여덟 필의 준마가 이끄는 수레를 타고서 천하를 주유했다. 그는 돌아오는 길에 중국에 당도하기 전에 손재주가 무척 뛰어난 언사라는 사람을 만났다. 그는 왕이 분부하는 것이면 무엇이든 만들 수 있다고 말했다. 이튿날 언사는 이상한 복장을 한 사람을 데리고 나타났다. 왕이 누구냐고 묻자 언사는 "이 사람은 제가 손수 만든 것으로, 노래도 하고 춤을 출 수 있습니다"라고 대답했다. 인형의 일거일동은 진짜 인간과 조금도 다름이 없었다. 목왕은 왕비와 궁녀들을 불러내 그 인형이 노래 부르고 춤추는 것을 함께 구경했다.

변화무쌍한 자태로 자연스럽게 노래하고 춤추는 그 모습 어디에도 그를 가짜 인간이라고 여길 만큼 허술한 구석이 없었다. 노래가 끝날 무렵 인형은 목왕 곁에 앉아 있는 비빈들에게 게슴츠레한 눈빛을 보냈다. 눈알이 쉼 없이 돌아가는 모습이 마치 그녀들을 유혹하는 것 같았다. 목왕은 격노하여 언사를 끌어내 목을 치라고 명령했다. 언사는 죽음이 두려워 즉시 인형의 목을 비틀고 손과 발을 잡아 뽑고 가슴도 열어젖혔다. 인형은 가죽, 나무, 아교와 칠, 여러 색깔의 염료로 이루어져 있었다. 인형의 몸속에는 창자, 심장, 간, 허파, 내장, 피부, 이빨이 모두 들어 있었다. 언사가 그것들을 원래대로 다시 조립하자 인형은 미녀들에게 눈짓을 보내던 행동을 계속했다. 왕이 인형의 심장을 꺼내게 하자 노래를 부르지 못했고, 간장을 끄집어내자 눈이 멀었으며, 콩팥을 떼어내자 한 발자국도 걷지 못했다. 그때서야 목왕은 인형이 가짜 인간이라는 것을 믿게 되었고 한숨을 쉬면서 "인간의 손재주가 대자연의 섭리에 이를 수 있다니, 정말 신과 같은 재주로고"라고 말했다. 목왕은 자신의 수레와 똑같은 화려한 마차 한 대를 준비시켜 언사를 태우고 주나라로 돌아왔다.

서양의 전설에 나오는 인조인간 중에서 가장 유명한 것은 골렘이다. 유대인들의 지혜를 집대성한 책인 『탈무드The Talmud』
에는 율법학자(랍비)들이 지구의 모든 지역에서 긁어모은 흙먼
지를 반죽해 만든 덩어리로 인조인간을 창조하는 대목이 나온
다. 모양이 없는 진흙 덩어리를 골렘이라 한다. 골렘은 '생명이
없는 물질'이라는 뜻이다.

골렘은 적당한 의식을 치르면 사람의 형상을 갖게 된다. 그
다음에 골렘의 이마에 '진리'라는 뜻의 글자를 새겨주면 생명체
로 바뀐다. 이 피조물을 파괴하려면 첫 글자를 지우면 된다. 남
은 글자는 '죽음'을 의미하는 단어이기 때문이다.

골렘은 랍비의 집이나 교회당에서 허드렛일을 거드는 하인
노릇을 하거나, 유대인 사회를 보호하기 위해 이교도의 상황을
감시하는 스파이 역할을 했다. 1580년 한 랍비가 만든 골렘은
체코의 프라하 시내를 돌아다니면서 이교도의 유대인 학살 관
련 정보를 수집했다고 한다.

지구의 새로운 주인

사람처럼 생각할 줄 아는 로봇은 언제쯤 우리 앞에 나타날
까. 미국의 로봇공학 이론가인 한스 모라벡Hans Moravec(1948~)은
1999년 펴낸 저서 『로봇Robot』에서 로봇 기술의 발달 과정을 생
물 진화와 견주어 21세기 로봇에 관해 전망했다.

모라벡에 따르면, 20세기 로봇은 곤충 수준의 지능을 갖고
있지만, 21세기에는 10년마다 세대가 바뀔 정도로 지능이 향상
된다. 이를테면 2010년까지 1세대, 2020년까지 2세대, 2030년

까지 3세대, 2040년까지 4세대 로봇이 개발된다.

먼저 1세대 로봇은 동물로 치면 도마뱀 정도의 지능을 갖는다. 20세기 로봇보다 30배 정도 똑똑한 로봇이다. 크기와 모양은 사람처럼 생겼으며 용도에 따라 다리는 두 개에서 여섯 개까지 사용한다. 물론 바퀴가 달린 것도 있다. 평평한 지면뿐만 아니라 거친 땅이나 계단을 돌아다닐 수 있고, 대부분의 물체를 다룰수 있다. 집 안에서 목욕탕을 청소하거나 잔디를 손질하고, 공장에서 기계 부품을 조립하는 일을 척척 해낸다. 맛있는 요리를 할수 있으며, 테러범이 설치한 폭탄을 찾아내는 일도 가능하다.

2세대 로봇은 1세대보다 성능이 30배 뛰어나며 생쥐 정도로 영리하다. 1세대와 다른 점은 스스로 학습하는 능력을 갖고있다는 것이다. 가령 부엌에서 요리할 때 1세대 로봇은 한쪽 팔꿈치가 식탁에 부딪치더라도 행동을 수정하지 못한다. 그러나 2세대 로봇은 팔꿈치를 서너 번 부딪치는 동안 다른 손을 사용해야 한다고 판단하게 된다. 주위 환경에 맞추어 스스로 적응하는능력을 갖고 있기 때문이다.

3세대 로봇은 원숭이만큼 머리가 좋고 2세대 로봇보다 30배 뛰어나다. 주변 환경에 대한 정보와 함께 그 안에서 자신이어떻게 행동하는 것이 좋은지 판단할 수 있는 소프트웨어를 갖고 있다. 요컨대 어떤 행동을 취하기 전에 생각하는 능력이 있다. 예를 들어 부엌에서 요리를 시작하기 전에 여러 차례 머릿속으로 연습을 해 본다. 2세대는 팔꿈치를 식탁에 부딪친 다음에대책을 세우지만, 3세대 로봇은 미리 충돌을 피하는 방법을 궁리한다는 뜻이다.

2040년까지 개발될 4세대 로봇은 20세기의 로봇보다 성능이 100만 배 이상 뛰어나고 3세대보다 30배 똑똑하다. 이 세상에서 원숭이보다 30배가량 머리가 좋은 동물은 다름 아닌 사람뿐이다. 말하자면 사람처럼 보고 말하고 행동하는 기계인 셈이다.

일단 4세대 로봇이 출현하면 놀라운 속도로 인간의 능력을 추월하기 시작할 것이다. 모라벡에 따르면 2050년 이후 지구의 주인은 인류에서 로봇으로 바뀌게 된다. 이 로봇은 소프트웨어로 만든 인류의 정신적 유산, 이를테면 지식이나 문화, 가치관을 모두 물려받아 다음 세대로 넘겨주므로 자식이라 할 수 있다. 모라벡은 이러한 로봇을 '마음의 아이들mind children'이라고 부른다.

인류의 미래가 사람의 몸에서 태어난 혈육보다는 사람의 마음을 물려받은 기계, 곧 마음의 아이들에 의해 발전되고 계승될 것이라는 모라벡의 주장은 실로 충격적이다. 21세기 후반, 그러니까 2050년대 이후 우리는 사람처럼 생각하고, 느끼며, 행동하는 로봇과 더불어 살지 않으면 안 될 것 같다.

사람과 로봇이 맺을 사회적 관계는 대략 세 가지로 추측된다. 첫째, 로봇이 인간의 충직한 심부름꾼 노릇을 하는 주종 관계를 생각할 수 있다. 둘째, 로봇이 사람보다 영리해져서 인간을 지배할 가능성도 배제할 수 없다. 끝으로, 호모 사피엔스(지혜를 가진 인류)와 로보 사피엔스(지혜를 가진 로봇)가 공생 관계를 형성하여 서로 돕고 살 수도 있을 것이다.

로보 사피엔스. 사람보다 똑똑한 기계인 로보 사피엔스가 지구의 새로운 주인이 될지 모른다.

많은 사람들은 인간의 피조물인 로봇이 미래에도 오늘날 산업 현장의 로봇처럼 사람 대신에 온갖 힘든 일을 도맡아줄 것으로 믿고 있다. 그러나 기계가 인간보다 뛰어나서 인간이 기계에게 밀려날 것이라는 공포감은 소설이나 영화를 통해 끊임없이 표출되었다.

가령 카렐 차페크가 1921년 발표한 희곡인 『로섬의 만능 로봇』은 로봇을 먼저 파괴하지 않으면 결국 로봇이 인간의 자리를 빼앗아갈 것이라는 의미를 함축하고 있다. 반란을 일으킨 로봇 지도자는 인간인 여자 주인공에게 "당신들은 로봇만큼 튼튼하지 않다. 당신들은 로봇만큼 재주가 뛰어나지도 않다"고 외치면서 동료 로봇에게 모든 인간을 죽이라고 명령한다.

1999년 부활절 주말에 미국에서 개봉된 영화 「매트릭스 The Matrix」의 무대는 200년 뒤인 2199년 인공지능 기계와 인류의 전쟁으로 폐허가 된 지구이다. 마침내 인공지능 컴퓨터가 인류를 정복해 인간을 자신들에게 에너지를 공급하는 노예로 삼는다. 땅속 깊은 곳에서 인간들은 매트릭스 컴퓨터들의 배터리로 사육된다. 말하자면 인간은 오로지 기계에 의해, 그리고 기계를 위해 태어나며, 생명이 유지되고 이용될 따름이다.

사람과 로봇이 맺을 수 있는 세 번째 관계는 서로 돕고 사는 공생이다. 어쨌거나 2050년 이후에 호모 사피엔스와 로보 사피엔스가 맺게 될 관계가 정확히 어떨지는 아무도 알 수 없다. 단지 로봇공학이 발전을 거듭하고 있는 오늘날 예측 가능한 유일한 사실은, 사람보다 영리한 로보 사피엔스가 출현할 21세기 후반 인류 사회의 모습이 예측 불가능하다는 것뿐이다.

누구나 사이보그가 될 수 있다

1995년 크리스토퍼 리브Christopher Reeve(1952~2004)는 승마 도중 말에서 떨어져 입은 척추 부상으로 하반신 불구가 되었다. 영화 「슈퍼맨Superman」의 주연배우였기에 그의 불운은 많은 사람들을 슬프게 했다. 그러나 사고 후 1년도 지나지 않아 휠체어를 타고 대중 앞에 다시 나타나서 많은 환자들에게 용기를 북돋워주었다. 하반신 마비 환자가 눈부시게 재활에 성공할 수 있었던 까닭은 그가 사이보그cyborg로 변신했기 때문이다.

사이보그는 사이버네틱 유기체cybernetic organism의 합성어로 미국의 컴퓨터 전문가 맨프레드 클라인스Manfred Clynes(1925~2020)와 정신과 의사 네이선 클라인Nathan Kline(1916~1982)이 1960년 9월에 함께 발표한 논문 「사이보그들과 우주Cyborgs and Space」에서 처음 사용한 단어이다. 두 사람은 논문에서 "장기 이식과 약물을 통해 신체를 개조할 수 있으며, 그렇게 되면 우주복을 입지 않고도 우주에서 생존할 수 있을 것"이라고 주장하고 기술적으로 개조된 인체, 곧 기계와 유기체의 합성물을 사이보그라고 명명했다. 다시 말해 사이보그는 생물과 무생물이 결합한 자기 조절 유기체이다. 따라서 유기체에 기계가 결합되면 그것이 사람이든 바퀴벌레든 박테리아든 모두 사이보그라고 부른다. 사람만 사이보그가 될 수 있는 것은 아니다.

사이보그는 기본적으로 자기 조절 기능을 가진 시스템, 곧 사이버네틱스 이론으로 규정되는 유기체이다. 사이버네틱스는 1948년 미국의 노버트 위너Norbert Wiener(1894~1964)가 펴낸 『사이버네틱스Cybernetics』에 소개한 이론이다. 이 책의 부제는 '동물과 기계에서의 제어와 통신Control and Communication in the Animal ane the Machine'이다. 요컨대 동물과 기계, 즉 생물과 무생물에는 동일한 이론으로 탐구할 수 있는 수준이 있으며, 그 수준은 제어 및 통신 과정과 관련이 있다는 것이다. 생물과 무생물 모두에 대한 제어와 통신 과정을 사이버네틱스 이론으로 동일하게 고찰할 수 있다는 뜻이다.

사이보그라는 용어는 오랫동안 주로 공상과학영화의 주인공을 묘사하는 데 사용하는 신조어에 불과할 따름이었다. 사이보그는 TV 시리즈 「6백만 달러의 사나이」(1974~1978)를 비롯해 「터미네이터The Terminator」(1984), 「로보캅Robocop」(1987), 「공각기동대」(1995) 등의 영화에서 맹활약한다.

한편 미국의 페미니즘 이론가인 도나 해러웨이Donna Haraway(1944~)는 1985년에 「사이보그 선언A Manifesto for Cyborgs」이란 글을 발표하고, 성차별 사회를 극복하는 사회정치적 상징으로 사이보그를 제시했다. 이를 계기로 사이보그학cyborgology이 출현했으며, 사이보그는 공상과학영화에서 튀어나와 다양한 학문적 의미를 부여받게 되었다. 가령 지구 자체를 사이보그로 간주하는 이론까지 등장했다. 해러웨이는 제임스 러브록James Lovelock(1919~)이 가이아 이론Gaia theory에서 제시한 것처럼, 행성 지구는 자기 조절 기능을 갖고 있으므로 사이보그임에 틀림없다고 주장했다.

사이보그의 종류는 다양하기 이를 데 없다. 유기체를 기술적으로 변형한 것은 모두 사이보그에 해당하기 때문이다. 가령 생명공학기술과 의학기술로 몸과 마음의 기능을 개선한 사람들, 예컨대 인공장기를 갖거나 신경보철을 한 사람, 예방접종을 하거나 향정신성 약품을 복용한 사람들도 모두 사이보그이다.

사이보그의 개념을 좀 더 확대하면 우리가 사이보그 사회에 살고 있음을 실감할 수 있다. 우리가 일상생활에서 사용하는 각종 장치, 예컨대 안경, 휴대전화, 컴퓨터, 자동차 등이 우리의 능력을 보완해주기 때문이다. 이런 장치를 사용하는 사람을 기능적 사이보그functional cyborg, 또는 줄여서 파이보그fyborg라고 부른다. 우리 모두는 이미 파이보그가 되어버린 셈이다.

21세기에는 정보기술과 생명공학 기술이 발달할수록 생물체가 사이보그로 바뀌는 현상cyborgization이 가속화하면서 생물과 무생물, 사람과 기계의 경계가 서서히 허물어질 전망이다. 사람과 기계가 공생하는 인간 사이보그가 현생 인류의 상속자가 되어 청색행성 지구의 새로운 주인이 되지는 않을는지.

특이점이 온다

기계가 인간보다 똑똑해지는 미래사회를 다룬 대표적인 저서는 미국의 컴퓨터 이론가인 레이 커즈와일이 2005년에 펴낸 『특이점이 온다The Singularity is Near』이다. 이 책의 부제는 '인류가 생물학을 초월할 때When Humans transcend Biology'이다. 사전을 찾아보면 특이점은 '특별히 다른 점singular point'을 의미하지만 과학기술 분야에서는 전혀 다른 뜻으로 사용된다.

천체물리학에서 특이점은 빅뱅, 블랙홀, 빅크런치와 관련이 있다. 빅뱅은 우주 탄생의 근원이 되는 대규모 폭발 사건이다. 우주의 초기에는 한 점으로부터 출발하여 모든 것이 생성되었는데, 이 작은 점을 특이점이라 한다.

태양보다 훨씬 큰 별들이 죽게 되면 허공에 하나의 검은 구멍(블랙홀)을 남겨 놓는다. 블랙홀에서는 시공간이 너무 심하게 구부러져 빛조차 밖으로 빠져나가지 못하고 갇힌 신세가 되는데, 내부에는 모든 것이 모여 물질의 밀도가 무한대인 한 개의 점이 존재하게 된다. 이 점을 특이점이라 한다.

빅크런치는 빅뱅이 거꾸로 진행되는 과정과 비슷하다. 우주는 대폭발(빅뱅) 속에 존재를 나타내듯이 대압축(빅크런치) 속에 소멸할 것이다. 빅크런치는 우주가 도달할 수 있는 종말 중의 하나로서, 공간이 스스로 수축해 하나의 점으로 붕괴한다. 다시 말해 빅크런치는 아무것도 남겨지지 않는 완벽한 소멸이다. 모

스위스 제네바에 있는 유럽입자물리연구소CERN에 설치된, 빅뱅 재현을 위한 거대강입자가속기.

든 것이 사라지고 마지막으로 하나의 특이점만이 남을 것이다. 특이점 상태에서는 모든 존재가 중력의 무한히 파괴적인 힘에 굴복하고 더 이상 아무것도 남지 않게 된다. 우주의 산파 역할을 했던 중력이 우주의 장의사로 돌변하는 셈이다.

2020년 노벨물리학상은 영국의 로저 펜로즈Roger Penrose (1931~) 등 블랙홀 이론을 정립하고 관측을 통해 그 존재를 입증한 과학자 세 사람에게 돌아갔다. 펜로즈는 스티븐 호킹Stephen Hawking(1942~2018)과 함께 특이점 이론을 정립했다.

커즈와일은 『특이점이 온다』에서 특이점은 "미래에 기술 변화의 속도가 매우 빨라지고 그 영향이 매우 깊어서 인간의 생활이 되돌릴 수 없도록 변화하는 시기를 뜻한다"고 정의한다.

이처럼 인류 역사의 구조를 단절시킬 수 있는 사건으로 특이점을 처음 언급한 인물은 컴퓨터 과학자인 존 폰 노이만John von Neumann(1903~1957)이다. 폰 노이만은 "기술의 항구한 가속적 발전으로 인해 인류 역사에는 필연적으로 특이점이 발생할 것이며 그 후의 인간사는 지금껏 이어져온 것과는 전혀 다른 무언가가 될 것이다"고 말한 것으로 알려져 있다.

컴퓨터 기술에서 특이점은 기계가 매우 영리해져서 지구에서 인류 대신 주인 노릇을 하게 되는 미래의 어느 시점을 가리킨다.

1993년 미국의 수학자이자 과학소설 작가인 버너 빈지 Vernor Vinge(1944~)는 「다가오는 기술적 특이점: 포스트 휴먼 시대에 살아남는 방법」이라는 논문을 발표하고 인간을 초월하는 기계가 출현하는 시기를 특이점이라고 처음으로 명명했다. 빈지는 생명공학, 신경공학, 정보기술의 발달로 2030년 이전에 특이점을 지나게 될 것이라고 전망했다. 특이점은 인류에게 극적인 변화가 일어난다는 의미에서 일종의 티핑 포인트tipping point라 할 수 있다.

그렇다면 특이점은 언제 나타날 것이며 그때 인류의 운명은 어떻게 될 것인가. 커즈와일은 『특이점이 온다』에서 2030년 전후로 지능 면에서 기계와 인간 사이의 구별이 사라진다고 전망한다. 그리고 특이점의 가능성을 다음과 같이 강조한다.

특이점을 통해 우리는 생물학적 몸과 뇌의 한계를 극복할 수 있을 것이다. 우리는 운명을 지배할 수 있는 힘을 얻게 될 것이다. 죽음도 제어할 수 있게 될 것이다. 원하는 만큼 살 수 있을 것이다.

호주 철학자인 데이비드 찰머스David Chalmers(1966~)는 2010년 《의식연구저널Journal of Consciousness Studies》에 기고한 논문에서 특이점에 관한 논의를 집대성하고 특이점이 도래한 이후 인간과 기계 사이의 관계에 대해 의견을 개진한다. 찰머스의 논문에 대한 전문가 31명의 글이 실린 『특이점The Singularity』이 2016년 출간되기도 했다.

디지털 복제 인간

우리 자신을 꼭 닮은 인공지능 소프트웨어가 메타버스에서 우리 대신 활동하는 시대가 다가오고 있다. 인공지능 기술로 우리 자신과 구별하기 어려울 정도로 똑같이 만든 이 소프트웨어는 디지털 복제 인간digital double이라고 불린다.

디지털 복제 인간은 기능적으로 아바타와 일맥상통하는 측면이 적지 않다. 아바타는 힌두교에서 유래한 말이다. 힌두교 신화에는 수많은 신이 등장하는데, 이들은 창조, 유지, 파괴라는 영겁의 순환이 나타나는 양상에 불과하다고 여겨진다. 이 중에서 유지의 신인 비슈누는 그의 힘을 아바타라, 곧 '하강'으로 불리는 온갖 형태로 현현했다. 아바타라는 산스크리트어로 '내려오다ava'와 '땅terr'을 합성한 단어로서 '지상에 강림한 신의 화신'을 의미한다. 비슈누의 주요 아바타라(화신)는 10가지이며, 절반은 인간이고 절반은 동물이다.

아바타라에서 유래한 말인 아바타는 메타버스에서 사용자를 대신하는 애니메이션 캐릭터를 가리킨다. 즉 사용자의 분신인 셈이다. 입체감과 현실감을 지닌 3차원 아바타는 입체 공간

비슈누의 아바타라.
(왼쪽으로부터) 마츠야, 쿠르마, 바라하, 나라심하, 바마나, 파라슈라마, 라마, 발라라마, 고타마 붓다, 칼키. 19세기 인도 전통 회화.

에서 춤을 추기도 하고, 끼리끼리 어울려 채팅을 하기도 하고, 친구들과 게임을 즐기기도 하고, 가게를 운영하거나 집을 사고 팔 줄도 안다. 인터넷 사용자들은 자신의 아바타를 통해 온라인 영화관에 가거나 실제 물건을 구매한다. 한마디로 아바타는 현실 세계와 가상공간을 이어주는 사용자의 분신이다.

디지털 복제 인간은 아바타처럼 우리 대신 사이버 공간에서 활동할 수 있게끔 인공지능 기술로 우리 자신의 마음을 그대로 본떠 만든 소프트웨어이다.

호주의 인공지능 전문가인 토비 월시Toby Walsh(1964~)는 2017년에 펴낸 『생각하는 기계Machines That Think』에서 2050년에 인공지능이 우리 삶에 일으킬 획기적 변화를 10가지 열거했는데, 마지막 열 번째 예측으로 디지털 복제 인간의 등장을 다음과 같이 전망하였다.

2050년이 되면 디지털 복제 인간은 흔히 볼 수 있는 존재가 될 것이다. 나와 똑같이 말하고, 나의 과거를 그대로 꿰뚫고 있기 때문에 내가 죽으면 뒤에 남겨진 우리 가족을 위로해줄 것이다. 디지털 복제 인간에게 유언장을 읽고 남은 재산을 어떻게 나누어주라고 시키는 사람들도 있을 것이다.

월시는 실생활에서도 디지털 복제 인간이 등장할 것이라고 다음과 같이 상상했다.

유명 인사들은 디지털 복제 인간에게 소셜미디어를 작성하는 일을 대신하도록 맡길 것이다. 우리의 일정을 관리하고, 약속 잡는 일을 비롯한 여러 사회활동도 맡아서 하게 될 것이다.

미국의 컴퓨터 과학자인 페드로 도밍고스Pedro Domingos (1965~) 역시 월시처럼 디지털 복제 인간의 출현을 예고했다. 2018년 월간 《사이언티픽 아메리칸》 9월호에 기고한 글에서 도밍고스는 인공지능 기술의 발달로 우리 자신과 구별할 수 없을 정도로 똑같이 생긴 디지털 복제 인간이 넘쳐날 것이라고 예측했다. 도밍고스는 "10년 내에 우리 모두는 각자 디지털 복제 인간을 갖게 될 것이며, 그것은 오늘날 스마트폰보다 더 없어서는 안 될 존재가 될 것"이라면서 다음과 같이 디지털 복제 인간의 행동반경을 상상했다.

> 사실상, 당신의 디지털 복제 인간은 가상환경의 모든 상호작용에서 당신을 대신해도 될 만큼 충분히 당신과 비슷할 것이다. 디지털 복제 인간이 할 일은 당신을 위해 당신의 삶을 사는 것이 아니라 당신이 선택을 함에 있어 시간, 인내심 또는 지식이 없는 경우에 당신을 대신해서 모든 선택을 하게 될 것이다.
> 디지털 복제 인간은 아마존에서 모든 책을 읽고 당신 자신이 가장 읽어보고 싶어 할 만한 책을 추천할 것이다. 만일 당신이 직장을 구하고 있다면, 디지털 복제 인간이 당신이 원하는 모든 직책에 대해 스스로 인터뷰를 해보고 나서 가장 바람직한 자리에 맞는 인터뷰 일정을 잡을 것이다. 당신이 암 진단을 받으면 디지털 복제 인간은 모든 치료방법을 알아본 뒤에 가장 효과적인 처방을

추천할 것이다. 만일 연애 상대자를 찾고 있다면 당신의 디지털 복제 인간은 가능한 모든 디지털 복제 인간들과 수백만 번의 가상 데이트를 할 것이다. 사이버 공간에서 만난 짝과 실제로 데이트를 하게 될 수도 있다.

도밍고스는 "본질적으로 당신의 디지털 복제 인간은 사이버 공간에서 수많은 가능함 직한 삶을 살게 될 것이므로 당신이 현실 세계에서 살고 있는 단 한 번의 삶은 아마도 그중에서 최선의 삶이라고 할 수 있을 것"이라면서 인공지능 기술로 만든 디지털 복제 인간이 궁극적으로 인류의 능력을 확장하는 측면도 간과해서는 안 될 것이라고 강조했다.

디지털 영생을 꿈꾼다

1956년 아서 클라크가 발표한 과학소설인 『도시와 별City and the Stars』의 줄거리는 다음과 같다.

먼 훗날 사람이 죽으면 몸은 소멸하지만 마음은 영생을 누리게 된다. 사람의 마음이 컴퓨터의 기억장치에 저장되기 때문이다. 이 마음은 컴퓨터로, 복제할 몸 안으로 다시 옮겨져 끝없이 환생을 되풀이한다.

이 소설은 마음 업로딩mind uploading을 처음으로 상상한 작품으로 손꼽힌다. 소설에서처럼 뇌 속의 사람 마음을 컴퓨터나 로봇 같은 기계장치로 옮기는 것을 마음 업로딩이라고 한다.

마음 업로딩은 미국의 로봇공학 전문가인 한스 모라벡의 저서에 의해 미래학의 화두가 되었다. 1988년 펴낸 『마음의 아이들Mind Children』에는 사람 마음을 기계 속으로 옮겨 사람이 로봇으로 바뀌는 시나리오가 다음과 같이 상세히 제시되었다.

수술실에 누워 있는 당신 옆에는 당신과 똑같이 되려는 컴퓨터가 대기하고 있다. 당신의 두개골이 먼저 마취된다. 그러나 뇌가 마취된 것이 아니기 때문에 당신의 의식은 말짱하다. 수술을 담당한 로봇이 당신의 두개골을 열어 그 표피를, 손에 수없이 달린 미세한 장치로 스캔(주사)한다. 주사하는 순간마다 뇌의 신경세포 사이에서 발생하는 전기신호가 기록된다. 로봇 의사는 측정된 결과를 토대로 뇌 조직의 각 층이 보여주는 행동을 본뜬 컴퓨터 프로그램을 작성한다. 이 프로그램은 즉시 당신 옆의 컴퓨터에 설치되어 가동된다. 이러한 과정은 뇌 조직을 차근차근 도려내면서 각 층에 대해 반복적으로 시행된다. 말하자면 뇌조직의 층별로 움직임을 모의실험simulation하는 것이다. 수술이 끝날 즈음 당신의 두개골은 텅 빈 상태가 된다. 물론 당신은 의식을 잃지 않고 있지만 당신의 마음은 이미 뇌로부터 빠져나와 기계로 이식되어 있다. 마침내 수술을 마친 로봇 의사가 당신의 몸과 컴퓨터를 연결한 코드를 뽑아버리면 당신의 몸은 경련을 일으키며 죽음을 맞게 된다. 그러나 당신은 잠시 아득하고 막막한 기분을 경험할 뿐이다. 그리고 다시 한 번 당신은 눈을 뜨게 된다. 당신의 뇌는 비록 죽어 사라졌지만 당신의 마음은 컴퓨터에 온전히 옮겨졌기 때문이다. 당신은 새롭게 변형된 셈이다.

모라벡의 시나리오에 따르면 인간의 마음이 몽땅 기계에 이식됨에 따라 상상하기 어려운 다양한 변화가 일어난다.

먼저 컴퓨터의 놀라운 성능에 힘입어 사람의 마음이 생각하고 문제를 처리하는 속도가 엄청나게 빨라질 것이다. 또한 프로그램을 복사해 동일한 성능의 컴퓨터에 집어넣을 수 있으므로 자신과 똑같이 생각하고 느끼는 기계를 여러 개 만들어낼 수 있다.

게다가 프로그램을 복사하여 보관해두면 오랜 시간이 지난 뒤에 다시 사용할 수 있어서 마음이 사멸하지 않게 된다. 마음이 죽지 않는 사람은 결국 영생을 누리게 되는 셈이다. 이른바 디지털 불멸digital immortality이 실현되는 것이다.

모라벡은 한 걸음 더 나아가 마음을 서로 융합하는 아이디어를 내놓았다. 컴퓨터 프로그램을 조합하는 것처럼 여러 개의 마음을 선택적으로 합치면 상대방의 경험이나 기억을 서로 공유할 수 있다는 것이다.

모라벡의 시나리오처럼 사람의 마음을 기계로 옮겨 융합할 수 있다면 조상의 뇌 안에 있는 생존 시의 기억과 감정을 읽어내 살아 있는 후손의 의식 속에 재생시킬 수 있을 터이므로 산 사람과 죽은 사람, 미래와 과거의 구분이 흐릿해질 수도 있다.

마음 업로딩의 실현 가능성을 가장 강력하게 주장한 사람은 미국의 미래학자인 레이 커즈와일, 영국의 철학자인 닉 보스트롬Nick Boström(1973~), 재미 뇌과학자인 세바스찬 승Sebastian

Seung(1966~, 한국명 승현준)이다.

2000년 커즈와일은 격월간 《현대심리학Psychology Today》 1월호에 기고한 에세이에서 30년 안에, 그러니까 2030년까지 우리 자신의 지능, 성격, 감정, 기억 등을 몽땅 스캔해서 컴퓨터 안에 집어넣을 수 있다고 전망했다.

2007년 5월, 보스트롬은 전문가들과 함께 마음 업로딩으로 디지털 불멸이 구현될 수 있는지에 관한 기술적 타당성을 검토하고, 그 결과를 2008년 『뇌 전체 기능의 소프트웨어 모형 만들기Whole Brain Emulation』라는 제목의 보고서로 발표했다. 이 보고서는 21세기 안에 마음 업로딩이 기술적으로 실현될 수 있다고 결론 내렸다.

승현준 박사도 2012년 2월 펴낸 『커넥톰, 뇌의 지도 Connectome』에서 "마음 업로딩을 천국으로의 승천에 비교하는 것은 결코 과장이 아니다"면서 "마음 업로딩에 대한 믿음은 우리가 죽음의 공포를 극복하는 것을 돕는다. 일단 마음 업로딩이 가능해지면, 우리는 불멸하게 될 것"이라고 단언했다.

21세기 후반 트랜스휴먼 사회

미국 전기차 업체 테슬라 창업자 일론 머스크, 영국 물리학자 스티븐 호킹, 마이크로소프트 창업자 빌 게이츠Bill Gates(1955~), 이 세 사람은 인공지능의 미래에 대해 우려를 표명하여 언론의 주목을 받았다.

2014년 10월 머스크는 "인공지능 연구는 악마를 소환하는 것과 다름없다"고 말했고, 이어서 호킹은 "인공지능은 인류의 종말을 초래할 수도 있다"고 경고했다. 2015년 1월 빌 게이츠는 "인공지능 기술은 훗날 인류에게 위협이 될 수 있다고 본다"면서 "초지능superintelligence에 대한 우려가 어마어마하게 커질 것"이라고 말했다.

머스크는 영국 옥스퍼드대 철학교수 닉 보스트롬의 책 『슈퍼 인텔리전스Superintelligence』를 읽고 이와 같은 견해를 피력한 것으로 알려졌다.

2014년 7월 영국에서 출간된 『슈퍼 인텔리전스』에서 보스트롬은 "지능의 거의 모든 영역에서 뛰어난 능력을 가진 사람을 현격하게 능가하는 존재"를 초지능이라고 정의했다.

보스트롬은 기계가 초지능이 되는 방법 두 가지를 제시했다. 하나는 인공일반지능artificial general intelligence이다. 오늘날 인공지능은 전문지식 추론이나 학습능력 같은 인간 지능의 특정 기능을 기계에 부여하는 수준에 머물고 있을 따름이다. 다시 말해 인간 지능의 모든 기능을 한꺼번에 기계로 수행하는 기술, 곧 인공일반지능은 걸음마도 떼지 못한 정도의 수준이다.

2006년 인공지능이 학문으로 발족한 지 50년 되는 해에 개최된 회의(AI@50)에서 인공지능 전문가를 대상으로 2056년, 곧 인공지능 발족 100주년이 되는 해까지 인공일반지능의 실현 가능성을 묻는 설문조사를 했다. 참석자의 18퍼센트는 2056년까지, 41퍼센트는 2056년이 좀 지난 뒤에 인공일반지능을 가진 기계가 나올 거라고 응답했다. 결국 59퍼센트는 인공일반지능의 실현 가능성에 손을 들었고, 41퍼센트는 기계가 사람처럼 지능을 가질 수 없다고 응답한 셈이다.

그렇다면 초지능의 실현 가능성이 확실하지 않음에도 불구하고 미리 그 위험성부터 경고한 머스크, 호킹, 게이츠의 발언은 적절하지 못하다는 비판을 받아야 하지 않을는지. 과학을 잘 모르는 일반 대중을 상대로 일부 사회 명사가 과장해서 발언한 내용을 여과 없이 보도하는 해외 언론에도 문제가 없다고 볼 수만은 없는 것 같다.

보스트롬은 기계가 초지능이 되는 두 번째 방법으로 마음 업로딩을 제시한다. 사람의 마음을 기계 속으로 옮기는 과정을 마음 업로딩이라고 한다. 1971년 마음 업로딩이 언급된 논문을 최초로 발표한 인물은 미국 생물노화학자 조지 마틴George Martin(1927~)이다. 그는 마음 업로딩을 생명 연장 기술로 제안했다. 이를 계기로 '디지털 불멸'이라는 개념이 미래학의 화두가 되었다. 마음 업로딩은 미국 로봇공학자 한스 모라벡이 1988년 펴낸 『마음의 아이들』에 의해 대중적 관심사로 부상했다.

한스 모라벡의 시나리오에 따르면 사람의 마음이 로봇 속으로 몽땅 이식되어 사람이 말 그대로 로봇으로 바뀌게 된다. 로봇 안에서 사람의 마음은 늙지도 죽지도 않는다. 마음이 사멸하지 않는 사람은 결국 영원한 삶을 누리게 되는 셈이다. 그는 이런 맥락에서 인류의 정신적 유산을 모두 물려받게 되는 로봇, 곧 마음의 아이들이 지구의 주인이 될 것이라고 전망했다.

보스트롬은 『슈퍼 인텔리전스』에서 기계뿐만 아니라 사람도 초지능이 될 수 있다고 주장했다. 그는 인간을 초지능 존재로 만드는 기술로 유전공학과 신경공학을 꼽았다.

유전공학으로 유전자 치료가 가능해짐에 따라 질병과 관련된 유전자를 제거하는 데 머물지 않고 지능을 개량하는 유전자를 보강할 수 있으며, 또한 신경공학의 발달로 뇌의 능력을 보강하는 장치를 이식해 초지능을 갖게 될 것이다.

이처럼 과학기술을 사용해 사람의 정신 및 신체 능력을 향상할 수 있다는 신념을 트랜스휴머니즘transhumanism이라고 한다. 21세기 후반 초지능 기계와 초지능 인간이 뒤섞이는 트랜스휴먼 사회는 어떤 모습일까.

33

시작이 있으면
반드시
끝이 있다

신들에게 종말이 찾아오다

북유럽 신화는 여느 신화와 달리 신들이 종말을 맞이하는 이야기로 끝맺음을 한다. 신들 사이에서 최고의 존재인 오딘을 비롯하여 모든 신은 거인족에게 멸망당하고 말 것이라는 그들의 운명을 미리 알고 있었다. 신과 거인들 사이에 벌어진, 세상의 종말을 초래하는 최후의 전쟁을 라그나뢰크Ragnarök라고 한다. 라그나뢰크는 '신들의 황혼'이라는 뜻이다.

오딘은 라그나뢰크에 대비하여 그의 시종인 발키리에게 인간의 용감한 전사자들을 발할라에 불러 모으게 했다. 발할라는 오딘이 사는 거대한 궁전으로 '전사자의 집'이라는 뜻이다. 전쟁에서 용감하게 죽은 인간들의 영혼은 이곳에 초대되어 여흥을 즐기고 전쟁을 준비했다. 발키리는 여성 전사로서 발할라 궁전에 있을 때는 술시중을 들었지만 싸움터에서는 무장한 채 말을 타고 달리며 전투를 했다.

라그나뢰크, 곧 세계의 종말은 오딘이 가장 사랑했던 둘째 아들 발데르가 로키의 계략에 빠져 살해당하면서 시작된다. 거인인 로키는 사악한 협잡꾼으로, 귀신과의 사이에 세 명의 괴물 자식을 두었다. 늑대인 펜리르, 바다뱀인 요르뭉간드르, 지옥의 여왕인 헬이 그의 자식들이다. 요르뭉간드르는 천국과 지옥 사이의 중간 세상인 미드가르드를 한 바퀴 휘감고도 자신의 꼬리 끝을 물고 있을 만큼 거대한 뱀이다. 그래서 요르뭉간드르는 미드가르드 뱀이라고도 불린다.

에른스트 앨퍼스, 라그나뢰크 연작 중 「전사들을 이끄는 발키리」.
신들의 황혼 라그나뢰크의 시작. 헤임달의 뿔나팔 신호에 맞춰 발키리가 오딘의 전사들을 이끌고 있다.

신들은 오딘의 아들을 죽게 한 벌로 로키를 붙잡아 동굴 속 바위에 쇠사슬로 묶어놓았다. 로키는 신들에 대한 복수심을 불태우면서 쇠사슬에서 벗어나려고 몸부림쳤는데, 그때마다 땅이 울리고 지진이 일어났다. 로키의 큰아들인 늑대 펜리르 역시 꽁꽁 묶여 있는 상태로 라그나뢰크를 기다렸다. 마침내 최후의 결전이 다가오면서 대지가 요동치자 로키와 펜리르는 속박에서 벗어나게 되었다.

라그나뢰크가 시작되자 거인족은 죽은 자들의 손톱으로 만든 배를 타고 신들을 공격했다. 거인들로 가득 찬 이 배를 조종한 것은 로키였다. 로키의 두 아들인 펜리르와 요르뭉간드르 형제도 거인족에게 가담했다. 게걸스럽게 군침을 흘리는 늑대 펜리르의 입은 어찌나 넓게 벌어지던지 위턱으로는 태양과 달을

「늑대, 요르뭉간드르와 싸우는 전사들」
로키의 두 아들인 펜리르와 요르뭉간드르와 싸우기 위해 앞으로 달려가는 전사들.

삼키고 아래턱으로는 대지를 긁어댈 정도였다. 펜리르의 눈에 불꽃이 이글거리고 코는 불을 내뿜었다. 바다뱀 요르뭉간드르는 깊은 바다를 끓게 하면서 한 번 숨을 내쉴 때마다 하늘과 땅에 거대한 독기를 내뿜었다. 로키는 모든 거인들과 저승에서 일어난 망자들, 펜리르와 요르뭉간드르를 이끌고 평원에 나타났다. 로키가 지휘하는 악의 군대는 사방으로 1,450리나 뻗어 있는 평원을 가득 메웠다.

오딘은 다른 신들과 함께 로키의 군대를 향해 진군했다. 신들은 물론 자기네가 패배하리라는 사실을 잘 알고 있었다. 우주로 가지를 뻗은 물푸레나무인 이그드라실이 신음하자 나뭇잎이 떨고 가지는 전율했다. 발할라 궁전의 540개 문을 통해 각각 800명씩, 모두 43만 2,000명의 전사가 싸움터로 뛰어나갔다.

「신들을 향해 바위를 던지는 거인들」
거인들이 신들을 향해 바윗덩이를 던진다. 라그나뢰크에 휘말려버린 불쌍한 드워프(난쟁이)들이 바위틈에 몸을 숨기고 있지만 결국 몸을 숨길 곳마저 무너지고 만다.

오딘은 황금 투구를 쓰고 빛나는 갑옷을 걸친 채 이들을 진두지휘했다. 그러나 신들에게 찾아온 황혼을 오딘도 어쩔 수 없었다. 늑대인 펜리르가 오딘을 턱 사이에 물고 통째로 삼켜버렸다. 그것이 오딘의 최후였다. 오딘의 아들이 한쪽 발로 펜리르의 아래턱을 밟은 뒤 손으로 위턱을 잡고 갈가리 찢어 죽여 아버지의 원수를 갚았다.

라그나뢰크에서 오딘의 군대는 물론 거인족 역시 누구 하나 살아남지 못했다. 신들이 모두 죽고 거인과 지하 세계의 모든 생물이 죽는, 승자도 패자도 없는 최후의 결전으로 세상은 종말을 맞이했다. 인간이 살고 있는 미드가르드의 남자, 여자, 아이들이 모두 죽고 새들과 짐승들이 모두 죽었다. 태양은 어두워지고, 별은 사라지고, 대지는 바닷속으로 가라앉았다. 이 세상의 모든

「화염 거인이 횃불을 던지다」
라그나뢰크 최후의 날, 화염 거인 수르트가 던진 횃불이 미드가르드를 불태운다. 스스로를 살리기 위해 물이 가득해진 미드가르드에 수년 후 식물이 자라고 살아남은 두 인간이 세상을 다시 채운다. 북유럽판 아담과 이브로 볼 수 있다.

것이 몰락했다.

천년왕국

성경에는 세상의 종말에 관한 이야기가 자주 나온다. 기독교 신학자들은 종말에 관한 이론을 내세론eschatology이라 한다. 구약성서의 예언서인 「다니엘」 끝부분에 마지막 때가 언급된다.

마지막 때가 오면 남국 왕이 싸움을 걸어올 것이다. 그러면 북국 왕이 병거와 기병과 많은 배를 동원해 폭풍처럼 몰아치며 큰물처럼 온 세상을 휩쓸 것이다. 그 바람에 영광스러운 나라에서 많은 사람이 쓰러질 것이다. 그러나 에돔 백성과 모압 백성과 암몬의 지도층은 난을 면할 것이다. 그는 나라마다 돌아가며 휩쓸 터인데 이집트도 그 난을 면하지 못할 것이다. 이집트에 숨겨둔 금은과 온갖 보화를 마음대로 손에 넣고 리비아와 에티오피아도 손아귀에 넣을 것이다. 그러다가 동쪽과 북쪽에서 두려운 풍문이 들어오면 화가 나서 돌아가며 사람들을 마구 잡아 죽일 것이다. 그는 영광스러운 거룩한 산과 지중해 사이에 왕이 머무를 천막을 쳤다가 거기에서 마지막 날을 맞이할 터인데 그를 도와줄 사람은 하나도 없을 것이다.(「다니엘」 11:40~45)

신약성서 「마르코의 복음서」 13장에는 예수와 제자들이 종말에 관해 나눈 대화가 나오며, 「요한의 묵시록」 19장에도 종말의 마지막 전투가, 20장에는 천년왕국millennium이 묘사되어 있다.

나는 또 많은 높은 좌석과 그 위에 앉아 있는 사람들을 보았습니다. 그들은 심판할 권한을 받은 사람들이었습니다. 또 예수께서 계시하신 진리와 하느님의 말씀을 전파했다고 해서 목을 잘린 사람들의 영혼을 보았습니다. 그들은 그 짐승이나 그의 우상에게 절을 하지 않고 이마와 손에 낙인을 받지 않은 사람들입니다. 그들은 살아나서 그리스도와 함께 천 년 동안 왕 노릇을 하였습니다. 이것이 첫째 부활입니다. 그 나머지 죽은 자들은 천 년이 끝나기까지 살아나지 못할 것입니다. 이 첫째 부활에 참여하는 사람은 행복하고 거룩합니다. 그들에게는 둘째 죽음이 아무런 세력도 부리지 못합니다. 이 사람들은 하느님과 그리스도를 섬기는 사제가 되고 천 년 동안 그리스도와 함께 왕 노릇을 할 것입니다.(『요한의 묵시록』 20:4~6)

조토 디 본도네, 「최후의 심판」.

천년왕국은 선과 악의 대결전(아마겟돈)이 벌어진 뒤 예수가 재림하여 지상에 건설하고 최후의 심판이 올 때까지 천 년 동안 지배하는 신의 왕국이다. 사탄은 천 년 동안 결박되어 깊은 구렁에 갇히고, 그리스도의 성도들이 지상을 통치한다. 이러한 천년왕국의 도래를 꿈꾸는 것을 천년왕국주의millenarianism라 이른다.

천년왕국은 모든 기독교인

조토 디 본도네, 「최후의 심판」, '지옥' 부분 상세.
벌거벗은 죄인들이 혀, 머리카락, 성기 등 자신이 죄를 저지른 부위로 매달려 있다.

들의 종말에 대한 공포를 없애주었다. 「데살로니카인들에게 보낸 첫째 편지」를 보면 예수의 재림에 관한 이야기가 나온다.

> 주님께서 다시 오는 날 우리가 살아남아 있다 해도 우리는 이미 죽은 사람들보다 결코 먼저 가지는 못할 것입니다. 명령이 떨어지고, 대천사의 부르는 소리가 들리고 하느님의 나팔 소리가 울리면 주님께서 친히 하늘로부터 내려오실 것입니다. 그러면 그리스도를 믿다가 죽은 사람들이 먼저 살아날 것이고, 다음으로는 그때에 살아남아 있는 우리가 그들과 함께 구름을 타고 공중으로 들리어 올라가서 주님을 만나게 될 것입니다. 이렇게 해서 우리는 항상 주님과 함께 있게 될 것입니다.(「데살로니카인들에게 보낸 첫째 편지」 4:15~17)

기독교인들은 살아남은 사람들이 구름을 타고 공중으로 올라가 그리스도를 영접하는 것을 휴거Rapture라고 한다. 휴거를 믿는 기독교인들은 종말을 두려워하지 않는다.

그러나 교부 철학을 완성한 아우구스티누스Aurelius Augustinus(354~430)는 『신국론De Civitate Dei』에서 천년왕국주의에 대한 논의에 쐐기를 박았다. 그는 천년왕국이 미래에 도래할 지상 왕국이 아니라 현시대의 교회를 비유적으로 표현했다고 주장했다. 결국 431년 천년왕국은 이단적 교리로 낙인찍히고 아우구스티누스가 주장한 무천년왕국이 정통 교리로 인정되었다.

중세에는 피오레 수도원 원장인 요아킴Joachim of Fiore (1130~1202)이 「요한의 묵시록」을 일반 역사적 사건과 연결 지어 해석했다. 요아킴은 성령의 시대가 임박했으며, 성령의 시대가 도래하기 직전에 타락한 교회를 응징하기 위해 적그리스도Antichrist가 세속 군주로 출현해 일시적으로 지배할 것이며, 마침내 구세주가 재림하여 적그리스도를 파멸하고 새 시대를 열 것이라고 주장했다.

천년왕국주의는 근대에 이르러 또 다른 양상으로 전개되었다. 프랑스 혁명(1789~1799) 이후 그리스도교와는 아무런 상관없이 세속화된 형태로 나타난 것이다. 서구인들은 프랑스 혁명의 소용돌이 속에서 구체제(앙시앵 레짐)가 폭력에 의해 붕괴하는 것을 목격하면서 세상의 종말이 왔다고 믿었다. 프랑스 혁명 자체가 「요한의 묵시록」의 예언이 실현되고 있음을 보여주는 징표라고 생각한 것이다. 말하자면 사악한 시대가 종말을 고하고 천년왕국의 도래가 임박했다고 확신했던 셈이다.

이러한 세속적인 천년왕국주의는 여러 형태로 모습을 드러냈다. 로버트 오언Robert Owen(1771~1858)의 유토피아 사회주의, 카를 마르크스Karl Marx(1818~1883)의 공산주의, 아돌프 히틀러Adolf Hitler(1889~1945)의 나치주의가 대표적인 사례이다.

천년왕국주의의 특징은 종말론과 유토피아로 요약될 수 있다. 먼저 역사가 종말을 맞이하고 지복의 새 시대가 열린다고 믿기 때문에 천년왕국주의는 미래지향적인 이데올로기라고 할 수 있다. 그러나 천년왕국에서 소수의 신자만이 박해와 시련의 땅으로부터 벗어날 수 있다고 확신하기 때문에 휴거에 대한 관심이 지대할 수밖에 없었다.

또한 천년왕국주의는 유토피아주의와 일맥상통한다. 천년

왕국이나 유토피아 모두 미래에 실현되기를 소망하는 이상 사회이기 때문이다. 유토피아가 좋은 곳을 꿈꾼다면 천년왕국은 좋은 때를 기다린다는 점이 다를 뿐이다. 유토피아가 천년왕국의 세속적 변형이라면, 천년왕국은 유토피아의 종교적 형태라고 할 수 있다. 천년왕국주의는 유토피아주의처럼 역사의 진보를 확신한다는 점에서 긍정적인 측면을 지니고 있다.

지구의 종말

2001년 9월 11일 미국 심장부를 겨냥한 동시다발 테러 공격으로 21세기 초부터 보복과 살육의 피 냄새가 온 세계에 진동했다. 유일 초강대국인 미국의 경제력과 군사력을 상징하는 뉴욕의 110층짜리 세계무역센터 쌍둥이 빌딩과 워싱턴의 국방성 건물이 테러 집단에 의해 납치된 민간 항공기의 공격을 받고 한순간에 맥없이 무너져 내리는 광경을 텔레비전 중계로 지켜보면서 온 세계가 경악하고 분노했다.

9·11 테러에 충격을 받은 상당수의 미국인은 최후의 심판일doomsday이 다가오고 있다는 불안감에 사로잡힐 수밖에 없었다. 많은 미국인은 「요한의 묵시록」에 나오는 최후의 심판일이 임박한 것으로 믿었다.

굳이 「요한의 묵시록」이 아니더라도 인류의 종말을 초래할 위험 요소는 우리 주변에 널려 있다. 우선 자연재해가 지구를 멸망시키지 말란 법이 없다. 소행성과 행성 등 지구 근접 물체와 충돌할 수 있으며 화산 분출이나 지진 발생으로 인류가 떼죽음

페르디난드 호들러, 「선택된 자들」.
휴거를 믿는 기독교인들은 종말을 두려워하지 않는다.

을 당할 수 있다.

사람이 스스로 만든 재앙으로 지구에 종말이 찾아올 가능성도 크다. 가령 지구온난화, 생물다양성 파괴, 환경오염은 위험 수위를 향해 치닫고 있다. 게다가 핵무기와 생물학무기를 사용하는 전쟁이나 테러가 발생하면 인류는 즉시 대량 살상을 면하기 어려울 것이다. 유전공학, 정보기술, 나노기술 등에서 비롯될 재앙 역시 인류를 충분히 멸망시킬 잠재력을 지니고 있다.

종말론자들은 시작이 있으면 반드시 끝이 있다고 생각한

다. 천년왕국주의자들의 주장처럼 인류가 최후의 심판일을 맞이할 가능성은 희박하지만 인류의 생존을 위협하는 요소들이 적지 않기에 21세기에도 종말론은 결코 사라지지 않을 것이다.

인류세의 재앙

현생 인류, 곧 호모 사피엔스의 활동이 행성 지구의 건강 상태에 영향을 미치고 있는 사실을 지구의 지질학적 시간표에 명시해야 한다는 학계의 목소리가 갈수록 커지고 있다.

지구 역사를 지질학적으로 구분하는 시간표는 대era, 기 period, 세epoch로 짜인다. 21세기 인류는 신생대 제4기 홀로세에 살고 있다.

신생대Cenozoic era는 중생대가 끝나는 6,600만 년 전에 시작된다. 1억 4,000만 년 동안이나 지구의 지배자로 군림했던 공룡이 절멸하고, 공룡의 눈치를 살피면서 숨어 살던 포유류의 전성시대가 열린 시기이다. 이 포유류가 진화를 거듭한 끝에 지구의 주인이 된다. 다름 아닌 호모 사피엔스이다.

신생대는 제3기Tertiary period와 제4기Quaternary period로 나뉜다. 6,600만 년 전에 시작된 제3기는 250만 년 전에 끝난다. 이어서 시작된 제4기는 오늘날까지 지속된다. 제4기는 홍적세 Pleistocene와 충적세Holocene를 포함한다.

250만 년 전에 시작된 홍적세는 1만 년 전쯤 빙하기가 끝날 무렵에 마감된다. 정확히 1만 1,700년 전에 시작된 충적세(홀로세)는 지질시대 중 마지막 기간으로 오늘날까지 이어지므로 현세Recent epoch라고도 불린다. 이를테면 우리는 충적세, 홀로세 또는 현세에 살고 있다.

지구온난화, 해수면 상승, 오존층 파괴 등으로 지구가 인류 문명을 지탱할 능력을 상실해가고 있다는 경고와 우려가 속출하는 가운데, 네덜란드 대기화학자 파울 크뤼천Paul Crutzen(1933~2021)이 인류가 지구에 미치는 영향을 명시하는 새로운 지질시대를 명명해야 한다고 주장하고 나섰다. 크뤼천은 1970년 연소과정에서 생성되는 질소산화물이 성층권에서의 오존 고갈 속도에 영향을 줄 수 있음을 밝혀내서 1995년 노벨화학상을 받았다. 2000년 그는 지구가 인류로부터 시달림을 당하고 있는 특정 지질시대를 시대를 인류세Anthropocene라고 부르자고 제안했다.

크뤼천은 인류세가 18세기 후반에 산업혁명과 함께 시작되었다고 주장했다. 산업혁명으로 인해 성층권의 오존층에 구멍이 생기기 시작해서 인류의 건강을 위협하는 상태가 되었기 때문이다. 크뤼천의 학문적 영향력이 막강해서 그에 동의하는 학자들 또한 갈수록 늘어났다.

2008년 영국 지질학자 얀 잘라시에비치Jan Zalasiewicz(1954~)는 인류세를 독립된 지질시대로 채택할 것을 국제층서학위원회ICS에 제안했다. 층서학stratigraphy은 어떤 지역의 지층 분포나 상태를 연구하는 학문 분야이다. 이를테면 지질시대를 결정하는 최고 기관이다. 그러나 ICS는 홀로세를 2008년에야 정식으로 인정할 정도로 신중하여 인류세도 쉽사리 승인할 것으로 여겨지지 않는다. 하지만 지구의 건강 상태가 악화하고 있어 국제층서학위원회가 인류세를 수용하는 게 불가피해 보인다는 의견도 만만치 않다.

2015년 1월 잘라시에비치가 이끄는 12개국 과학자 26명은 "인류세가 최초의 원자폭탄 실험이 실시된 1945년 7월 16일 시작된 것으로 보아야 한다"는 내용의 논문을 발표했다. 같은 해 《네이처》 3월 12일 자는 인류세가 지질시대로 채택될 것으로 전망했다. 그렇게 되면 우리는 모두 지구를 괴롭힌 공동정범으로 낙인찍히게 될 수밖에 없다.

인류가 사라진 지구

어느 날 갑자기 지구에서 모든 인류가 사라진다면 어떤 일이 벌어질까. 2007년 미국의 앨런 와이즈먼Alan Weisman(1947~) 교수가 펴낸 『인간 없는 세상The World without Us』를 보면 뉴욕을 중심으로 사람이 단 한 명도 살지 않는 지구가 변모해가는 과정이 생생하게 묘사되어 있다.

뉴욕의 상업 중심 지구인 맨해튼 땅 밑으로는 엄청난 양의 지하수가 흐르고 있으므로 펌프로 퍼내야 한다. 사람이 사라지면 발생할 첫 번째 사태의 하나가 전력 공급 중단이다. 전력이 끊기면 펌프 시설이 작동을 멈추기에 48시간 안에 뉴욕의 모든 지하철이 물에 잠긴다. 하수 오물이 땅 위로 떠오르고 부패하면서 1년 뒤에는 도로 포장이 마멸된다. 4년이 지나서 모든 빌딩이 붕괴하기 시작한다. 5년 뒤에는 벼락 맞은 수풀에 불이 붙어 엄청난 화재가 발생해 뉴욕을 불바다로 만든다.

20년 뒤 폐허가 된 맨해튼 거리에는 개울과 늪이 생긴다. 100년 뒤 모든 주택은 지붕이 꺼지면서 쓰레기 더미로 바뀐다. 건물이 서 있던 자리와 도로가 갈라진 틈새에 온갖 초목이 뿌리를 내리기 시작하면서 뉴욕 특유의 생태계가 형성된다. 땅이 겨울에 얼었다가 봄이 되면 녹는 과정이 해마다 되풀이되면서 건물 부지에 새로운 균열이 생겨나고 그 위로 물이 흘러들어 새로운 식물이 모습을 드러낸다. 결국 500년 뒤 뉴욕의 중심 지역에는 거대한 수풀이 우거진다.

1만 5,000년쯤 지나면 지구에 새로운 빙하기가 찾아오는데, 맨해튼에 남아 있던 석조 건물의 잔해가 산처럼 거대한 얼음 덩어리와 충돌하여 산산조각이 난다. 10만 년 뒤 뉴욕 하늘에 축적된 이산화탄소의 양은 산업화 이전의 수준으로 되돌아간다.

와이즈먼 교수는 인류가 사라진 지구 생태계의 모습을 설명하기 위해 홍적세 말기에 발생한 대형 포유류의 절멸을 언급했다. 홍적세는 250만 년 전에 시작되어 1만 년 전의 빙하기 끝 무렵에 마감된 지질시대이다. 마지막 빙하기에 유라시아, 아메리카, 오스트레일리아, 아프리카 등 세계 곳곳에서 매머드, 마스토돈, 들소, 나무늘보 따위의 대형 초식동물이 대부분 사라졌다. 이들의 절멸 속도는 아프리카에서는 완만했으나 북아메리카에서는 급박했다. 한 가지 놀라운 사실은 1만 3,000년 전 아시아

인간이 살지 않게 된 지 수십 년 뒤의 모습을 지금도 찾아볼 수 있다. 우크라이나의 계획도시 프리퍄야트는 한때 5만 명 이상이 살던 도시였지만 1986년 체르노빌 원자력발전소 폭발 사고 이후 더 이상 사람이 살지 않게 되었다. 같은 장소에서 1980년대와 2019년을 비교한 사진(위)과 2019년에 도시 중심가였던 자리에 위치한 호텔에서 바라본 전경(아래).

에서 이주해 온 인디언들이 북아메리카 대륙에 발을 내디딘 직후 매머드가 대부분 사라졌다는 점이다. 따라서 매머드 멸종을 사람의 탓으로 돌리는 주장이 많은 지지를 받고 있다. 사람들이 지나치게 많이 매머드를 살육하여 씨를 말렸다는 것이다. 이런 맥락에서 와이즈먼은 지구에서 인류가 사라지면 북아메리카 대륙이 나무늘보 등 거대한 초식동물의 낙원으로 복원될 것이라고 상상했다. 오늘날 인적이 끊겨 생태계가 고스란히 보존되어 있는 곳으로 한반도의 비무장지대DMZ를 꼽았다. 남북한의 군대가 양쪽에서 확성기로 상대방을 비방하고 있는 가운데 두루미가 떼 지어 날아다니는 광경을 묘사했다.

사람이 자취를 감춘 지구에서 사람의 흔적이 깡그리 없어지는 것은 아니다. 살충제나 공업용 화학물질 같은 환경오염 물

질의 일부는 지구가 수명을 다할 때까지 사라지지 않을 가능성이 크다. 예컨대 플라스틱 제품은 여러 형태의 물질로 분해하는 능력을 지닌 미생물이 나타날 때까지 오랜 세월 남아 있을 것으로 보인다.

와이즈먼은 책머리에서 인류의 종말이 이미 진행되고 있다고 전제하고, "우리가 없을 때 일어날 일들을 예상해보면 우리가 있을 때 일어나고 있는 일들을 더 잘 이해할 수 있다"고 말했다. 인간이 지구 환경을 훼손하는 주범임을 고발하기 위해 이 책을 집필하게 되었다고 밝힌 것이다.

와이즈먼 교수는 사람들이 처음에는 "이 세계는 우리가 없어도 아름다울 것"이라고 생각하지만 곧이어 "우리가 여기에 없

철원에서 바라본 DMZ의 모습.

으면 슬프지 않을까?" 하는 반응을 나타낸다고 말했다. 책 끄트머리에서 저자는 인류가 지구의 다른 것들과 훨씬 더 많이 균형을 맞춘다면 생태계의 일부로서 존속할 수 있을 거라고 강조했다.

지속가능발전목표와 탄소중립

인류가 전 지구적 차원에서 환경문제에 관심을 갖기 시작한 계기는 1972년 로마클럽이 펴낸 「성장의 한계The Limits to Growth」라는 보고서이다. 무려 9억 부 넘게 팔렸다는 이 보고서는 세계 인구의 팽창, 공업화, 자원 고갈이 계속된다면 경제성장은 한 세기 안에 한계에 도달하고 전 세계는 파멸의 길로 치달을 것이라고 경고했다.

같은 해 6월 스웨덴 스톡홀름에서 열린 유엔인간환경회의(스톡홀름 회의)는 「인간환경선언」을 채택해 지구의 위기 극복을 위한 국제사회의 협력 가능성을 열었다. 현대 환경주의 역사에서 기념비적 사건으로 기록되는 스톡홀름 회의는 환경에 대한 관심과 개발, 성장, 고용과 같은 경제적 개념 사이의 긍정적 연결고리를 찾기 시작했다. 이를테면 지속가능성sustainability 개념이 처음으로 태동한 것이다.

1987년 노르웨이 총리가 회장을 맡은 세계환경개발위원회WCED는 「우리 공동의 미래Our Common Future」라는 보고서를 발간했다. 노르웨이 총리의 이름을 따서 「브룬트란트 보고서 Brundtland Report」라 불리는 이 보고서 발간을 계기로 훗날 환경

관련 논의의 핵심이 된 지속가능발전sustainable development이라는 개념이 국제적으로 부각되었다. 지속가능발전은 "후손들의 필요를 충족시킬 능력을 손상하지 않으면서 현세대의 필요를 채우는 발전"이라 정의된다. 이를테면 지속가능발전은 경제와 환경이 분리된 게 아니라 상호의존적 관계라고 보고, 환경을 보전할 수 있는 경제발전을 추구하는 접근 방법이다.

지속가능발전 개념은 1992년 6월 브라질의 리우데자네이루에서 열린 유엔환경개발회의의 기본 노선이 된다. 리우 회의에 참석한 120여 개국 정상들은 지속가능발전에 관한 행동계획의 틀을 마련했다.

지속가능발전을 위해 가장 먼저 해결해야 하는 문제는 절대빈곤이다. 2000년 9월 유엔총회 정상회의에서 절대빈곤 퇴치를 겨냥한 새천년 개발목표 MDGsMillennium Development Goals를 채택했다. 2015년까지 15년간 전 지구적으로 추구할 새천년 개발목표는 8개가 설정되었다. 2002년 8월, 남아프리카공화국의 요하네스버그에서 '지속가능발전을 위한 세계정상회의'가 열렸다. 리우+10 정상회의라 불린 이 회의에서는 10년 전 리우 회의에서 지속가능발전을 위해 채택했던 의제의 이행 정도를 평가했다. 10년이 지난 2012년 6월 리우데자네이루에서 1992년 정상회의 20주년을 기념하는 유엔 지속가능발전 회의가 열렸다. 리우+20 정상회의라 불리는 이 회의에서 발표된 보고서 「우리가 원하는 미래The Future We Want」는 MDGs를 대체하는 새로운 목표로 SDGsSustainable Development Goals의 필요성을 제기했다. 빈곤 퇴치만 목표로 삼는 MDGs로는 전 지구적으로 지속가능발전을 위협하는 요인에 대처하는 데 한계가 있을 수밖에 없었기 때문이다.

2015년 9월 유엔총회 세계정상회의에서 채택한 SDGs는 2000년부터 2015년까지 15년간 추진된 MDGs를 대체하여 2016년부터 2030년까지 15년간 지구의 미래를 위한 인류 사회의 행동강령 역할을 하게 되었다.

한편 기후 위기에 대응하기 위해 국제사회에서 2015년 체결된 파리협정Paris Agreement이 2016년 11월 발효되었다. 파리협정의 목표는 산업화 이전 대비 지구 평균온도 상승을 2℃보다 훨씬 아래로 유지하고 나아가 1.5℃로 억제하기 위해 온 인류가 노력하도록 촉구하는 데 있다.

지구 평균기온이 이전 수준보다 2℃ 이상 상승할 경우 폭염, 폭설, 태풍, 산불 등으로 인류의 생존이 위협받게 된다. 따라서 지구 온도 상승을 1.5℃로 억제하기 위해 2050년까지 탄소중립carbon-neutrality 사회로의 전환이 요구된다.

탄소중립은 이산화탄소를 배출하는 양만큼 다시 이산화탄소를 포집 또는 제거하여 실질적 배출량을 0으로 만드는 것을 의미한다. 탄소 배출량이 0이 된다는 의미에서 탄소제로carbon free 또는 넷 제로net-zero라고도 한다. 세계 각국은 2050년까지 탄소중립을 실현하는 계획을 공개적으로 천명하고, 이를 달성하기 위해 화석에너지 사용을 줄이고 재생에너지 사용을 확대하는 방안을 궁리하고 있다.

34

옛날에
유토피아가
있었다

태고의 황금시대

중국 창세신화에서 여와는 인류를 창조한 뒤, 숱한 고생 끝에 하늘에 뚫린 구멍을 메우고 땅을 모두 평평하게 만들어서 인류는 즐거운 나날을 보내게 되었다.

기원전 2세기에 한나라 때의 회남왕 유안劉安의 지시로 편찬된 『회남자淮南子』에는 인류의 황금시대가 묘사되어 있다. 인류는 여와 덕분에 평온한 생활을 영위했으며, 대지에는 즐거움이 감돌아 사계절이 차례대로 돌아왔다. 사나운 맹수들은 모두 죽고, 살아남은 짐승들은 온순해져서 인류의 친구가 되었다. 사람들이 호랑이의 꼬리를 잡아당기며 놀았으며, 뱀은 몸통을 밟

혀도 물지 않았다. 들판에는 저절로 자란 먹을거리가 지천으로 널려 있어 농사를 지을 필요가 없고, 도둑도 없었다. 사람들은 아무런 걱정 없이 신나게 살아갔다. 후세 사람들은 이러한 태고의 황금시대를 이상 사회로 꿈꾸었다.

그리스 신화에서는 신들이 인간을 다섯 차례 창조하는데, 첫 번째 만든 인류는 신에 가까운 종족으로, 그들이 살았던 시대를 황금시대라고 불렀다. 그 시대에는 인류의 삶이 끊임없는 기쁨으로 가득 차 있었다. 그들은 사이좋게 살면서 전쟁이나 자연재해로 피해를 본 적이 없었다. 나이가 들어도 병들거나 늙지 않고 오래 살았으며 죽음은 달콤한 잠처럼 찾아왔다. 맛있는 열매들이 넘쳐흘러서 먹을 걱정을 할 필요가 없어 배고픔이나 가난 따위를 몰랐다. 푸른 초원에서는 양 떼들이 평화롭게 풀을 뜯어먹었다. 첫 번째 인류가 살던 세상은 그야말로 낙원이었다.

오비디우스는 『변신 이야기』에서 황금시대를 다음과 같이 묘사했다.

이 시대에는 관리도 없었고 법률도 없었다. 사람들은 저희들끼리 알아서 서로를 믿었고 서로에게 정의로웠다. 이 시대 사람들은 형벌도 알지 못했고 무서운 눈총에 시달리지 않아도 좋았다.

따라서 황금시대에는 사람들이 법률과 판관 없이도 마음 놓고 살 수 있었다.

장오귀스트도미니크 앵그르, 「황금시대」.
첫 번째 인류가 살았던 황금시대에는 삶이 기쁨으로 가득 차 있었다.

인간도 저희들이 살고 있는 땅의 해변밖에는 알지 못했다. 마을
에 전쟁용 참호 같은 것은 있을 필요도 없었다. 놋쇠 나팔, 뿔피
리, 갑옷, 칼 같은 것도 없었다. 군대가 없었으니, 인간은 저희 동
아리끼리 아무 걱정 없이 평화를 누릴 수 있었다.

자연 또한 인간에게 모든 것을 주어 그야말로 낙원이 펼쳐
졌다.

대지는 괭이로 파고 보습으로 갈지 않아도 스스로 알아서 인간에
게 필요한 것들을 모자라지 않게 대어주었다. 인간은 대지가 대
어주는 양식을 흥겹게 여기고 양매, 산딸기, 산수유 열매, 관목에
열리는 나무딸기, 가지를 벌린 떡갈나무에서 떨어지는 도토리로
만족했다. 기후는 늘 봄이었다. 서풍은 그 부드러운 숨결로, 씨 뿌
린 일이 없는데도 산천에 만발한 꽃들을 어루만졌다. 때맞추어
대지는, 보습에 닿은 적이 없는데도 곡물을 생산했고 논밭은 한
해 묵는 일 없이 늘 익은 곡식의 이삭으로 황금물결을 이루었다.
도처에 우유의 강, 넥타르(신주)의 강이 흘렀고 털가시 나무 가지
는 시도 때도 없이 누런 꿀을 떨어뜨렸다.

고대 중국의 이상 국가

신들이 인간에게 황금시대를 만들어주었지만 이는 오래가
지 못한다. 인간은 고통스러운 삶을 살게 되면서부터 이상 사회
를 꿈꾸게 된다. 특히 중국의 신화에 몇몇 이상 국가가 등장한
다. 기원전 3세기경, 춘추전국시대에 편찬된 『열자』에는 화서 씨
의 나라華胥氏之國와 종북국終北國이 묘사되어 있다.

중국 서북쪽 수천만 리나 되는 곳에 극락이라 부를 만한 나라가
있었다. 이 낙원에 이름은 없고 그저 화서 씨라고만 불리는 소녀

가 살았다. 화서 씨의 나라는 어찌나 멀리 있던지, 걸어서든 또는 배나 수레를 타고서든 결코 갈 수가 없고 오로지 신들만 갈 수 있는 나라였다. 그 나라에는 우두머리가 없고 백성은 욕심이 없어 모든 것을 자연에 따른다.

배반하는 것도 모르고, 따르는 것도 모르기 때문에 이해도 없다. 편애하고 아끼는 것도 없으며, 두려워하고 꺼리는 것도 없다. 물에 들어가도 빠지지 않고 불에 들어가도 타지 않는다. 칼로 찌르고 때려도 상처를 입지 않으며, 손톱으로 할퀴어도 부스럼이 생기지 않는다. 마치 땅을 밟는 것처럼 하늘을 타고 날며, 침대에서 자는 것처럼 허공에서 잠을 잔다. 구름과 안개도 그 시야를 가릴 수 없고, 벼락 소리도 그 귀를 어지럽힐 수 없다. 아름답거나 추한 것도 그 마음을 어지럽힐 수 없고, 산과 계곡도 그 걸음을 방해할 수 없다.

그러니까 화서 씨의 나라에 사는 백성들은 실로 인간과 신의 중간쯤 되는 사람들이었다. 그들은 땅 위의 신선들이라 부를 만했다.

중국 고대의 우임금은 홍수를 다스리느라 천하의 온갖 나라를 돌아다녔다. 어느 날 뜻밖에도 눈 쌓인 북방의 황야에서 길을 잃고 더욱 더 북쪽으로 가게 되었다. 북방에서도 가장 먼 곳에 있는 나라인 종북국까지 가게 된 것이다.

종북국은 날씨가 참으로 온화했다. 덥지도 춥지도 않았으며, 바람도 불지 않고 비도 내리지 않았다. 서리나 눈도 내리지 않고 1년 내내 낮이나 밤도 없이 그저 봄날 같았다.

종북국 한가운데에 솟아 있는 산꼭대기의 구멍에서는 늘 물이 분출하여 시냇물로 흘러내려가 나라 전체에 미치지 않는 곳이 없었다. 이 물은 냄새가 향기롭고 맛은 감미로웠다. 이 물을 조금만 마셔도 배가 불렀으며, 좀 많이 마시면 술에 취한 듯한 느낌이 들어 열흘쯤 자고 나야 깨어날 수 있었다. 따라서 남녀노소가 시냇가에 앉거나 누워서 노래 부르고 춤추고 이야기하며 놀았다. 이 물로 목욕하면 피부가 윤택해지고 그 향기는 열흘이나 사라지지 않았다. 이 물은 신분神濆이라 불렸다.

사람들의 성정은 부드럽고 순응적이며 경쟁하는 일이 없다. 마음은 유하고 기골은 연약하며, 교만하거나 투기하지 않는다. 장유가 함께 거처하고, 군신 관계도 없으며, 남녀가 뒤섞여 놀고, 혼인의 예절이나 절차도 없다. 물가를 따라 살며, 농사도 짓지 않는다. 날씨는 온화하고 쾌적하며 길쌈도 하지 않고, 옷도 입지 않는다. 사람들은 100년을 살며, 요사하거나 병에 걸리는 일이 없다. 사람들은 번성하여 그 수를 알 수 없을 정도이고, 기쁘고 즐거운 일만 있을 뿐, 노쇠하고 슬픈 일, 고통스러운 일은 없다. 이곳 사람들은 노래를 좋아하여, 서로 붙잡고 번갈아 노래하는 소리가 종일 그치지 않는다. 배가 고프거나 피로할 때 신분을 마시면 즉시 힘이 솟고 마음이 화평해진다.

종북국 사람들은 아무런 근심 없이 먹고 나면 놀고, 놀고 나면 자고, 깨어나면 또 먹으면서 모두 100세까지 살았으며 두 다리를 쭉 뻗으면 하늘나라로 올라갈 수 있었다.

무릉도원

이상 사회를 그린 중국의 문학 작품 중에서 인구에 가장 많이 회자되는 것은 도연명陶淵明(365~427)의 『도화원기桃花源記』이다. 시인인 도연명은 80여 일 만에 관직을 사임하고 장기간 은거 생활을 하면서 자신의 이상을 담은 글을 발표했는데, 이것이 바로 『도화원기』이다.

고기잡이를 업으로 하는 무릉武陵의 어떤 사람이 계곡을 따라가다 길의 원근을 잊고 말았는데, 홀연히 도화 숲을 만났다. 물가의 양편 수백 보 안에 다른 나무는 없었고, 향기로운 풀은 아름답게 자라고 떨어진 꽃잎은 어지럽게 날리고 있었다. 그 어부는 대단히 신기하여 다시 앞으로 나가 보니 숲이 끝났다. 숲이 끝나고 물줄기도 사라진 곳에 문득 산이 나타났다. 산에는 작은 입구가 있었는데 마치 광선이 비치는 것 같았다.

어부가 배를 버리고 그 입구로 들어갔는데, 처음에는 극히 협소하여 겨우 사람이 통행할 정도였다. 다시 수십 보를 들어가자 넓고 탁 트인 곳이 보였다. 그곳의 토지는 평탄하고 넓었으며, 집들이 정연하게 들어서 있었고 좋은 밭과 아름다운 못, 뽕나무와 대나무가 있었으며, 도로가 교차하고, 개와 닭의 울음소리가 들렸다. 그 사이를 왕래하며 농사를 짓는 남녀의 의복은 바깥세상의 그것과 똑같았으며, 노란 더벅머리를 늘어뜨리고 있었고, 모두 조용하게 스스로 즐기는 것 같았다. 그들은 어부를 보자 크게 놀라며 어디서 왔느냐고 물었다. 어부가 낱낱이 대답하자, 사람들이 그를 집으로 데리고 가 술을 내놓고 닭을 잡아 음식을 만들어주었다. 어부가 왔다는 소문을 들은 마을 사람들은 모두 찾아와 바깥세상의 일을 물었다. 그들은 자기들의 조상이 난을 피하여 처자와 이웃 사람들을 이끌고 이 절경으로 와 다시 나가지 않았기 때문에 외부의 인간 세계와 연락이 끊겼다고 하며 지금이 어떤 세상이냐고 물었다.

어부가 세상 바뀐 것을 말해주자 그들은 탄식했다. 그는 며칠간 머물면서 술과 음식을 대접받고 작별하게 된다.

그가 작별하고 떠날 때, 그 안의 사람들은 자기들의 존재를 바깥 사람들에게 말하지 말 것을 부탁하였다. 어부는 밖으로 나와 배를 타고 길을 찾아 나오며 곳곳에 표지를 남겨놓았다.

어부는 마을의 태수에게 이곳에 다녀온 이야기를 하게 되고, 태수는 사람을 시켜 어부가 남긴 표지를 찾았으나 끝내 그 길을 찾지 못했다.

이 짧은 글에서 비롯된 무릉도원武陵桃源은 훗날 속된 세상과 아주 다른 세상, 곧 별천지를 뜻하는 보통명사가 되었다.

프레스터 존의 왕국

1165년, 프레스터 존Prester John이 비잔틴 황제에게 보냈다는 엉뚱한 편지, 곧 「프레스터 존의 편지The Letter of Prester John」가

이탈리아 등 유럽 대부분의 나라에 돌기 시작했다. 프레스터 존은 중세 아시아 혹은 아프리카에 강대한 기독교 왕국을 건설했다고 전해지는 전설의 왕이다.

「프레스터 존의 편지」에는 그의 왕국이 다음과 같이 묘사되었다.

> 우리의 땅에는 꿀과 우유가 흘러넘친다. 독사나 전갈도 없다. 독을 지닌 짐승은 살 수 없는 곳이다. 에덴동산Paradise에서 흘러나온 강물이 왕국을 굽이쳐 흐르는데, 이 강에는 천연 보석, 에메랄드, 사파이어, 홍옥, 석류석 등 각종 귀중한 돌이 많다. 올림포스 산 기슭 근처에 있는 작은 숲에는 온갖 종류의 맛을 지닌 샘물이 있다. 샘물은 낮과 밤으로 시간마다 맛이 바뀐다. 이 샘물은 아담이 추방당한 에덴동산에서 그리 멀리 떨어져 있지 않다. 이 샘물을 마시면 그날부터 누구나 질병으로부터 해방되어 나이와 상관없이 서른두 살의 육체를 영원히 보존하게 된다.

이 왕국에는 굴러가는 잔돌로 된 시내도 흐르고 있고, 모래로 된 바다에서는 온갖 물고기들이 헤엄치고 있다. 왕국에서 일어나는 모든 일을 비춰주는 마법의 거울, 자기의 모습을 보이지 않게 할 수 있는 보석도 있다.

> 열대 근처의 지방에는 살라만드라salamandra라고 부르는 파충류가 살고 있다. 살라만드라는 불 속에서만 살며 누에고치를 만든다. 왕궁의 귀부인들은 이것을 사용하여 천을 짜거나 옷을 만든

다. 이 옷은 불 속에서 그을려야만 깨끗해진다.

　살라만드라(불도마뱀)는 불 속에 사는 조그만 용이다. 크기는 개와 비슷하며 껍질은 짙은 검은색에 군데군데 별 모양의 노란 반점이 수놓아져 있다. 살라만드라는 화석, 벽난로 또는 활화산처럼 불이 있는 곳에서만 살 수 있다. 따라서 불멸의 상징으로 사용된다. 특히 연금술에서는 불의 정령을 나타내는 상징으로 여겨진다.

　플리니우스는 『박물지』에서 살라만드라는 몸이 지독하게 차가워서 몸이 닿기만 해도 불이 저절로 꺼져버린다고 밝혔다. 가장 맹렬한 불꽃일지라도 순식간에 잠재울 수 있는 우유 같은 액체가 신체의 기공으로부터 분비되기 때문이다. 따라서 살라만드라의 가죽을 방화용으로 사용할 수 있다고 생각한 것도 당연하다.

　살라만드라의 피부에 있는 번쩍번쩍 빛나는 별 모양의 반점에서는 인류에게 알려진 가장 강력한 독소의 하나인 액체가 배어 나온다. 이 독소에 닿으면 사람의 피부는 타서 오그라들고 결국 뼈만 남아 죽게 된다. 나무들은 독소로 오염된다. 이 독소가 물에 오염되면 마실 수 없게 된다. 마케도니아의 알렉산더 대왕Alexander the Great(기원전 356~323)이 이끄는 병사 4,000명과 말

프레스터 존의 왕국.
1500년대 디오고 호멤의 지도에는 에티오피아 인근에 프레스터 존의 왕국이 그려져 있다. 프레스터 존의 기독교 왕국에는 불 속에 사는 살라만드라가 존재했다. 지도에서 프레스터 존이 입고 있는 붉은 겉옷은 살라만드라의 가죽으로 만들었는데 불에 넣어서 세탁했다고 한다.

2,000마리가 인도에서 살라만드라의 독소에 오염된 강물을 마신 뒤에 몰살당한 것으로 알려진다.

살라만드라의 독소를 견뎌낼 수 있는 유일한 동물은 돼지이다. 돼지는 살라만드라를 통째로 집어삼킨다. 그러나 독소는 돼지 피부밑 비계에 저장되기 때문에 독소가 몸속으로 퍼져나가지 않아 죽지 않는 것이다.

「프레스터 존의 편지」에 물씬 풍기는 이국의 정서는 중세 유럽인들의 상상력에 강렬한 충격을 주었다. 교황 알렉산드르 3세는 프레스터 존의 기독교 왕국에 매료되어 1177년 답장을 써서 인도로 보냈다. 그러나 답장을 휴대한 사람은 인도가 어디 있는지 몰랐기 때문에 아무도 모르는 곳으로 종적을 감추고 말았다. 상당한 세월이 흘러 1488년 포르투갈의 뱃사람인 바르톨로뮤 디아스Bartolomeu Dias(1450~1500)가 프레스터 존의 왕국을 찾을 목적으로 아프리카 서안으로 항해했는데, 그가 발견한 것은 아프리카 최남단의 희망봉이었다.

이상 사회를 꿈꾸다

인간이 꿈꾸는 이상 사회는 코케인, 아르카디아, 천년왕국, 유토피아 등 네 유형으로 분류된다.

코케인Cockayne은 이상 사회 가운데 가장 환상적이다. 도처에 꿀과 포도주의 강물이 넘쳐흐르고 누구나 원하는 것을 모두 구할 수 있는 지상낙원이다. 모든 사람이 성과 노동에서 해방되어, 환희와 열락으로 세월 가는 줄 모르는 환락향이다.

아르카디아Arcadia는 원래 그리스 펠로폰네소스 반도 중간의 산악 지대를 가리키는 단어이지만, 아름다운 풍경과 순박한 인정을 지닌 목가적 이상향을 뜻한다. 무한한 풍요의 세계라는 점에서는 코케인과 크게 다를 바 없다. 그러나 코케인이 무절제한 쾌락을 추구하는 반면에, 아르카디아는 자연과 조화를 이루며 인간의 절제가 있다는 점에서 구별된다. 말하자면 자연적 풍요의 개념에 도덕적 의미가 첨가된 이상 사회이다. 대표적인 아르카디아로는 황금시대Golden Age와 지상낙원Paradise의 신화가 꼽힌다. 황금시대는 역사의 원초적 단계에 있는 목가적인 자연 상태이다. 지상낙원은 에덴동산을 가리킨다.

천년왕국The Millennium은 역사의 종말이 오기 전에 의롭고 착한 사람들만이 살 수 있는 이상향이다. 지상낙원(파라다이스)과는 완전히 다르다. 파라다이스는 에덴동산처럼 과거로 회귀하려는 것이지만 천년왕국은 미래에 천년의 축복 시대가 지상에 이루어진다고 믿는다.

유토피아Utopia는 두 단어의 합성어다. 그리스어에서 'u'는 없다ou는 뜻과 좋다eu는 뜻을 함께 갖고 있다. 'topia'는 장소를 의미한다. 따라서 유토피아는 이 세상에 '없는 곳outopia'과 '좋은 곳eutopia'이라는 뜻을 함께 지니고 있다.

유토피아라는 말을 처음 만들어 쓴 사람은 영국의 토머스 모어Thomas More(1478~1535)다. 그는 1516년 『유토피아Utopia』를 펴냈는데, 이 책에서 유토피아라 불리는 섬나라는 존재하지 않지만nowhere, 좋은 곳eutopia이라고 언급했다.

유토피아는 '없는 곳'이므로 환상의 세계이지만, '좋은 곳'

앙리 마티스, 「생의 기쁨」.
더 좋은 삶을 꿈꾸는 사람들에게 유토피아는 반드시 가지 않으면 안 되는 풍요의 땅이다.

이므로 이상 사회를 가리킨다. 유토피아는 사회제도를 통해 인간의 본성을 통제하여 실현하려는 이상 사회라는 점에서 코케인, 아르카디아, 천년왕국보다 훨씬 현실적이지만, 또한 이들의 핵심적 요소를 모두 내포하고 있다. 인간의 물질적 욕구를 최대한으로 만족시키려 한다는 점에서 코케인과 유사하고, 사회의 질서를 추구한다는 점에서 아르카디아와 같고, 미래의 진보에 대한 희망을 품고 있다는 면에서 천년왕국과 비슷하다.

　이와 같이 네 유형의 이상 사회는 성격을 달리한다. 코케인과 아르카디아는 과거에 속하지만 천년왕국과 유토피아는 미래에 존재한다. 코케인이 인간의 욕구 충족이 포화 상태인 환락원이라면 아르카디아는 욕망이 절제되고 자연과 조화를 이루는 안식의 고향이다. 천년왕국은 신의 섭리에 의해 실현되지만, 유토피아는 인간의 의지로 성취할 수 있다.

　존재하지 않는 이상 사회를 구현하려고 사색하고 행동하는 것을 유토피아주의utopianism라 한다. 유토피아주의의 기본은 개혁 사상과 진보에의 확신이다. 더 좋은 미래와 세상을 꿈꾸는 사람들에게 유토피아는 반드시 가지 않으면 안 되는 약속과 풍요의 땅인 것이다. 비록 그곳에 도달했다는 사람은 아직 나타나지 않았을지라도.

참고문헌

『우주의 구조』 브라이언 그린(박병철 역), 승산, 2005.
『우주의 수수께끼』 게르하르트 슈타군(이민용 역), 이끌리오, 2000.
『중동 신화』 사무엘 헨리 후크(박화중 역), 범우사, 2001.
『지식의 대융합』 이인식, 고즈윈, 2008.
『평행우주』 미치오 카쿠(박병철 역), 김영사, 2006.
『풀리지 않는 과학의 의문들 14』 로버트 헤이즌(황현숙 역), 까치, 2000.
『혼돈으로부터의 질서』 일리야 프리고진(신국조 역), 정음사, 1988.
Creation Myth, R. J. Stewart, Element Books, 1989.

2장

『변신 이야기』 오비디우스(이윤기 역), 민음사, 1998.
『세계 문화 상징 사전』 진 쿠퍼(이윤기 역), 까치, 1994.
『신탁』 윌리엄 브로드(김혜원 역), 가인비엘, 2007.
『이윤기의 그리스 로마 신화 3』 이윤기, 웅진지식하우스, 2004.
"Questioning the Delphic Oracle", John Hale, Scientific American, 2003. 8.

3장

『고대신화』 토머스 벌핀치(손명현 역), 정음사, 1971.
『신과 인간』 메네라오스 스테파니데스(이경혜 역), 열림원, 2002.
『올림포스의 신들』 메네라오스 스테파니데스(강현화 역), 열림원, 2002.
『이아손과 아르고나우테스』 메네라오스 스테파니데스(황주연 역), 열림원, 2002.
『중동 신화』 사무엘 헨리 후크(박화중 역), 범우사, 2001.

『공학이 필요한 시간』 이인식 기획, 다산사이언스, 2018.
『세계 신화 이야기』 세르기우스 골로빈(이기숙·김이섭 공역), 까치, 2001.
『세계신화사전』 아서 코트렐(편집부 역), 까치, 1997.
『신화상상동물 백과사전』 이인식, 생각의나무, 2002.
『우리가 알아야 할 세계 신화 101』 요시다 아츠히코(김수진 역), 아세아미디어, 2002.
『중국신화전설』 위앤커(전인초·김선자 공역), 민음사, 2002.

1장

『고대신화』 토머스 벌핀치(손명현 역), 정음사, 1971.
『메소포타미아 신화』 헨리에타 맥컬(임웅 역), 범우사, 1999.
『변신 이야기』 오비디우스(이윤기 역), 민음사, 1998.
『사람과 컴퓨터』 이인식, 까치, 1992.
『산해경』 정재서 역주, 민음사, 1985.
『세계의 유사신화』 J. F. 비얼레인(현준만 역), 세종서적, 1996.
『올림포스의 신들』 메네라오스 스테파니데스(강경화 역), 열림원, 2002.

4장

『거인』 타임라이프(권민정 역), 분홍개구리,
2004.
『걸리버 지식 탐험기』 이인식,
랜덤하우스중앙, 2005.
『북유럽 신화』 안인희, 웅진지식하우스,
2007.
『북유럽 신화』 케빈 크로슬리-홀런드(서미석
역), 현대지성사, 1999.
『오디세이』 메네라오스
스테파니데스(김세희 역), 열림원, 2002.
『초록 덮개』 마이클 조던(이한음 역), 지호,
2004.
『키의 신화』 카트린 몽디에 콜(이옥주 역),
궁리, 2005.

5장

『기독교 동물상징사전』
피지올로구스(노성두 역), 지와사랑, 1999.
『산해경』 정재서 역주, 민음사, 1985.
『세이렌의 노래』 빅 드 동데르(김병욱 역),
시공사, 2002.
『수신기』 간보(임동석 역), 동문선, 1998.
『오디세이』 메네라오스
스테파니데스(김세희 역), 열림원, 2002.
『이아손과 아르고나우테스』 메네라오스
스테파니데스(황주연 역), 열림원, 2002.
"Manatees", Thomas O'Shea, *Scientific
American*, 1994. 7.
In the Wake of the Sea-Serpents, Bernard
Heuvelmans, Hill and Wang, 1968.
Monsters Of the Sea, Richard Ellis, Alfred A.
Knopf, 1994.

6장

『돌연변이』 아먼드 마리 르로이(조성숙 역),
해나무, 2006.
『올림포스의 신들』 메네라오스

스테파니데스(강경화 역), 열림원, 2002.
『이인식의 성과학 탐사』 이인식, 생각의나무,
2002.
『일리아드-트로이 전쟁』 메네라오스
스테파니데스(최순희 역), 열림원, 2002.
『페르세우스와 테세우스』 메네라오스
스테파니데스(황의방 역), 열림원, 2002.
『헤라클레스』 메네라오스
스테파니데스(이경혜 역), 열림원, 2002.
Mythology, Edith Hamilton, Little, Brown &
Company, 1969.

7장

『북유럽 신화』 케빈 크로슬리-홀런드(서미석
역), 현대지성사, 1999.
『신비동물원』 이인식, 김영사, 2001.
『우주의 수수께끼』 게르하르트
슈타군(이민용 역), 이글리오, 2000.
『인간은 기후를 지배할 수 있을까』 윌리엄
스티븐스(오재호 역), 지성사, 2005.
『인도 신화』 스와미 치트아난다
사라스바티(김석진 역), 북하우스, 2002.
『제2의 창세기』 이인식, 김영사, 1999.
On the Track of Unknown Animals, Bernard
Heuvelmans, Hill and Wang, 1959.
Cryptozoology A to Z, Loren Coleman,
Fireside, 1999.

8장

『고대신화』 토머스 벌핀치(손명현 역),
정음사, 1971.
『세계의 유사신화』 J. F. 비얼레인(현준만 역),
세종서적, 1996.
『신과 인간』 메네라오스
스테파니데스(이경혜 역), 열림원, 2002.

9장

『메소포타미아 신화』 헨리에타 맥컬(임옹

역), 범우사, 1999.

『산해경』 정재서 역주, 민음사, 1985.

『세계의 유사신화』 J. F. 비얼레인(현준만 역),
세종서적, 1996.

『중동 신화』 사무엘 헨리 후크(박화중 역),
범우사, 2001.

『큰 건축물』 데이비드 맥컬레이(박혜수 역),
한길사, 2004.

Extreme Science, Peter Jedicke, Byron
Preiss Book, 2001.

10장

『기술의 진화』 조지 바살라(김동광 역), 까치,
1996.

『변신 이야기』 오비디우스(이윤기 역),
민음사, 1998.

『살아 있는 신화』 J. F. 비얼레인(배경화 역),
세종서적, 2000.

『올림포스의 신들』 메네라오스
스테파니데스(강경화 역), 열림원, 2002.

『황금가지』 제임스 프레이저(이경덕 역),
까치, 1995.

Engineering in the Ancient World, J. G.
Landels, University of California Press,
2000.

The Ancient Engineers, Sprague de Camp,
Ballantine Books, 1960.

11장

『변신 이야기』 오비디우스(이윤기 역),
민음사, 1998.

『의학 콘서트』 로이 포터(이충호 역), 예지,
2007.

『전염병의 문화사』 아노 카렌(권복규 역),
사이언스북스, 2001.

『페르시아 신화』 베스타 커티스(임웅 역),
범우사, 2003.

12장

『무기』 영국왕립무기박물관(정병선·이민아
공역), 사이언스북스, 2009.

『발명』 베른트 슈(이온화 역), 해냄출판사,
2004.

『방어구의 역사』 다카히라 나루미(남지연
역), 에이케이, 2020.

『변신 이야기』 오비디우스(이윤기 역),
민음사, 1998.

『올림포스의 신들』 메네라오스
스테파니데스(강경화 역), 열림원, 2002.

『일리아드—트로이 전쟁』 메네라오스
스테파니데스(최순희 역), 열림원, 2002.

『전쟁과 무기의 세계사』 이내주, 채륜서,
2017.

『전쟁의 물리학』 배리 파커(김은영 역),
북로드, 2015.

『전쟁의 역사』 버나드 로 몽고메리(승영조
역), 책세상, 1995.

13장

『변신 이야기』 오비디우스(이윤기 역),
민음사, 1998.

『이아손과 아르고나우테스』 메네라오스
스테파니데스(황주연 역), 열림원, 2002.

From Flying Toads to Snakes with Wings,
Karl Shuker, Llewellyn Publications, 1997.

14장

『미래교양사전』 이인식, 갤리온, 2006.

『변신 이야기』 오비디우스(이윤기 역),
민음사, 1998.

『산해경』 정재서 역주, 민음사, 1985.

『세계의 유사신화』 J. F. 비얼레인(현준만 역),
세종서적, 1996.

『올림포스의 신들』 메네라오스
스테파니데스(강경화 역), 열림원, 2002.

『자연에서 배우는 청색기술』 이인식 기획,

김영사, 2013.
『자연은 위대한 스승이다』 이인식, 김영사,
2012.
Biomimicry and Business, Margo
Farnsworth, Routledge, 2021.

15장

『세계의 유사신화』 J. F. 비얼레인(현준만 역),
세종서적, 1996.
『우주의 자궁 미궁 이야기』 이즈미
마사토(오근영 역), 뿌리와이파리, 2003.
『크노소스』 알렉상드르 파르누(이혜란 역),
시공사, 1997.
『페르세우스와 테세우스』 메네라오스
스테파니데스(황의방 역), 열림원, 2002.

16장

『걸리버 지식 탐험기』 이인식,
랜덤하우스중앙, 2005.
『공학이 필요한 시간』 이인식 기획,
다산사이언스, 2018.
『금지된 신의 문명』 앤드류 콜린스(오정학
역), 사람과사람, 2000.
『나는 왜 사이보그가 되었는가』 케빈
워릭(정은영 역), 김영사, 2004.
『뇌와 세계』 미겔 니코렐리스(김성훈 역),
김영사, 2021.
『뇌의 미래』 미겔 니코렐리스(김성훈 역),
김영사, 2012.
『마음의 미래』 미치오 카쿠(박병철 역),
김영사, 2015.
『마음의 지도』 이인식, 다산사이언스, 2019.
『메소포타미아 신화』 헨리에타 맥컬(임웅
역), 범우사, 1999.
『사라져가는 목소리들』 다니엘 네틀(김정화
역), 이제이북스, 2003.
『신들의 문명』 데이비드 칠드러스(윤치원
역), 대원출판, 2002.
『신의 거울』 그레이엄 핸콕(김정환 역),

김영사, 2000.
『에레혼』 새뮤얼 버틀러(한은경 역), 김영사,
2018.
『중동 신화』 사무엘 헨리 후크(박화중 역),
범우사, 2001.
Darwin Among the Machines, George
Dyson, Perseus Books, 1997.
Imagined Worlds, Freeman Dyson, Harvard
University Press, 1997.
The Ancient Engineers, Sprague de Camp,
Ballantine Books, 1960.

17장

『산해경』 정재서 역주, 민음사, 1985.
『신과 인간』 메네라오스
스테파니데스(이경혜 역), 열림원, 2002.
『자연에서 배우는 청색기술』 이인식 기획,
김영사, 2013.
『자연은 위대한 스승이다』 이인식, 김영사,
2012.
Biomimicry and Business, Margo
Farnsworth, Routledge, 2021.

18장

『나노기술이 세상을 바꾼다』 이인식, 고즈윈,
2010.
『미래교양사전』 이인식, 갤리온, 2006.
『불가능은 없다』 미치오 카쿠(박병철 역),
김영사, 2010.
『우주의 수수께끼』 게르하르트
슈타군(이민용 역), 이끌리오, 2000.
『일론 머스크, 미래의 설계자』 애슐리
반스(안기순 역), 김영사, 2015.
Space Travel, Ian Graham, DK Publishing,
2004.
Are We Alone?, Paul Davies, Basic Books,
1995.
Paradigms Lost, John Casti, Avon Books,
1989.

The Fabric of Reality, David Deutsch, The Penguin Press, 1997.

19장

『변신 이야기』 오비디우스(이윤기 역), 민음사, 1998.
『살아 있는 신화』 J. F. 비얼레인(배경화 역), 세종서적, 2000.
『신과 인간』 메네라오스 스테파니데스(이경혜 역), 열림원, 2002.
『크리스퍼가 온다』 제니퍼 다우드나(김보은 역), 프시케의숲, 2018.
"Captured in Amber", David Grimaldi, Scientific American, 1996. 4.

20장

『1984』 조지 오웰(김병익 역), 문예출판사, 1999.
『감시와 처벌』 미셸 푸코(오생근 역), 나남출판, 1994.
『공학이 필요한 시간』 이인식 기획, 다산사이언스, 2018.
『매트릭스로 철학하기』 슬라보예 지젝(이운경 역), 한문화, 2003.
『북유럽 신화』 케빈 크로슬리-홀런드(서미석 역), 현대지성사, 1999.
『사회적 원자』 마크 뷰캐넌(김희봉 역), 사이언스북스, 2010.
『우리는 매트릭스 안에 살고 있나』 글렌 예페스(이수영 역), 굿모닝미디어, 2003.
『유토피아 이야기』 이인식, 갤리온, 2007.
『이집트 신화』 멜리사 애플게이트(최용훈 역), 해바라기, 2001.
『창조적인 사람들은 어떻게 행동하는가』 알렉스 펜틀런드(박세연 역), 와이즈베리, 2015.

21장

『독살의 세계사』 미즈호 레이코(정점숙 역), 해나무, 2006.
『독약의 박물지』 다치키 다카시(김영주 역), 해나무, 2006.
『마법의 역사』 리처드 킥헤퍼(김헌태 역), 파스칼북스, 2003.
『변신 이야기』 오비디우스(이윤기 역), 민음사, 1998.
『오디세이』 메네라오스 스테파니데스(김세희 역), 열림원, 2002.
『이아손과 아르고나우테스』 메네라오스 스테파니데스(황주연 역), 열림원, 2002.
『초록 덮개』 마이클 조던(이한음 역), 지호, 2004.
『헤라클레스』 메네라오스 스테파니데스(이경혜 역), 열림원, 2002.
『화학으로 이루어진 세상』 크리스틴 메데페셀헤르만(권세훈 역), 에코리브르, 2007.

22장

『살아 있는 신화』 J. F. 비얼레인(배경화 역), 세종서적, 2000.
『신의 거울』 그레이엄 핸콕(김정환 역), 김영사, 2000.
『아즈텍과 마야 신화』 칼 토베(이응균·천경효 공역), 범우사, 1998.
『초록 덮개』 마이클 조던(이한음 역), 지호, 2004.
『초콜릿』 에르베 로베르(강민정 역), 창해, 2000.
『호르몬은 왜?』 마르코 라울란트(정수정 역), 프로네시스, 2007.

23장

『변신 이야기』 오비디우스(이윤기 역), 민음사, 1998.

『아주 특별한 과학 에세이』 이인식, 푸른나무, 2001.
『이윤기의 그리스 로마 신화 2』 이윤기, 웅진지식하우스, 2002.
『이인식의 성과학 탐사』 이인식, 생각의나무, 2002.
『짝짓기의 심리학』 이인식, 고즈윈, 2008.
A Natural History of Homosexuality, Francis Mondimore, Johns Hopkins University Press, 1996.
Sex and the Bible, Gerald Larue, Prometheus Books, 1983.

24장

『공간의 역사』 마거릿 버트하임(박인찬 역), 생각의나무, 2002.
『신과 인간』 메네라오스 스테파니데스(이경혜 역), 열림원, 2002.
『저승의 백과사전』 마르크 볼린느(유정희 역), 열린책들, 1997.
『죽음 너머의 세계는 존재하는가』 데이비드 달링(백영미 역), 황금가지, 1998.
『티베트의 지혜』 소걀 린포체(오진탁 역), 민음사, 1999.
『헤라클레스』 메네라오스 스테파니데스(이경혜 역), 열림원, 2002.

25장

『메소포타미아 신화』 헨리에타 맥컬(임웅 역), 범우사. 1999.
『산해경』 정재서 역주, 민음사, 1985.
『연금술 이야기』 앨리슨 쿠더트(박진희 역), 민음사, 1995.
『중동 신화』 사무엘 헨리 후크(박화중 역), 범우사, 2001.

26장

『국가』 플라톤(송재범 풀어씀), 풀빛, 2005.

『미래신문』 이인식, 김영사, 2004.
『변신 이야기』 오비디우스(이윤기 역), 민음사, 1998.
『인도 신화』 스와미 치트아난다 사라스바티(김석진 역), 북하우스, 2002.
『하늘을 나는 수레』 홍상훈, 솔, 2003.
Mythology, Edith Hamilton, Little, Brown & Company, 1969.
"Head Transplants", Robert White, Your Bionic Future, *Scientific American Presents*, 1999. Fall.

27장

『올림포스의 신들』 메네라오스 스테파니데스(강경화 역), 열림원, 2002.
『이인식의 성과학 탐사』 이인식, 생각의나무, 2002.
『일리아드-트로이 전쟁』 메네라오스 스테파니데스(최순희 역), 열림원, 2002.
『짝짓기의 심리학』 이인식, 고즈윈, 2008.
Anatomy of Love, Helen Fisher, Fawcett Columbine, 1992.
Sex and the Bible, Gerald Larue, Prometheus Books, 1983.

28장

『변신 이야기』 오비디우스(이윤기 역), 민음사, 1998.
『살아 있는 신화』 J. F. 비얼레인(배경화 역), 세종서적, 2000.
『아주 특별한 과학 에세이』 이인식, 푸른나무, 2001.
『오이디푸스』 메네라오스 스테파니데스(강경화 역), 열림원, 2002.
『우리 신화의 수수께끼』 조현설, 한겨레출판, 2006.
『이인식의 성과학 탐사』 이인식, 생각의나무, 2002.
The Original Sin, W. Arens, Oxford

univercity Press, 1986.
Sex and the Bible, Gerald Larue,
Prometheus Books, 1983.

29장

『나노기술이 세상을 바꾼다』 이인식, 고즈윈,
2010.
『냉동 인간』 로버트 에틴거(문은실 역),
김영사, 2011.
『미라』 프랑수아즈 뒤낭(이종인 역), 시공사,
1996.
『미라』 히더 프링글(김우영 역), 김영사,
2003.
『세계의 유사신화』 J. F. 비얼레인(현준만 역),
세종서적, 1996.
『이집트 신화』 멜리사 애플게이트(최용훈
역), 해바라기, 2001.
『중동 신화』 사무엘 헨리 후크(박화중 역),
범우사, 2001.
『창조의 엔진』 에릭 드렉슬러(조현욱 역),
김영사, 2011.
Design for Dying, Timothy Leary,
HarperEdge, 1997.

30장

『거인』 타임라이프(권민정 역), 분홍개구리,
2004.
『북유럽 신화』 안인희, 웅진지식하우스,
2007.
『북유럽 신화』 케빈 크로슬리-홀런드(서미석
역), 현대지성사, 1999.
『살아 있는 신화』 J. F. 비얼레인(배경화 역),
세종서적, 2000.
『아이네이스』 베르길리우스(천병희 역), 숲,
2005.
『이인식의 성과학 탐사』 이인식, 생각의나무,
2002.
『짝짓기의 심리학』 이인식, 고즈윈, 2008.
『초록 덮개』 마이클 조던(이한음 역), 지호,

2004.
『황금가지』 제임스 프레이저(이경덕 역),
까치, 1995.
"Mind the Mistletoe", Gail Vines, New
Scientist, 2006. 12. 23.

31장

『과학이 종교를 만날 때』 이언 바버(이철우
역), 김영사, 2002.
『다윈의 블랙박스』 마이클 베히(김창환 역),
풀빛, 2001.
『메소포타미아 신화』 헨리에타 맥컬(임웅
역), 범우사, 1999.
『발굴과 인양』 이병철, 아카데미서적, 1989.
『역사적 예수』 게르트 타이쎈(손성현 역),
다산글방, 2001.
『예수』 제라르 베시에르(변지현 역), 시공사,
1997.
『중동 신화』 사무엘 헨리 후크(박화중 역),
범우사, 2001.
"Is the Bible True?", Jeffery Sheler, U.S.
News & World Report, 1999. 10. 25.

32장

『2035 미래기술 미래사회』 이인식, 김영사,
2016.
『공학이 필요한 시간』 이인식 기획,
다산사이언스, 2018.
『나는 멋진 로봇친구가 좋다』 이인식,
랜덤하우스중앙, 2005.
『나는 왜 사이보그가 되었는가』 케빈
워릭(정은영 역), 김영사, 2004.
『냉동 인간』 로버트 에틴거(문은실 역),
김영사, 2011.
『마스터 알고리즘』 페드로 도밍고스(강형진
역), 비즈니스북스, 2016.
『마음의 아이들』 한스 모라벡(박우석 역),
김영사, 2011.
『마음의 지도』 이인식, 다산사이언스, 2019.

『사이보그 시티즌』 크리스 그레이(석기용 역), 김영사, 2016.
『생각하는 기계』 토비 월시(이기동 역), 프리뷰, 2018.
『슈퍼 인텔리전스』 닉 보스트롬(조성진 역), 까치, 2017.
『유인원, 사이보고 그리고 여자』 도나 해러웨이(민경숙 역), 동문선, 2002.
『융합하면 미래가 보인다』 이인식, 21세기북스, 2014.
『커넥톰, 뇌의 지도』 승현준(신상규 역), 김영사, 2014.
『트랜스휴머니즘』 마크 오코널(노승영 역), 문학동네, 2018.
『특이점이 온다』 레이 커즈와일(김명남 역), 김영사, 2007.
Robot, Hans Moravec, Oxford University Press, 1999.
The Sigularity, Uziel Awret, Imprint Academic, 2016.
Transhumanism, David Livinstone, Sabilillah Publications, 2015.

33장

『다가온 미래』 버나드 마(이경민 역), 다산사이언스, 2020.
『미래교양사전』 이인식, 갤리온, 2006.
『북유럽 신화』 안인희, 웅진지식하우스, 2007.
『북유럽 신화』 케빈 크로슬리-홀런드(서미석 역), 현대지성사, 1999.
『빌 게이츠, 기후재앙을 피하는 법』 빌 게이츠(김민주, 이엽 공역), 김영사, 2021.
『인간생존확률 50:50』 마틴 리스(이충호 역), 소소, 2004.
『종말』 데미안 톰슨(이종인·이영아 공역), 푸른숲, 1999.
『종말의 역사』 유진 웨버(김희정 역), 예문, 1999.
『지속 가능한 발전의 시대』 제프리

삭스(홍성완 역), 21세기북스, 2015.
『지속가능발전목표란 무엇인가』 딜로이트 컨설팅(배정희·최동건역), 진성북스, 2020.
『지속가능성 혁명』 안드레스 에드워즈(오수길 역), 시스테마, 2010.
『플랜 드로다운』 폴 호컨(이현수 역), 글항아리, 2019.
"모든 인류가 사라진다면", 『이인식의 멋진 과학』《조선일보》, 2007. 7. 14.
"An Earth without People", Scientific American, 2007. 7.
A Guide to the End of the World, Bill McGuire, Oxford University Press, 2002.

34장

『미래의 기억 유토피아』 욜렌 딜라스-로세리외(김휘석 역), 서해문집, 2007.
『변신 이야기』 오비디우스(이윤기 역), 민음사, 1998.
『신과 인간』 메네라오스 스테파니데스(이경혜 역), 열림원, 2002.
『유토피아 이야기』 이인식, 갤리온, 2007.
『중국의 유토피아 사상』 진정염·임기담 공저(이성규 역), 지식산업사, 1990.
The Concept of Utopia, Ruth Levitas, Philip Allan, 1990.
The Utopia Reader, Gregory Claeys, Lyman Tower Sargent, New York University Press, 1999.

※　　　　소장처 등 본문에 싣지 못한 작품 상세 및 특기할 만한 작품 정보를 이곳에 별도로
　　　　기록합니다. 저작권자 혹은 저작권 정책을 알 수 없어 사용허락 절차를 밟지 못한
　　　　일부 작품에 대해서는 저작권자가 확인되는 대로 게재 허락을 받고 통상의 기준을
　　　　따라 사용료를 지불하도록 하겠습니다.

22쪽　　　프란시스코 데 고야(Francisco jose de Goya), 「자식을 잡아먹는 크로노스(Saturno
　　　　devorando a su hijo)」(1746), 프라도 미술관 소장. wikipedia.org 제공.
　　　　퍼블릭도메인.

27쪽　　　1853년 출간된 오스틴 헨리 레이아드, 『니네베의 기념비(Monuments of
　　　　Nineveh)』 2번째 시리즈 중 5번, 그루너(L. Gruner)가 그린 삽화. wikipedia.org
　　　　제공.

30쪽　　　작자미상, 시대불명. 『송인화역대금식도(宋人歷代琴式圖)』에 수록된
　　　　「반고씨(盤古氏)」 타이완 국립고궁박물원 소장. digitalarchive.npm.gov.tw 제공.
　　　　(CC0)

33쪽　　　Shutterstock.com 제공.

36쪽　　　Shutterstock.com 제공.

43쪽　　　안토니오 델 폴라이올로(Antonio del Pollaiolo), 「헤라클레스와 히드라(Hercules
　　　　and the Hydra and Hercules and Anteo)」(1475년경). 피렌체 우피치 갤러리(Uffizi
　　　　Gallery) 소장. 퍼블릭도메인.

44쪽　　　구스타프 클림트(Gustav Klimt), 「베토벤 프리즈(Beethoven Frieze)」(1902). 빈
　　　　제체시온(현 오스트리아 갤러리)에 그려진 벽화로, 벽면의 왼쪽 절반에 해당한다.
　　　　베토벤 교향곡 9번에 대한 리하르트 바그너(Richard Wagner)의 해석을 바탕으로

인류의 행복 추구를 묘사한다. 빈 분리파 전시관 소장. wikioo.org 제공. 퍼블릭
도메인.

46쪽   안토니오 카노바(Antonio Canova), 「메두사의 머리를 들고 있는
        페르세우스(Perseus with the Head of Medusa)」(1804-1806), 메트로폴리탄
        박물관 소장 및 제공. (CC0)

49쪽   터키 디딤(옛 디디마)의 아폴론 신전. Shutterstock.com 제공.

51쪽   존 콜리어(John Collier), 「퓌티아(Priestess of Delphi)」(1891).

53쪽   최초의 퓌티아로 알려진 여인이 아테네의 신화적인 왕 아이게우스에게 신탁을
        전하고 있다. 현재까지 남아있는 유물 중, 델포이의 퓌티아가 표현된 것으로는
        유일하다. 기원전 440-430년경. 베를린 박물관 소장. Shutterstock.com 제공.

55쪽   여와가 오색 돌로 하늘을 보수하고 있다. 청나라 초기에 제작된 『소운종
        작품집』에 수록되어 있는 「여와유체(女有體)」 인쇄본. 소운종(蕭雲從) 그림.
        digitalarchive.npm.gov.tw 제공. (CC0)

58쪽   장레옹 제롬(Jean-Léon Gérôm), 「피그말리온과 갈라테이아(Pygmalion and
        Galatea)」(1890). 메트로폴리탄 미술관 소장. (CC0)

66쪽   『신 에다』 표지. 퍼블릭 도메인.

67쪽   솀비더 암각화(스웨덴어: Tjängvidestenen). 스웨덴 고틀란드에서 출토된 8세기
        돌 조각. 스웨덴 예탈란드 류가른 서쪽 3킬로미터 떨어진 솀비더(Tjängvide)
        지역에서 발견된 바이킹 시대의 암각화이다. 룬어에 대한 자료를 모아둔
        데이터베이스에 예탈란드 룬 명문 110호(Gotland Runic Inscription 110)로
        등록되었다. 넓적한 석회암으로 1844년 발견되어 현재 스톡홀름의 스웨덴
        국립유물박물관에 소장 중이다. wikipedia.org 제공.

68쪽   세계수 이그드라실, wikipedia.org 제공. 피블릭 도메인.

71쪽   위 아르놀트 뵈클린(Arnold Böcklin), 「오디세우스와 폴리페모스(Odysseus And
        Calypso)」(1886), 오디세우스 일행을 태운 배를 향해 폴리페모스가 돌을 던져
        공격하고 있다.

71쪽   아래 펠레그리노 티발디(Pellegrino Tibaldi), 「폴리페모스의 눈을 찌르는
        오디세우스(The Blinding of Polyphemus)」(1550-1551). 프레스코화.

76~77쪽 키의 역사 전체 버전, 4번과 7번째 종은 분류학적으로 호미닌(사람속)에 들어있지
        않아서 논란이 되었다. 널리 알려진 것은 페이지가 접힌 버전으로, 이 상태에서는
        키가 점차 커지는 것처럼 보이지만, 펼침면으로 보면 확실히 키가 작아진 지점이
        보인다.

78쪽   테세우스와 프로크루스테스를 그린 꽃병. 기원전 570-560년.
        Shutterstock.com 제공.

80쪽   ©Stringer / anadoluimages.com 제공.

86쪽   존 윌리엄 워터하우스(John William Waterhouse), 「인어(A Mermaid)」(1900),
        johnwilliamwaterhouseart.org 제공. 영국 왕립 예술아카데미 소장.

88쪽	존 윌리엄 워터하우스, 「오디세우스와 세이렌(Ulysses and the Sirens)」(1891), 빅토리아 국립 미술관(National Gallery of Victoria) 소장. johnwilliamwaterhouseart.org 제공.
92쪽	귀스타브 모로(Gustave Moreau), 「인어들(The Mermaids, circa)」(1895).
94쪽	Shutterstock.com 제공.
98쪽	「아마존의 여전사」 기원전 440년경, 183cm. 베를린 아틀라스 주립박물관(Altes Museum) 소장.
100~101쪽	안젤름 포이어바흐(Anselm Feuerbach), 「아마존의 전쟁(The Battle of the Amazons)」(1870-1873). 독일 뉘른베르크 국립박물관(Germanisches Nationalmuseum, Nuremberg)소장.
105쪽	베네데토 제나리 2세(Benedetto Gennarile Jeune), 「테세우스, 아리아드네 그리고 파이드라(Theseus with Ariadne and Phaedra)」(1702).
106쪽	아르테미스 여신상은 모두 세 개가 있다. 하나는 '아름다운(beautiful) 아르테미스'고, 다른 하나는 '위대한(great) 아르테미스'이며, 나머지 하나는 머리와 팔이 없는 아르테미스다. 이들은 로마시대인 1-2세기에 만들어진 것으로 알려져 있다. 아름다운 아르테미스가 1세기에, 위대한 아르테미스가 2세기에 만들어진 것으로 추정된다. 에페수스박물관 소장. Shutterstock.com 제공.
109쪽	헬라 해미드, 「전사」
117쪽	위 Shutterstock.com 제공.
117쪽	아래 1972년 캐나다에서 발행된 천둥새 테마 우표.
120쪽	「카르타 마리나(Carta marina)」는 16세기 스웨덴의 교회가 제작한 노르딕 국가의 인근 해역을 그린 해도이다. 스웨덴인인 올라우스 매그너스(Olaus Magnus)가 12년간의 제작기간을 거쳐 1539년에 완성하였다. 정식 명칭은 '카르타 마리나 엣 데스크립티오 셉텐트리오날리움 테라룸(Carta marina et descriptio septentrionalium terrarum, 북부 지역의 영토를 표시한 해도)'이다. 스웨덴을 지도의 중앙에 배치하여 스칸디나비아반도를 표시하고 스베알란드, 예탈란드, 노르웨이, 덴마크, 아이슬란드, 핀란드, 리투아니아, 리보니아(에스토니아와 라트비아)를 표기하고 있다. 현대 지도와 비교하면 지도에 그려진 지역은 북위 55°에서 북극권까지 이어지는 북유럽이다.
121쪽	「카르타 마리나」를 참고하여 1550년에 제바스티안 뮌스터(Sebastian Munster)가 그린 「바다에 사는 상상동물」. 뮌스는 독일의 지도 제작자이자 우주학자이자 기독교 헤브라이스트 학자였다.
122쪽	Shutterstock.com 제공.
128쪽	1994년 뉴질랜드에서 발행된 마오리 신화 테마 우표.
130쪽	천 년이 넘은 여와와 복희씨의 초상화. 신장성의 실크로드를 따라 있는 당나라 시대에 조성된 무덤에서 발굴되었다.
133쪽	얀 코시에르(COSSIERS, JAN Amberes), 「프로메테우스, 불을 훔치다(Prometeo

	trayendo el fuego)」(1636-1638). 프라도 미술관(museo del prado) 소장.
135쪽	왼쪽 존 윌리엄 워터하우스, 「판도라(Pandora)」(1896), 개인 소장. jwwaterhouse.com 제공. 퍼블릭 도메인.
135쪽	오른쪽 존 윌리엄 워터하우스, 「황금 상자를 여는 프시케(Psyche Opening the Golden Box)」(1903).
137쪽	페테르 파울 루벤스(Peter Paul Rubens), 「사슬에 묶인 프로메테우스(Prometheus Bound)」(1611-1612). 필라델피아 미술관(Philadelphia Museum of Art) 소장.
141쪽	기원전 3000년경 메소포타미아 초기 왕조 시대에 만든 소머리 모양 청동 유물. 거문고를 위한 장식이었다. 기원전 2600-2350년. 메트로폴리탄 박물관 소장. (CCO)
141쪽	아래 우르의 왕릉에서 출토된 황소 머리 모양 청동 유물. 기원전 2550-2450년경. 펜실베이니아 대학교 인류고고학 박물관(Penn Museum) 소장.
146쪽	요제프 안톤 코흐(Joseph Anton Koch), 「노아의 번제(Landscape with Noah)」(1803). 슈테텔 박물관(Städel Museum) 소장.
149쪽	치수의 영웅에 대한 내용이 들어있는 「산해경」 본문. (왼쪽 페이지) 일본 의회도서관 자료실(dl.ndl.go.jp)제공. 퍼블릭 도메인.
152쪽	「하우왕입상(夏禹王立像)」. 타이완 국립고궁박물원 소장. digitalarchive.npm.gov.tw 제공. (CCO)
153쪽	일본 의회도서관 자료실(dl.ndl.go.jp)제공. 퍼블릭 도메인.
154쪽	©Bashar Tabbah / wikipedia.org 제공. (CC-BY-4.0)
157쪽	염제 신농. 타이완 국립고궁박물원 소장. digitalarchive.npm.gov.tw 제공. (CCO)
161쪽	Shutterstock.com 제공.
163쪽	잔 로렌조 베르니니(Gian Lorenzo Bernini), 「페르세포네 납치(the Rape of Proserpina)」(17세기). 보르게제 미술관(Galleria Borghese) 소장. ©irisphoto1 / Shutterstock.com 제공.
165쪽	프랜시스 데이비스 밀레(Francis Davis Millet), 「테스모포리아(Thesmophoria)」(1894-1897), 브리검 영 대학교 미술관 소장.
167쪽	기원전 16세기 남부 그리스 미케네의 청동기 시대 성채의 정문인 사자의 문 남쪽에 위치한 왕실 묘지(Grave Circle A)에서 출토된 인장 반지. 활을 들고 있는 전사와 그의 전차가 새겨져 있다. 이는 고대 그리스의 에게 해 주변에 살던 주민인 아카이아인이 주로 창과 장창을 활용했지만 전차는 활쏘기를 위한 장비로 활용했음을 알 수 있다. 아테네 국립 고고학 박물관(National Archaeological Museum) 소장, ©Mark Cartwright / www.worldhistory.org 제공. (CC-BY-4.0)
168쪽	위 미노아문명, 석회암으로 된 석관의 짧은 면 1에 그려진 프레스코화. 기원전 1370-1320년경. 아테네 국립 고고학 박물관 소장.
168쪽	아래 미노아문명, 석회암으로 된 석관의 짧은 면 2에 그려진 프레스코화, 기원전 1370-1320년경. 아테네 국립 고고학 박물관 소장.

171쪽	칼라드리우스가 그려진 삽화. ©영국도서관위원회, Harley 4751 f. 40 Caladrius Origin: England, S. (Salisbury?) (CC0)
173쪽	영국 왕립아시아학회 디지털도서관 소장 및 제공. 이전에는 존 해리엇(John Staples Harriott)이 소장하던 것이다.
177쪽	작자 미상, 「아스클레피오스(Aesculapius)」 이탈리아. 나무에 채색. wellcomecollection.org 제공.
180쪽	위 ©Artun Photography / Shutterstock.com 제공.
180쪽	아래 Shutterstock.com 제공.
186쪽	한나라 시대에 제작된 중국 산동성 가상현 무씨사당 좌석실 앞 천장 서쪽 화상석. 타이완 국립고궁박물원 소장. digitalarchive.npm.gov.tw 제공. (CC0)
189쪽	헤파이스토스의 대장간. 헤파이스토스가 외눈박이인 키클롭스 세 명을 데리고 아킬레우스의 방패를 만들고 있다.
190쪽	위, 아래 그리스 에티카에 있는 헤파이스토스 신전. Shutterstock.com 제공.
192쪽	존 마틴(John Martin, 1789~1854) 「무너진 폼페이와 허큘라네움(The Destruction of Pompeii and Herculaneum)」(1822). 테이트 미술관 소장. (CC0)
195쪽	지안 베르니니, 「아폴론과 다프네」(1622~1625). 보르게제 박물관 소장.
197쪽	©H. Wisthaler, 사우스티롤 고고학 박물관 제공. (CC-BY-4.0)
198쪽	왼쪽 www.iceman.it 제공.
198쪽	오른쪽 wikipedia.org 제공.
203쪽	베르텔 토르발센(Bertel Thorvaldsen), 「황금 양털을 가진 이아손(Jason with the Golden Fleece)」(1803), 토르발센 뮤지엄(Thorvaldsen Museum) 소장. wikipedia.org 제공. (CC0)
206쪽	로렌조 코스타(Lorenzo Costa), 「아르고 호(The Argo)」(1500-1530). 파도바 시립미술관(Musei Civici di Padova) 소장. wikipedia.org 제공.
209쪽	귀스타브 모로, 「이아손과 메데이아(Jason et Médée ou Jason)」(1865). 오르세 미술관(Musée d'Orsay) 소장.
213쪽	에라스무스 쿠엘리누스(Erasmus Quellinus), 「이아손과 황금 양모(Jason and the Golden Fleece)」 프라도 미술관(Museo Nacional del Prado) 소장.
216쪽	디에고 벨라스케스, 「물레(Las Hilanderas)」 프라도 미술관 소장.
219쪽	페테르 파울 루벤스, 「아테나로부터 벌을 받는 아라크네(Pallas and Arachne)」 버지니아 미술관(Virginia Museum of Fine Arts) 소장.
226쪽	테라코타 꽃병 그림(Terracotta lekythos), 기원전550-530년경. 메트로폴리탄 박물관 소장 및 제공. (CC0)
229쪽	위, 중간 Shutterstock.com 제공.
229쪽	아래 미국 자연사 박물관(American Museum of Natural History) 소장.
234쪽	피카소(Pablo Picasso), 「게르니카(Guernica)」(1937), 스페인 프라도 미술관 소장.

236쪽   폼페이 '베티의 집'에 있는 프레스코 벽화(복원됨), 1세기.

239쪽   카소니 캄파나(Cassoni Campana), 「테세우스와 미노타우로스(Thésée et le Minotaure)」1500-1525). 아비뇽 프티팔레 미술관(Musee du Petit Palais) 소장.

243쪽   Shutterstock.com 제공.

252쪽   피터 브뤼겔(Pieter Brueghel the Elder), 「바벨탑 건축(The Tower of Babel)」(1563). 빈 미술사 박물관(Kunsthistorisches Museum) 소장.

258~259쪽   Shutterstock.com 제공.

260쪽   Shutterstock.com 제공.

267쪽   「산해경」「해외서경」편. 일본 의회도서관 자료실(dl.ndl.go.jp)제공. 퍼블릭도메인.

271쪽   프랜시스 더웬트 우드(Francis Derwent Wood), 「날개를 달아주는 다이달로스(Daedalus Equipping Icarus)」 ©Bristol Museums, Galleries and Archives 제공. (CC0)

272쪽   위, 아래 Shutterstock.com 제공.

274쪽   허버트 제임스 드레이퍼(Hubert James Draper), 「이카로스를 위한 탄식(The Lament for Icarus)」(1898), 테이트 미술관 소장 및 제공. (CC0)

277쪽   위 1783년 8월 27일 프랑스 파리의 Champ de Mars에서 Montgolfier 형제의 상승하는 열기구 'The Globe'를 선보였다.

277쪽   아래 오토 릴리엔탈은 글라이더를 만들어 하늘을 나는 데 성공했다. 워싱턴 의회도서관 제공. (CC0)

279쪽   저자 제공.

281쪽   「초사(楚辭)」 중 중국 전국 시대 초나라의 시인인 굴원(屈原)이 지은 장편 서정시 「이소(離騷)」편에 수록된 삽화. 명·청시대의 화가 소운종(蕭雲従)이 그렸다. 워싱턴 의회도서관 제공. 퍼블릭 도메인.

284쪽   항아가 흰 토끼와 함께 달의 궁전에 머물러 있는 것을 묘사한 그림. 명나라 시기로 추정. 퍼블릭 도메인.

286쪽   달나라 영구 기지 Rick Guidice 그림, NASA / Shutterstock.com 제공.

290쪽   미르 우주정거장. NASA / archive.org 제공. (CC0)

296쪽   우주 엘리베이터

302쪽   벤자민 웨스트(benjamin West), 「파에톤(Phaeton)」(1804). 루브르 박물관 소장. photo.rmn.fr 제공.

306쪽   세바스티아노 리치(Sebastiano Ricci), 「파에톤의 추락(a Mano Caída Phaethon)」(1703), 이탈리아 벨루노 시립미술관(Belluno Museo Civico) 소장.

308쪽   도미니카 공화국에서 발견된 사마귀가 포획된 호박. 올리고세(올리고세는 지질 시대의 하나로 약 3,370만 년 전부터 2,380만 년 전까지의 시대를 말하며, 점신세라고도 한다. 명칭은 독일의 고생물학자 하인리히 에른스트 바이리히가

1854년에 처음 만들었다.)에 형성된 것으로 약 3000만 년 전에 만들어졌다. Heritage Auction Archives.

309쪽   공룡 화석. 1822년 영국의 시골 의사였던 기디언 멘텔(Gideon Mantell)이 부인 메리 앤(Mary Ann Mantell)과 왕진을 갔다가 멘텔이 환자를 보는 동안 마을 채석장 근처의 산책로를 걷고 있던 메리가 발견한 공룡의 흔적. 멘텔은 1825년 논문을 내고 현생 이구아나의 이빨과 비슷하지만 20배나 더 큰 이 이빨 화석에 이구아노돈(Iguanodon·이구아나의 이빨)이란 학명을 지어주었다. 이 부위는 온전한 상태의 이구아노돈 화석이 발견되면서 훗날 이빨이 아니라 엄지발가락 뼈인 것으로 밝혀졌다.

311쪽   Shutterstock.com 제공.

315쪽   『산문 에다』에 묘사된 헤임달.

318쪽   위 wikipedia.org 제공.

318쪽   아래 wikipedia.org 제공.

320쪽   Shutterstock.com 제공.

329쪽   알렉산드로 알로리(Alessandro di Cristofano di Lorenzo del Bronzino Allori), 「스킬라와 카리브디스 사이(Between Skylla and Charybdis)」(1575). 이탈리아 프레스코화.

331쪽   존 윌리엄 워터하우스, 「질투하는 키르케(Circe Invidiosa)」(1892). 남호주 미술관(AGSA, Art Gallery of South Australia) 소장. johnwilliamwaterhouseart.org 제공.

332쪽   위 바르톨로메우스 슈프랑거(Bartholomäus Spranger), 「글라우디스와 스킬라 (Scylla et Glaucus)」(1582).

332쪽   아래 페테르 파울 루벤스(Peter Paul Rubens), 「스킬라와 글라우디스(Scylla and Glaucus)」(1636). 빈 미술사 박물관(Kunsthistorisches Museum Wien) 소장.

335쪽   프레데릭 샌디스, 「메데이아(Medea)」(1866/1868), 버밍엄 박물관 및 미술관(Birmingham Museum and Art Gallery) 소장.

336쪽   존 윌리엄 워터하우스, 「이아손과 메데이아」(1907). 개인소장..

339쪽   중간, 오른쪽 「약용식물도감(Arzneipflanzenbuch)」(1520~1530년경) 속의 삽화. Augsburg 출간으로 추정됨. 225개의 색연필 드로잉이 포함된 이 책은 주로 고대로부터 편찬된 이미지와 글을 포함하고 토착식물종을 추가하였다. 페이지 왼쪽은 아이비쉬(Eybisch), 오른쪽 그림이 맨드레이크(Mandragora)이다. 뮌헨 바이에른 주립도서관 소장.

345쪽   작자미상, 서기 1519 년 스페인 정복자 에르난 코르테스와 아즈텍 통치자 몬테수마 2세 의 만남을 묘사한 17세기 유화(Jay I. Kislak 컬렉션). 미국 의회도서관 제공.

346쪽   『코덱스 보보니쿠스(Codex Borbonicus)』 사본. 대영도서관 소장. 원본은 1899년 프랑스어로 번역되어 파리 브루봉 궁전도서관(Bibliothei € que du Palais

Bourbon)에 소장되어 있으며 『코덱스 보보니쿠스』는 아즈텍 신전의 기록자들이 남긴 것이다. 프랑스 인류학자인 어니스트-테오도르 하미(Ernest-Theodore Hamy)가 주해하였다. 대영도서관 제공. (CC0)

347쪽   Shutterstock.com 제공.

348쪽   케찰코아틀의 얼굴을 묘사한 부조, 멕시코, 아즈텍, 1400-1521년경, 멕시코시티 국립 인류학 박물관(Museo Nacional de Antropología) 소장.

351쪽   Shutterstock.com 제공.

356쪽   벤베누토 첼리니(Benvenuto Cellini), 「가니메데스(Ganymede)」(1548-1550), 청동, 60센티미터, 플로렌스 바르젤로 미술관(Museo Nazionale del Bargello) 소장.

358쪽   장브록(Jean Broc), 「히아킨토스의 죽음(The Death of Hyacinth)」(1801). 푸아티에 생트크루아 박물관(Musée Sainte-Croix) 소장. 아폴론이 히아킨토스의 주검을 끌어안고 있다.

362쪽   귀스타브 쿠르베(Goustave Courbet), 「잠(Le Sommeil)」(1866), 파리 시립미술관(Musée des Beaux-Arts de la ville de Paris) 소장.

363쪽   시메온 솔로몬(Simeon Solomon), 「사포와 에리나(Sappho and Erinna in a Garden at Mytilene)」(1864). 테이트 미술관 소장. Tate Archive 제공. (CC0)

372쪽   글리콘(Glykon), 헤라클레스 조각상(216). 기원전 4세기 카라칼라 욕장에 세우기 위해 제작된 리시포스(Lysippos)의 원본을 모방한 제정 로마 초기의 아테네 출신 조각가 글리콘의 작품. 대리석으로 만들어졌으며 높이가 3.17m에 이른다. 나폴리 국립 고고학 박물관(Museo Archeologico Nazionale)의 파르네세 조각관 소장.

374쪽   기원전 330-320년 그려진 지하세계 장면. 사진 © Renate Kühling / 고미술 국가 컬렉션(Staatliche Antikensammlungen und Glyptothek)제공. (CC-BY-4.0)

375쪽   티치아노(Tiziano Vecelli or Vecellio), 「오르페우스와 에우리디케(Orpheus and Eurydice)」(1508). 베르가모 카라라 미술 아카데미(Accademia Carrara di Belle Arti) 소장.

377쪽   장라우(Jean Raoux), 「오르페우스와 에우리디케(Orpheus and Eurydice」(1709). The J. Paul Getty Museum Los Angeles,

384쪽   길가메시 부조. 파리 루브르박물관(musée du Louvre) 소장.

387쪽   Shutterstock.com 제공.

389쪽   겟센[月僊], 「동방삭도(東方朔圖)」 미에현립미술관(三重県立美術館) 소장.

395쪽   증류 및 승화 용기, 다양한 종류의 용광로, 이론적 내용을 설명하기 위한 도표와 수많은 화학 장치에 대한 삽화가 들어있다. 워싱턴 의회도서관 소장.

396쪽   『위대한 철학자이자 연금술사인 Geber의 연금술에 관한 세 권의 책(Geberi philosophi ac alchimistae maximi De alchimia libri tres eiusdem liber researchis perfecti magisterij, artis alchimicae)』 표지. 이 책은 독일 스트라스부르의 인쇄업자이자 출판인 요한 그루닌거(Johann Grüninger)가 1531년에 인쇄했다.

LACMA(Los Angeles County Museum of Art) 소장.

460쪽	나니의『사자의 서』(기원전 1050년경). 루브르 박물관 소장. 총 길이 270cm. Photo © RMN-Grand Palais (musée du Louvre) / Maurice et Pierre Chuzeville 462~463쪽
465쪽	토리노 이집트 박물관(MUSEO EGIZIO) 소장 및 제공. (CC0)
469쪽	왼쪽 카이로 고고학 박물관 소장.
469쪽	오른쪽 위와 동일. 카이로 고고학 박물관 소장. Shutterstock.com 제공.
474쪽	Shutterstock.com 제공.
479쪽	스웨덴에서 출토된 바이킹 시대에 제작된 오딘. 스톡홀름 역사박물관(Statens Historiska) 소장. akg-images.de 제공.
480쪽	정의의 신 발데르의 모습을 표현한 은 펜던트(부적으로 착용 할 수 있음). 바이킹 시대. 스톡홀름 역사 박물관(Statens Historiska) 소장. Birka 제공.
483쪽	『신 에다』 본문 중. 심술궂은 로키는 발데르의 눈먼 형 호드르에게 겨우살이를 던지게 해 발데르를 죽인다.
484쪽	요한 토비아스 세르겔(Johan Tobias Sergel),「포옹하는 비너스와 안키세스(Mars and Venus)」(1804) 스웨덴 국립미술관(Nationalmuseum Sweden) 소장.
488쪽	세바스티아노 콘카(Sebastiano Conca),「엘리시온 들판을 찾아간 아이네이아스(Aeneas in the Elysian Fields)」(1735-1740). 개인소장.
490쪽	Shutterstock.com 제공.
494쪽	구스타프 클림트,「키스(The Kiss)」(1908), 오스트리아 벨베데레 갤러리(Österreichische Galerie Belvedere) 소장.
496쪽	왼쪽 뉴질랜드 국립도서관. Pringle, Thomas, 1858-1931 (CC-BY-4.0)
496쪽	오른쪽 ©Alizada Studios / Shutterstock.com 제공.
499쪽	왼쪽 위 작자미상.「코페르니쿠스 초상화(Portrait of Nicolaus Copernicus)」(1580), 폴란드 토룬 지역박물관(District Museum in Toruń) 소장.
499쪽	왼쪽 아래 저스투스 서스테르만스(Justus Sustermans)「갈릴레이 초상화(Portrait of Galileo Galilei)」(1636).
499쪽	오른쪽 위 얀 마테코(Jan Matejko),「천문학자 코페르니쿠스 또는 신과의 대화(Astronomer Copernicus-Conversation with God)」(1873). 폴란드 야기엘론스키 대학교(Jagiellonian University) 소장.
499쪽	오른쪽 아래 베르티니(Giuseppe Bertini)의 프레스코화.「베니스의 총독에게 망원경 사용법을 보여주는 갈릴레오 갈릴레이(Bertini fresco of Galileo Galilei and Doge of Venice)」(1858). Bertini Room, Villa Andrea Ponti 소장.
501쪽	알브레히트 뒤러,「아담과 하와(The Fall of Man / Adam and Eve)」(1504). 보스턴 미술관 소장.
505쪽	한스 홀바인(Hans Holbein the Elder),「손을 씻고 있는 빌라도(Pontius Pilate

washing his hands)」(Grey Passion 시리즈의 7번, 1494-1500). 독일 슈투트가르트 주립미술관(Staatsgalerie Stuttgart) 소장.

506쪽   호바르트 플링크(Govert Flinck), 「골고다(Golgotha)」(1649). 바젤 미술관(Museum Kunstmuseum, Basel) 소장. 바젤 공공미술컬렉션(Öffentliche Kunstsammlung, Basel) 제공. (CC0)

508쪽   NASA / shutterstock.com 제공.

511쪽   위 오스트리아의 수학자이자 천문학자 게오르그 폰 포이어바흐(Georg von Peuerbach, 1423-1461)가 쓴 『행성에 관한 새 이론(Theoricae novae planetarum)』의 1515년 파리 출간본의 삽화로, 에르하르트 쇤(Erhard Schön ptolemaeus)의 목판화이다. 참고로 이 책에는 오론세 피네(Oronce Finé)의 가장 오래된 목판화가 수록되어 있음. Georg von Peuerbach, Theoricarum novarum textus . 파리 : M. Lesclencher for J. Petit, R. Chaudière, 1515.

511쪽   아래 타멜란의 손자인 티무르드 이스칸다르 술탄의 운명을 점치는 점성술 책의 일부. Wellcome 라이브러리 참조 : MS Persian 474

512쪽   한스 폰 쿨름바흐(Hans Suss von Kulmbach), 「동방박사의 경배(Die Anbetung der Könige)」(1511), 베를린 국립회화관(Gemäldegalerie Staatliche Museen zu Berlin, 게멜데 갤러리) 소장.

513쪽   대영박물관 소장. Photograph by Mike Peel (CC-BY-4.0)

520쪽   Shutterstock.com 제공.

526쪽   스위스, 2010년 4월, CERN, ©D-VISIONS / Shutterstock.com 제공.

529쪽   비슈누의 아바타라. (왼쪽으로부터) 물고기(마츠야, Matsya), 거북이(쿠르마, Kurma), 멧돼지(바라하, Varāhā), 반인반수(나라심하, Narasiṃha), 난쟁이(바마나, Vāmana), 파라슈라마(Paraśrama), 라마(Rāma), 크리슈나(Kṛṣṇa, 또는 발라라마(Bālarāma), 부처(고타마 붓다, Gautama Buddha), 백마(칼키, Kalki). 19세기 인도 전통 회화.

540쪽   에른스트 앨퍼스(Ernst Alpers), 라그나뢰크 연작 중 「전사들을 이끄는 발키리」 1867, 제공: The J. Paul Getty Museum 컬렉션

541쪽   로키의 두 아들인 펜리르와 요르뭉간드르와 싸우기 위해 앞으로 달려가는 「남자와 동물(Men and Animals)」 1867, 제공: The J. Paul Getty Museum 컬렉션

542쪽   「신들을 향해 바위를 던지는 거인들」 Ernst Alpers, 1867, 제공: The J. Paul Getty Museum 컬렉션

543쪽   「화염 거인이 햇불을 던지다」 Ernst Alpers, 1867, 제공: The J. Paul Getty Museum 컬렉션

545쪽   조토 디 본도네(Giotto di Bondone), 「최후의 심판(LAST JUDGMENT)」(1306). 이탈리아 파도바의 스크로베니 예배당 프레스코화. 퍼블릭 도메인.

550쪽   페르디난드 호들러(Ferdinand Hodler), 「선택된 자들(Der Auserwählte)」(1893-1894). 베른 미술관 소장. © Kunstmuseum Bern (CC0)

찾아보기 │ 신화 용어

찾아보기 | 인명

저자의 주요 저술 활동

신문칼럼 연재

《동아일보》 이인식의 과학생각(1999.10.~2001.12.): 58회(격주)

《한겨레》 이인식의 과학나라(2001.5.~2004.4.): 151회(매주)

《조선닷컴》 이인식 과학칼럼(2004.2.~2004.12.): 21회(격주)

《광주일보》 테마칼럼(2004.11.~2005.5.): 7회(월1회)

《부산일보》 과학칼럼(2005.7.~2007.6.): 26회(월1회)

《조선일보》 아침논단(2006.5.~2006.10.): 5회(월1회)

《조선일보》 이인식의 멋진 과학(2007.3.~2011.4.): 199회(매주)

《조선일보》 스포츠 사이언스(2010.7.~2011.1.): 7회(월1회)

《중앙SUNDAY》 이인식의 '과학은 살아 있다'(2012.7.~2013.11.): 28회(격주)

《매일경제》 이인식 과학칼럼(2014.7.~2016.11.): 55회(격주)

현대자동차 인트라넷《Nature Newsletter》(2020.7~2020.12): 12회(월2회)

잡지칼럼 연재

《월간조선》 이인식 과학칼럼(1992.4~1993.12.): 20회

《과학동아》 이인식 칼럼(1994.1.~1994.12.): 12회

《지성과 패기》 이인식 과학글방(1995.3.~1997.12.): 17회

《과학동아》 이인식 칼럼-성의 과학(1996.9.~1998.8.): 24회

《한겨레21》 과학칼럼(1997.12.~1998.11.): 12회

《말》 이인식 과학칼럼(1998.1.~1998.4.): 4회(연재 중단)

《과학동아》 이인식의 초심리학 특강(1999.1.~1999.6.): 6회

《주간동아》 이인식의 21세기 키워드(1999.2.~1999.12.): 42회

《시사저널》이인식의 시사과학(2006.4.~2007.1.): 20회(연재 중단)
《월간조선》이인식의 지식융합 파일(2009.9.~2010.2.): 5회
《PEN》(일본산업기술종합연구소) 나노기술칼럼(2011.7.~2011.12.): 6회
《나라경제》이인식의 과학세상(2014.1.~2014.12.): 12회

저서

1987,   『하이테크 혁명』 김영사
1992,   『사람과 컴퓨터』 까치글방
        KBS TV '이 한권의 책' 테마북 선정
        문화부 추천도서
        덕성여대 '교양독서 세미나'(1994~2000) 선정도서
1995,   『미래는 어떻게 존재하는가』 민음사
1998,   『성이란 무엇인가』 민음사
1999,   『제2의 창세기』 김영사
        문화관광부 추천도서
        간행물윤리위원회 선정 '이달의 읽을 만한 책'
        한국출판인회의 선정도서
        산업정책연구원 경영자독서모임 선정도서
2000,   『21세기 키워드』 김영사
        중앙일보 선정 좋은 책 100선
        간행물윤리위원회 선정 '청소년 권장도서'
        『과학이 세계관을 바꾼다』(공저), 푸른나무
        문화관광부 추천도서
        간행물윤리위원회 선정 '청소년 권장도서'
2001,   『아주 특별한 과학에세이』 푸른나무
        EBS TV '책으로 읽는 세상' 테마북 선정
        『신비동물원』 김영사
        『현대과학의 쟁점』(공저), 김영사
        간행물윤리위원회 선정 '청소년 권장도서'
2002,   『신화상상동물 백과사전』 생각의나무
        『이인식의 성과학 탐사』 생각의나무
        책으로 따뜻한 세상 만드는 교사들(책따세) 추천도서
        『이인식의 과학세상』 생각의나무
        『나노기술이 미래를 바꾼다』(편저), 김영사
        문화관광부 선정 우수학술도서
        간행물윤리위원회 선정 '이달의 읽을 만한 책'
        한국공학한림원 공동발간도서

『새로운 천 년의 과학』(편저), 해나무
2004, 『미래과학의 세계로 떠나보자』 두산동아
한우리 독서문화운동본부 선정도서
간행물윤리위원회 선정 '청소년 권장도서'
산업자원부·한국공학한림원 지원 만화 제작(전2권)
『미래신문』 김영사
EBS TV '책, 내게로 오다' 테마북 선정
『이인식의 과학나라』 김영사
『세계를 바꾼 20가지 공학기술』(공저), 생각의나무
한국공학한림원 공동발간도서
2005, 『나는 멋진 로봇친구가 좋다』 랜덤하우스중앙
동아일보 '독서로 논술잡기' 추천도서
산업자원부·한국공학한림원 지원 만화 제작(전3권)
경의선 책거리 전시도서 100선 선정(2016)
『걸리버 지식 탐험기』 랜덤하우스중앙
책으로 따뜻한 세상 만드는 교사들(책따세) 추천도서
조선일보 '논술을 돕는 이 한 권의 책' 추천도서
『새로운 인문주의자는 경계를 넘어라』(공저), 고즈윈
과학동아 선정 '통합교과 논술대비를 위한 추천 과학책'
2006, 『미래교양사전』 갤리온
제47회 한국출판문화상(저술 부문) 수상
중앙일보 선정 올해의 책
시사저널 선정 올해의 책
동아일보 선정 미래학 도서 20선
조선일보 '정시 논술을 돕는 책 15선' 선정도서
조선일보 '논술을 돕는 이 한권의 책' 추천도서
『걸리버 과학 탐험기』 랜덤하우스중앙
2007, 『유토피아 이야기』 갤리온
2008, 『이인식의 세계신화여행』(전2권), 갤리온
『짝짓기의 심리학』 고즈윈
EBS 라디오 '작가와의 만남' 도서
교보문고 '북 세미나' 선정도서
『지식의 대융합』 고즈윈
KBS 1TV '일류로 가는 길' 강연도서
문화체육관광부 우수교양도서
KAIST 인문사회과학부 '지식융합' 과목 교재
KAIST 영재기업인교육원 '지식융합' 과목 교재
한국폴리텍대학 융합교육 교재

책으로 따뜻한 세상 만드는 교사들(책따세) 월례 기부강좌 도서

KTV 파워특강 테마북

한국콘텐츠진흥원 콘텐츠아카데미 교재

EBS 라디오 '대한민국 성공시대' 테마북

2010 명동연극교실 강연도서

2009, 『미래과학의 세계로 떠나보자』(개정판), 고즈윈

『나는 멋진 로봇친구가 좋다』(개정판), 고즈윈

책으로 따뜻한 세상 만드는 교사들(책따세) 추천도서

『한 권으로 읽는 나노기술의 모든 것』 고즈윈

고등국어교과서(금성출판사) 나노기술 칼럼 수록

대한출판문화협회 선정 청소년도서

책으로 따뜻한 세상 만드는 교사들(책따세) 추천도서

2015 조선비즈 추천 미래도서

『10대를 위한 나의 첫 과학책 읽기 수업』(2019) 주제도서

2010, 『기술의 대융합』(기획), 고즈윈

문화체육관광부 우수교양도서

한국공학한림원 공동발간도서

KAIST 인문사회과학부 '지식융합' 과목 교재

KAIST 영재기업인교육원 '지식융합' 과목 교재

『신화상상동물 백과사전』(전2권, 개정판), 생각의나무

『나노기술이 세상을 바꾼다』(개정판), 고즈윈

『신화와 과학이 만나다』(전2권, 개정판), 생각의나무

2011, 『걸리버 지식 탐험기』(개정판), 고즈윈

『이인식의 멋진 과학』(전2권), 고즈윈

책으로 따뜻한 세상 만드는 교사들(책따세) 추천도서

『10대를 위한 나의 첫 과학책 읽기 수업』(2019) 주제도서

『신화 속의 과학』 고즈윈

『한국교육 미래 비전』(공저), 학지사

2012, 『인문학자, 과학기술을 탐하다』(기획), 고즈윈

한국경제 TV '스타북스' 테마북

한국공학한림원 공동발간도서

『청년 인생 공부』(공저), 열림원

『자연은 위대한 스승이다』 김영사

책으로 따뜻한 세상 만드는 교사들(책따세) 추천도서

한국간행물윤리위원회 '청소년 권장도서' 선정

KAIST 영재기업인교육원 '청색기술' 과정 교재

현대경제연구원 '유소사이어티' 콘텐츠 강연 탑재(총10회)

한국공학한림원 공동발간도서

2015 『창비 고등국어』 교과서 수록(2014년 6월)
삼성복지재단 취약계층 중학생 독서 온라인 교육도서(2021.
10~2026.9)
『따뜻한 기술』(기획), 고즈윈
　　　　한국공학한림원 공동발간도서
2013,　『자연에서 배우는 청색기술』(기획), 김영사
　　　　한국공학한림원 공동발간도서
　　　　문화체육관광부 우수교양도서
2014,　『융합하면 미래가 보인다』 21세기북스
　　　　KBS 라디오 <명사들의 책 읽기> 60분 방송(2014. 3. 23.)
　　　　2015 조선비즈 추천 미래도서
　　　　『통섭과 지적 사기』(기획), 인물과사상사
　　　　2014 세종도서(교양 부문) 선정
2015,　『과학자의 연애』(공저), 바이북스
2016,　『2035 미래기술 미래사회』 김영사
　　　　2016 세종도서(교양 부문) 선정
　　　　교보문고 '북모닝 CEO' 강연 동영상(총10회)
2017,　『4차 산업혁명은 없다』 살림출판사
2018,　『공학이 필요한 시간』(기획), 다산사이언스
　　　　한국공학한림원 공동발간도서
2019,　『마음의 지도』 다산사이언스
　　　　2019 세종도서(교양 부문) 선정

원작만화

『만화 21세기 키워드』(전3권), 홍승우 만화, 애니북스(2003~2005)
　　　　부천만화상 어린이만화상 수상
　　　　한국출판인회의 선정 '청소년 교양도서'
　　　　책키북키 선정 추천도서 200선
　　　　동아일보 '독서로 논술잡기' 추천도서
　　　　아시아태평양이론물리센터 '과학, 책으로 말하다' 테마북
『미래과학의 세계로 떠나보자』(전2권), 이정욱 만화, 애니북스(2005~2006)
　　　　한국공학한림원 공동발간도서
　　　　과학기술부 인증 우수과학도서
『와! 로봇이다』(전3권), 김제현 만화, 애니북스(2007~2008)
　　　　한국공학한림원 공동발간도서

처음 읽는 세계 신화 여행

오늘날 세상을 만든 신화 속 상상력

초판 1쇄 인쇄 2021년 11월 11일
초판 1쇄 발행 2021년 11월 23일

지은이 이인식
펴낸이 김선식

경영총괄 김은영
책임편집 이수정 **크로스교** 강대건 **책임마케터** 김지우
콘텐츠사업9팀장 이수정 **콘텐츠사업9팀** 이수정, 강대건
마케팅본부장 이주화 **마케팅2팀** 권장규, 이고은, 김지우
미디어홍보본부장 정명찬 **홍보팀** 안지혜, 김민정, 이소영, 김은지, 박재연, 오수미, 이예주
뉴미디어팀 허지호, 임유나, 송희진
리드카펫팀 김선욱, 염아라, 김혜원, 이수인, 석찬미, 백지은
저작권팀 한승빈, 김재원 **편집관리팀** 조세현, 백설희
경영관리본부 하미선, 박상민, 김소영, 안혜선, 윤이경, 이소희, 이우철, 김재경, 최완규, 이지우, 김혜진, 오지영
외부스태프 표지·본문디자인 이슬기 교정교열 책과이음

펴낸곳 다산북스 **출판등록** 2005년 12월 23일 제313-2005-00277호
주소 경기도 파주시 회동길 490 다산북스 파주사옥
전화 02-704-1724 **팩스** 02-703-2219 **이메일** dasanbooks@dasanbooks.com
홈페이지 www.dasanbooks.com **블로그** blog.naver.com/dasan_books
종이 ㈜IPP **인쇄** 민언프린텍 **제본** 대원바인더리 **코팅·후가공** 제이오엘앤피

ISBN 979-11-306-7806-1 (03400)

다산북스(DASANBOOKS)는 독자 여러분의 책에 관한 아이디어와 원고 투고를 기쁜 마음으로 기다리고 있습니다.
책 출간을 원하는 아이디어가 있으신 분은 이메일 dasanbooks@dasanbooks.com 또는 다산북스 홈페이지 '투고원고'란으로
간단한 개요와 취지, 연락처 등을 보내주세요. 머뭇거리지 말고 문을 두드리세요.